Manuel Bracker, Alfred Kruft, Karl Renkert

Lernsituationen
Mechatronik
Fachstufe
Handlungsaufgaben

1. Auflage

Bestellnummer 2085

Bildungsverlag EINS – Kieser

www.bildungsverlag1.de

Gehlen, Kieser und Stam sind unter dem Dach des Bildungsverlages EINS zusammengeführt.

Bildungsverlag EINS
Sieglarer Straße 2, 53842 Troisdorf

ISBN 3-842-**2085**-7

© Copyright 2003: Bildungsverlag EINS GmbH, Troisdorf
Das Werk und seine Teile sind urheberrechtlich geschützt. Jede Verwertung in anderen als den gesetzlich zugelassenen Fällen bedarf deshalb der vorherigen schriftlichen Einwilligung des Verlages. Hinweis zu § 52a UrhG: Weder das Werk noch seine Teile dürfen ohne eine solche Einwilligung eingescannt und in ein Netzwerk eingestellt werden. Dies gilt auch für Intranets von Schulen und sonstigen Bildungseinrichtungen

Inhalt

1	Planung und Organisation von Arbeitsabläufen	5
1.1	Bedarfsplanung	5
1.2	Ablaufplanung	18
1.3	Zeitplanung	24
2	Fertigung von Werkstücken	39
2.1	Informationen zur Fertigung	39
2.2	Durchführung der Fertigung	49
2.3	Bewertung der Fertigung	67
3	Bauelemente zu Teilsystemen bzw. Systemen fügen	70
4	Bauelemente und Systeme zur Energieübertragung	75
5	Bauelemente und Systeme zum Tragen und Stützen	89
6	Realisierung mechatronischer Teilsysteme	95
6.1	Bandantriebsmotoren projektieren	95
6.2	SPS-Programmierung	105
6.3	Projektierung der Positioniereinrichtung	119
6.4	Projektierung des Umsetzers	132
6.5	Temperaturgeregelten Schaltschrank-Lüfter einbauen	142
6.6	Schaltschrankheizung einbauen	148
6.7	Leistungselektronik	150
6.7.1	Spannungsversorgung	150
6.7.2	Transistor als Schalter	151
6.7.3	Vollwellensteuerung	156
6.8	Frequenzumrichter	159
6.9	Gleichstromantrieb	167
7	Design und Erstellen mechatronischer Systeme	171
7.1	Schachtanlage anpassen	171
7.2	Anschluss der SPS	179
7.3	Frequenzumrichter für den Spindel-Antriebsmotor	187
7.4	Schachtanlage und Programm anpassen	196
7.5	Inbetriebnahme	207
7.6	Prüfung ortsveränderlicher Betriebsmittel	212
7.7	Feuergefährdete Betriebsstätten	214
7.8	Unfälle durch den elektrischen Strom	217
8	Dokumentationsbeispiel	219
8.1	Einführung in das System	219
8.2	Vorteile der automatischen Beschickung	219
8.3	Definition des Teilauftrages	220
8.3.1	Änderung gegenüber dem gestellten Auftrag	220
8.3.2	Ausgangszustand	220
8.3.3	Zielzustand	220
8.4	Durchführung der Arbeitsschritte	222
8.4.1	Vorgehensweise bei der Bearbeitung	222
8.4.2	Beschreibung der einzelnen Arbeitsschritte	223
	Sachwortverzeichnis	237

1 Planung und Organisation von Arbeitsabläufen

1.1 Bedarfsplanung

info

Die Längs- und die Querbewegung des Umsetzers mit dem Greifer (Seite 94) wird durch zwei *Antriebseinheiten* eingeleitet. Die Antriebseinheiten sind Kaufteile.

Jede Antriebseinheit ist eine Kombination aus *Elektromotor* und *Schraubenradgetriebe* (Bild 1, Seite 6).

Die Bewegungsenergie für jede Verfahrachse wird mit Hilfe einer *Kupplung* (Zeichnung 02.01.2100; Bild 1, Seite 7) von der Abtriebswelle der Antriebseinheit auf die Antriebswelle der Verfahrachse übertragen.

Systemtechnische Betrachtung (Ausschnitt)

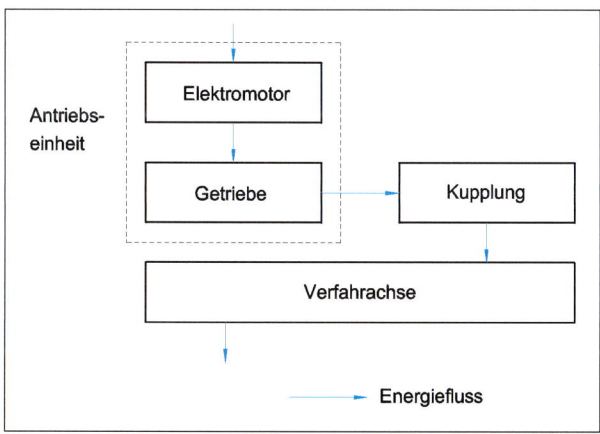

1 Antriebseinheit, systemtechnische Betrachtung

Die *Kupplung* ist aufgrund ihrer Baugröße als Kaufteil nicht zu beziehen und muss gefertigt werden.

Vor jeder Fertigung steht die *Fertigungsplanung*, die alle Maßnahmen der Planung zur Erstellung eines Produktes festlegt.

Die *Fertigungsplanung* erfolgt in zwei Schritten.

1. Schritt: Bedarfsplanung
Im *Bedarfsplan* werden die Mittel, die zur Fertigung des Produktes benötigt werden, festgelegt. Diese sind:

a) *Material:* Halbzeuge; Normteile; Hilfsmittel usw.
b) *Personal:* Qualifikation und Anzahl der Arbeitskräfte
c) *Betriebsmittel:* Art und Anzahl der Werkzeugmaschinen; Prüfmittel usw.

2. Schritt: Ablaufplanung
Die *Ablaufplanung* umfasst das Erstellen des Arbeitsplanes und des Zeitplanes.
a) *Arbeitsplan:*
Auflistung der Arbeitsschritte in logischer Reihenfolge; Arbeitssysteme; Betriebsmittel; Zeitangabe usw.
b) *Zeitplan:*
Zeitbedarf für die Arbeitsgänge vom Ausgangszustand bis zum Zielzustand.

Für die Erstellung der Pläne zur Fertigungsplanung stehen meist folgende organisatorische Unterlagen zur Verfügung.

– *Konstruktionszeichnungen:* Werkstückform; Montagehinweise
– *Stücklisten:* Benennung; Kaufteile; Halbzeuge; Abmessungen
– *Betriebsmittelkartei:* Vorhandene Werkzeugmaschinen; vorhandene Werkzeuge; vorhandene Hilfsmittel usw.

info

Bedarfsplanung für die Kupplung 02.01.2100

Planungsunterlagen
Baugruppenzeichnung Kupplung 02.01.2100
Stückliste Kupplung 02.01.2100
Teilzeichnung Kupplungsflansch 02.01.2101
Teilzeichnung Kupplungsflansch 02.01.2102

A) Material
a) Halbzeuge

Benennung	Sachnummer	Menge	Normbezeichnung
Kupplungsflansch	02.01.2101	1	Rd DIN EN 754 - 3 - EN AW - 2007 - 50 × 39,5
Kupplungsflansch	02.01.2102	1	Rd DIN EN 754 - 3 - EN AW - 2007 - 50 × 20

b) Normteile

Benennung	Abmessung	Menge	Normbezeichnung
Passschraube	M5 × 25	2	Passschraube DIN 609 - M5 × 0,8 × 25 - 8,8
Mutter	M5	2	Sechskantmutter ISO 4032 - M5 - 8
Spannstift	5 × 25	1	Spannstift ISO 13337 5 × 25 - St

B) Personal
Die Kenntnisse für einfache Dreh- und Fräsarbeiten müssen vorhanden sein.

C) Betriebsmittel
a) Werkzeugmaschinen

Fertigungsverfahren	Werkzeugmaschine	Bemerkungen
Drehen	Drehmaschine CNC-Drehmaschine	vorhanden vorhanden
Fräsen	CNC-Fräsmaschine	vorhanden
Sägen	Bügelsäge	vorhanden
Bohren	Säulenbohrmaschine Tischbohrmaschine	vorhanden vorhanden
Räumen	Räummaschine	nicht vorhanden

Hinweis
Können Bearbeitungen, wie das Räumen der Passfedernut nicht durchgeführt werden, muss ein *Lohnauftrag* vergeben werden.

Fortsetzung auf Seite 10.

englisch

Planung
project work

Fertigung
fabrication, manufacture, production

Antriebseinheit
drive unit

Kupplung
clutch, coupling

Zeitplan
schedule

Passschraube
fitting screw

Mutter
nut

Bedarfsplanung

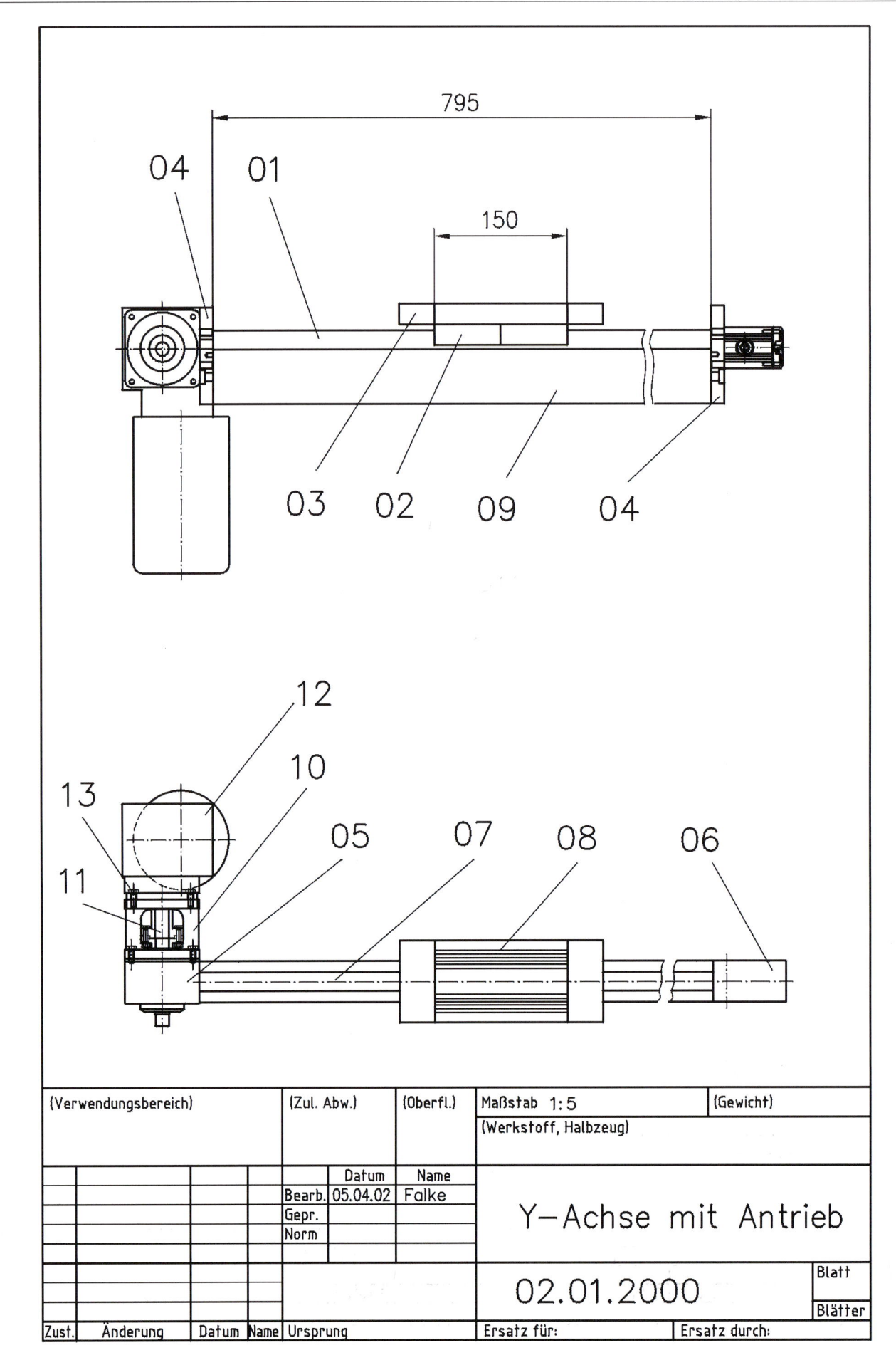

1 Y-Achse mit Antrieb

1 Planung und Organisation von Arbeitsabläufen

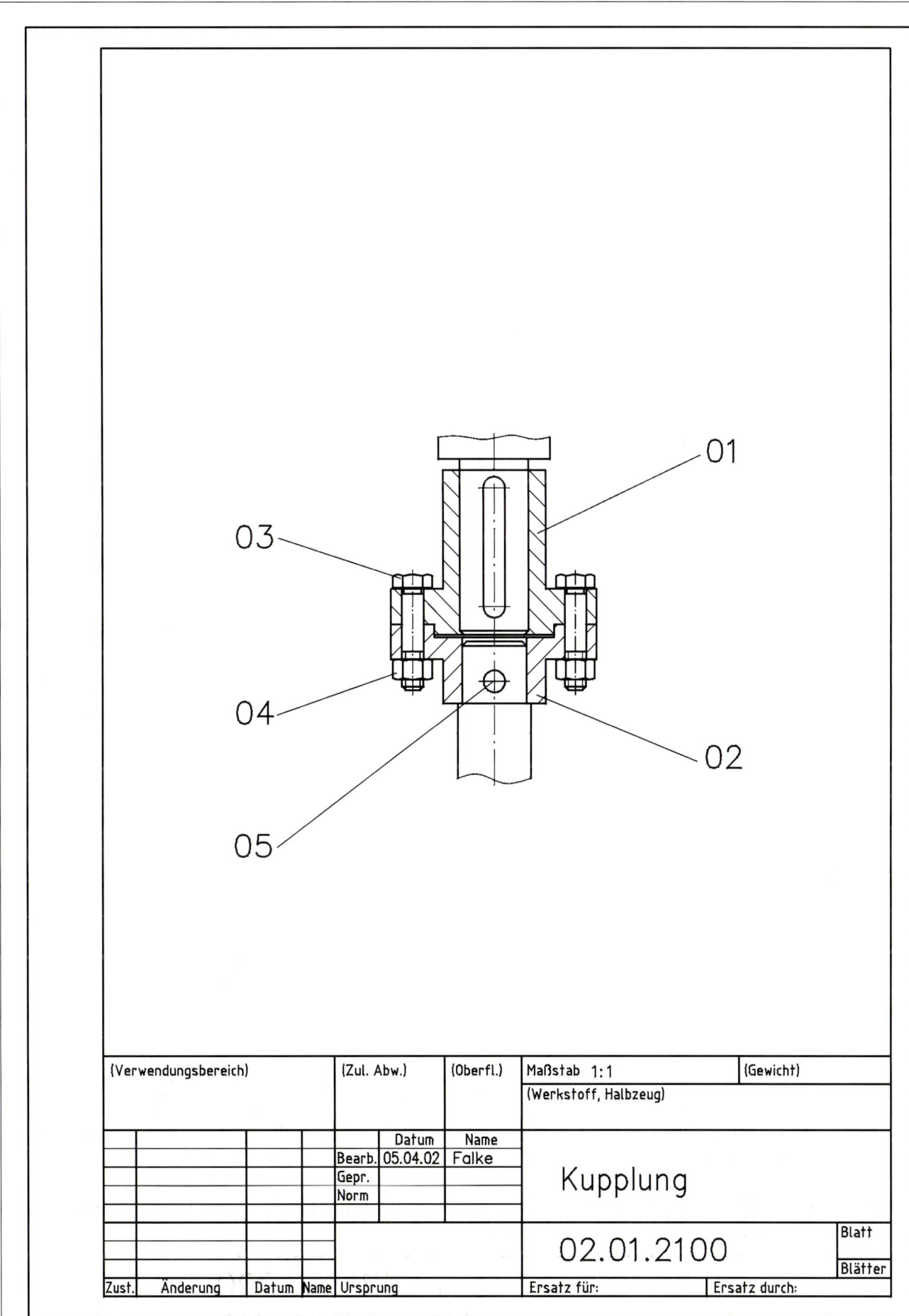

1 Kupplung

Bedarfsplanung

Pos.	Menge	Einheit	Benennung	Sachnummer/Normb.	Bemerkung
01	1	Stck.	Kupplungsflansch	02.01.2101	
02	1	Stck.	Kupplungsflansch	02.01.2102	
03	2	Stck.	Passschraube	M5x0,8x25 DIN 609	8,8
04	2	Stck.	Mutter	M5-8 ISO 4032	
05	1	Stck.	Spannstift	5x25 – St ISO 13337	

	Datum	Name	
Bearb.	05.04.02	Falke	Stückliste Kupplung
Gepr.			
Norm			02.01.2100

Zust.	Änderung	Datum	Name	Ursprung	Ersatz für:	Ersatz durch:

1 Planungsunterlagen: Kupplung, Stückliste Kupplung

1 Planung und Organisation von Arbeitsabläufen

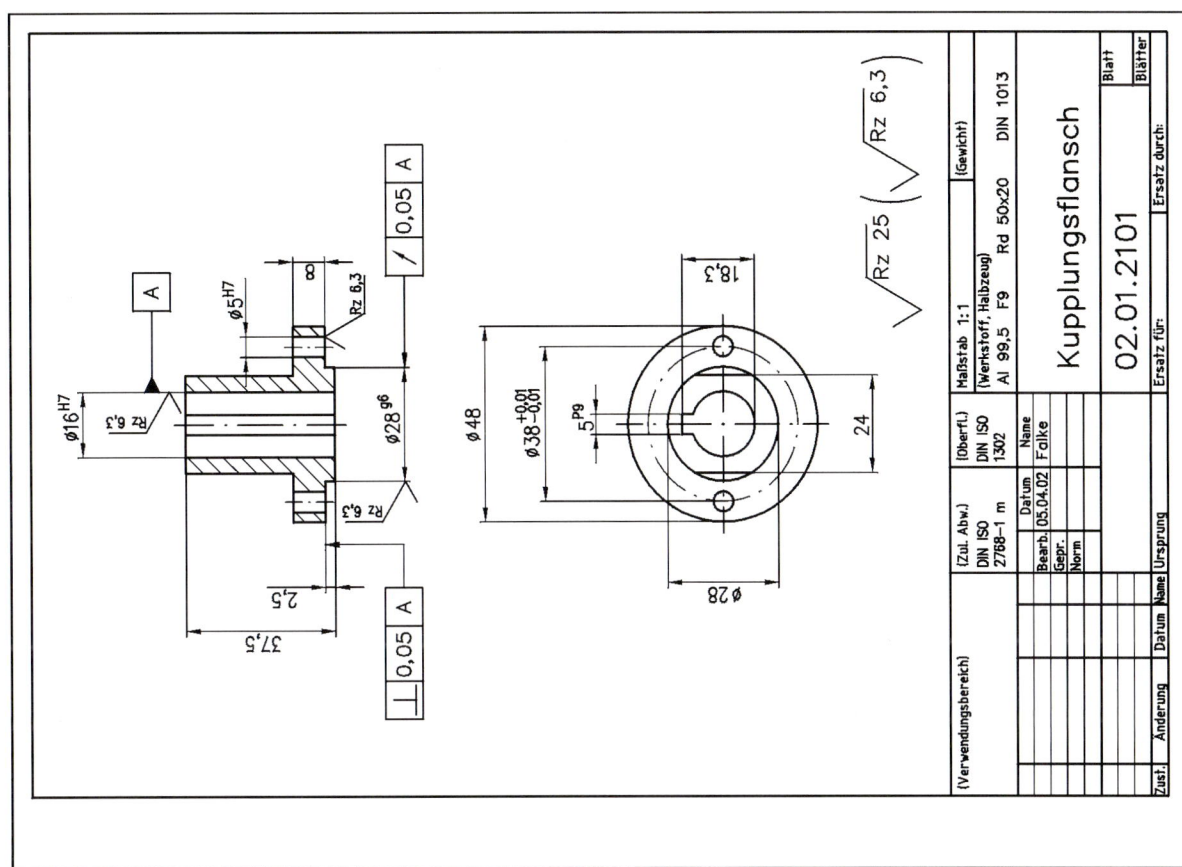

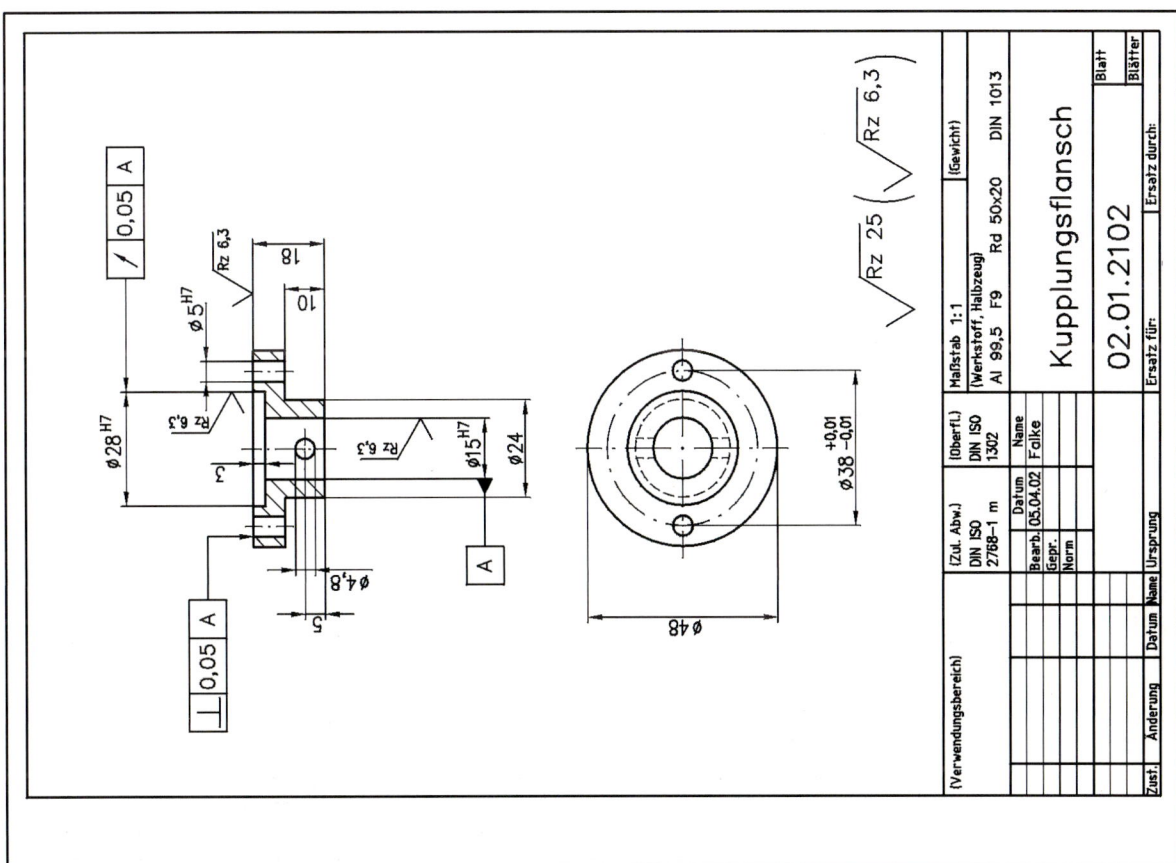

1 Planungsunterlagen: Kupplungsflansch

Bedarfsplanung

info

b) Werkzeuge

Fertigungsverfahren	Werkzeug
Bohren	Bohrer DIN 338 - 4,8 - HSS Bohrer DIN 338 - 14.8 - HSS
Reiben	Reibahle DIN 212 - 5H7 - HSS Reibahle DIN 212 - 16H7 - HSS
Drehen	Schruppmeißel - CNMG 090 300 - QF Schlichtmeißel - DCMT 070 200 - UF
Fräsen	Fräser DIN 1880 - 63N - HSS

Hinweis
Die Dreh- und Fräswerkzeuge befinden sich im Werkzeugwechsler der CNC-Werkzeugmaschine.

c) Prüfmittel

Prüfgröße	Prüfmittel
Ø 16H7 Ø 5H7 Ø 28H7 Ø 15H7 Ø 28g6 Ø 38 ±0,01	Grenzlehrdorn Ø 16H7 Grenzlehrdorn Ø 5H7 Grenzlehrdorn Ø 28H7 Grenzlehrdorn Ø 15H7 Bügelmessschraube Digitaler Messschieber
⊥ 0.05 A	Prüfeinrichtung Messuhr
∕ 0,05 A	Prüfeinrichtung Messuhr

Hinweis
Die Formulare der Bedarfsplanung können mit einer Tabellenverarbeitungs-Software erstellt werden.

Die *Montage der Kupplung* erfolgt in der Anlage. Dazu werden folgende Betriebsmittel benötigt.

Arbeitsgang	Betriebsmittel
Kupplungsflansch 02 verstiften	Bohrer DIN 338 - 4,8 - HSS Reibahle DIN 212 - 5H7 - HSS
Kupplungsflansch 01 fügen	Schonkammer
Kupplungsflansche verbinden	Maulschlüssel DIN 3110 - 8

englisch

Spannstift – spring pin
Werkzeug – tool
Werkzeugmaschine – machine tools
Halbzeug – semi finished material
Zeichnung – drawing
Teilzeichnung – detail drawing
Lagerbolzen – bearing pin
Rüstzeit – setup time
Losgröße – batch size
Vorschub – feed
Vorschubgeschwindigkeit – feed rate
Zylinder – cylinder

anwendungen

1. Führen Sie im Vorfeld der Fertigung der Prüfstation (02.01.6000), Seite 94, eine Bedarfsplanung durch, indem Sie die folgenden Fragen beantworten.
Planungsunterlagen:
– Prüfstation 02.01.6000 (Bild 1, Seite 11)
  Stückliste Prüfstation 02.01.6000 (Bild 1, Seite 11)
a) Welche Halbzeuge müssen für die Fertigung zur Verfügung gestellt werden?
b) Welche Normteile bzw. Kaufteile müssen beschafft werden?
c) Welche Fertigungsverfahren müssen zur Fertigung eingesetzt werden?
d) Können Sie die Fertigung in der Werkstatt Ihrer Berufsschule durchführen?
e) Können Sie mit Hilfe der bereitgestellten Unterlagen eine optimale Bedarfsplanung durchführen? Begründen Sie Ihre Antwort.

2. Die Herstellung der Z-Achse mit Greifer soll in der Werkstatt der Berufsschule erfolgen. Die folgenden Planungsunterlagen stehen Ihnen zur Verfügung:
Baugruppenzeichnung: Z-Achse mit Greifer 02.01.5000
Stückliste: Z-Achse mit Greifer 02.1.5000
Teilezeichnung: Platte 02.01.5001
Teilezeichnung: Halter 02.01.5002
Teilezeichnung: Greifbacke 02.01.5003
Führen Sie eine Bedarfsplanung für die Fertigung durch, indem Sie die Mittel für die Fertigung festlegen.
a) Welche Materialien werden eingesetzt?
b) Welche Betriebsmittel werden eingesetzt?
c) Welche Qualifikationen muss das Personal besitzen, um die Fertigung durchzuführen?

Die Planungsunterlagen finden Sie auf den Seiten 12 bis 16.

3. Führen Sie für die folgenden betrieblichen Aufträge eine Bedarfsplanung durch, indem Sie eine Materialliste erstellen.
a) Für einen Drehstrommotor mit Käfigläufer
   132 M   7,5 kW   1450 $\frac{1}{min}$ 15,6 A
soll eine automatische Stern-Dreieck-Schützsteuerung entwickelt werden.
b) Die Dahlanderschaltung mit dem Motor
   132 M   3,5/6,0 kW   710/1420 $\frac{1}{min}$ 11/13 A
soll eine Schützsteuerung erhalten.
c) Ein Einphasen-Wechselstrommotor mit Betriebskondensator
   90 L   1,25 kW   1380 $\frac{1}{min}$ 8,5 A
soll mit Hilfe einer Schützsteuerung drehrichtungsumkehrbar sein.

4. Sie erhalten den betrieblichen Auftrag, den dargestellten Lagerbolzen (Bild 1, Seite 17) herzustellen.
Führen Sie für die Fertigung eine Bedarfsplanung durch.
Beachten Sie dabei die Vorgehensweise im Informationsteil.

1 Planung und Organisation von Arbeitsabläufen

anwendungen

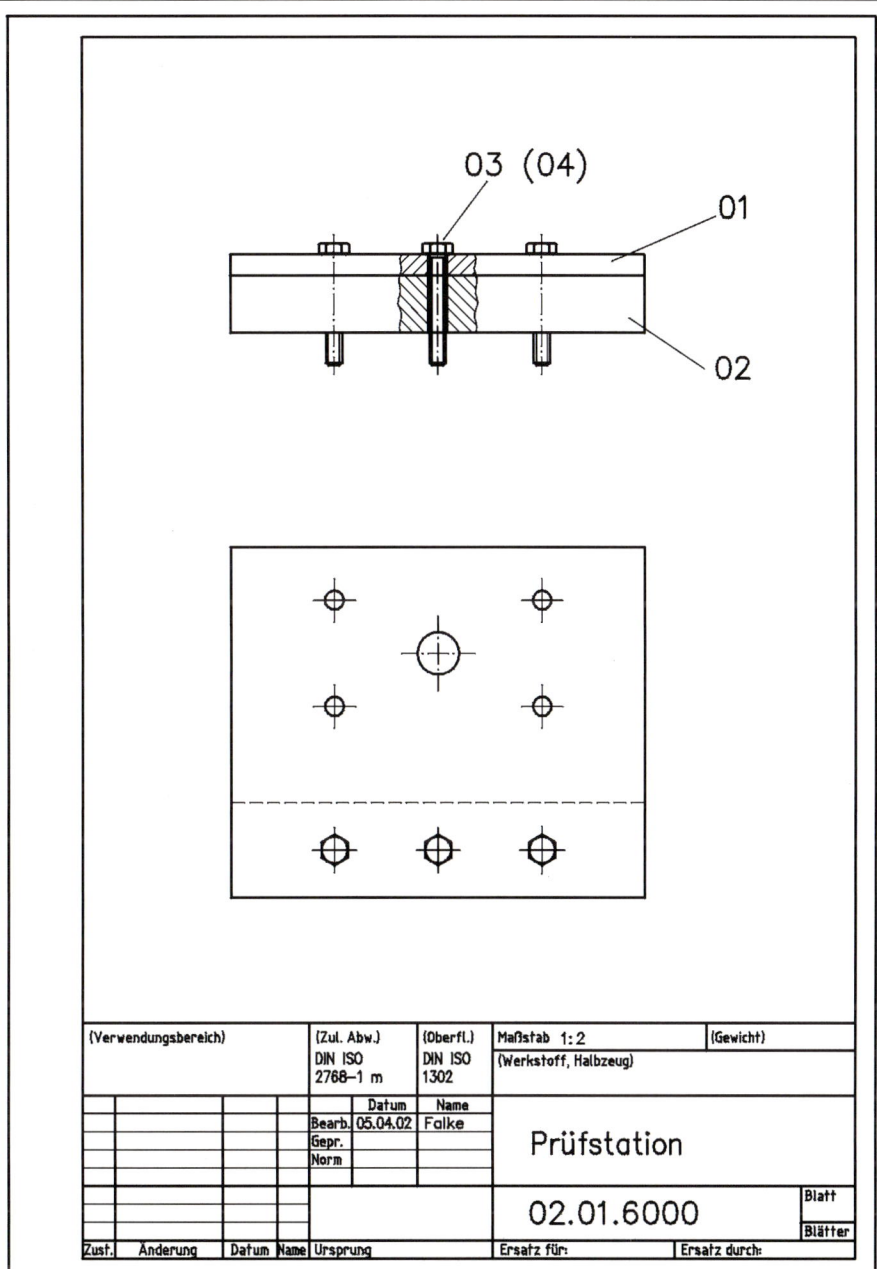

1 Prüfstation zu Aufgabe 1, Seite 10

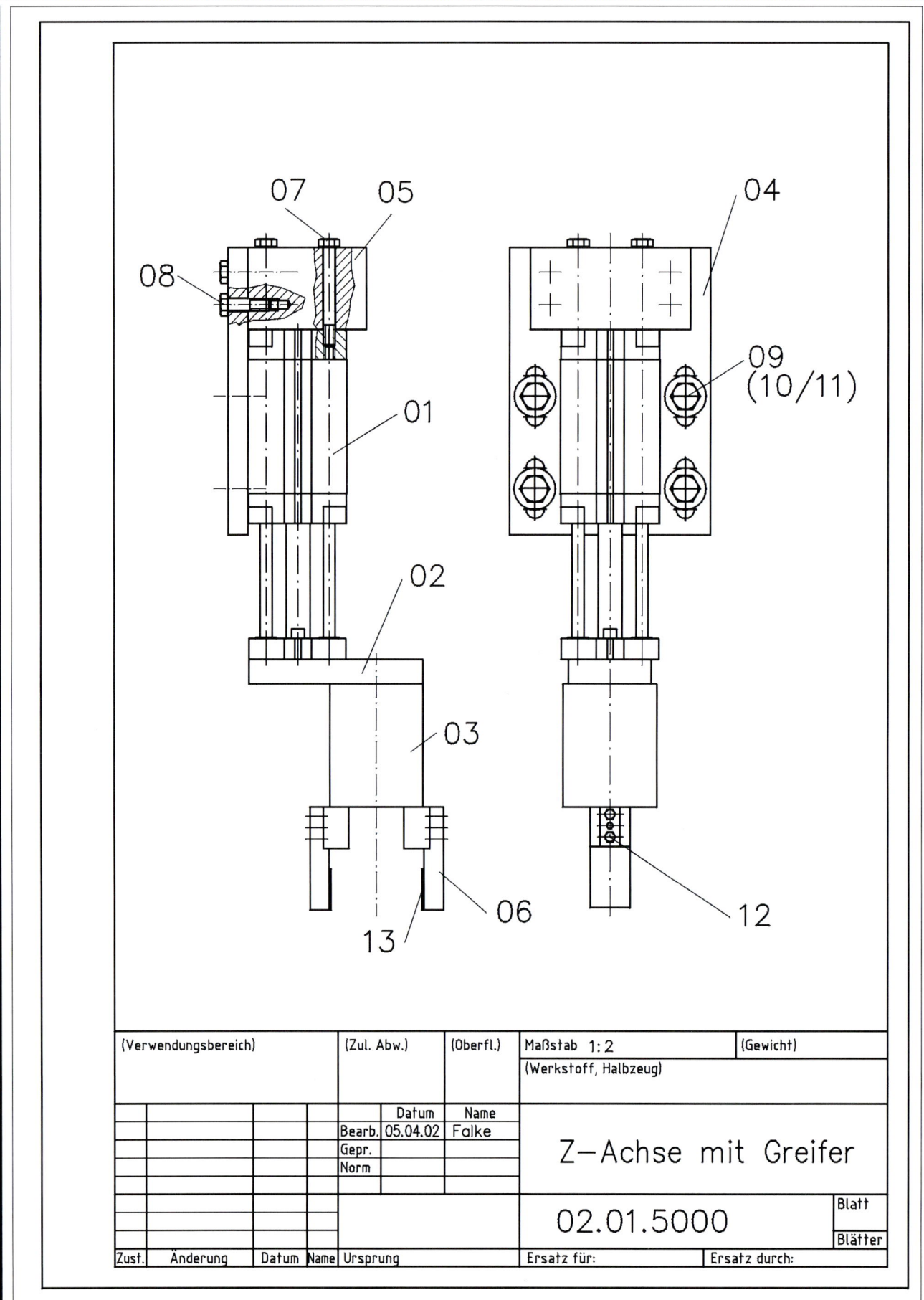

1 Z-Achse mit Greifer zu Aufgabe 2, Seite 10

1 Planung und Organisation von Arbeitsabläufen

anwendungen

Pos.	Menge	Ein-heit	Benennung	Sachnummer/Norm-Kurzbezeichnung	Bemerkung
01	1	Stck.	Compaktzylinder 32x50	Festo Nr :156881 Typ: ADVUL-32-50-P-A	
02	1	Stck.	Parallelgreifer 16	Festo Nr :161826 Typ: HGP-16-A	
03	1	Stck.	Adapterbausatz	Festo Nr :163263 Typ: HAPG-14	
04	1	Stck.	Platte	02.01.5001-BL 10x102x142 -DIN EN 485-4-Al 99,5	
05	1	Stck.	Halter	02.01.5002-FL 80x40x62-DIN 1017- Al 99.5	
06	2	Stck.	Greifbacke	02.01.5003-BL 10x51x22-DIN EN 485-4 - Al 99,5	
07	4	Stck.	Sechskantschraube	M6 x 50 - ISO 4017 - 8.8	
08	4	Stck.	Sechskantschraube	M6 x 20 - ISO 4017 - 8.8	
09	4	Stck.	Sechskantschraube	M8 x 20 - ISO 4017 - 8.8	
10	4	Stck.	Scheibe	D8 - DIN 125 - 8.8	
11	4	Stck.	Hammermutter M8	Bosch 3 842 519 317	
12	4	Stck.	Zylinderschraube	M4 x 16 - ISO 4762 - 8.8	
13	2	Stck.	Gummiplatte	Platte 1x35x25 - EPDM - 60 Shore	

Bearb. 24.05.02 Falke

Stückliste
Z-Achse mit Greifer

02.01.5000

1 Stückliste zu Aufgabe 2, Seite 10

14 Bedarfsplanung

anwendungen

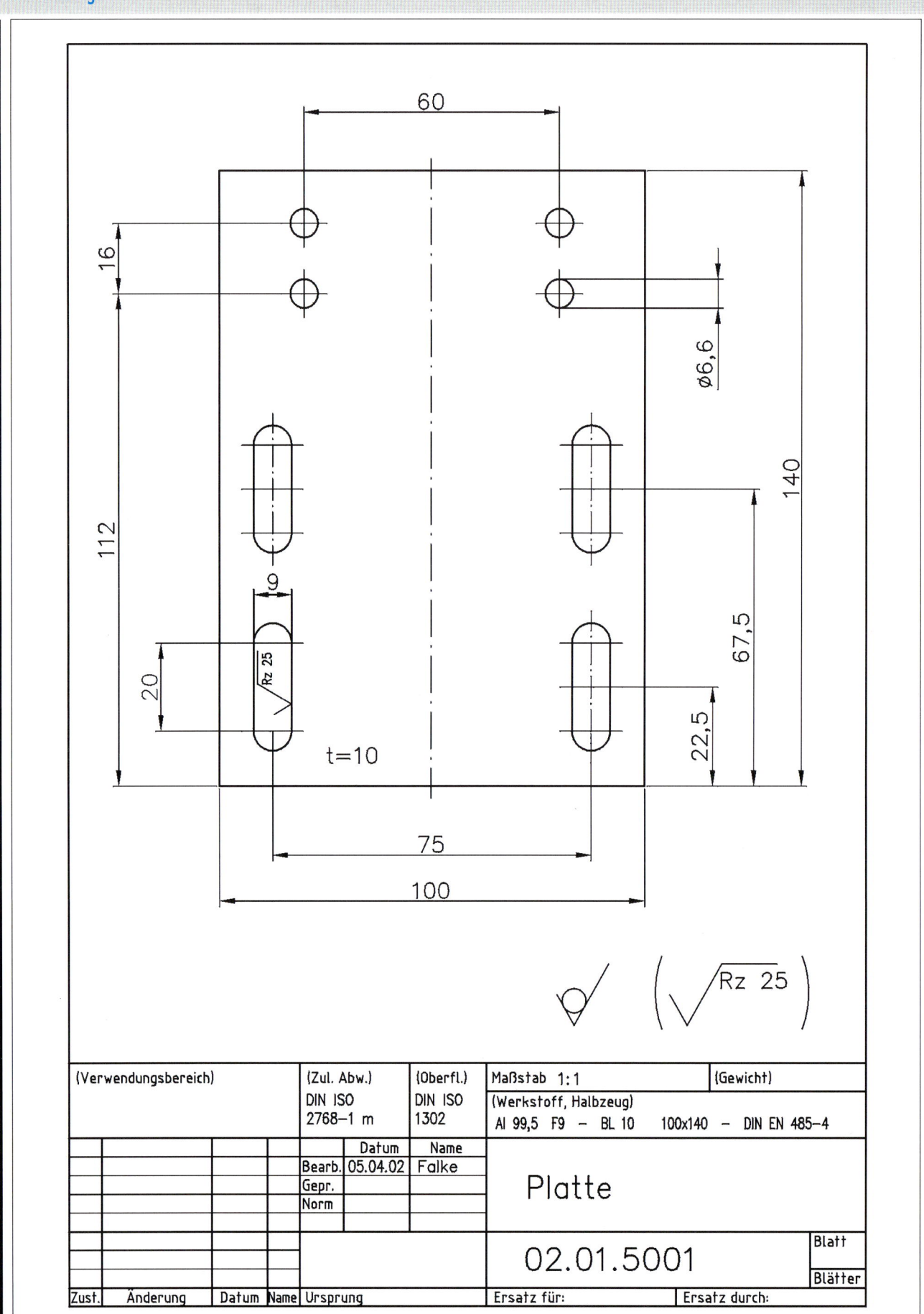

1 Platte zu Aufgabe 2, Seite 10

1 Planung und Organisation von Arbeitsabläufen

anwendungen

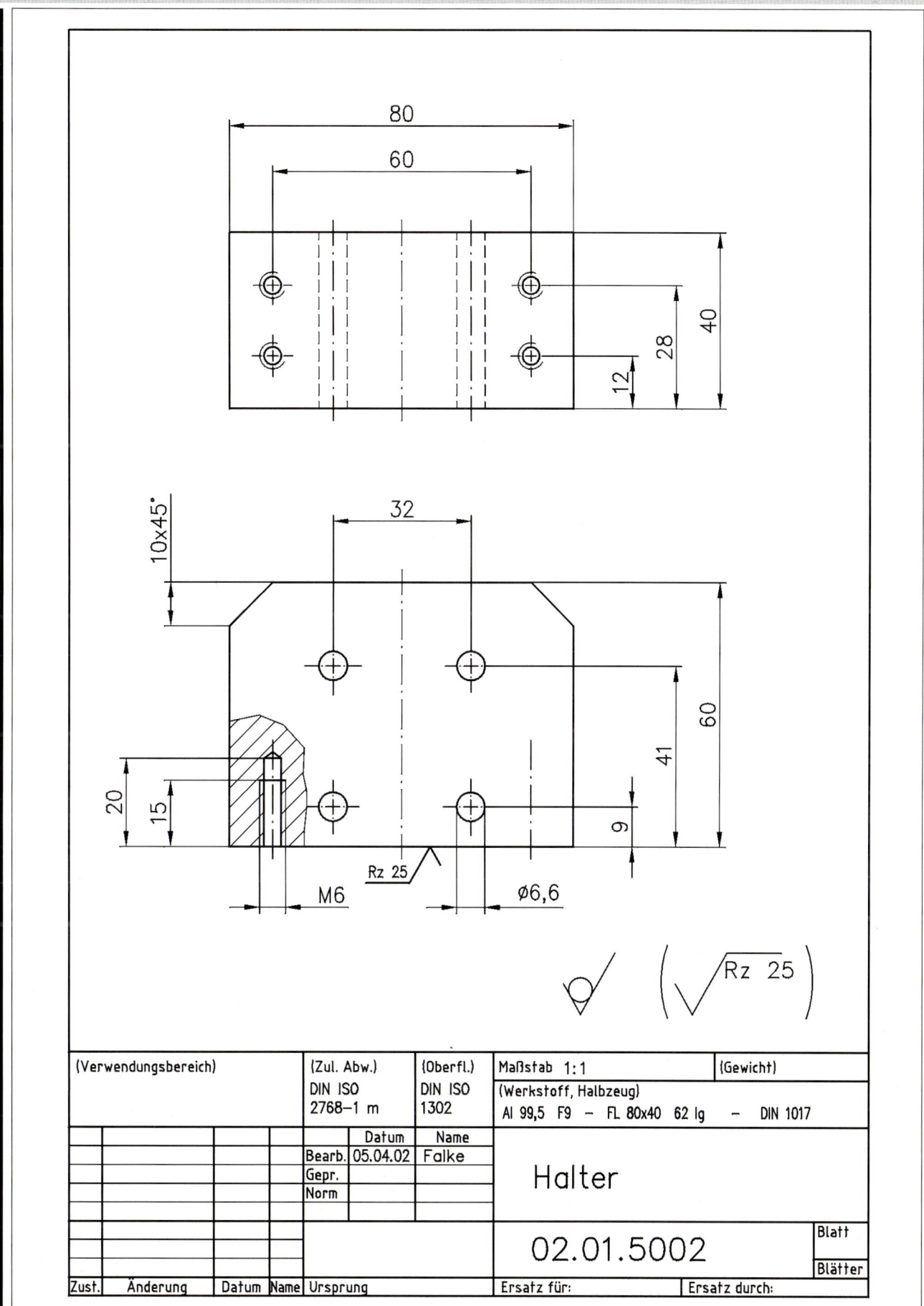

1 Halter zu Aufgabe 2, Seite 10

16 Bedarfsplanung

anwendungen

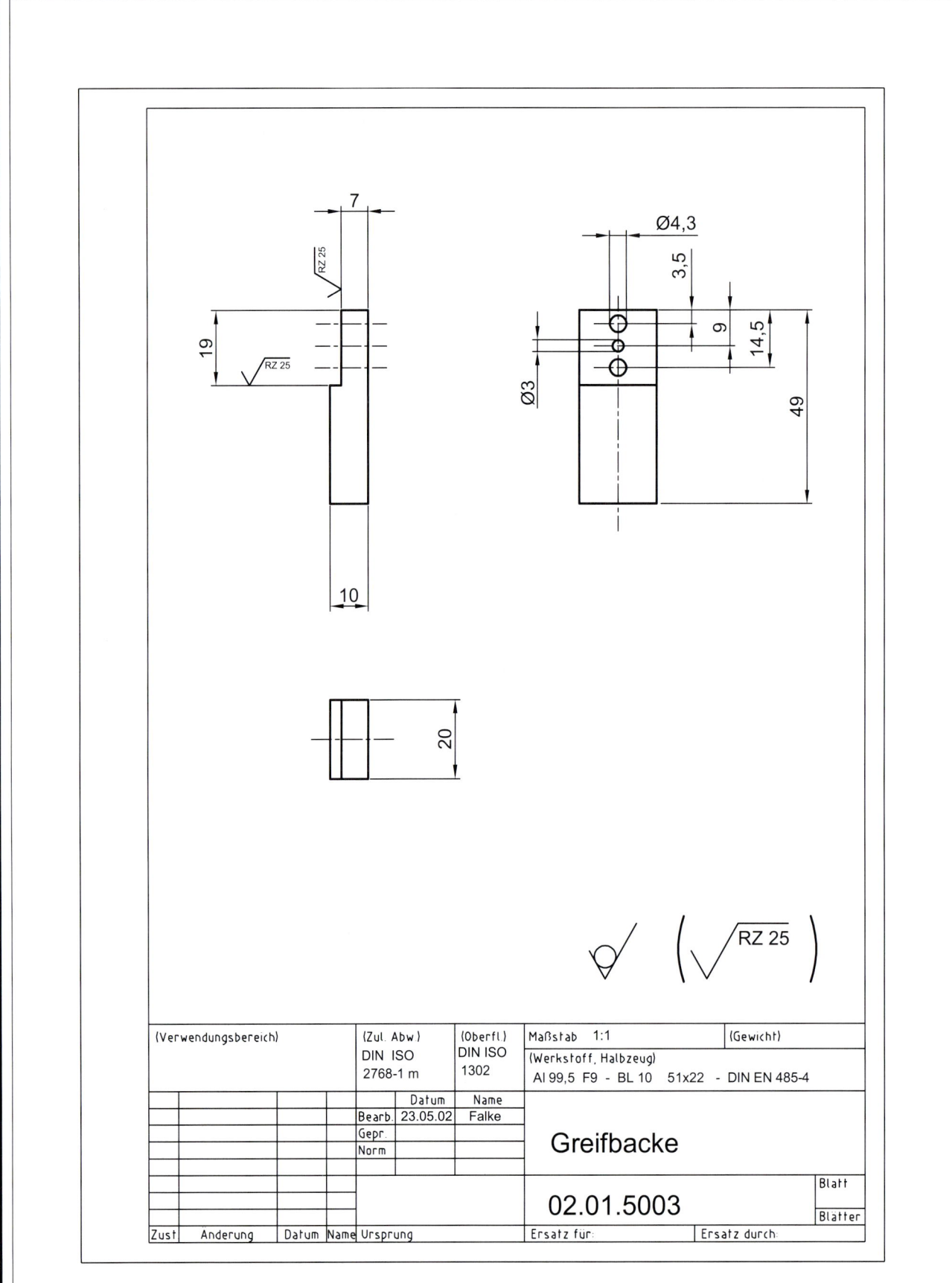

1 Greifbacke zu Aufgabe 2, Seite 10

1 Planung und Organisation von Arbeitsabläufen

anwendungen

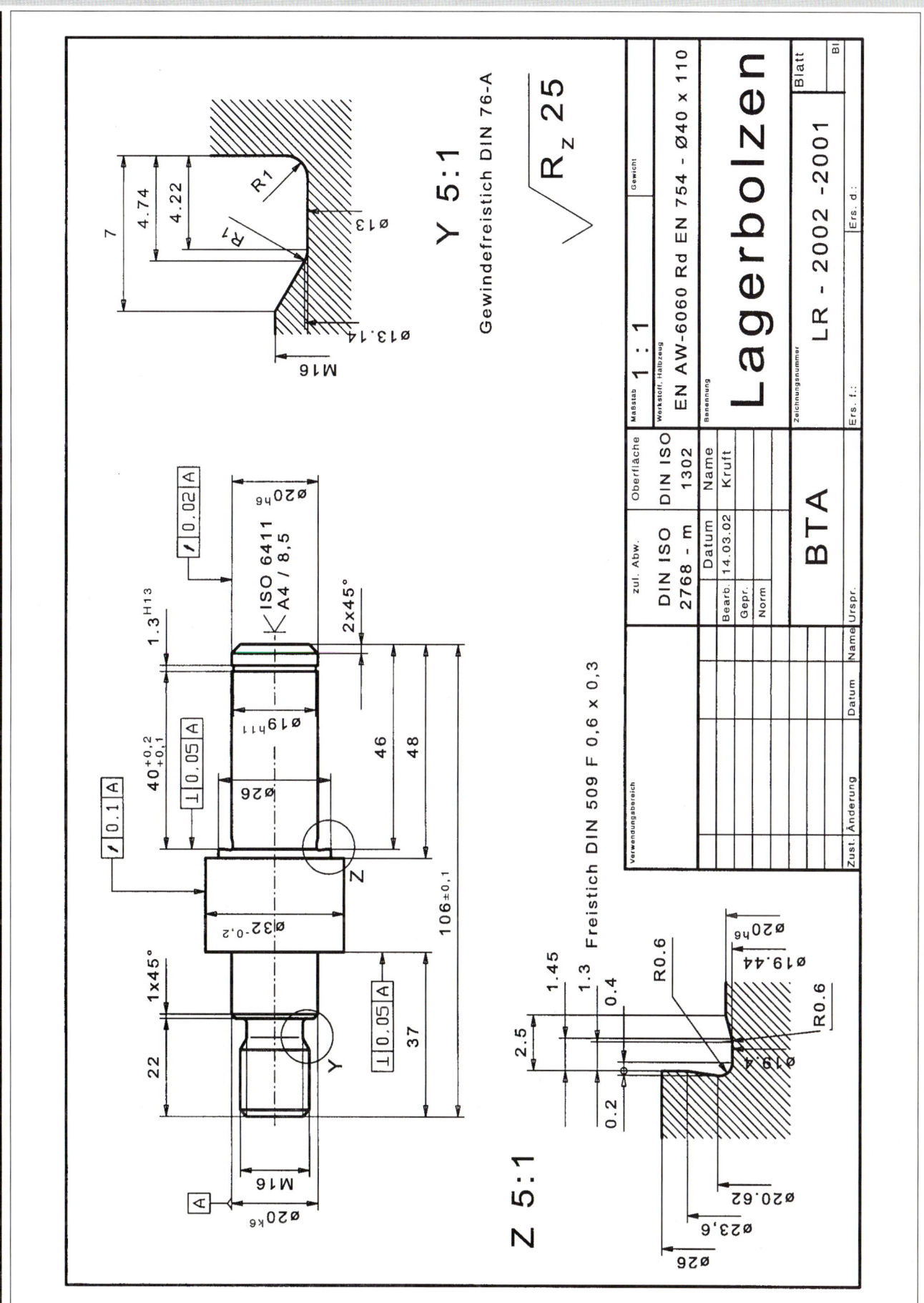

1 Lagerbolzen zu Aufgabe 4, Seite 10

1.2 Ablaufplanung

info

Planungsunterlagen

Zu den Unterlagen für die *Bedarfsplanung* kommen nun noch die *Ergebnisse der Bedarfsplanung* hinzu. Diese sind:
 – Materialliste
 – Liste der Betriebsmittel

Der *Ablaufplan* beschreibt die Erstellung eines Produktes laut Arbeitsauftrag vom Ausgangszustand bis zum Endzustand.

Der *Arbeitsplan* beschreibt die Fertigung von Bauelementen oder die Montage von Bauelementen zu Teilsystemen oder Systemen. Aufgezeigt wird die *sinnvolle Reihenfolge* der Arbeitsschritte, die einzusetzenden *Betriebsmittel*, die einzustellenden *Technologiedaten* und evtl. eine *Zeitangabe* für den jeweiligen Arbeitsschritt.

Ein *Zeitplan* lässt sich für den Ablaufplan und Arbeitsplan erstellen. Aus den Zeitangaben der Arbeitsschritte bestimmt man die *Auftragszeit* für eine Fertigung oder Montage.

Die Summe der einzelnen *Auftragszeiten* ergibt die Gesamtzeit für die Erstellung eines Produktes. *Zeitpläne* werden meist als *Balkendiagramm* in *Fristenplänen* dargestellt.

A) Ablaufplan

Arbeitsauftrag:
Die Abtriebswelle *Antriebseinheit* und die Antriebswelle *Verfahrachse* ist mit einer Kupplung nach Zeichnung 02.01.2100 zu verbinden.

Ausgangszustand
Baugruppenzeichnung und Teilezeichnungen der Kupplung

Zielzustand
Fertigungsplanung für den Arbeitsauftrag

Auszuführende Tätigkeit	Arbeitssystem	Dauer
Materialdisposition Halbzeuge; Normteile	Planungsbüro	2 h
Kupplungsflansch 01 fertigen Halbzeug ablängen Kupplungsflansch drehen Kupplungsflansch fräsen Kupplungsflansch bohren Kupplungsflansch räumen Kupplungsflansch prüfen	Materiallager Dreherei Fräserei Bohrerei Fremdfertigung Prüflabor	0,5 h 2 h 2 h 1 h 3 Tage 3 h
Kupplungsflansch 02 fertigen Halbzeug ablängen Kupplungsflansch drehen Kupplungsflansch bohren Kupplungsflansch prüfen	Materiallager Dreherei Bohrerei Prüflabor	0,5 h 2 h 1 h 3 h
Kupplung montieren Kupplungsflansch 02 verstiften Kupplungsflansch 01 fügen Kupplungsflansche verbinden	Anlage; Bohrerei Anlage Anlage	1 h 1 h 1 h
Funktionsprobe	Anlage	1 h

Hinweis: Die Zeitdauer ist geschätzt.

B) Arbeitsplan

Für die Fertigung der Kupplungsflansche und die Montage müssen *Arbeitspläne* erstellt werden.

Die einzustellenden Technologiedaten werden in Abhängigkeit der Werkstoffe des Wirkpaares aus Tabellenwerken ermittelt.

Für die Fertigung des Kupplungsflansches 02.01.2101 (Seite 9) soll beispielhaft ein Arbeitsplan erstellt werden.

---

1. Arbeitsablauf grob festlegen
2. Technologiedaten bestimmen
3. Ablaufschritte festlegen

1. Arbeitsablauf grob
  Halbzeug ablängen
  Drehen
  Fräsen
  Bohren
  Räumen

2. Technologiedaten

Werkstoff: Kupplungsflansch
Rd DIN EN 754 - 3 - EN AW - 2007 - 50 × 45
Rundstange gezogen – Aluminium-Knetlegierung

$$R_m = 340 \frac{N}{mm^2}$$

$$R_{po,2} = 220 \frac{N}{mm^2}$$

$$A_{50} = 6\%$$

Werkstoff: Werkzeuge
  Drehen: Hartmetall - Wendeschneidplatten
  Fräsen: Schnellarbeitsstahl
  Bohren: Schnellarbeitsstahl
  Reiben: Schnellarbeitsstahl

Drehen:
$$v_c = 600 \frac{m}{min}$$
$f = 0{,}1$ bis $0{,}6$ mm
$a_p = 0{,}3$ bis 6 mm
$a_p = 0{,}1$ mm (Schlichten)

Fräsen:
$$v_c = 270 \frac{m}{min}$$
$f_Z = 0{,}06$ bis $0{,}23$ mm $f_Z \stackrel{\wedge}{=}$ Vorschub pro Zahn

Bohren:
$$v_c = 90 \frac{m}{min}$$
$f = 0{,}16$ bis $0{,}2$ mm, Bohrerdurchmesser $4{,}8$ mm
$f = 0{,}4$ bis $0{,}63$ mm, Bohrerdurchmesser $15{,}8$ mm

Reiben:
$$v_c = 20 \frac{m}{min}$$
$f = 0{,}4$ bis $0{,}63$ mm

Hinweis
Die Technologiedaten sind dem Tabellenbuch entnommen.
Sie müssen in der Praxis mit den Daten der Werkzeughersteller und den Erfahrungswerten des Betriebes abgeglichen werden.

3. Arbeitsplan
Die Auflistung der Arbeitsschritte erfolgt im Formular „Arbeitsplan" (Bild 1, Seite 19).

Hinweise
Die geforderten *Form- und Lagetoleranzen* sowie die geforderte *Maßhaltigkeit* führten zu der Entscheidung, den Kupplungsflansch auf CNC-Werkzeugmaschinen zu fertigen. Die gewählten Technologiedaten beruhen auf betrieblichen Erfahrungswerten.

1 Planung und Organisation von Arbeitsabläufen

info

Berufskolleg für Technik Ahaus	Arbeitsplan			Benennung	Kupplungsflansch	Name	Kruft
	Blatt 1	von 1		Zeichnungs-Nr.	02.01.2101	Klasse	Mechatroniker
☒ Einzelteil	☐ Demontage			Werkstoff	Rd DIN EN 754 - 3 - EN AW - 2007	Austelldatum	25. Mai 02
						Auftrags-Nr.	Projekt 2002
☐ Montage	☐			Stückzahl	1	Termin	18.07.2002

Lfd. Nr.	Arbeitsvorgang	Arbeitsplatz	Arbeitsmittel	Arbeitswerte / Bemerkungen
1	Halbzeug ablängen	Materiallager	Säge	
2	Drehen	Mechanische Werkstatt Drehen	CNC - Drehmaschine	
	1. Aufspannung			
	Plandrehen - Stirnseite		Schruppmeißel - CNMG 090 300 - QF	Schruppen: $v_c = 200$ m/min; $f = 0{,}6$ mm; $a_p = 2{,}5$ mm
	Längsdrehen - Ø 28 x 27		Schlichtmeißel - DCMT 070 200 - UF	Schlichten: $v_c = 250$ m/min; $f = 0{,}1$ mm; $a_p = 0{,}1$ mm
	Plandrehen - Ø 28 auf Ø 50			
	2. Aufspannung:			
	Plandrehen - Stirnseite			
	Längsdrehen - Ø 48 x 10,5			
	Längsdrehen - Ø 28$_{g6}$ x 2,5			
	Plandrehen - Ø 28 auf Ø 48			
	Bohren - Ø 15,8		Bohrer DIN 338 - 15,8 - HSS	Bohren: $v_c = 90$ m/min; $f = 0{,}2$ mm
	Reiben - Ø 16 ^{H7}		Reibahle DIN 212 - C 16 - HSS-E	Reiben: $v_c = 20$ m/min; $f = 0{,}1$ mm
3	Fräsen	Mechanische Werkstatt Fräsen	CNC - Fräsmaschine	
	1. Aufspannung			
	Seitenfläche 1 fräsen		Fräser DIN 1880 - 63 N - HSS	Schruppen: $v_c = 200$ m/min; $f_z = 0{,}2$ mm
	2. Aufspannung:			Schlichten:
	Seitenfläche 2 fräsen			$v_c = 250$ m/min; $f_z = 0{,}06$ mm
	3. Aufspannung			
	Bohren - Ø 4,8		Bohrer DIN 338 - 4,8 - HSS	Bohren: $v_c = 90$ m/min; $f = 0{,}1$ mm
	Reiben - Ø 5 ^{H7}		Reibahle DIN 212 - C 5 - HSS-E	Reiben: $v_c = 20$ m/min; $f = 0{,}1$ mm
4	Räumen			Fremdfertigung

1 Kupplungsflansch, Arbeitsplan

Ablaufplanung

anwendung

1. Erstellen Sie die Arbeitspläne für die dargestellten Werkstücke.
   a) Distanzstück 02. 01. 6002   b) Greifbacke 02. 01. 5003   c) Lagerbolzen LR - 2002 - 2001
   d) Kupplungsflansch 02. 01. 2102

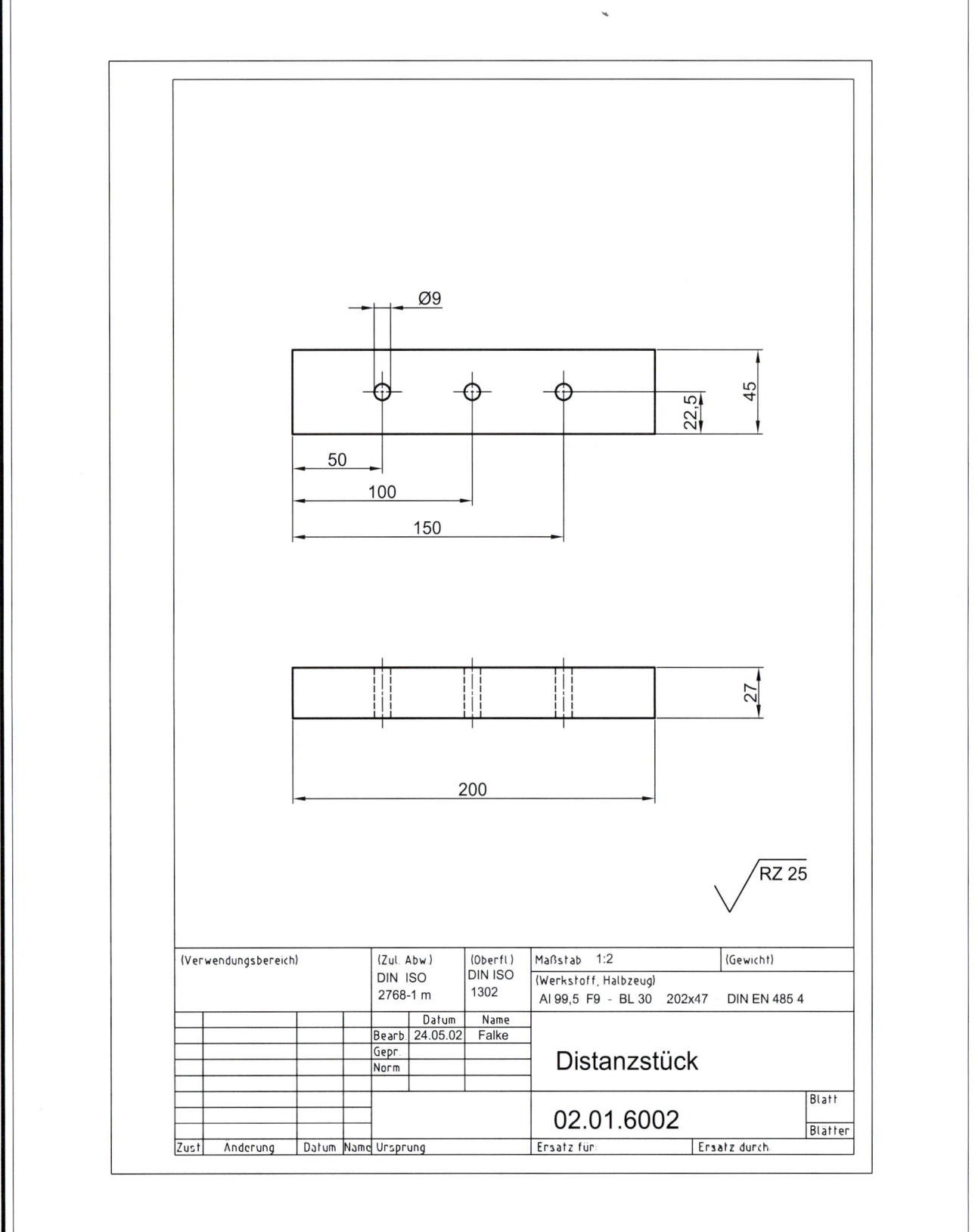

1 Distanzstück zu Aufgabe 1a

1 Planung und Organisation von Arbeitsabläufen

anwendung

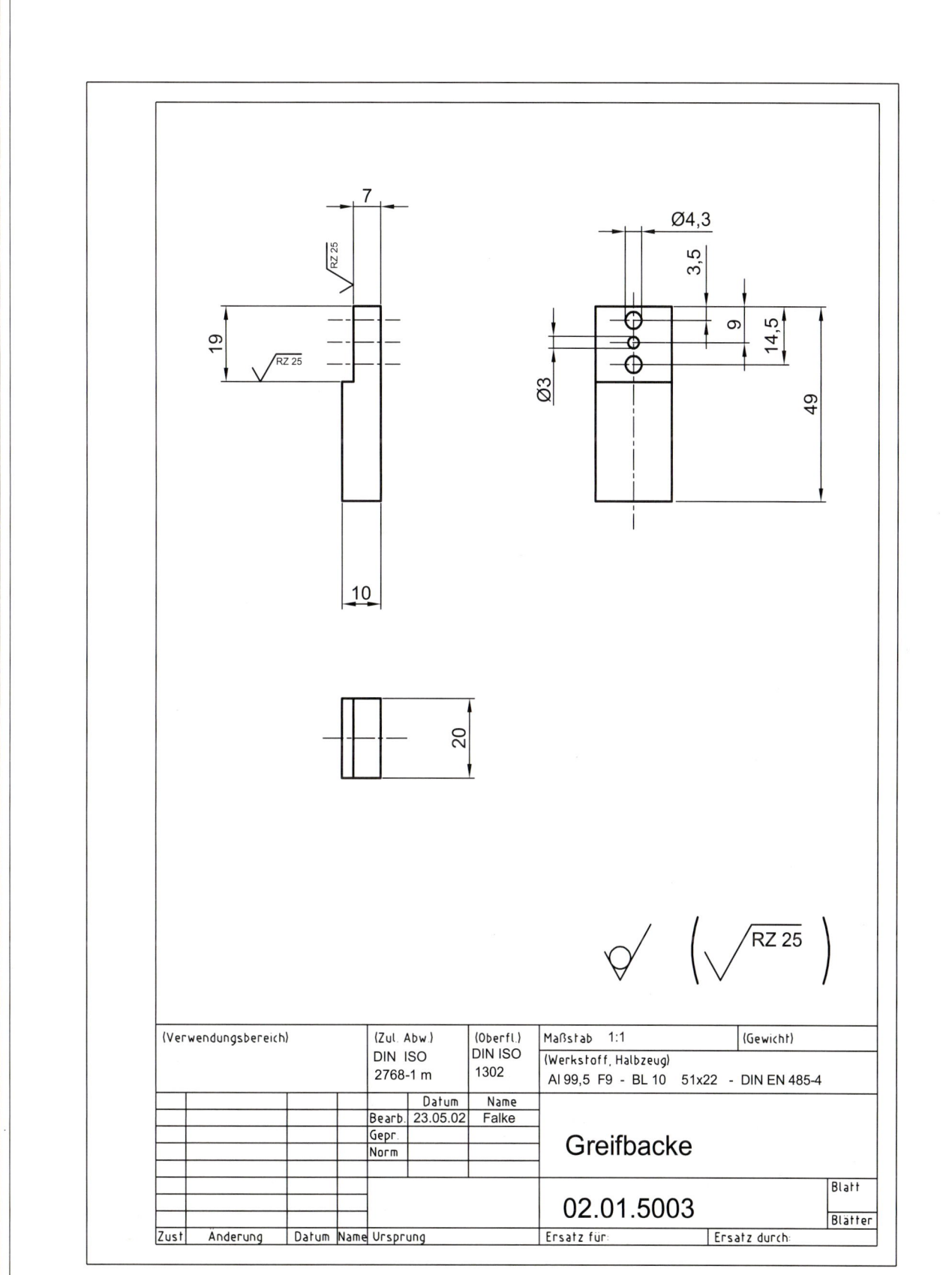

1 Greifbacke zu Aufgabe 1b, Seite 20

Ablaufplanung

anwendung

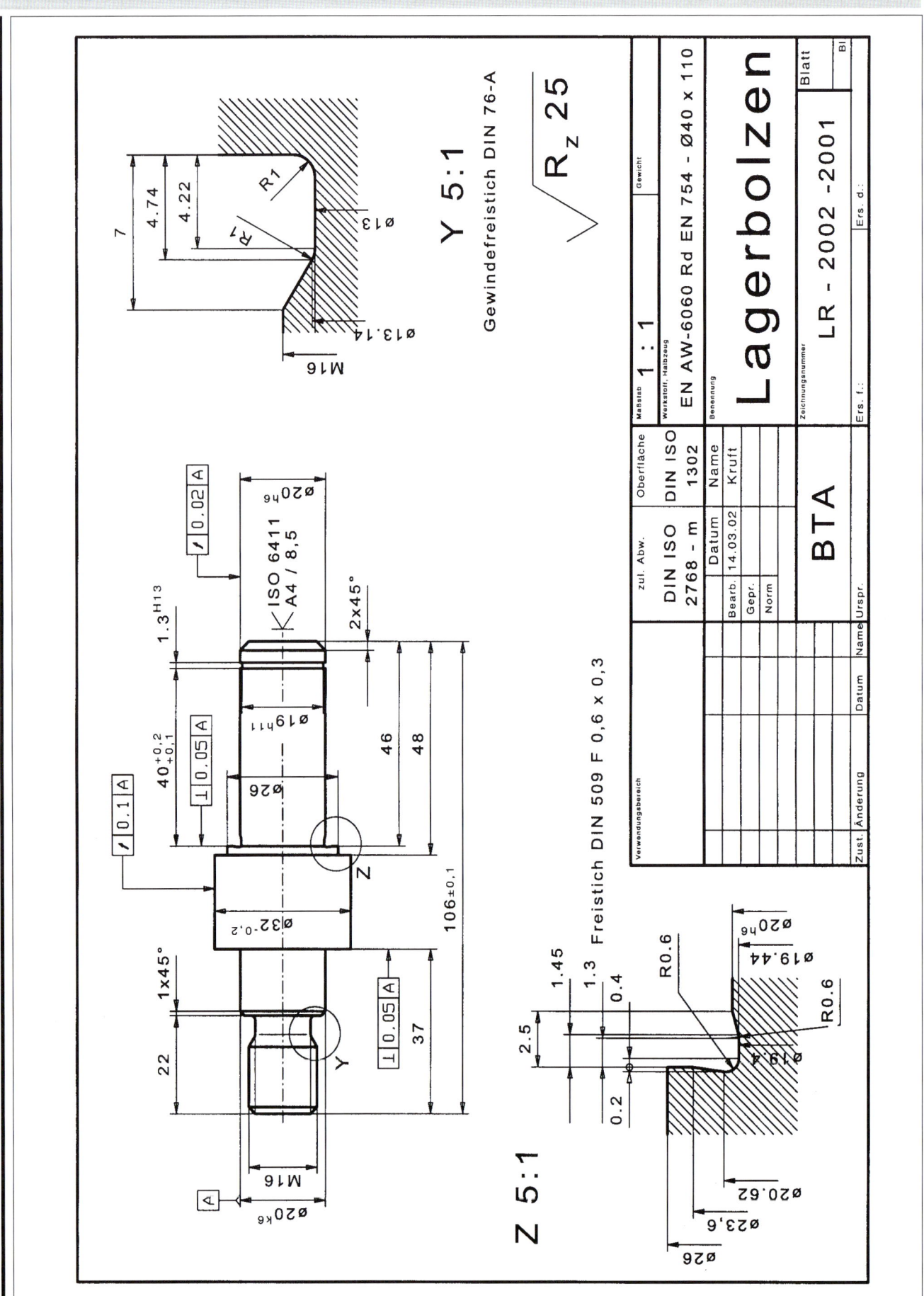

1 Lagerbolzen zu Aufgabe 1c, Seite 20

1 Planung und Organisation von Arbeitsabläufen

anwendung

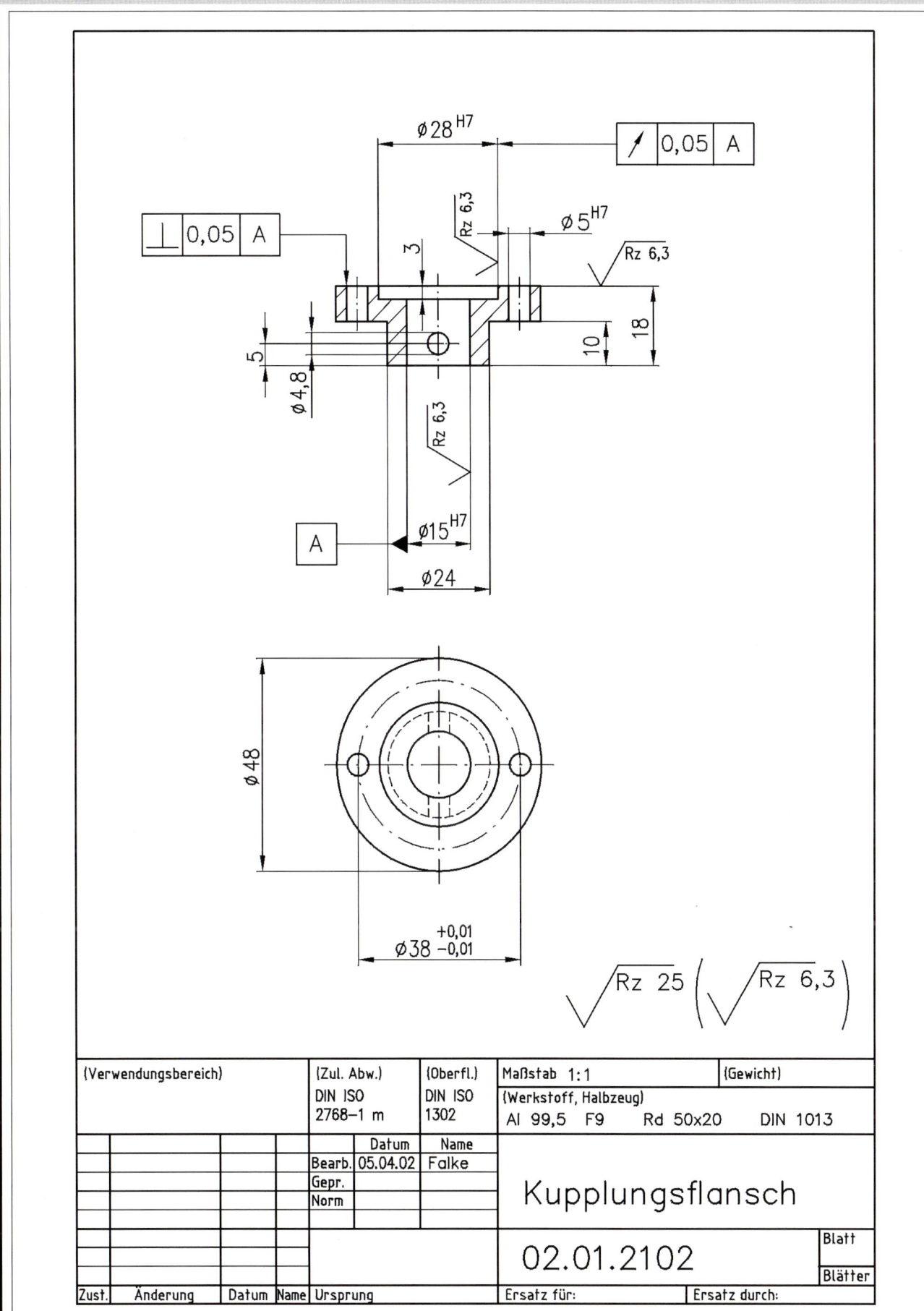

1 Kupplungsflansch zu Aufgabe 1d, Seite 20

1.3 Zeitplanung

info

Zeitplanung für die Kupplung 02.01.2100

Den Zeitbedarf für die Fertigung eines Bauelementes oder eines Systems wird mit Hilfe eines *Fristenplans* ermittelt.

Im Fristenplan wird die benötigte Zeit für die Fertigung in Form eines Balkendiagramms dargestellt. Der Fristenplan liefert Informationen über die kürzeste Durchlaufzeit, parallel laufende Fertigung, frühmöglichster Starttermin und spätmöglichster Endtermin. Die Maschinenbelegung und der Personaleinsatz können auf der Basis des Fristenplans geplant werden.

Beispiel
Fristenplan für die Fertigung der Kupplung 02.01.2100

Rahmenbedingungen:
1. Es wird an fünf Wochentagen gearbeitet.
2. Die tägliche Arbeitszeit beträgt 8 Stunden.
3. Der Auftrag soll in Woche 1 begonnen werden.

Planungsunterlagen:
Ergebnisse und Überlegungen des Ablaufplans (siehe Fertigung: Ablaufplanung)

Fristenplan - Kupplung 02.01.2100 (Bild 1)

Aussagen des Fristenplans:
- Kürzeste Durchlaufzeit:
  4 Tage und 7 h
- Parallele Fertigung:
  Kupplungsflansch 01 und Kupplungsflansch 02
- Fertigungszeitraum:
  Kupplungsflansch 02 kann in einem Zeitraum von 3 Tagen und 5 Stunden gefertigt werden.

Frühester Starttermin: Montag zur 4. Stunde
Spätester Endtermin: Donnerstag zur 8. Stunde

Hinweis
Die Zeiten für die Fertigung der Kupplung sind geschätzt.

Soll die Zeitplanung genauer erfolgen, so müssen die Zeiten für die Fertigung berechnet werden.

In der Praxis nennt man diese ermittelte Zeit *Vorgabezeit*. Nach REFA sind Vorgabezeiten *Soll-Zeiten* für den Menschen und das Betriebsmittel zum Ausführen von Arbeitsabläufen.

Vorgabezeit für den Menschen: *Auftragszeit*
Vorgabezeit für das Betriebsmittel: *Belegungszeit*

Die Vorgabezeit wird für jeden Arbeitsablauf bestimmt.

Für die weitere Betrachtung soll angenommen werden, dass Mensch und Betriebsmittel eine Einheit bilden.

Somit gilt:

Auftragszeit = Belegungszeit

Bestimmen der Auftragszeit
Die Auftragszeit enthält Grundzeiten für Rüsten und Ausführen, Erholungszeiten und Verteilzeiten. Den Zusammenhang der genannten Zeiten zeigen die folgenden Darstellungen.

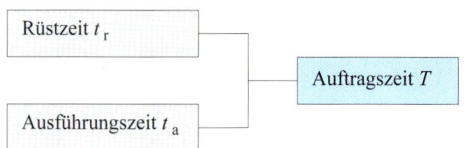

Formel: $T = t_r + t_a$

Rüsten

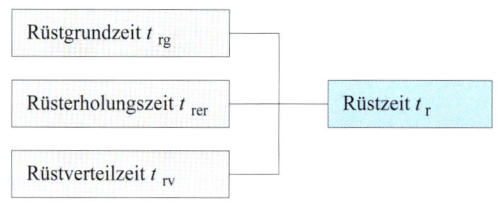

Formel: $t_r = t_{rg} + t_{rer} + t_{rv}$

Beispiele:
Rüstgrundzeit:
Auftrag lesen; Maschine einstellen

Rüsterholungszeit:
Erholung nach Heben schwerer Lasten

Rüstverteilzeit:
Maschinenstörungen; Werkzeugbruch

Hinweis
Die Rüsterholungszeit und die Rüstverteilzeit wird meist in Prozent der Rüstgrundzeit angegeben.
Prozentwerte werden durch Beobachtungen ermittelt und durch die Arbeitsvorbereitung festgelegt.

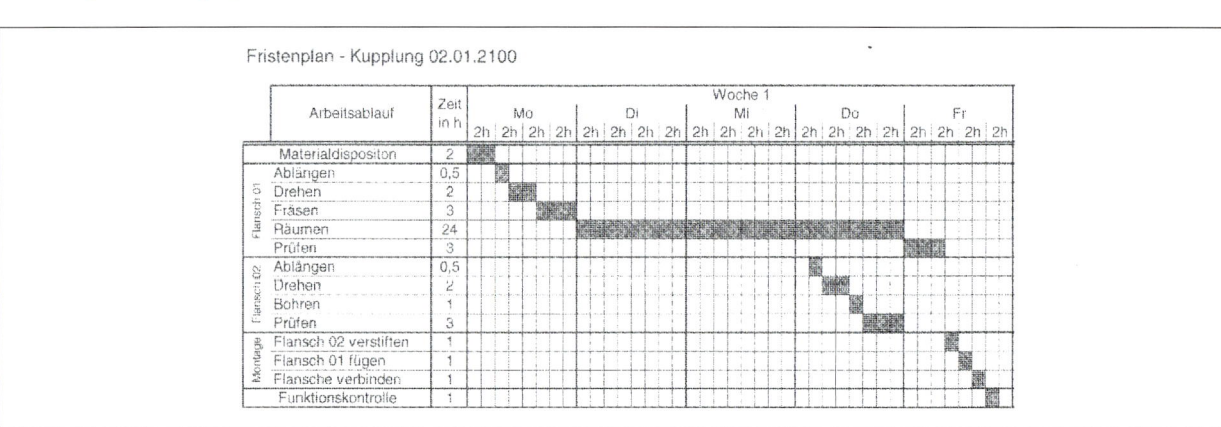

1 Fristenplan Kupplung 02.01.2100

1 Planung und Organisation von Arbeitsabläufen

info

Ausführen

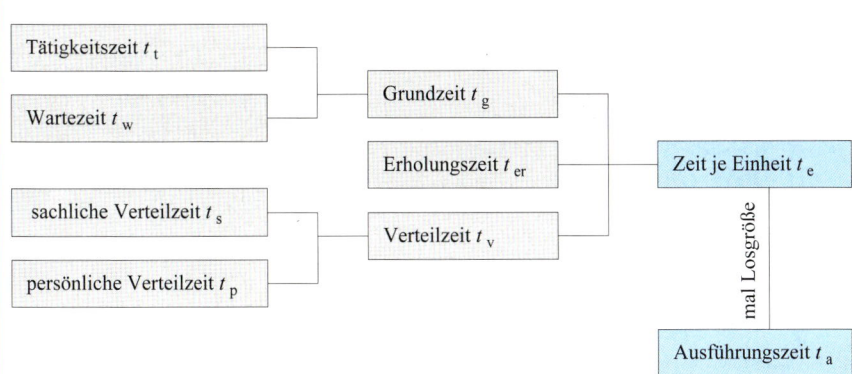

Formel:
$$t_e = t_g + t_{er} + t_v$$
$$t_g = t_t + t_w$$
$$t_v = t_s + t_p$$

Beispiele

Wartezeit:
Warten auf den Hallenkran oder auf das nächste Werkstück in der Fließfertigung.

Sachliche Verteilzeit:
Werkzeugschleifen

Persönliche Verteilzeit:
Anweisungen prüfen; Bedürfnisse erledigen

Tätigkeitszeit:
Zeit, in der der Arbeitsauftrag erledigt wird.

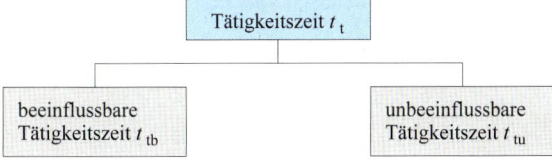

Formel:
$$t_t = t_{tb} + t_{tu}$$

Beeinflussbare Tätigkeitszeit:
Manuelle Arbeiten

Unbeeinflussbare Tätigkeitszeit:
Spanen mit maschinellem Vorschub

Hinweise
Die *Wartezeit* wird meist in Prozent zur Tätigkeitszeit angegeben.
Die *Erholungszeit* und die *Verteilzeit* werden meist in Prozent der Grundzeit angegeben. Die Prozentwerte werden aufgrund von Erfahrungen festgelegt.
Meistens wird die Wartezeit auf die Erholungszeit angerechnet.

Die vom Menschen beeinflussbare Tätigkeitszeit wird durch *Zeitaufnahmen* ermittelt. Dabei werden Facharbeiter bei ihrer Tätigkeit beobachtet und die ermittelten Zeiten für wiederkehrende Tätigkeiten werden in Tabellen festgehalten.

Beispiel
Für das Verfahren des Werkzeugschlittens im Längszug oder Planzug über 50 mm wird eine Sollzeit von 0,1 min festgelegt.

Die unbeeinflussbare Tätigkeitszeit ist bei der Fertigung mit Hilfe von Werkzeugmaschinen identisch mit der Hauptnutzungszeit der Betriebsmittel. Diese Zeit lässt sich berechnen.

Allgemeine Formel:
$$t_h = \frac{L \cdot i}{n \cdot f}$$

t_h Hauptnutzungszeit in min
L Vorschubweg in mm
n Drehzahl in min^{-1}
f Vorschub in mm je Umdrehung

Hinweis
Die Formel für die Hauptnutzungszeit gilt für alle spanenden, maschinellen Fertigungsverfahren.

Unterschiede bestehen nur in der Berechnung des Vorschubweges und der Vorschubgeschwindigkeit.

Fertigungsverfahren - Drehen
a) Längs - Runddrehen

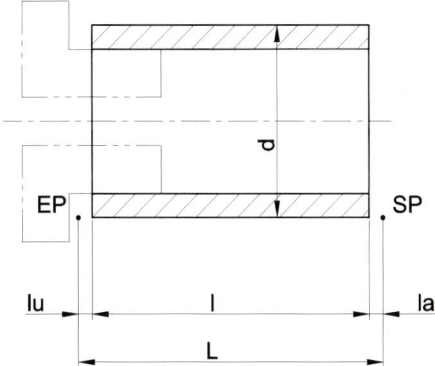

Ohne Ansatz
SP: Startpunkt
EP: Endpunkt

$$L = l + l_a + l_u$$

$$n = \frac{v_c \cdot 1000}{d \cdot \pi}$$

l_a Anlauf
l_u Überlauf
l Werkstücklänge

info

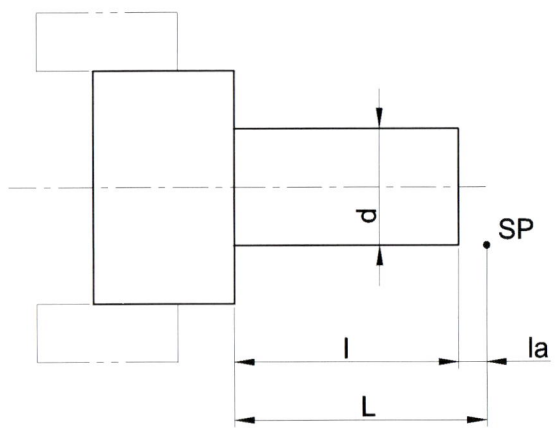

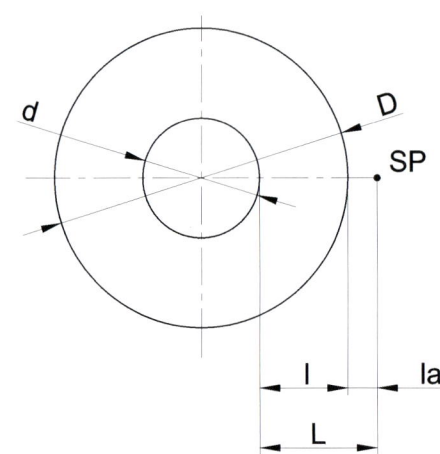

Mit Ansatz

$L = l + l_a$

$n = \dfrac{v_c \cdot 1000}{d \cdot \pi}$

Vollzylinder mit Ansatz

$L = \dfrac{D - d}{2} + l_a$

$n = \dfrac{v_c \cdot 1000}{d_m \cdot \pi}$

$d_m = \dfrac{D + d}{2}$

b) Quer - Plandrehen

Vollzylinder ohne Ansatz

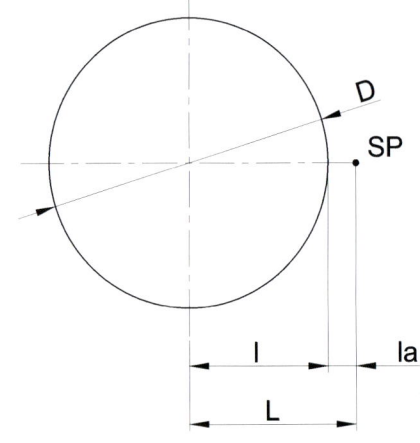

$L = \dfrac{D}{2} + l_a$

$n = \dfrac{v_c \cdot 1000}{d_m \cdot \pi}$

$d_m = \dfrac{D}{2}$

Hohlzylinder

$L = \dfrac{D - d}{2} + l_a + l_u$

$n = \dfrac{v_c \cdot 1000}{d_m \cdot \pi}$

$d_m = \dfrac{D + d}{2}$

englisch

Vollzylinder	solid cylinder	**Nut**	slot, female sline	**Spanner**	turnbuckle
Hohlzylinder	hollow cylinder	**Keilnut**	groove	**drehen**	turn (langdrehen)
Fräsmaschine	milling machine	**Kerbnut**	notch		form (formdrehen)
					face (plandrehen)
Fräser	rotary grinder, milling cutter	**Räumen**	breaching	**Stückliste**	part list

1 Planung und Organisation von Arbeitsabläufen

info

Fertigungsverfahren Fräsen

Meistens wird in der Praxis eine *Senkrechtfräsmaschine* eingesetzt.
Daher finden das *Stirn-Planfräsen* und das *Nutenfräsen* Einsatz.

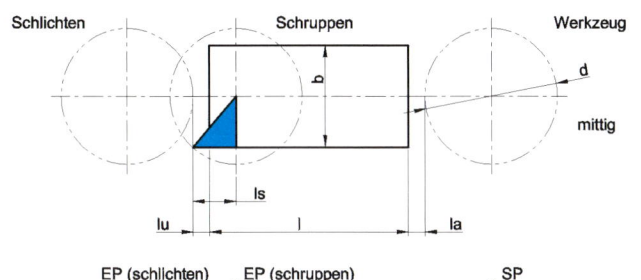

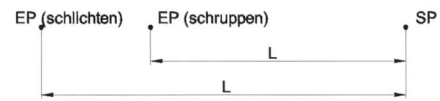

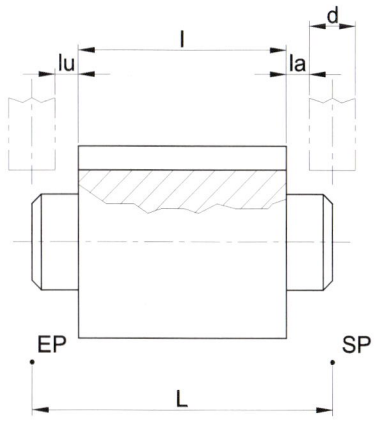

a) Stirn-Planfräsen:

Schruppen: $L = l + l_a + l_u + \dfrac{d}{2} - l_s$

$l_s = \dfrac{1}{2}\left(\sqrt{d^2 - b^2}\right)$

Schlichten: $L = l + l_a + l_u + d$

$n = \dfrac{v_c \cdot 1000}{d \cdot \pi}$

$f = f_z \cdot Z$

Beim Fräsen wird der Vorschub pro Fräserzahn angegeben.

b) Nuten fräsen

Offene Nut

$L = l + l_a + l_u + d$

$n = \dfrac{v_c \cdot 1000}{d \cdot \pi}$

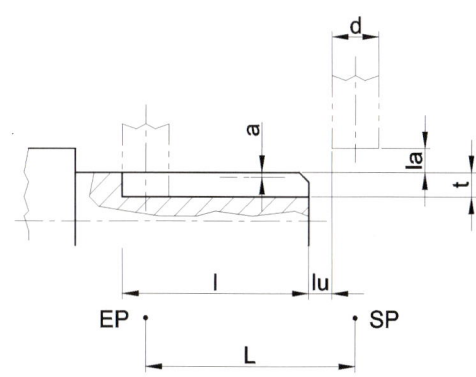

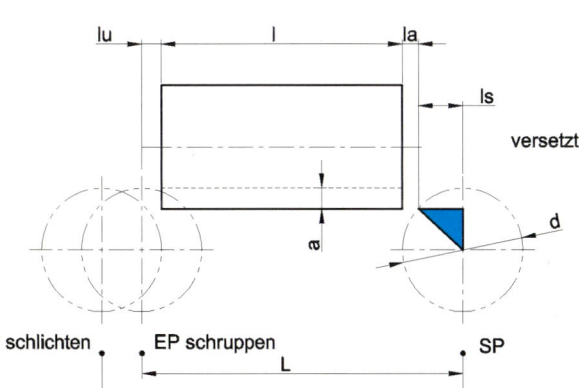

$f = f_z \cdot Z$

Einseitig offene Nut

$L = l + l_u$

$n = \dfrac{v_c \cdot 1000}{d \cdot \pi}$

$f = f_z \cdot Z$

$i = \dfrac{t + l_a}{a}$

Geschlossene Nut

$L = l - d$

$n = \dfrac{v_c \cdot 1000}{d \cdot \pi}$

$f = f_z \cdot Z$

$i = \dfrac{t + l_a}{a}$

a Zustellung in mm
t Nuttiefe in mm

$l_s = \dfrac{1}{2} \cdot \left(\sqrt{d^2 - (d-2a)^2}\right)$

Schruppen: $L = l + l_a + l_u + \dfrac{d}{2} - l_s$

Schlichten: $L = l + l_a + l_u + 2 \cdot l_s$

$n = \dfrac{v_c \cdot 1000}{d \cdot \pi}$

$f = f_z \cdot z$

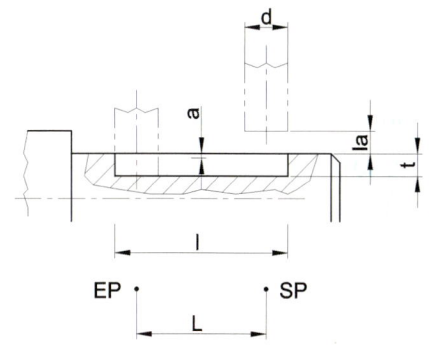

Zeitplanung

anwendung

1. Auftragszeit für das Drehen der 2. Aufspannung des Kupplungsflansches 02.01.2101.

Planungsunterlagen:
– Arbeitsplan
– Skizze: Einrichteplan der 2. Aufspannung
– Tabelle der beeinflussbaren Tätigkeitszeiten

Fertigungsverfahren:
– Drehen
– Bohren
– Reiben

a) Arbeitsplan: Drehen der 2. Aufspannung

Berufskolleg für Technik Ahaus		Arbeitsplan		Benennung	Kupplungsflansch	Name	Kruft
				Zeichnungs-Nr.	02.01.2101	Klasse	Mechatroniker
		Blatt 1	von 1	Halbzeug	Ø 50 x 45	Austelldatum	25. Mai 02
■	Einzelteil	☐	Demontage	Werkstoff	Rd DIN EN 754 - 3 - EN AW - 2007	Auftrags-Nr.	Projekt 2002
☐	Montage	☐		Stückzahl	1	Termin	18.07.2002

Lfd. Nr.	Arbeitsvorgang	Arbeitsplatz	Arbeitsmittel	Arbeitswerte/ Bemerkungen
1	Halbzeug ablängen	Materiallager	Säge	
2	Drehen	Mechanische Werkstatt Drehen	CNC - Drehmaschine Schruppmeißel - CNMG 090 300 - QF Schlichtmeißel - DCMT 070 200 - UF	Schruppen: $v_c = 200$ m/min; $f = 0,6$ mm; $a_p = 2,5$ mm Schlichten: $v_c = 250$ m/min; $f = 0,1$ mm; $a_p = 0,1$ mm
	1. Aufspannung Plandrehen - Stirnseite Längsdrehen - Ø 28 x 27 Plandrehen - Ø 28 auf Ø 50			
	2. Aufspannung: Plandrehen - Stirnseite Längsdrehen - Ø 48 x 10,5 Längsdrehen - Ø 28$_{g6}$ x 2,5 Plandrehen - Ø 28 auf Ø 48			
	Bohren - Ø 15,8		Bohrer DIN 338 - 15,8 - HSS	Bohren: $v_c = 90$ m/min; $f = 0,2$ mm
	Reiben - Ø 16 ^{H7}		Reibahle DIN 212 - C 16 - HSS-E	Reiben: $v_c = 20$ m/min; $f = 0,1$ mm
3	Fräsen	Mechanische Werkstatt Fräsen	CNC - Fräsmaschine Fräser DIN 1880 - 63 N - HSS	Schruppen: $v_c = 200$ m/min; $f_z = 0,2$ mm Schlichten: $v_c = 250$ m/min; $f_z = 0,06$ mm
	1. Aufspannung Seitenfläche 1 fräsen 2. Aufspannung: Seitenfläche 2 fräsen 3. Aufspannung Bohren - Ø 4,8		Bohrer DIN 338 - 4,8 - HSS	Bohren: $v_c = 90$ m/min; $f = 0,1$ mm
	Reiben - Ø 5 ^{H7}		Reibahle DIN 212 - C 5 - HSS-E	Reiben: $v_c = 20$ m/min; $f = 0,1$ mm
4	Räumen			Fremdfertigung

b) Einrichteplan der 2. Aufspannung

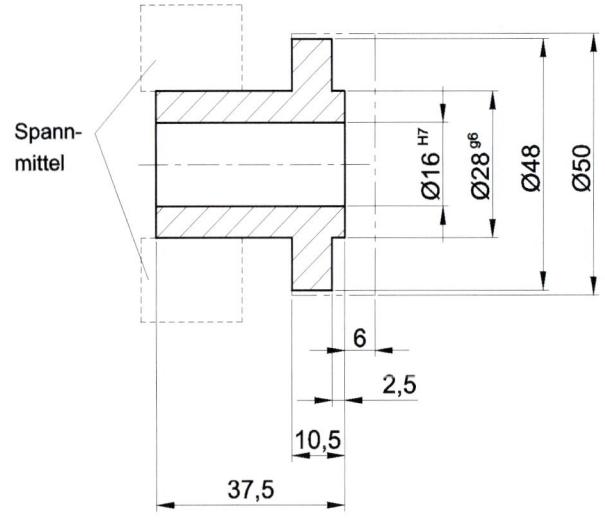

c) Beeinflussbare Tätigkeiten

Spannvorgänge:

2 min Werkstück spannen
2 min Werkzeug spannen im Schnellwechsler
1 min Schnellwechsler tauschen
1 min Werkzeug im Reitstock (Bohrfutter) spannen
2 min Werkstück zwischen Spitzen spannen

Verfahren der Drehwerkzeuge:

0,05 min Anstellbewegung in Längsrichtung 5 mm
0,05 min Anstellbewegung in Querrichtung 5 mm
0,1 min   Zustellbewegung in Längsrichtung 5 mm
0,1 min   Zustellbewegung in Querrichtung 5 mm

Schaltvorgänge:

0,02 min Drehmaschine ein- oder ausschalten
0,02 min Automatischen Vorschub ein- oder ausschalten
0,5 min   Vorschub einstellen
0,5 min   Drehzahl einstellen
0,5 min   Anschlag ändern

1 Planung und Organisation von Arbeitsabläufen

anwendung

Hinweis
Die Fertigung des Kupplungsflansches soll entgegen der Planung auf einer Leitspindel-Zugspindel-Drehmaschine erfolgen.

2. Aufspannung
Rüsten - Drehen:
Zeichnung, Arbeitsplan lesen: $t_{rg1} = 4$ min
Werkstück spannen: $t_{rg2} = 2$ min
Schnellwechsler tauschen: $t_{rg3} = 1$ min
Werkzeug reinigen: $t_{rg4} = 1$ min

$t_{rgD} = t_{rg1} + t_{rg2} + t_{rg3} + t_{rg4}$
$t_{rgD} = 4$ min $+ 2$ min $+ 1$ min $+ 1$ min
$t_{rgD} = 8$ min

Arbeitsschritt 1: Plandrehen - Stirnseite:
Ablaufschritt - I: Schruppen
Unbeeinflussbare Tätigkeitszeit: $t_{tu} = t_h$

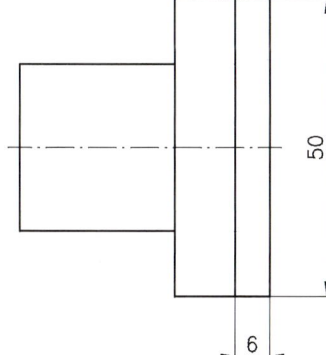

$t_h = \dfrac{L \cdot i}{n \cdot f}$

$L = \dfrac{D}{2} + l_a \qquad l_a = 2$ mm

$L = \dfrac{50 \text{ mm}}{2} + 2$ mm

$L = 27$ mm

$d_m = \dfrac{D}{2}$

$d_m = \dfrac{50 \text{ mm}}{2}$

$d_m = 25$ mm

$n = \dfrac{v_c \cdot 1000}{d_m \cdot \pi}$

$n = \dfrac{200 \frac{m}{min} \cdot 1000}{25 \text{ mm} \cdot \pi}$

$n = 2548 \dfrac{1}{min}$

$i = \dfrac{t}{a_p}$

$i = \dfrac{6 \text{ mm}}{2,5 \text{ mm}}$

$i = 2,4$ daraus folgt: $i = 3$

$t_{hI} = \dfrac{27 \text{ mm} \cdot 3}{2548 \frac{1}{min} \cdot 0,6 \text{ mm}}$

$t_{hI} = 0,05$ min

Beeinflussbare Tätigkeitszeit: t_{tb}

Werkzeug längs und quer 100 mm: $t_{tb1} = 1$ min
Drehwerkzeug verfahren pro Schnitt: $t_{tb2} = 0,5$ min
Zustellung längs 4 mm[*]: 0,1 min
Freifahren längs 2 mm: 0,1 min
Zustellung quer 30 mm: 0,3 min
Schaltvorgänge pro Schnitt: $t_{tb3} = 0,04$ min
Vorschub einschalten: 0,02 min
Vorschub ausschalten: 0,02 min
Werkstück ankratzen und Skalen nullen: $t_{tb4} = 1$ min
Drehmaschine einschalten: $t_{tb5} = 0,02$ min
Vorschub einstellen: $t_{tb6} = 0,5$ min
Drehzahl einstellen: $t_{tb7} = 0,5$ min

$t_{tbI} = t_{tb1} + 3 \cdot t_{tb2} + 3 \cdot t_{tb3} + t_{tb4} + t_{tb5} + t_{tb6} + t_{tb7}$
$t_{tbI} = 1$ min $+ 3 \cdot 0,5$ min $+ 3 \cdot 0,04$ min $+ 1$ min $+ 0,02$ min $+ 0,5$ min $+ 0,5$ min
$t_{tbI} = 4,64$ min

[*] **Hinweis**
Bei Verfahrwegen unter 5 mm wird stets der kleinste Zeitwert angenommen.

Ablaufschritt II: Schlichten

$t_h = \dfrac{L \cdot i}{n \cdot f}$ $\qquad L = 27$ mm
$n = \dfrac{v_c \cdot 1000}{d_m \cdot \pi}$ $\qquad f = 0,1$ mm
$\qquad\qquad\qquad d_m = 25$ mm
$n = \dfrac{250 \frac{m}{min} \cdot 1000}{25 \text{ mm} \cdot 3,14}$ $\qquad i = 1$

$n = 3185 \dfrac{1}{min}$

englisch

Konstruktion
design

Konstruktionsunterlagen
design dossier

Konstruktionszeichnungssatz
set of design drawings

CNC
computerized numerical control

Formular
form, printed form

Zeichnung, maßstäblich
scale drawing

Zeichnung, maßstabsgerecht
true-to-scale drawing

Zeichnungsblatt
drawing sheet

Zeichnungsnorm
drawing practice standard

Zeichnungsnummer
drawing number

Zeichnungssatz
set of working drawings

Fertigungsablaufplan
flow diagram

Fertigungsfluss
continuation of production

Fertigungskontrolle
production testing

Fertigungsstückliste
production parts list

Fertigungsstunden
manufacturing hours

Montagezeichnung
mounting drawing

montieren
mount, install, assemble

Montageort
site of installation

anwendung

$t_{hII} = \dfrac{27\,mm \cdot 1}{3185\,\frac{1}{min} \cdot 0{,}1\,mm}$

$t_{hII} = 0{,}08\,min$

$t_{tbII} = t_{tb2} + t_{tb3} + t_{tb6} + t_{tb7} + t_{tb8}$
$t_{tbII} = 0{,}5\,min + 0{,}04\,min + 0{,}5\,min + 0{,}5\,min + 0{,}02\,min$
$t_{tbII} = 1{,}56\,min$

Drehmaschine ausschalten: $t_{tb8} = 0{,}02\,min$

Tätigkeitszeit für Plandrehen - Stirnseite:
$t_{t1} = t_{hI} + t_{tbI} + t_{hII} + t_{tbII}$
$t_{t1} = 0{,}05\,min + 4{,}64\,min + 0{,}08\,min + 1{,}56\,min$
$t_{t1} = 6{,}33\,min$

Arbeitsschritt 2: Längsdrehen - ⌀48×10,5

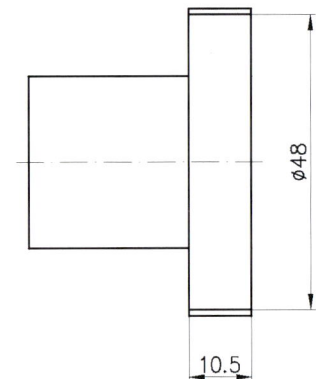

Schruppen:
$t_h = \dfrac{L \cdot i}{n \cdot f}$ $\quad i = 1$
$\quad\quad\quad\quad f = 0{,}6\,mm$
$L = l + l_a + l_u$ $\quad l_a = l_u = 2\,mm$
$L = 10{,}5\,mm + 2\,mm + 2\,mm$
$L = 14{,}5\,mm$
$n = \dfrac{v_c \cdot 1000}{d \cdot \pi}$
$n = \dfrac{200\,\frac{m}{min} \cdot 1000}{48{,}2\,mm \cdot \pi}$
$n = 1321\,\dfrac{1}{min}$
$t_{hI} = \dfrac{14{,}5\,mm \cdot 1}{1321\,\frac{1}{min} \cdot 0{,}6\,mm}$
$t_{hI} = 0{,}02\,min$

Bewegung:
Zustellen quer 2,9 mm:	$t_{tb1} = 0{,}1\,min$
Freifahren quer 2 mm:	$t_{tb2} = 0{,}1\,min$
Zustellen längs 15 mm:	$t_{tb3} = 0{,}3\,min$

Schaltvorgänge:
Drehmaschine einschalten:	$t_{tb4} = 0{,}02\,min$
Vorschub einstellen:	$t_{tb5} = 0{,}5\,min$
Drehzahl einstellen:	$t_{tb6} = 0{,}5\,min$
Vorschub einschalten:	$t_{tb7} = 0{,}02\,min$
Vorschub ausschalten:	$t_{tb8} = 0{,}02\,min$
Drehmaschine ausschalten:	$t_{tb9} = 0{,}02\,min$

$t_{tbI} = t_{tb1} + t_{tb2} + t_{tb3} + t_{tb4} + t_{tb5} + t_{tb6} + t_{tb7} + t_{tb8}$
$t_{tbI} = 0{,}1\,min + 0{,}1\,min + 0{,}3\,min + 0{,}2\,min + 0{,}5\,min +$
$\quad\quad\,\, 0{,}5\,min + 0{,}02\,min + 0{,}02\,min$
$t_{tbI} = 1{,}56\,min$

Schlichten:
$t_h = \dfrac{L \cdot i}{n \cdot f}$ $\quad L = 14{,}5\,mm$
$\quad\quad\quad\quad i = 1$
$n = \dfrac{v_c \cdot 1000}{d \cdot \pi}$ $\quad f = 0{,}1\,mm$
$\quad\quad\quad\quad d = 48\,mm$
$n = \dfrac{250\,\frac{m}{min} \cdot 1000}{48\,mm \cdot \pi}$
$n = 1659\,\dfrac{1}{min}$
$t_{hII} = \dfrac{14{,}5\,mm \cdot 1}{1659\,\frac{1}{min} \cdot 0{,}1\,mm}$
$t_{hII} = 0{,}09\,min$

$t_{tbII} = t_{tb1} + t_{tb2} + t_{tb3} + t_{tb5} + t_{tb6} + t_{tb7} + t_{tb8} + t_{tb9}$
$t_{tbII} = 0{,}1\,min + 0{,}1\,min + 0{,}3\,min + 0{,}5\,min + 0{,}5\,min +$
$\quad\quad\,\, 0{,}2\,min + 0{,}02\,min + 0{,}02\,min$
$t_{tbII} = 1{,}56\,min$

Tätigkeitszeit für Längsdrehen - ⌀48×10,5:
$t_{b2} = t_{hI} + t_{tbI} + t_{hII} + t_{tbII}$
$t_{t2} = 0{,}02\,min + 1{,}56\,min + 0{,}09\,min + 1{,}56\,min$
$t_{t2} = 3{,}23\,min$

Arbeitsschritt 3: Längsdrehen - ⌀28$_{g6}$ × 2,5
Plandrehen - ⌀28 auf ⌀48

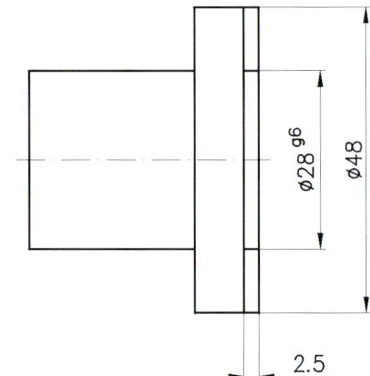

Schruppen:
$t_h = \dfrac{L \cdot i}{n \cdot f}$ $\quad i = 1$
$\quad\quad\quad\quad f = 0{,}6\,mm$
$l = \dfrac{D - d}{2} + l_a$ $\quad l_a = 2\,mm$
$L = \dfrac{48\,mm - 28{,}2\,mm}{2} + 2\,mm$
$L = 11{,}9\,mm$
$d_m = \dfrac{D + d}{2}$
$d_m = \dfrac{48\,m + 28{,}2\,mm}{2} = 38{,}1\,mm$

1 Planung und Organisation von Arbeitsabläufen

anwendung

$n = \dfrac{v_c \cdot 1000}{d_m \cdot \pi}$

$n = \dfrac{200\,\frac{m}{min} \cdot 1000}{38{,}1\,mm \cdot \pi}$

$n = 1672\,\dfrac{1}{min}$

$t_{hI} = \dfrac{11{,}9\,mm \cdot 1}{1672\,\frac{1}{min} \cdot 0{,}6\,mm}$

$t_{hI} = 0{,}01\,min$

Bewegung:
Zustellen längs 4,4 mm: $t_{tb1} = 0{,}1\,min$
Freifahren längs 4 mm: $t_{tb2} = 0{,}1\,min$

Schaltvorgänge:
Drehmaschine einschalten: $t_{tb3} = 0{,}02\,min$
Vorschub einstellen: $t_{tb4} = 0{,}5\,min$
Drehzahl einstellen: $t_{tb5} = 0{,}5\,min$
Vorschub einschalten: $t_{tb6} = 0{,}02\,min$
Vorschub ausschalten: $t_{tb7} = 0{,}02\,min$
Drehmaschine ausschalten: $t_{tb8} = 0{,}02\,min$

$t_{tbI} = t_{tb1} + t_{tb2} + t_{tb3} + t_{tb4} + t_{tb5} + t_{tb6} + t_{tb7}$
$t_{tbI} = 0{,}1\,min + 0{,}1\,min + 0{,}02\,min + 0{,}5\,min + 0{,}5\,min + 0{,}02\,min + 0{,}02\,min$
$t_{tbI} = 1{,}26\,min$

Schlichten:
$t_h = \dfrac{L \cdot i}{n \cdot f} \qquad i = 1$
$\phantom{t_h = \dfrac{L \cdot i}{n \cdot f}} \qquad f = 0{,}1\,mm$

$L = \dfrac{D - d}{2} + l_a \qquad l_a = 2\,mm$

$L = \dfrac{48\,mm - 28\,mm}{2} + 2\,mm$

$L = 12\,mm$

$d_m = \dfrac{D + d}{2}$

$d_m = \dfrac{48\,mm + 28\,mm}{2}$

$d_m = 38\,mm$

$n = \dfrac{v_c \cdot 1000}{d_m \cdot \pi}$

$n = \dfrac{250\,\frac{m}{min} \cdot 1000}{38\,mm \cdot \pi}$

$n = 2095\,\dfrac{1}{min}$

$t_{hII} = \dfrac{12\,mm \cdot 1}{2095\,\frac{1}{min} \cdot 0{,}1\,mm}$

$t_{hII} = 0{,}06\,min$

$t_h = \dfrac{L \cdot i}{n \cdot f} \qquad i = 1$
$\phantom{t_h = \dfrac{L \cdot i}{n \cdot f}} \qquad f = 0{,}1\,mm$

$L = l + l_a \qquad l_a = 2\,mm$
$L = 2{,}5\,mm + 2\,mm$

$L = 4{,}5\,mm$

$n = \dfrac{v_c \cdot 1000}{d \cdot \pi}$

$n = \dfrac{250\,\frac{m}{min} \cdot 1000}{28\,mm \cdot \pi}$

$n = 2843\,\dfrac{1}{min}$

$t_{hIII} = \dfrac{4{,}5\,mm \cdot 1}{2843\,\frac{1}{min} \cdot 0{,}1\,mm}$

$t_{hIII} = 0{,}02\,min$

Bewegung:
Zustellen quer 0,1 mm: $t_{tb1} = 0{,}1\,min$
Freifahren quer 24 mm: $t_{tb2} = 0{,}1\,min$

Schaltvorgänge: Siehe Schruppen

$t_{tbII} = t_{tb1} + t_{tb2} + t_{tb4} + t_{tb5} + 2 \cdot t_{tb6} + 2 \cdot t_{tb7} + t_{tb8}$
$t_{tbII} = 0{,}1\,min + 0{,}1\,min + 0{,}5\,min + 0{,}5\,min + 2 \cdot 0{,}02\,min + 2 \cdot 0{,}02\,min + 0{,}02\,min$
$t_{tbII} = 1{,}3\,min$

*Tätigkeitszeit für Längsdrehen - $\varnothing 28_{g6} \times 2{,}5$
und Plandrehen - $\varnothing 28$ auf 48:*

$t_{t3} = t_{hI} + t_{tbI} + t_{hII} + t_{hIII} + t_{tbIII}$
$t_{t3} = 0{,}01\,min + 1{,}26\,min + 0{,}06\,min + 0{,}02\,min + 1{,}3\,min$
$t_{t3} = 2{,}65\,min$

Arbeitsschritt 4: Bohren - $\varnothing 15{,}8$

Rüsten - Bohren:

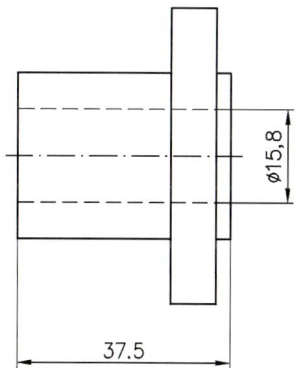

Bohrer im Reitstock spannen: $t_{rg1} = 1\,min$
Bohrer lösen und reinigen: $t_{rg2} = 1\,min$

Tätigkeit - Bohren:

$t_{rgB} = t_{rg1} + t_{rg2}$
$t_{rgB} = 1\,min + 1\,min$
$t_{rgB} = 2\,min$

$t_h = \dfrac{L \cdot i}{n \cdot f} \qquad i = 1$
$\phantom{t_h = \dfrac{L \cdot i}{n \cdot f}} \qquad f = 0{,}2\,mm$ *)

$L = l + l_s + l_a + l_u \qquad l_a = l_u = 2\,mm$

anwendung

$l_s = \frac{1}{3} \cdot d$

$l_s = \frac{15{,}8\,\text{mm}}{3}$

$l_s = 5{,}3\,\text{mm}$

$L = 37{,}5\,\text{mm} + 5{,}3\,\text{mm} + 2\,\text{mm} + 2\,\text{mm}$

$L = 46{,}8\,\text{mm}$

$n = \frac{v_c \cdot 1000}{d \cdot \pi}$ $\quad v_c = 90\,\frac{\text{m}}{\text{min}}$

$n = \frac{90\,\frac{\text{m}}{\text{min}} \cdot 1000}{15{,}8\,\text{mm} \cdot \pi}$

$n = 1814\,\frac{1}{\text{min}}$

$t_h = \frac{46{,}8\,\text{mm} \cdot 1}{1814\,\frac{1}{\text{min}} \cdot 0{,}2\,\text{mm}}$

$t_h = 0{,}13\,\text{min}$

*) **Hinweis**
Vorschub erfolgt von Hand.

Bewegung:
Anstellbewegung - Reitstock verschieben: $t_{tb1} = 1\,\text{min}$
Anstellbewegung - Längs 20 mm: $t_{tb2} = 0{,}4\,\text{min}$
Zustellbewegung - Entspanen 20 mm: $t_{tb3} = 0{,}4\,\text{min}$
Zustellbewegung - Bohrer zurückziehen
40 mm: $t_{tb4} = 0{,}8\,\text{min}$

Schaltvorgänge:
Drehzahl einstellen: $t_{tb5} = 0{,}5\,\text{min}$
Drehmaschine einschalten: $t_{tb6} = 0{,}02\,\text{min}$
Drehmaschine ausschalten: $t_{tb7} = 0{,}02\,\text{min}$

$t_{tb} = 2 \cdot t_{tb1} + t_{tb2} + 2 \cdot t_{tb3} + t_{tb4} + t_{tb5} + t_{tb6} + t_{tb7}$
$t_{tb} = 2 \cdot 1\,\text{min} + 0{,}4\,\text{min} + 2 \cdot 0{,}4\,\text{min} + 0{,}8\,\text{min} + 0{,}5\,\text{min} + 0{,}02\,\text{min} + 0{,}02\,\text{min}$
$t_{tb} = 4{,}54\,\text{min}$

Tätigkeitszeit für Bohren - $\varnothing 5{,}8$:
$t_{t4} = t_h + t_{tb}$
$t_{t4} = 0{,}13\,\text{min} + 4{,}54\,\text{min}$
$t_{t4} = 4{,}67\,\text{min}$

Arbeitsschritt: Reiben - $\varnothing 16^{H7}$

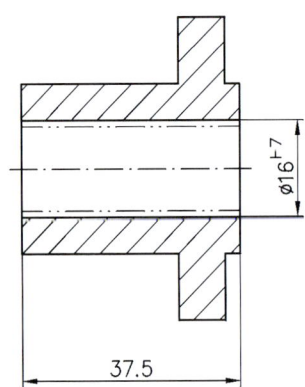

Rüsten - Reiben:
Reibahle im Reitstock spannen: $t_{rg1} = 1\,\text{min}$
Reibahle lösen und reinigen: $t_{rg2} = 1\,\text{min}$
$t_{rgR} = t_{rg1} + t_{rg2}$
$t_{rgR} = 1\,\text{min} + 1\,\text{min}$
$t_{rgR} = 2\,\text{min}$

Tätigkeit - Reiben:
$t_h = \frac{L \cdot i}{n \cdot f}$ $\quad i = 1$
$\quad f = 0{,}1\,\text{mm}^{*)}$
$L = l + l_s + l_a + l_u$ $\quad l_s = 1\,\text{mm}$
$L = 37{,}5\,\text{mm} + 1\,\text{mm} + 2\,\text{mm} + 2\,\text{mm}$ $\quad l_a = l_u = 2\,\text{mm}$
$L = 42{,}5\,\text{mm}$

$n = \frac{v_c \cdot 1000}{d \cdot \pi}$ $\quad v_c = 20\,\frac{\text{m}}{\text{min}}$

$n = \frac{20\,\frac{\text{m}}{\text{min}} \cdot 1000}{16\,\text{mm} \cdot \pi}$

$n = 398\,\frac{1}{\text{min}}$

$t_h = \frac{42{,}5\,\text{mm} \cdot 1}{398\,\frac{1}{\text{min}} \cdot 0{,}1\,\text{mm}}$

$t_h = 1{,}07\,\text{min}$

*) **Hinweis**
Vorschub erfolgt von Hand.

Die Bewegungen und die Schaltvorgänge gleichen denen beim Bohren. Daraus folgt:
$t_{tb} = 4{,}54\,\text{min}$

Tätigkeitszeit für Reiben - $\varnothing 16^{H7}$:
$t_{t5} = t_h + t_{tb}$
$t_{t5} = 1{,}07\,\text{min} + 4{,}67\,\text{min}$
$t_{tb} = 5{,}74\,\text{min}$

Bestimmen der Rüstzeit - Drehen - 2. Aufspannung:
$t_r = t_{rg} + t_{rer} + t_{rv}$
$t_{rg} = t_{rgD} + t_{rgB} + t_{rgR}$
$t_{rg} = 8\,\text{min} + 2\,\text{min} + 2\,\text{min}$
$t_{rg} = 12\,\text{min}$

$t_{rer} = t_{rg} \cdot \frac{Z_{rer}}{100\,\%}$

Satz - Rüsterholungszeit: $Z_{rer} = 8\,\%$

$t_{rer} = 12\,\text{min} \cdot \frac{8\,\%}{100\,\%}$

$t_{rer} = 0{,}96\,\text{min}$

$t_{rv} = t_{rg} \cdot \frac{Z_{rv}}{100\,\%}$

Satz - Rüstverteilzeit: $Z_{rv} = 6\,\%$

$t_{rv} = 12\,\text{min} \cdot \frac{6\,\%}{100\,\%}$

$t_{rv} = 0{,}72\,\text{min}$

$t_r = 12\,\text{min} + 0{,}96\,\text{min} + 0{,}72\,\text{min} = 13{,}68\,\text{min}$

1 Planung und Organisation von Arbeitsabläufen

anwendung

Bestimmen der Ausführungszeit - Drehen 2. Aufspannung:

$t_a = m \cdot t_e \qquad m = 1$
$t_e = t_g + t_{er} + t_v$
$t_g = t_t + t_w$
$t_t = t_{t1} + t_{t2} + t_{t3} + t_{t4} + t_{t5}$
$t_t = 6{,}33\,min + 3{,}23\,min + 2{,}65\,min + 4{,}67\,min + 5{,}74\,min$
$t_t = 22{,}62\,min$

Wartezeit $t_w = 2{,}5\,min$
$t_g = 22{,}62\,min + 2{,}5\,min$
$t_g = 25{,}12\,min$
$t_{er} = t_g \cdot \dfrac{Z_{er}}{100\,\%}$

Satz - Erholungszeit: $Z_{er} = 12\,\%$
$t_{er} = 25{,}12\,min \cdot \dfrac{12\,\%}{100\,\%}$
$t_{er} = 3{,}01\,min$

Da die Wartezeit von 2,5 min angerechnet wird, ergibt sich eine anrechenbare Erholungszeit von $t_{er} = 0{,}51\,min$.

$t_v = t_s + t_p$
$t_s = t_g \cdot \dfrac{Z_{vs}}{100\,\%}$

Satz - sachliche Verteilzeit: $Z_{vs} = 15\,\%$
$t_s = 25{,}12\,min \cdot \dfrac{15\,\%}{100\,\%}$
$t_s = 3{,}77\,min$
$t_p = t_g \cdot \dfrac{Z_{vp}}{100\,\%}$

Satz - persönliche Verteilezeit: $Z_{vp} = 10\,\%$
$t_p = 25{,}12\,min \cdot \dfrac{10\,\%}{100\,\%}$
$t_p = 2{,}51\,min$
$t_v = 3{,}77\,min + 2{,}51\,min$
$t_v = 6{,}28\,min$
$t_e = 25{,}12\,min + 0{,}51\,min + 6{,}28\,min$
$t_e = 31{,}91\,min$
$t_a = m \cdot t_e$
$t_a = 1 \cdot 31{,}91\,min$
$t_a = 31{,}91\,min$

Bestimmen der Auftragszeit - Drehen - 2. Aufspannung:
$T = t_r + t_a$
$T = 13{,}68\,min + 31{,}91\,min$
$T = 45{,}59\,min$
$T = 45\,min\,36\,s$

a) Die Sätze für die Verteilzeiten und Erholungszeiten sowie für die Wartezeit sind geschätzt.

b) Für Anstell- und Zustellbewegungen unter 5 mm wird der Zeitwert für eine Anstellung bzw. Zustellung von 5 mm zugeordnet.

c) Bei der Ermittlung der beeinflussbaren Tätigkeitszeit wurde der einzelne Arbeitsschritt in kleine Ablaufschritte gegliedert.

d) Die Zeitwerte für die beeinflussbaren Tätigkeiten sind geschätzt.

e) Für das Lösen und Reinigen der Werkstücke bzw. Werkzeuge wird der gleiche Zeitwert angenommen wie beim Spannen.

f) Die errechneten Drehzahlen und Vorschübe können an der Drehmaschine eingestellt werden. Meist haben Drehmaschinen Stufengetriebe, daher können Drehzahlen und Vorschübe nur in Stufen eingestellt werden.
Die Hauptnutzungszeit ist dann mit den eingestellten Daten zu berechnen.

Hinweis
Bei Stufengetrieben immer den nächst kleineren Wert einstellen.

2. Ein mechatronisches System wird bei der Firma Stahl & Elektro GmbH & Co KG gefertigt und montiert.
Für die Fertigung und die Montage sind die folgenden Tätigkeiten in der angegebenen Reihenfolge notwendig:

Vorgang	Arbeitssystem	Dauer
1. Mechanische Bearbeitung Anlagenträger	Mechanische Werkstatt	8 h
2. Vormontage Anlagenträger	Montage - Mechanik	4 h
3. Vormontage Steuerung	Montage - Steuerung	2 h
4. Vormontage Elektroteile	Montage - Elektro	2 h
5. Endmontage der Baugruppen	Montage	8 h
6. Elektrische Endmontage	Montage	4 h
7. Mechatronisches System lackieren	Lackiererei	4 h

Den Auftrag der Vormontage und Endmontage erfüllen *zwei* Facharbeiter, d.h. die Vormontage und Endmontage kann gleichzeitig durchgeführt werden. Alle anderen Arbeitsgänge führt *ein* Facharbeiter aus.
Im Betrieb wird 8 Stunden am Tag und 5 Tage in der Woche gearbeitet.
a) Erstellen Sie für den Auftrag einen Fristenplan.
b) Ermitteln Sie die kürzeste Durchlaufzeit.

anwendung

3. Für die Fertigung und Montage des Schrägmagazins soll eine Zeitplanung erstellt werden (Zeichnung Seite 35).

Zur Herstellung des Schrägmagazins sind die in der Tabelle aufgeführten Tätigkeiten mit der angegebenen Dauer erforderlich.

Bei der Fertigung müssen folgende Rahmenbedingungen beachtet werden:
– Fünf-Tage-Woche
– 8 Stunden Arbeitszeit

Die Vorbereitung und die Fertigung der Einzelteile wird von *zwei* Facharbeitern durchgeführt.

Die Montage führt *ein* Facharbeiter durch.

a) Ordnen Sie die auszuführenden Tätigkeiten in der optimalen Reihenfolge.
b) Stellen Sie Ihre Zeitplanung im Fristenplan dar.
c) Bestimmen Sie die kürzeste Durchlaufzeit.
d) Bestimmen Sie den Zeitraum der parallelen Fertigung.
e) Zu welchem Zeitpunkt müssen die Normteile für die Montage disponiert sein?

Auszuführende Tätigkeit	Arbeitssystem	Dauer
Positionierblech (POS. 1) fräsen; bohren; senken	CNC-Fräsmaschine	4 h
Längsrahmen (POS. 9) feilen; bohren	Bohrmaschine Werkbank	1 h
Längsrahmen; Querrahmen; Unterzug; Haltewinkel; Drehwinkel; Distanzstück ablängen	Säge	2 h
Kaufteile bzw. Normteile disponieren	Planungsbüro	2 h
Sensorplatte (POS. 2) fräsen; bohren; senken	CNC-Fräsmaschine	3 h
Sensorplatte; Positionierblech; Halterung; Halteplatte zuschneiden	Schlagschere	2 h
Unterzug (POS. 10) feilen; bohren	Bohrmaschine Werkband	1 h
Haltewinkel (POS. 6) und Drehwinkel (POS. 7) feilen; bohren; senken	Bohrmaschine Werkbank	4 h
Halterung (POS. 4) feilen; bohren; senken	Bohrmaschine Werkbank	1 h
Auftrag und Zeichnung in Empfang nehmen und lesen	Planungsbüro	2 h
Schrägmagazin montieren	Montage	4 h
Halteplatte (POS. 3) feilen; bohren; Gewinde schneiden	Bohrmaschine Werkbank	2 h
Distanzstück (POS. 5) drehen; bohren; senken	Drehmaschine	1 h
Querrahmen feilen	Werkbank	0,5 h

1 Planung und Organisation von Arbeitsabläufen

anwendung

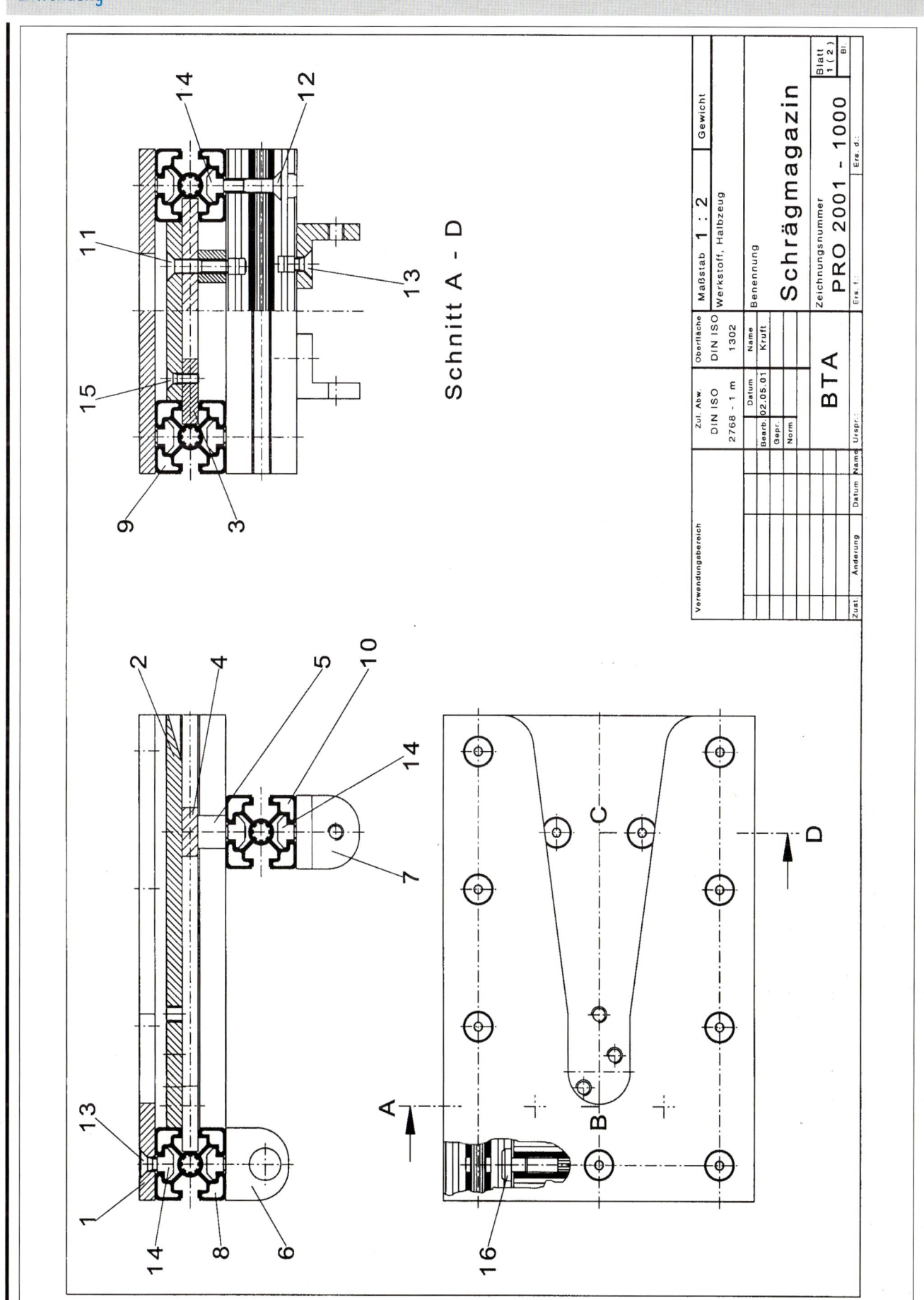

1 Schrägmagazin zu Aufgabe 3, Seite 34

Zeitplanung

anwendung

3. Der Kupplungsflansch 02.01.2102 wird auf einer Drehmaschine in zwei Aufspannungen gefertigt.

1. Aufspannung

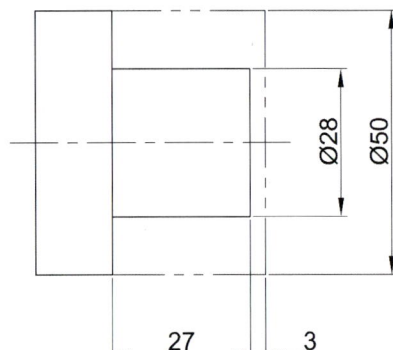

Technologiedaten:

Schruppen:

$v_c = 200 \dfrac{m}{min}$; $f = 0{,}6\ mm$

$a_p = 2{,}5\ mm$

Schlichten:

$v_c = 250 \dfrac{m}{min}$; $f = 0{,}1\ mm$

$a_p = 0{,}1\ mm$

Bestimmen Sie für die Dreharbeit die Hauptnutzungszeit t_h in min.

4. Die beiden Seitenflächen am Kupplungsflansch 02.01.2101 werden durch Fräsen mit einem Fräser DIN 1880 ⌀63 mm hergestellt. Der Walzenstirnfräser hat 12 Zähne.

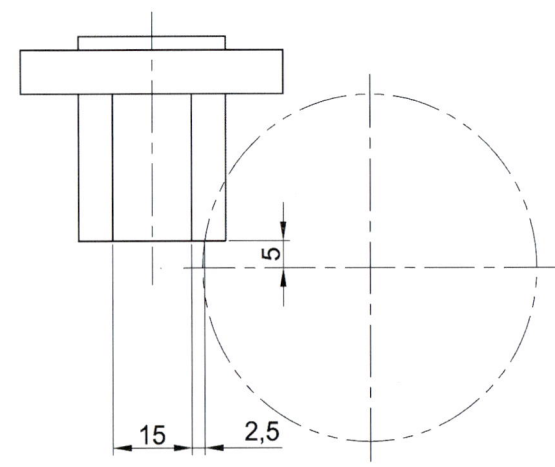

Schlichten:

$v_c = 250 \dfrac{m}{min}$

$f_Z = 0{,}06\ mm$

Berechnen Sie für das Schlichten der Seitenfläche die Hauptnutzungszeit t_h in min.

5. Bestimmen Sie die Hauptnutzungszeit t_h in min für das Bohren der Bohrungen von 6,6 mm zum Fräsen der Langlöcher (Bild 1, Seite 37).

Die folgenden Technologiedaten müssen beim Fertigen beachtet werden:

Bohren:

$v_c = 90 \dfrac{m}{min}$

$f = 0{,}1\ mm$

Fräsen:

Langlochfräser 2 Zähne; $v_c = 250 \dfrac{m}{min}$; $f_Z = 0{,}06\ mm$

6. Bestimmen Sie die Auftragszeit für das Drehen der 1. Aufspannung des Kupplungsflansches 02.01.2102.

Die Technologiedaten entnehmen Sie bitte dem Arbeitsplan für den Kupplungsflansch 02.01.2102, die Zeitwerte der Tabelle (Bild 1, Seite 28).

1. Aufspannung

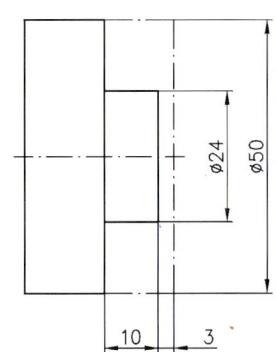

7. Bestimmen Sie die Auftragszeit für das Fertigen der Greifbacke (Bild 1, Seite 38).

Arbeitsfolge bei der Fertigung:

Die Zeitwerte für Spannvorgänge, Bewegungen und Schaltvorgänge entnehmen Sie bitte der Tabelle.

Die berechneten Werte können an der Werkzeugmaschine eingestellt werden.

Arbeitsgang	Betriebsmittel
1. Absatz fräsen Schruppen $v_c = 200 \dfrac{m}{min}$ $f_Z = 0{,}2\ mm$ Schlichten $v_c = 250 \dfrac{m}{min}$ $f_Z = 0{,}06\ mm$	Schaftfräser DIN 844 - A 28 K - N - HSS 4 Zähne
Bohren ⌀ 4,3 und ⌀ 3 $v_c = 90 \dfrac{m}{min}$ $f = 0{,}1\ mm$	Bohrer DIN 338 - 3 - HSS Bohrer DIN 338 - 4,3 - HSS

1 Planung und Organisation von Arbeitsabläufen

anwendung

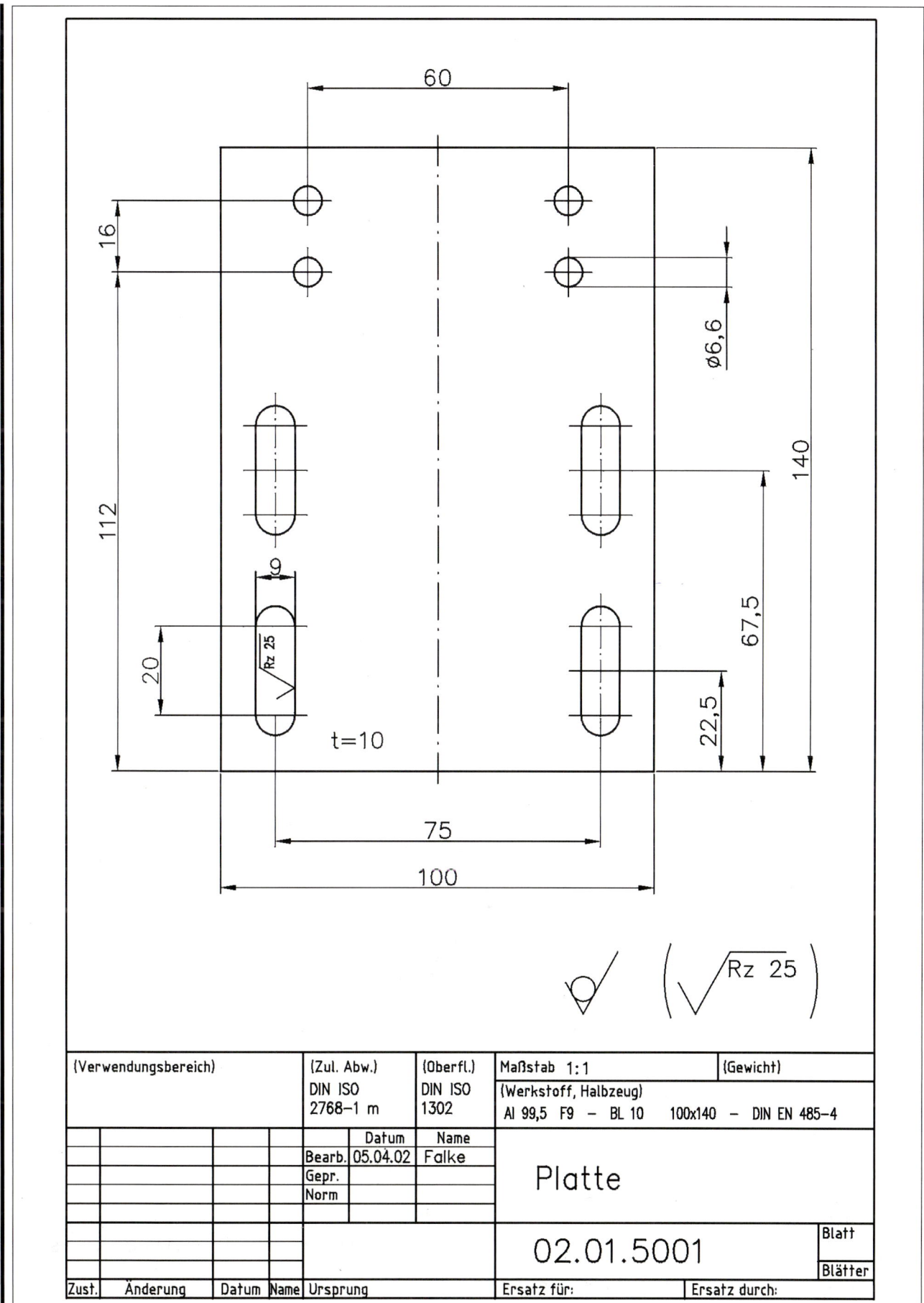

1 Platte zu Aufgabe 5, Seite 36

Zeitplanung

anwendung

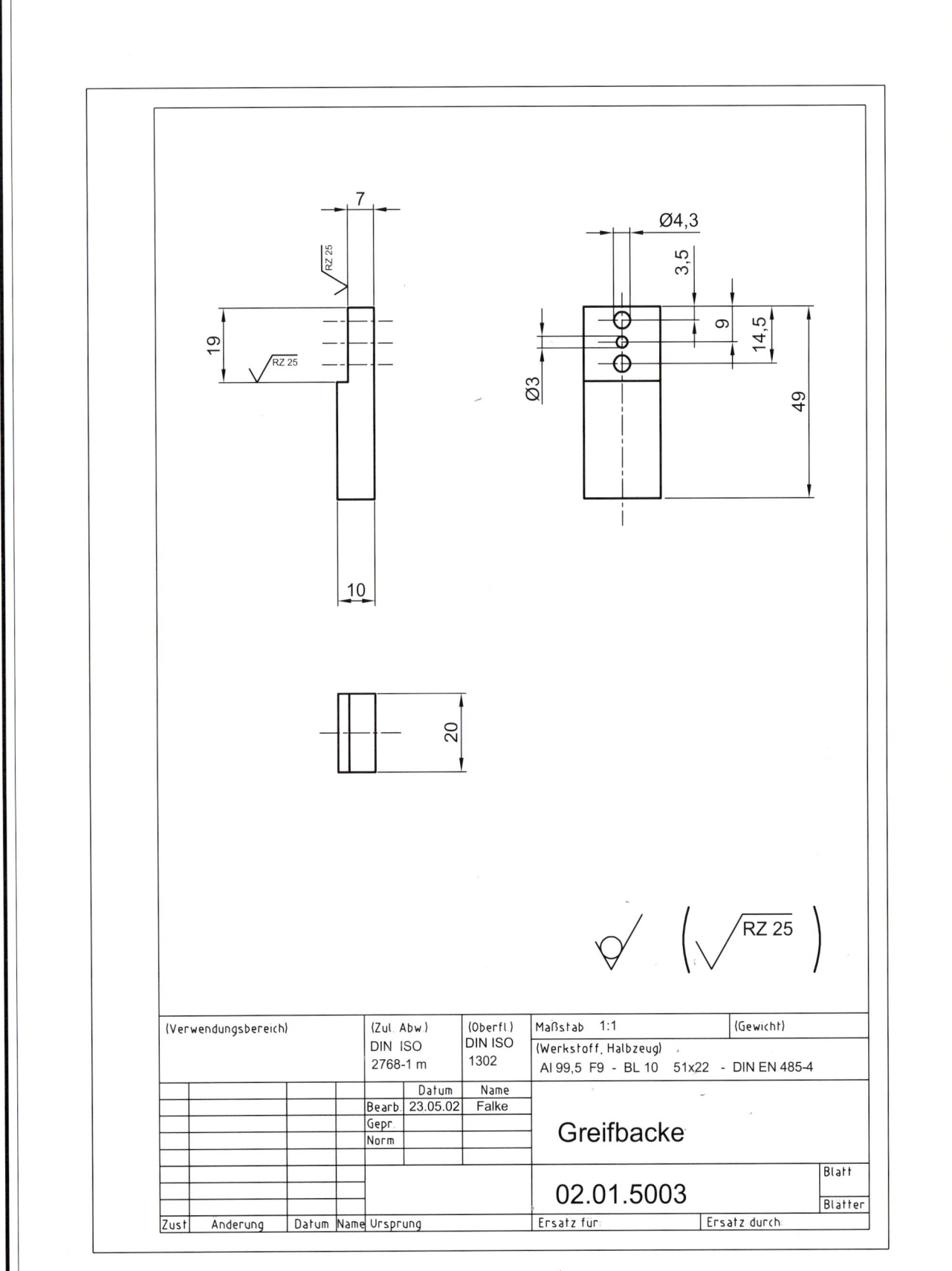

1 Greifbacke zu Aufgabe 7, Seite 36

2 Fertigung von Werkstücken

2.1 Informationen zur Fertigung

> **info**
>
> 1. **Planung - Aussagen einer technischen Zeichnung**
>   1.1 Maße
>   1.2 Oberflächenbeschaffenheit
>   1.3 Form- und Lagetoleranzen
>   1.4 Genormte Formelemente
> 2. **Durchführung - CNC-Technik**
>   2.1 Arbeitsplan
>   2.2 Koordinatensysteme
>   2.3 NC-gerechte Bemaßung
>   2.4 CNC-Programm
> 3. **Bewertung - Prüfung**
>   3.1 Längenprüftechnik
>   3.2 Prüfen der Oberflächengüte
>   3.3 Prüfen der Form und Lage
>
> Das *Anforderungsprofil* des Mechatronikerberufes umfasst einfache Dreh-, Fräs- und Schleifarbeiten, die selbstständig durchzuführen sind.
>
> Der Antriebskopf der Y-Achse des *Umsetzers* wird durch die *Kupplung* 02.01.2100 mit dem *Spiroplangetriebemotor* verbunden. Aus sicherheitstechnischen Gründen wird die Kupplung durch den Flansch 01.01.2101 umhüllt.
>
> Der Flansch erhält durch *Drehen* und *Fräsen* seine endgültige Form. Die wichtigsten Informationen können der technischen Zeichnung entnommen werden (Bild 1).

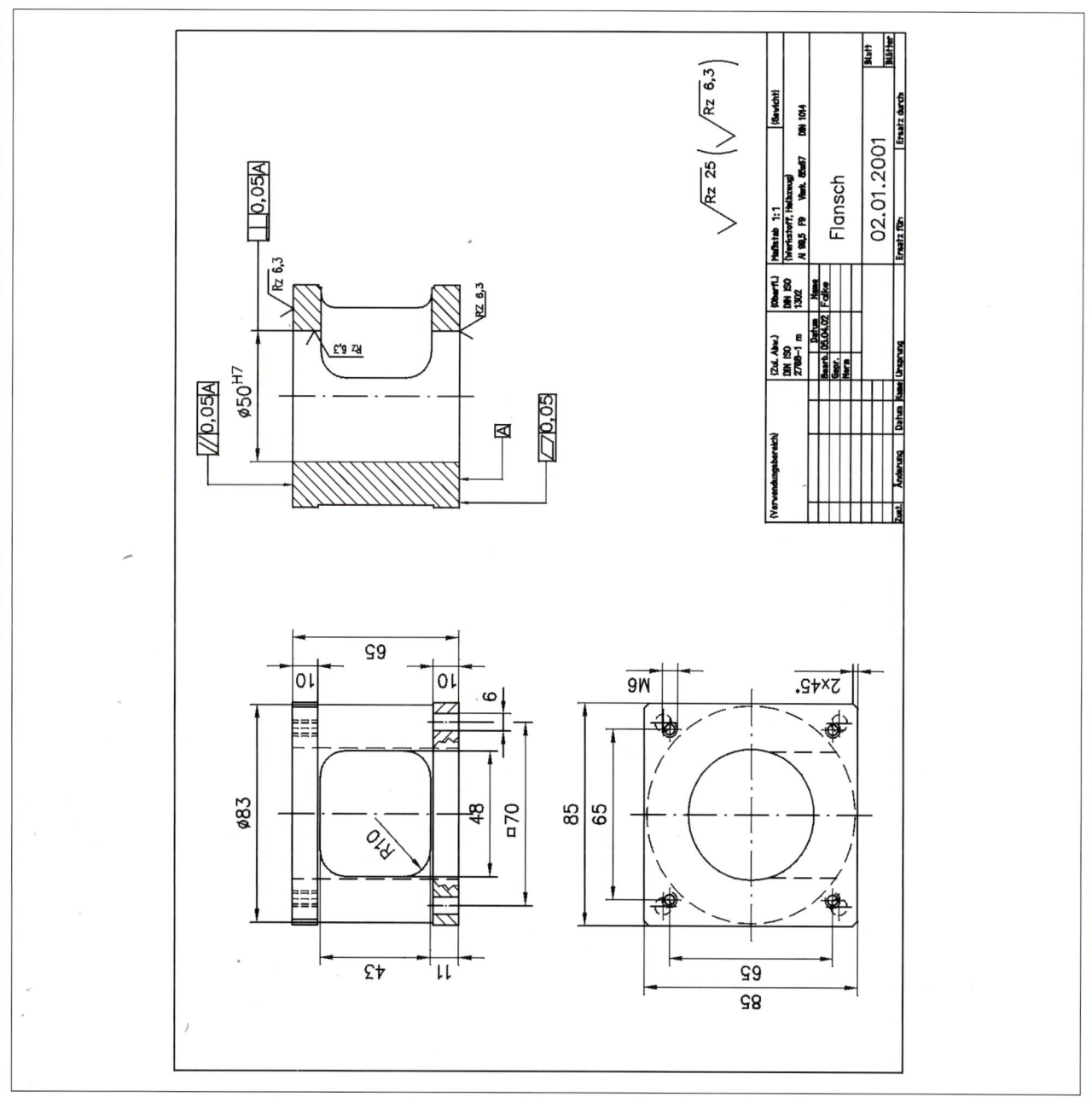

1 Flansch

Längenmaße, Oberflächenbeschaffenheit, Toleranzen

info

Aussagen der technischen Zeichnung

Längenmaße

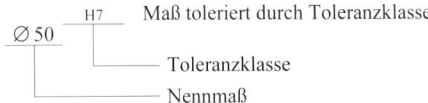

Maß toleriert durch Toleranzklasse
Toleranzklasse
Nennmaß

H: Grundabmaß, Lage des Toleranzfeldes zur Nulllinie bzw. Nennmaßlinie

7: Toleranzgrad, Breite des Toleranzfeldes

Grenzabmaße werden mit Hilfe von Tabellen bestimmt.

$\varnothing 50^{H7}$: Oberes Grenzabmaß: ES = 0,025 mm
Unteres Grenzabmaß: EI = 0 mm

Bestimmung der Grenzmaße

Höchstmaß: $G_0 = N + ES$
$G_0 = 50\,mm + 0,025\,mm$
$G_0 = 50,025\,mm$

Mindestmaß: $G_U = N + EI$
$G_U = 50\,mm + 0\,mm$
$G_U = 50\,mm$

Toleranz: $T = ES - EI$ oder
$T = G_0 - G_U$
$T = 0,025\,mm - 0\,mm$
$T = 0,025\,mm$

→ siehe Lernsituationen Mechatronik - Grundstufe, Seite 42

Oberflächenbeschaffenheit

$\sqrt{R_Z\,25}$ $\left(\sqrt{R_Z\,6{,}3}\right)$

Die Oberflächen des Flansches sollen behandelt werden und nach der Bearbeitung eine gemittelte Rautiefe R_Z von 25 µm aufweisen. Die gesondert gekennzeichneten Oberflächen sollen nach der Bearbeitung eine gemittelte Rautiefe R_Z von 6,3 µm aufweisen.

Das Sinnbild für die Oberflächenbeschaffenheit ist genormt (DIN ISO 1302).

Aussagen der Sinnbilder:

$\sqrt{}$ Grundsinnbild: Oberfläche wird behandelt

Materialabtrennende Bearbeitung, keine Anforderung an die Rauheit

Oberfläche im Anlieferungszustand belassen

Weitere Informationen können an das Sinnbild angefügt werden.

Lage und Angabe am Sinnbild:

$$\begin{array}{c} b \\ {}^a\sqrt{c\,(f)} \\ e \quad d \end{array}$$

---

a: Arithmetischer Mittenrauheitswert in µm hinter dem Kurzzeichen R_a

b: Fertigungsverfahren

c: Welligkeit in µm hinter dem Kurzzeichen W_t

d: Sinnbild für die Rillenrichtung

e: Bearbeitungszugabe in mm

f: Gemittelte Rautiefe in µm hinter dem Kurzzeichen R_Z

Aussage für die Fertigung

Die geforderte gemittelte Rautiefe von $R_Z = 25\,µm$ bzw. $R_Z = 6{,}3\,µm$ kann durch das Fertigungsverfahren Drehen erzielt werden.
Übliche Rauheitswerte für das Fertigungsverfahren Drehen: R_Z von 4 µm bis 63 µm (vergleiche DIN 4766)

Übung und Vertiefung

1. Bestimmen Sie von folgenden tolerierten Maßen, die Grenzabmaße, die Grenzmaße und die Toleranz.

a) $\varnothing 25^{k6}$ d) $\varnothing 65^{F8}$
b) $\varnothing 80^{H8}$ e) $\varnothing 18^{h11}$
c) $\varnothing 40^{J7}$ f) $\varnothing 24^{h5}$

2. Zeichnen Sie die Toleranzfelder der folgenden tolerierten Maße in ein Säulendiagramm ein.

a) $\varnothing 25^{H7}$ d) $\varnothing 25^{f7}$
b) $\varnothing 25^{n6}$ e) $\varnothing 25^{s6}$
c) $\varnothing 25^{H6}$ f) $\varnothing 25^{e8}$

3. Welche Informationen liefern Ihnen die dargestellten Oberflächenangaben?

a)

b)

c) $\sqrt{}$ geschliffen / M $R_Z\,6{,}3$

d) verchromt

4. Erstellen Sie für die Fertigung eines Ringes eine technische Zeichnung. Von dem Ring sind folgende Daten bekannt:

Werkstoff:
Aluminium - Al Mg Si 0,5 - EN AW - 6060

Halbzeug:
Rohr DIN EN 754-7 - 50 x 8 x 20

Maße in mm:
Außenform $\varnothing 42^{f7} \times 16^{-0,1}$
Fase $1 \times 45°$

Oberfläche:
Die Stirnflächen und der äußere Durchmesser sollen eine gemittelte Rautiefe von $R_Z = 25\,µm$ aufweisen. Die Innenflächen sollen nicht bearbeitet werden.

a) Erstellen Sie für den Ring eine technische Zeichnung im Maßstab 2 : 1.

b) Bemaßen Sie die Zeichnung fertigungsgerecht.

c) Erstellen Sie für das tolerierte Maß $\varnothing 42^{f7}$ eine normgerechte Tabelle mit den Grenzabmaßen.

2 Fertigung von Werkstücken

Übung und Vertiefung

5. Zur Fertigung eines Gehäusedeckels sind die folgenden Daten bekannt.

Werkstoff:
Aluminium - Al Mg Si 0,5 - EN AW - 6060

Halbzeug:
Rund DIN EN 754-3 - ⌀ 80 x 22

Maße in mm:

Durchmesser	⌀80$^{-0,2}_{-0,4}$
Breite	20$^{-0,1}$
Fasen	3 x 45°
Ausdrehung	⌀ 34 und 10 tief
Lochkreis	⌀ 56$^{±0,1}$
Senkung	4 Senkung DIN 974 - Reihe 1 für Zylinderschraube DIN 6912 - M6 x 25 - 8.8

Oberfläche:
Alle Arbeitsflächen sollen eine gemittelte Rautiefe von $R_Z = 25$ μm aufweisen.

a) Erstellen Sie für den Gehäusedeckel eine technische Zeichnung im Maßstab 1 : 1.

b) Bemaßen Sie die Zeichnung fertigungsgerecht.

c) Erstellen Sie eine Tabelle mit den wichtigsten Abmessungen für die Senkung.

info

Form- und Lagetoleranzen

Die Form eines Werkstückelementes oder die Lage eines Elementes zu einem anderen Element ist toleriert.

Die Planfläche muss parallel zur zweiten Planfläche liegen.
Die Bohrung ⌀ 50^{H7} muss rechtwinklig zur Planfläche stehen.
Die Planfläche muss zwischen zwei parallelen Ebenen im Abstand von 0,05 mm liegen.

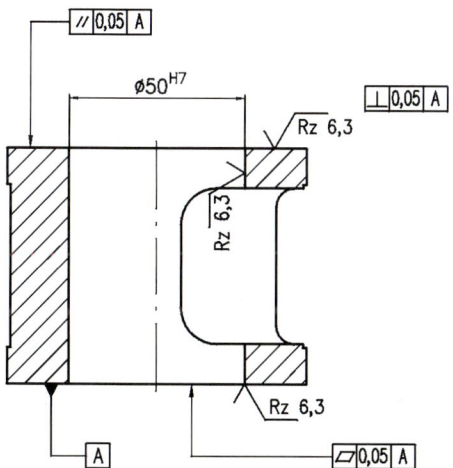

Form- und Lagetoleranzen werden mit Hilfe von Symbolen in die technische Zeichnung eingetragen. DIN ISO 1101

Formtoleranzen

Die *zulässige Abweichung* eines Formelementes von der geometrischen Idealform wird festgelegt.

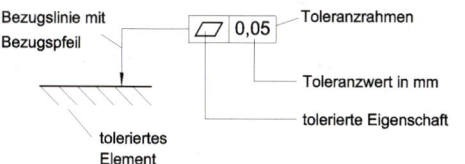

Möglichkeiten der tolerierten Eigenschaften
- Geradheit
- Ebenheit
- Rundheit
- Zylinderform
- Linienform
- Flächenform

Symbole siehe Tabellenbuch

Lagetoleranzen

Die *zulässige Abweichung* zwei oder mehrerer Formelemente von ihrer geometrischen Ideallage wird festgelegt.

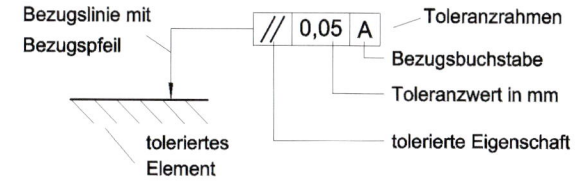

Möglichkeiten der tolerierten Eigenschaften

Richtungstoleranzen
- Parallelität
- Rechtwinkligkeit
- Neigung

Ortstoleranzen
- Position
- Konzentrizität
- Koaxilität
- Symmetrie

Lauftoleranzen
- Rundlauf
- Planlauf

Gesamtlauftoleranzen
- Rundlauf
- Planlauf

Symbole siehe Tabellenbuch

Die Abmessungen der Toleranzrahmen und Bezugsrahmen sind abhängig von der Schriftgröße.

Die Platzierung der Bezugspfeile und der Bezugsdreiecke legen das tolerierte Element bzw. das Bezugselement fest.

Form- und Lagetoleranzen

info

Beipiele

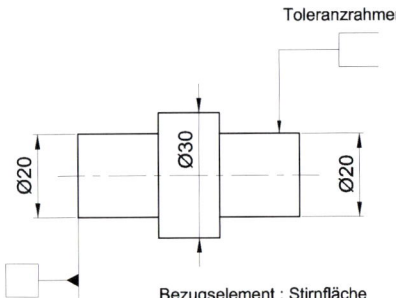

Bezugsrahmen
Bezugselement : Stirnfläche
toleriertes Element : Mantellinie bzw. Mantelfläche Ø 20 rechts

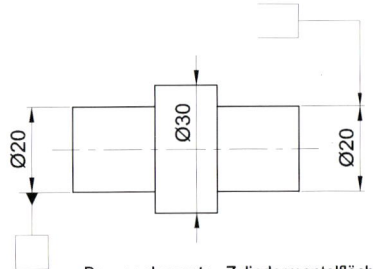

Bezugselement : Zylindermantelfläche Ø20 links
toleriertes Element : Achse des Zylinders Ø20 rechts

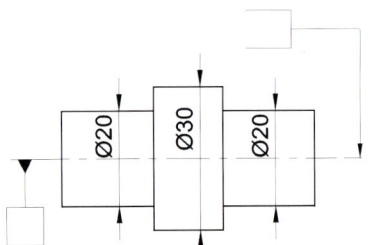

Bezugselement : Gemeinsame Achse aller Formelemente
toleriertes Element : Achse aller Zylinder

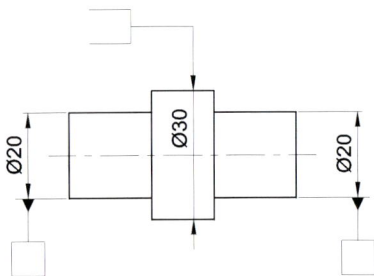

Bezugselement : Beide Zylindermantelflächen Ø20 links
toleriertes Element : Achse des Zylinders Ø30

Hinweis

Die *Form- und Lagetoleranzen* haben einen Einfluss auf die *Reihenfolge* der Ablaufschritte bei der Fertigung.

Beispiel

Fertigung des Kupplungsflansches 02.01.2102 (Bild 1, Seite 43)

– Der Kupplungsflansch wird in zwei Aufspannungen bearbeitet.

– Das Planen der Stirnfläche mit der Oberflächengüte $R_Z = 6{,}3\,\mu m$, das Bohren der Bohrung $\varnothing 15^{H7}$ und das Ausdrehen der Innenform $\varnothing 28^{H7} \times 3$ muss in einer Aufspannung erfolgen.

übung und vertiefung

1. Welche Eingenschaften der Form und Lage sind durch die folgenden Sinnbilder toleriert.

a) | ⌀ | 0,3 |

b) | = | 0,05 | A |

c) | ⊕ | Ø 0,2 |

d) | ⌰ | 0,3 | A - B |

e) | ⌒ | 0,04 |

f) | // | 0,05 | B |

2. In der technischen Zeichnung Kupplungsflansch 02.01.2101 sind Form- und Lagetoleranzen eingetragen (Bild 1, Seite 44).

Welche Aussagen können Sie aufgrund der Eintragungen machen?

3. Tragen Sie in die technischen Zeichnungen des Ringes und des Gehäusedeckels die folgenden Form- und Lagetoleranzen ein.

a) Ring: (Aufgabe 4, Seite 40)
Eine Stirnfläche soll eben sein. Die Ebenheit soll innerhalb einer Toleranz von $t = 0{,}05$ mm liegen.
Die zweite Stirnfläche soll zu der ersten Stirnfläche parallel verlaufen. Die Parallelität soll innerhalb einer Toleranz von $t = 20\,\mu m$ liegen.
Die Außenfläche des Ringes soll rechtwinklig zur ersten Stirnfläche stehen. Die Rechtwinkligkeit soll eine Toleranz von $t = 0{,}03$ mm aufweisen.

b) Gehäusedeckel: (Aufgabe 5, Seite 41)
Die Anlageflächen sollen eine Ebenheit von $t = 0{,}05$ mm aufweisen.

englisch

Oberfläche
surface

Oberflächenbearbeitung
surface treatment, surfacing

Oberflächenbeschaffenheit
surface quality

Oberflächengüte
surface finish

Koordinatenachse
coordinate axis

Flansch
flange

Getriebe
gear, gear unit

Getriebeflansch
gearbox flange

Getriebemotor
gearmotor

Toleranz
tolerance

Toleranzbereich
tolerance range, permissible variation

Toleranzhaltigkeit
tolerance compliance

Toleranzmaß
dimensional tolerance

Grenzmaß
limit, limit value

Kupplungsflansch
coupling flange

Gehäusedeckel
casing cover

2 Fertigung von Werkstücken

info

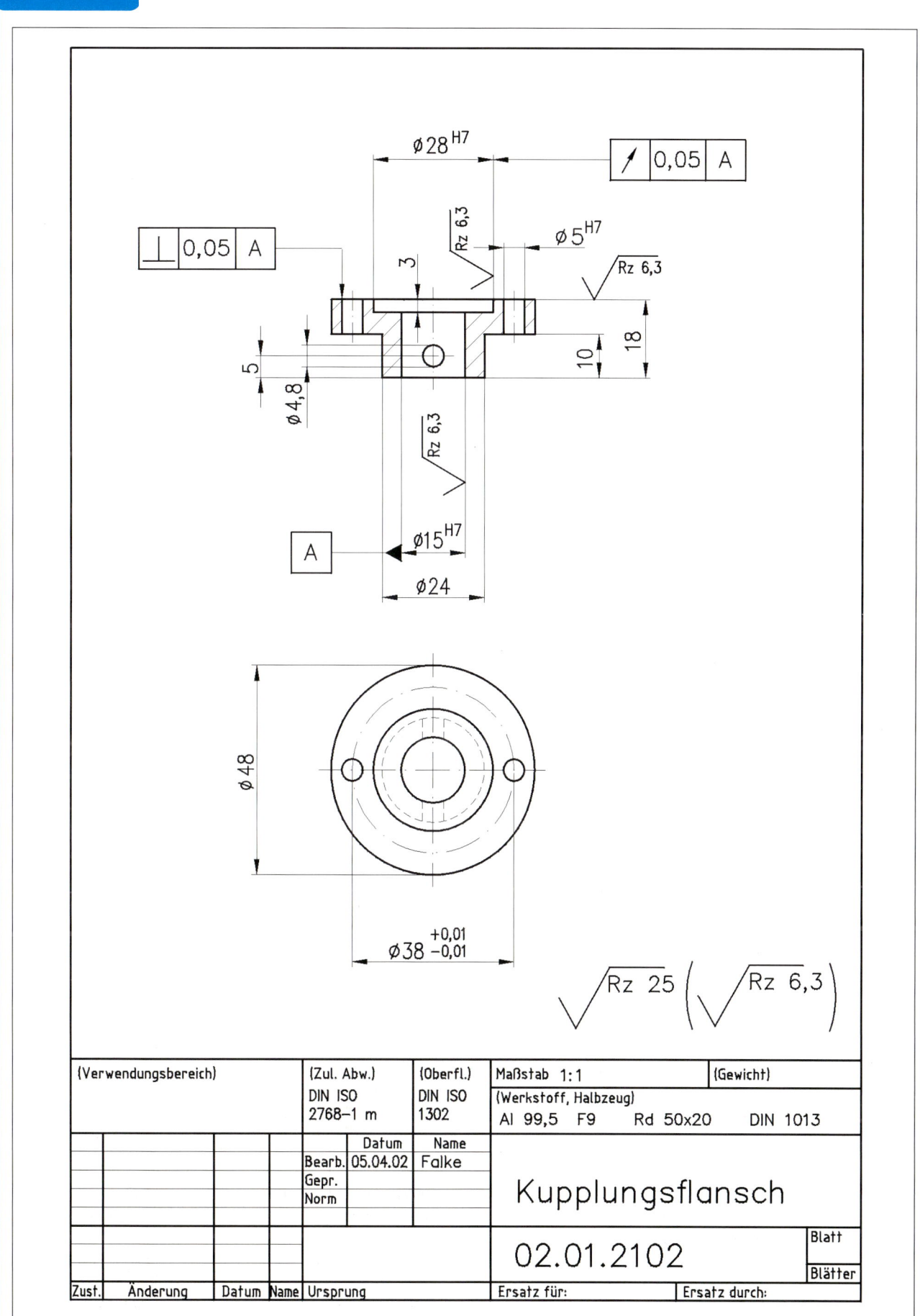

1 Kupplungsflansch

Genormte Formelemente

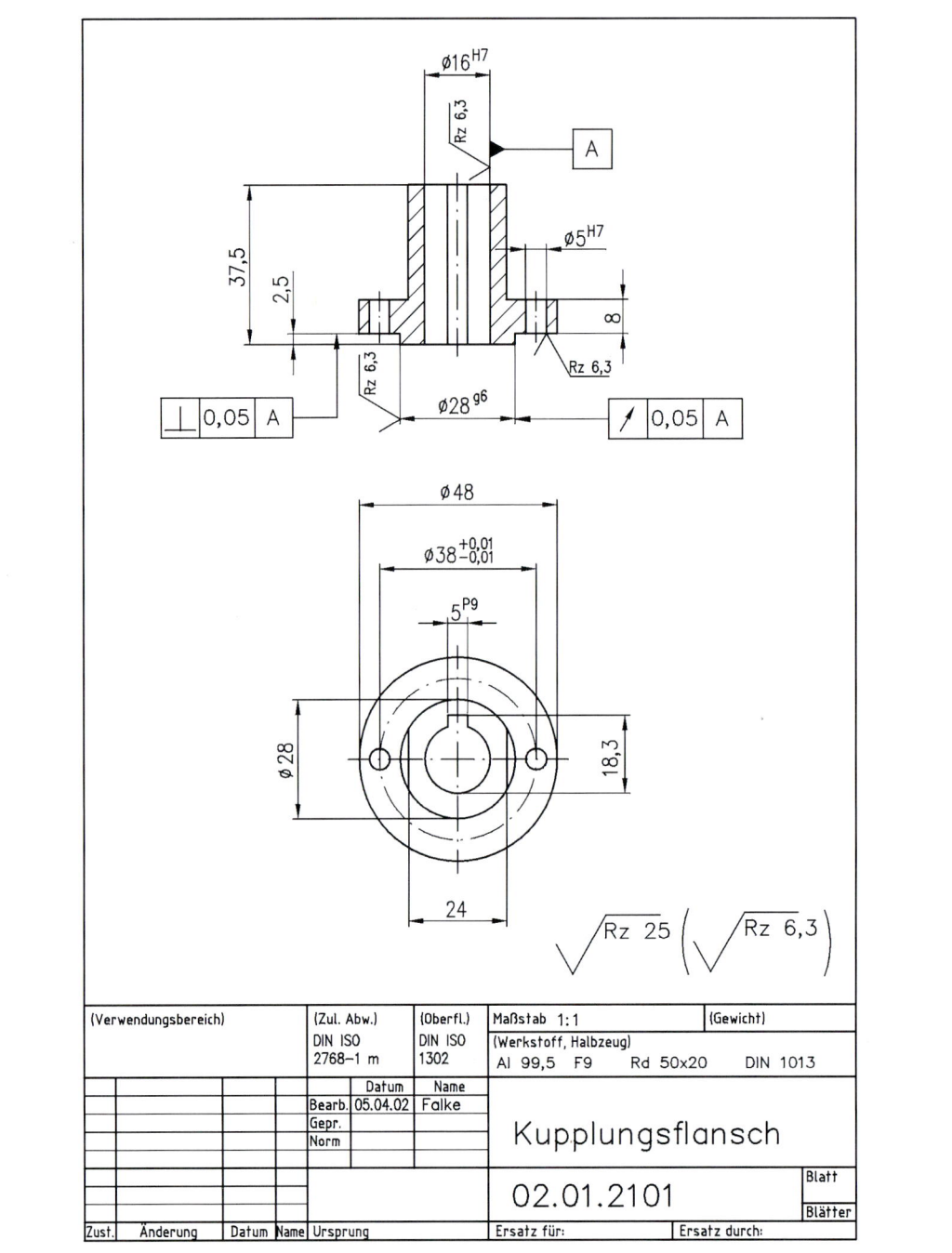

1 Kupplungsflansch zu Aufgabe 2, Seite 42

info

Genormte Formelemente

Neben den bislang vorgestellten Elementen werden zur Erfüllung der Funktion eines Bauelementes auch *genormte Formelemente* an das Werkstück angebracht.

Solche genormte Formelemente sind:
– Zentrierbohrungen   DIN 332
– Freistiche   DIN 509
– Gewindefreistiche   DIN 76
– Nuten für Sicherungsringe DIN 471 und DIN 472
– Nuten für Passfeder   DIN 6885

Die Formelemente sind in ihren Abmessungen durch die Norm festgelegt und müssen Tabellenwerken entnommen werden.

a) Zentrierbohrungen nach DIN 332
Zentrierbohrungen dienen zum Spannen bei der Bearbeitung und beim Prüfen von drehsymmetrischen Werkstücken, z.B. Spannen zwischen Spitzen.

Man unterscheidet Zentrierbohrungen nach ihrer Form.

Form A
mit geraden Laufflächen, ohne Schutzsenkung

Form R
mit gewölbten Laufflächen, ohne Schutzsenkung

Form B
mit geraden Laufflächen und kegelförmiger Schutzsenkung

Form DS
mit geraden Laufflächen, Schutzsenkung und Gewinde

2 Fertigung von Werkstücken

info

Normgerechte Benennung:
DIN 332 - Form $d_1 \cdot d_2$ oder ISO 6411 - Form $d_1 \cdot d_2$

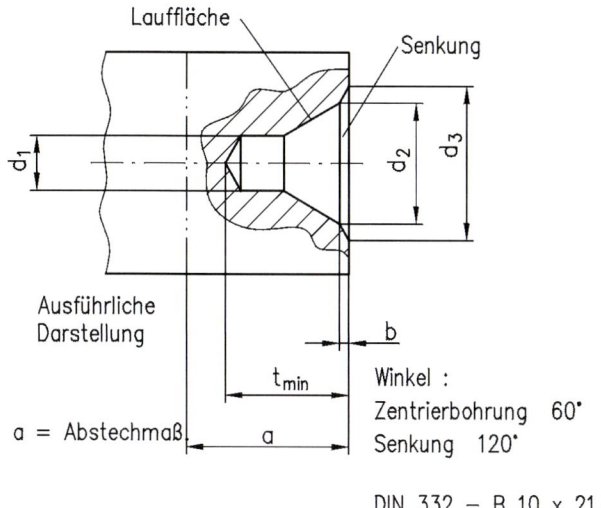

Hinweis
Bei der Halbzeuglänge das Abstechmaß a beachten!

b) Freistiche nach DIN 509 und Gewindefreistiche nach DIN 76

Freistiche ermöglichen ein *exaktes Fügen* der Bauelemente. Sie liegen maß- und passgenau an der Planfläche des Bundes vom tragenden Bauelement an.

Beispiel

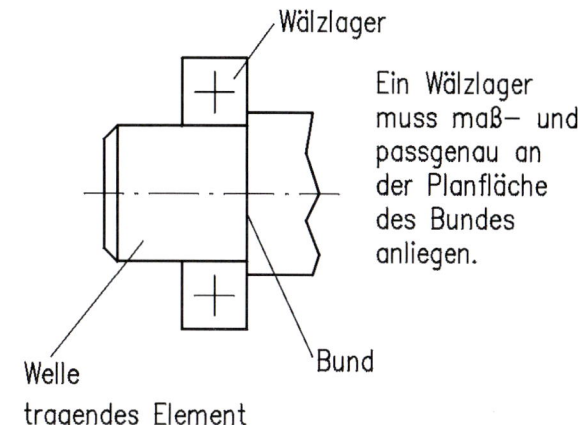

Herstellung
Die Zentrierbohrung wird mit Hilfe des *Zentrierbohrers*, einem Formwerkzeug, hergestellt.
Unter Beachtung der Bohrtiefe t_{min} entsteht in einem Bohrvorgang die Zentrierbohrung. Bei der Form DS muss nach dem Bohren noch das Gewinde geschnitten werden.

Eintragung in die technische Zeichnung
Die Zentrierbohrung wird in Ausnahmefällen ausführlich dargestellt, ansonsten stellt man die Zentrierbohrung vereinfacht dar.

Freistiche und Gewindefreistiche können *vereinfacht* und *ausführlich* dargestellt werden.
Ausführlich dargestellte Freistiche stellt man als Einzelheit im vergrößerten Maßstab dar.

Darstellung von Freistichen
– Vereinfachte Darstellung

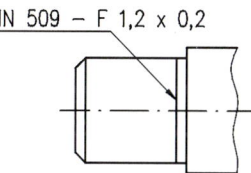

Möglichkeiten der vereinfachten Darstellung

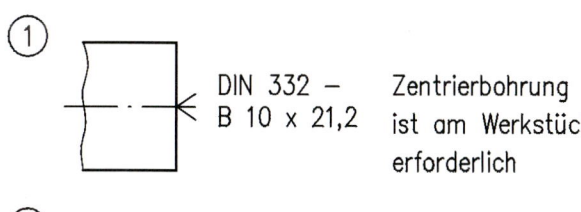

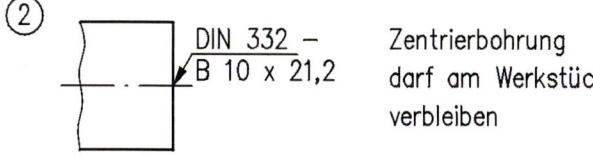

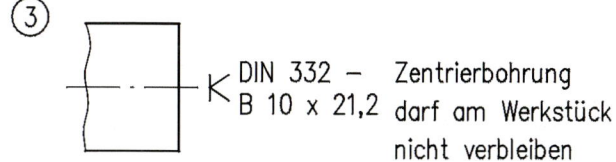

– Ausführliche Darstellung

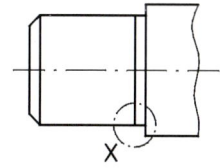

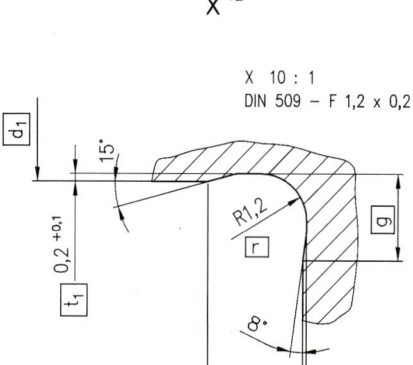

Genormte Formelemente

info

Arten von Freistichen
Gewindefreistiche und Freistiche unterteilt man nach der Form.

Gewindefreistiche - DIN 76

Form A
Freistich für Außengewinde normale Ausführung

Form B
Freistich für Außengewinde kurze Ausführung

Form C
Freistich für Innengewinde normale Ausführung

Form D
Freistich für Innengewinde kurze Ausführung

Freistiche - DIN 509

Form E
Freistich für weiterzubearbeitende Zylinderfläche

Form F
Freistich für weiterzubearbeitende Plan- und Zylinderfläche

Form G
Freistich für kleinen Übergang

Form H
Freistich für stärker gerundeten Übergang

Die Abmessungen der Freistiche müssen Tabellenwerken entnommen werden. Sie richten sich bei den Gewindefreistichen nach der Steigung und bei den Freistichen nach dem Durchmesser der Werkstücke.

Normgerechte Benennung

Gewindefreistich: DIN 76 - Form
Freistich: DIN 509 - Form $r \times t_1$

Herstellung

Freistiche können mit einem *Formdrehmeißel* oder einem *Konturdrehmeißel* hergestellt werden.

Formdrehmeißel werden auf einer Leitspindel-Zugspindel-Drehmaschine eingesetzt. Durch Querplandrehen wird die Form des Drehmeißels auf das Werkstück übertragen. Beim Drehvorgang müssen die Maße t_1 und t_2 beachtet werden.

Der Einsatz eines *Konturdrehmeißels* erfolgt auf einer CNC-Drehmaschine. Im Programm wird die Kontur des Freistiches programmiert.
Beim Drehvorgang fährt der Konturdrehmeißel die programmierte Kontur ab.

c) Nuten für Sicherungsringe nach DIN 471 und DIN 472

Sicherungsringe fixieren Bauelemente, meist Wälzlager, in ihrer vorbestimmten Lage.
Man unterscheidet *Sicherungsringe für Wellen* DIN 471 und *Sicherungsringe für Bohrungen* DIN 472.

Beispiel
Für den Sicherungsring muss auf der Welle bzw. in der Buchse eine Nut eingearbeitet werden. Die Maße für die Nut sind genormt und müssen aus Tabellenwerken entnommen werden.

Herstellung von Nuten
Die Nuten werden mit einem Einstechdrehmeißel eingestochen. Die Drehmeißelbreite entspricht meist der Nutbreite.

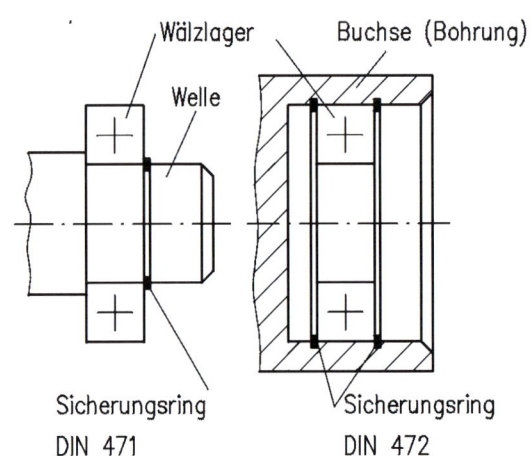

Abmessung der Nut
Wellennut:

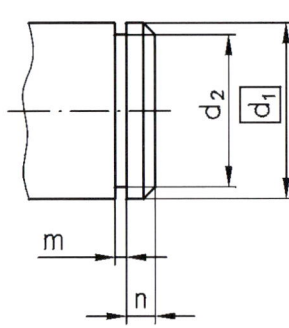

Alle Maße beziehen sich auf den Durchmesser d_1.
In der Zeichnung werden alle Maße (d_1, d_2, m und n) angegeben.

d_1 Wellendurchmesser oder Bohrungsdurchmesser

Bohrungsnut:
d_2 Nutgrunddurchmesser toleriert mit h12 bzw. H12
m Nutbreite toleriert mit H13
n Mindestabstand zur Stirnfläche

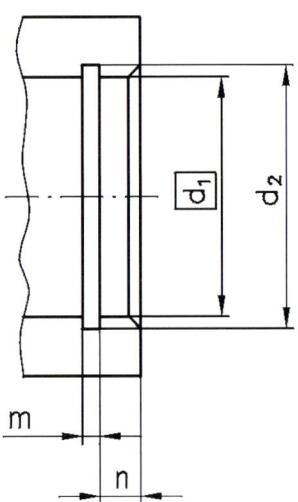

2 Fertigung von Werkstücken

info

d) Nuten für Passfeder nach DIN 6885

Genormte Nuten in Wellen und Naben nehmen eine *Passfeder* auf, mit der die Energie formschlüssig übertragen wird.

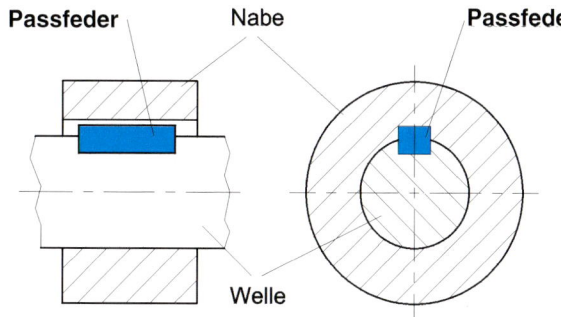

Die Abmessungen der Nut in Welle und Nabe sind genormt und können Tabellen entnommen werden.

Abmessungen der Nut

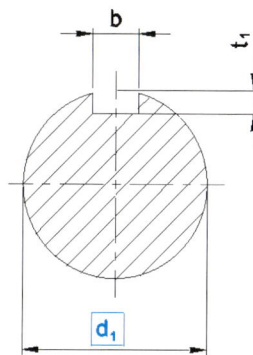

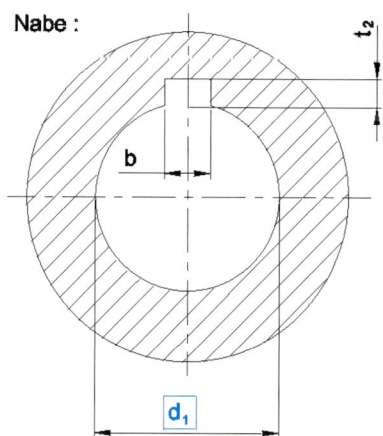

Alle Maße werden aufgrund des Durchmessers d_1 festgelegt.

d_1 Wellen- bzw. Nabendurchmesser
b Nutbreite
t_1 Wellennuttiefe
t_2 Nabennuttiefe

Zulässige Abweichungen für die Nuttiefe in Abhängigkeit von d_1 sind Tabellen zu entnehmen.

Je nach Sitz der Passfeder wird die Nutbreite toleriert.

Wellennutbreite b: fester Sitz   P9
                               leichter Sitz N9

Nabennutbreite b: fester Sitz   P9
                                leichter Sitz JS9

Herstellung

Die *Wellennuten* werden mit Hilfe von *Langlochfräser* (Bohrnutenfräser) hergestellt. Meist entspricht der Fräserdurchmesser der Nutbreite.

Die *Nabennuten* fertigt man mit dem Fertigungsverfahren *Räumen*. Dabei wird ein Formwerkzeug, die Räumnadel, durch die Nabe gezogen. Nach dem Vorgang ist eine form- und maßgenaue Passfedernut entstanden.

Maßeintragung

Die Eintragung der Maße für eine Wellennut erfolgt meist im Profilschnitt.
Zur Bemaßung der Nabennut wird meist nur die Nabe als Einzelteil dargestellt.

Profilschnitt: Wellennut

Einzelteil: Nabennut

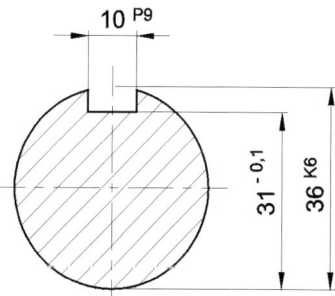

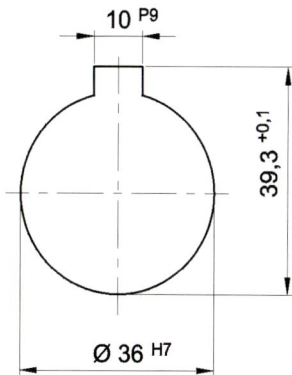

Genormte Formelemente

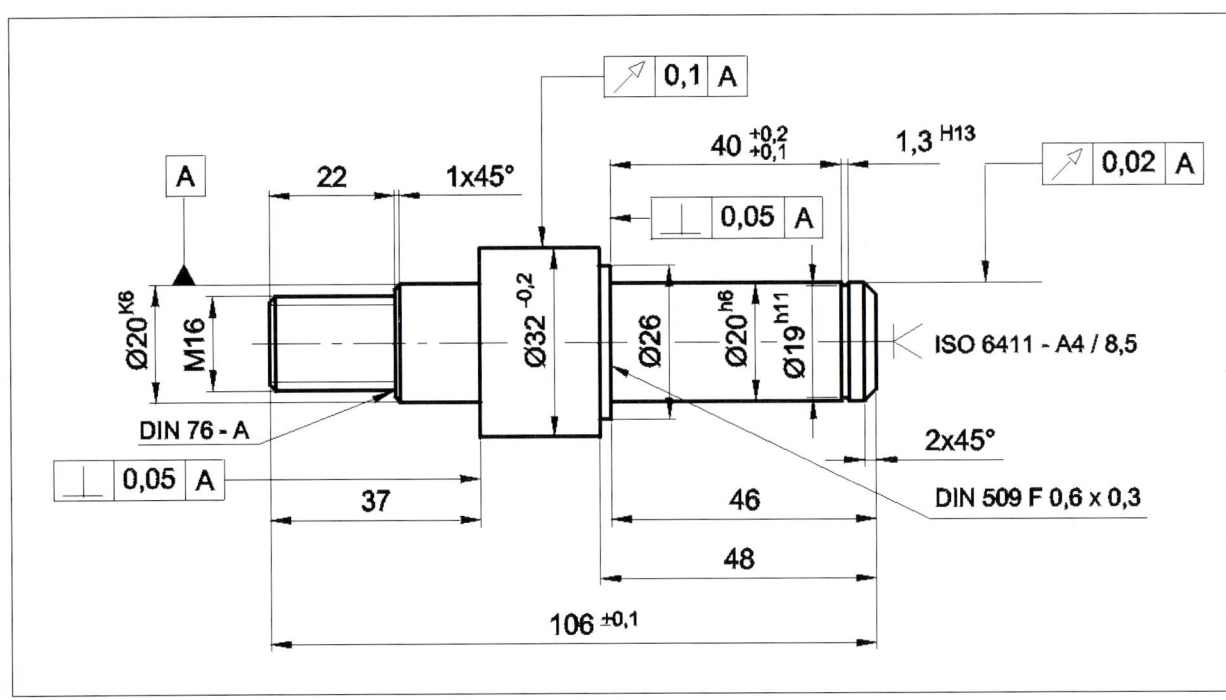

1 Lagerbolzen zu Aufgabe 2

1. In einer technischen Zeichnung stehen die folgenden Angaben.
Bitte erläutern Sie diese Angaben.
a) DIN 332 - DS M10
b) DIN 509 - F 0,6 x 0,3
c) $\sqrt{\overset{\text{geschliffen}}{R_z\ 6,3}}$
d) DIN 76 - D
e) ∠ ISO 6411 - R4 x 8,5

2. Der in Bild 1 dargestellte Lagerbolzen soll gefertigt werden.
Planen Sie die Fertigung, indem Sie die folgenden Fragen beantworten und Aufgaben bearbeiten.
a) Welche genormten Formelemente enthält der dargestellte Lagerbolzen?
b) Welche Form- und Lagetoleranzen müssen bei der Fertigung beachtet werden?
c) Stellen Sie die Zentrierbohrung im Maßstab 10 : 1 als Einzelteil dar.
d) Über dem Schriftfeld steht das folgende Sinnbild.

$\sqrt{R_z\ 25}$

Welche Information erhalten Sie durch dieses Sinnbild?

e) Stellen Sie den Gewindefreistich und den Freistich als Einzelteil im Maßstab 10 : 1 dar.
f) Sind die Abmessungen für die Nut des Sicherungsringes richtig gewählt?
g) Im Schriftfeld steht unter Werkstoff, Halbzeug folgende Angabe:
EN AW-6060 Rd EN 754 - ⌀ 40 x110
Reichen die gewählten Halbzeugmaße für die Fertigung des Lagerbolzens aus?
Begründen Sie Ihre Antwort.

3. Eine Motorenwelle ⌀ 15^{j7} soll eine Passfedernut erhalten. Bestimmen Sie die Abmessungen der Nut, wenn die Passfeder bei der Demontage von Hand gezogen werden soll und die Nabe des Kupplungsflansches eine Länge von 37,5 mm hat.

4. Auf eine Getriebewelle soll ein Zahnrad durch einen Sicherungsring fixiert werden. Die Energie soll von der Welle zum Zahnrad mit einer Passfeder übertragen werden.
a) Bestimmen Sie die Abmessungen für die Passfedernut, wenn die Passfeder in der Welle einen festen Sitz und in der Nabe einen leichten Sitz haben soll.
b) Bestimmen Sie die Abmessungen für die Nut des Sicherungsringes.
c) Stellen Sie die Nabennut als Einzelteil dar und bemaßen Sie die Nut fertigungsgerecht.
d) Welche Länge muss der Zapfen mindestens aufweisen.
e) Erstellen Sie eine technische Zeichnung des Zapfens. Bemaßen Sie diese fertigungsgerecht. Bemaßen Sie die Wellennut im Profilschnitt.

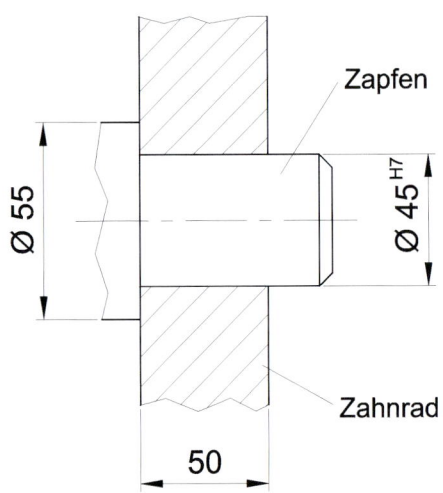

2 Fertigung von Werkstücken

2.2 Durchführung der Fertigung

info

Fertigung von Werkstücken - Durchführung

An den Flansch 02.01.2001 werden hohe Anforderungen hinsichtlich *Maßhaltigkeit*, *Oberflächengüte* und *Form und Lage* der einzelnen Formelemente gestellt.

Um diesen Anforderungen gerecht zu werden, soll der Flansch auf *CNC-Werkzeugmaschinen* hergestellt werden.

Der Facharbeiter gibt für die Bearbeitung des Flansches das CNC-Programm in die Werkzeugmaschine ein. Die Steuerung regelt die Verfahrbewegung des Werkzeuges, die Vorschubgeschwindigkeit und die Schnittgeschwindigkeit.

Zur Erstellung des CNC-Programmes muss der Facharbeiter folgende Fragen im Vorfeld beantworten: Welche Arbeitsvorgänge sind zur Herstellung des Werkstückes notwendig?

– In welcher Reihenfolge müssen die Arbeitsvorgänge durchgeführt werden?
– Mit welchen Werkzeugen muss das Werkstück bearbeitet werden?
– Mit welchen Schnittdaten muss das Werkstück bearbeitet werden?

Die Grundlage des CNC-Programmes bildet der Arbeitsplan.

Arbeitsplan

Zur Herstellung des Flansches müssen die Fertigungsverfahren Drehen, Bohren, Fräsen, Gewinde schneiden und Feilen eingesetzt werden.

Das *Drehen* erfolgt in zwei Aufspannungen.

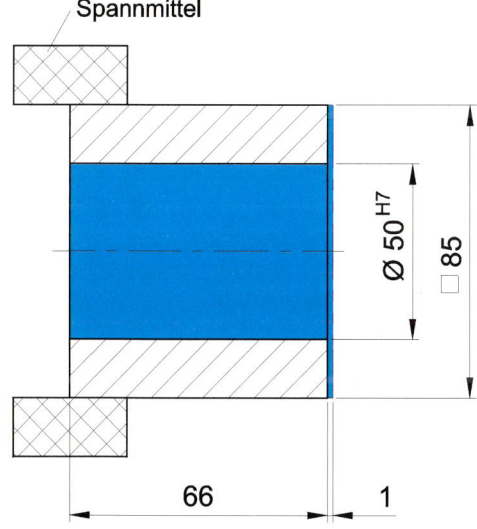

1. Aufspannung:
Planfläche bearbeiten
Bohrung $\varnothing 50^{H7}$ herstellen

Arbeitsvorgänge:
1. Stirnfläche planen
– Schruppen
Schruppmeißel $\quad v_c = 265 \dfrac{m}{min}$

$f = 0{,}6$ mm

$a_p = 2{,}5$ mm

– Schlichten
Schlichtmeißel $\quad v_c = 450 \dfrac{m}{min}$

$f = 0{,}15$ mm

$a_p = 0{,}15$ mm

2. Bohrung $\varnothing 50^{H7}$ herstellen
– Bohren $\varnothing 20$
Bohrer $\varnothing 20$ $\quad v_c = 180 \dfrac{m}{min}$

$f = 0{,}6$ mm

– Schruppen $\varnothing 20$ auf $\varnothing 49{,}7$
Innenschruppmeißel $\quad v_c = 265 \dfrac{m}{min}$

$f = 0{,}5$ mm

$a_p = 2{,}5$ mm

– Schlichten $\varnothing 50^{H7}$
Innenschlichtmeißel $\quad v_c = 315 \dfrac{m}{min}$

$f = 0{,}1$ mm

$a_p = 0{,}15$ mm

Hinweis
Die Werkzeuge befinden sich im Werkzeugrevolver der CNC-Werkzeugmaschine. Der Innendrehmeißel findet beim Schruppen und Schlichten Einsatz.

2. Aufspannung:

Planfläche bearbeiten
Außenkontur $\varnothing 83$ drehen

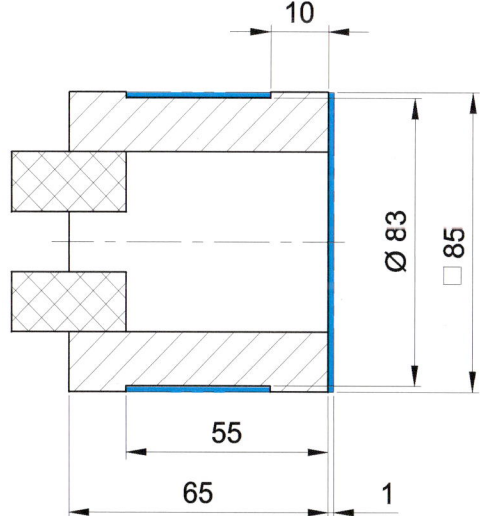

Arbeitsvorgänge:
1. Stirnfläche planen
– Schruppen
Schruppmeißel $\quad v_c = 265 \dfrac{m}{min}$

$f = 0{,}5$ mm

$a_p = 2{,}5$ mm

Durchführung der Fertigung

info

– Schlichten
Schlichtmeißel $v_c = 400 \frac{m}{min}$
$f = 0{,}1$ mm
$a_p = 0{,}15$ mm

2. Außenkontur ⌀ 83 drehen
– Einstechen
Stechmeißel $v_c = 250 \frac{m}{min}$
$f = 0{,}25$ mm

– Rechte Teilkontur ⌀ 83 drehen
Schrupp-/Schlichtmeißel rechts

$v_c = 200 \frac{m}{min}$ $v_c = 300 \frac{m}{min}$
$f = 0{,}15$ mm $f = 0{,}1$ mm
$a_p = 1{,}5$ mm $a_p = 0{,}15$ mm

– Linke Teilkontur ⌀ 83 drehen
Schrupp-/Schlichtmeißel links

$v_c = 200 \frac{m}{min}$ $v_c = 300 \frac{m}{min}$
$f = 0{,}15$ mm $f = 0{,}1$ mm
$a_p = 1{,}5$ mm $a_p = 0{,}15$ mm

Hinweis
Der *Werkzeugrevolver* befindet sich bei der Schrägbettmaschine *hinter der Drehmitte*.
Die Schrupp-/Schlichtdrehmeißel rechts und links sind *Konturdrehmeißel* und finden beim Schruppen und Schlichten Einsatz.
Die gewählten *Technologiedaten* sind Angaben des Werkzeugherstellers bzw. Erfahrungswerte. Die Daten können auch dem Tabellenbuch entnommen werden.

Nach Beendigung der Dreharbeiten muss der Flansch eine Aussparung zur Montage der Kupplung erhalten.
Die Aussparung wird „Tasche" genannt. Sie wird auf der *CNC-Fräsmaschine* hergestellt wird.

Fräsen

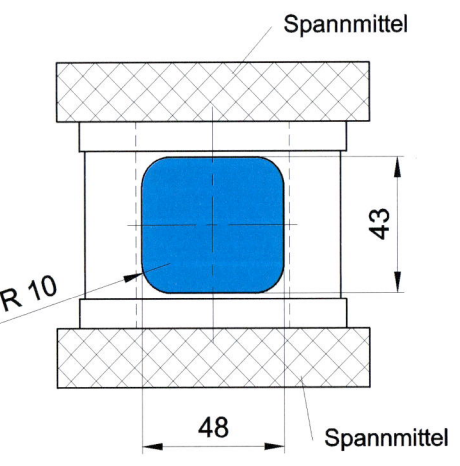

Arbeitsvorgang:
– Tasche fräsen
Schaftfräser ⌀ 20 (2 Zähne)

$v_c = 200 \frac{m}{min}$
$f_Z = 0{,}08$ mm
$a = 3$ mm

Die weiteren Arbeitsvorgänge werden nicht mehr betrachtet, da sie nicht auf einer CNC-Werkzeugmaschine durchgeführt werden.

übung und vertiefung

1. Der Werkzeugrevolver einer CNC-Maschine ist mit den in der Werkzeugdatei dargestellten Werkzeugen ausgestattet (siehe Seite 51).
a) Mit welchen Werkzeugen sind die Werkzeugrevolverplätze T01 bis T08 belegt?
b) Welche Drehmeißel setzen Sie für das Schlichten einer Arbeitsfläche ein?

anwendungen

1. Der Kupplungsflansch 01.01.2102 (Bild 1, Seite 52) muss in zwei Aufspannungen auf der CNC-Drehmaschine erfolgen. Alle Arbeitsflächen die eine gemittelte Rautiefe von $R_z = 6{,}3$ μm aufweisen, sollen in der zweiten Aufspannung erzeugt werden.
Legen Sie für die zwei Aufspannungen die Arbeitsvorgänge fest und bestimmen Sie für die Arbeitsgänge die Werkzeuge und die zugehörigen Schnittdaten.
Hinweis
Die Werkzeuge aus der Werkzeugdatei (Aufgabe 1, Seite 51) stehen zur Verfügung.

2. Die dargestellte Platte 02.01.5001 (Bild 2, Seite 52) soll auf einer Fräsmaschine gefertigt werden.
a) Welche Arbeitsgänge sind zur Herstellung erforderlich?
b) Bestimmen Sie bitte die Werkzeuge und die Schnittdaten.

englisch

Freistich
back-off undercut

Nute
flute, sline

Passfeder
spring key

Sicherungsring
locking ring, retaining ring

Zentrierbohrung
centre bore

Welle
shaft, spindle

Lagerbolzen
bearing pin

Zapfen
pin, pinion

Werkzeugmaschine
machine tools

Werkzeugmaschinensteuerung
machine-tool control

Numerisch gesteuerte Werkzeugmaschine
numerically controlled machine tool

Revolver
revolver

Bezugspunkt
reference point, control point

Breite
width

2 Fertigung von Werkstücken

übung und vertiefung

Werkzeugdatei zu Aufgabe 1, Seite 50 (übung und vertiefung)

Werkzeugdatei	Technologiedaten			
Werkzeugnummer	T01	T02	T03	T04
Schneidenradius		0,8 mm	0,8 mm	0,8 mm
Schnittgeschwindigkeit	$80 \frac{m}{min}$	$265 \frac{m}{min}$	$315 \frac{m}{min}$	$450 \frac{m}{min}$
maximale Schnitttiefe		5 mm	2,5 mm	0,5 mm
Schneidstoff	S 25	TP 10	TP 15	TP 10
Vorschub bzw. maximale Steigung	$P = 1,5$ mm	$0,6 \frac{mm}{U}$	$0,15 \frac{mm}{U}$	$0,15 \frac{mm}{U}$
Darstellung				
Werkzeugnummer	T05	T06	T07	T08
Schneidenradius bzw. Bohrerdurchmesser				0,4 mm
Schnittgeschwindigkeit	$355 \frac{m}{min}$	$80 \frac{m}{min}$	$180 \frac{m}{min}$	$315 \frac{m}{min}$
maximale Schnitttiefe				2,5 mm
Schneidstoff	TP 10	S 25	HSS	TP 15
Vorschub bzw. maximale Steigung	$0,35 \frac{mm}{U}$	$P = 3$ mm	$0,6 \frac{mm}{U}$	$0,35 \frac{mm}{U}$
Darstellung				

info

Koordinatensysteme und Bezugspunkte

Das Halbzeug wird in den Arbeitsraum der Werkzeugmaschine gespannt.
Der *Arbeitsraum* ist ein dreidimensionaler Raum mit Länge, Breite und Höhe, der aufgrund der Länge der Wegmesssysteme begrenzt ist.

Bei der Bearbeitung wird das Werkzeug mit Hilfe der *Vorschubantriebe* bewegt. Dabei muss jeder *Punkt des Arbeitsraumes* eindeutig definiert sein. Die eindeutige Festlegung der Punkte im Raum erfolgt durch das *Koordinatensystem*.

Man unterscheidet:
– *Zweidimensionales Koordinatensystem:*
Punkte einer Ebene können eindeutig festgelegt werden.

– *Dreidimensionales Koordinatensystem:*
Punkte eines Raumes können eindeutig festgelegt werden.

Drei Zahlengeraden schneiden sich jeweils unter einem Winkel von 90°. Den Schnittpunkt der Zahlengeraden nennt man *Ursprung* oder *Bezugspunkt*.

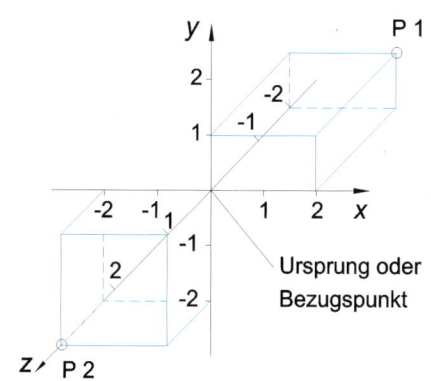

P1: X 2 Y 1 Z -2
P2: X -2 Y -2 Z 1

Die x-Achse ist die Waagerechte, die y-Achse ist die Senkrechte und die z-Achse tritt senkrecht aus der XY-Ebene heraus.

anwendungen

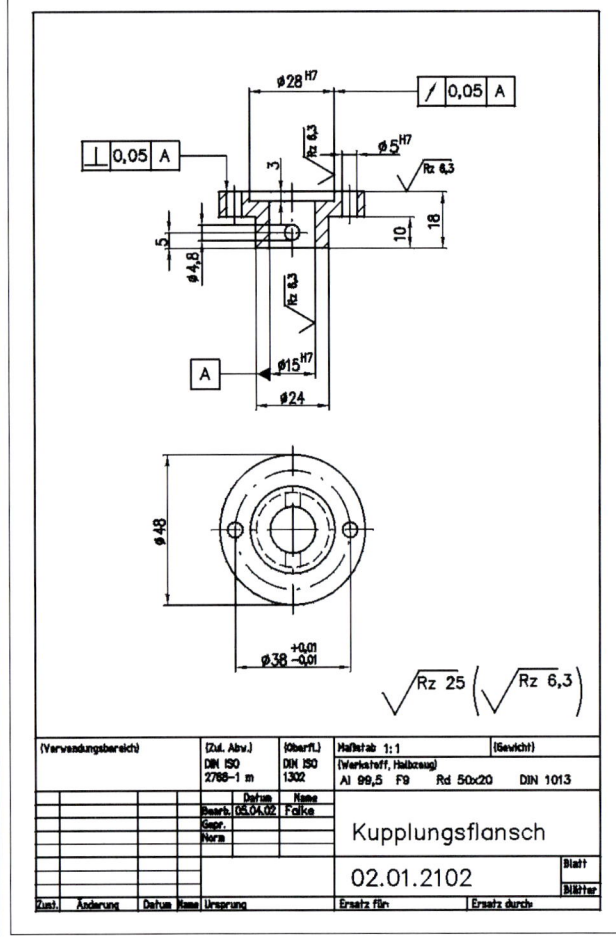

1 Kupplungsflansch zu Aufgabe 1, Seite 50

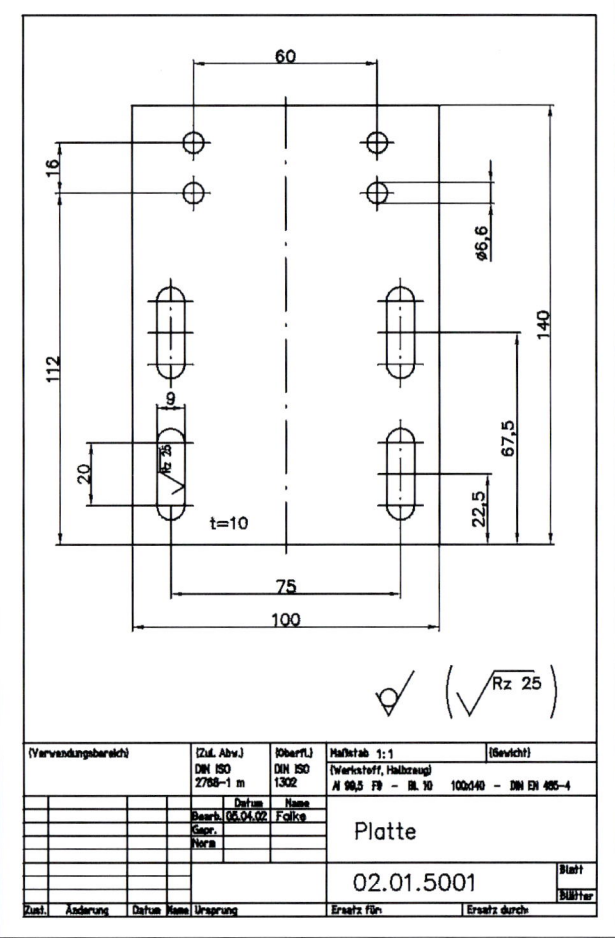

2 Platte zu Aufgabe 2, Seite 50

info

Die Lage und Richtung der Koordinatenachsen ist durch die DIN 66217 festgelegt.

Es gilt:

	Verlauf	positive Richtung
z-Achse	parallel zur Arbeitsspindel	vom Werkstück zum Werkzeug
x-Achse	quer zur Arbeitsspindel	vom Werkstück zum Hauptwerkzeugträger
y-Achse	ergibt sich aus der Lage der anderen Achsen	

Bezugspunkte

M *Maschinennullpunkt*
– Bezugspunkt des Maschinenkoordinatensystems
– legt der Maschinenhersteller fest
– Ausgangspunkt der Wegmesssysteme

R *Referenzpunkt*
– Hilfsmaschinennullpunkt
– legt Maschinenhersteller auf dem Wegmesssystem fest
– Abstand zum Maschinennullpunkt ist bekannt

W *Werkstücknullpunkt*
– Bezugspunkt des Werkstückkoordinatensystems
– legt der Programmierer fest
– sollte mit dem Schnittpunkt der Maßbezugskanten übereinstimmen

P0 *Programmnullpunkt oder Werkzeugwechselpunkt*
– legt der Programmierer fest
– so wählen, damit Werkstück und Werkzeug problemlos gewechselt werden können
– kennzeichnet die Schneidenspitze des Werkzeuges

Die Form des Werkstückes wird durch die Bewegung des Werkzeuges erzeugt. Das heißt, das Werkzeug muss Konturpunkte des Werkstückes anfahren. Die *Konturpunkte* werden der CNC-Steuerung durch die *Koordinaten* mitgeteilt.

Da beim Drehen (durch die Rotation des Werkstückes) die X-Koordinate und die Y-Koordinate immer gleich sind, wird auf die Angabe der Y-Koordinate verzichtet.

2 Fertigung von Werkstücken

info

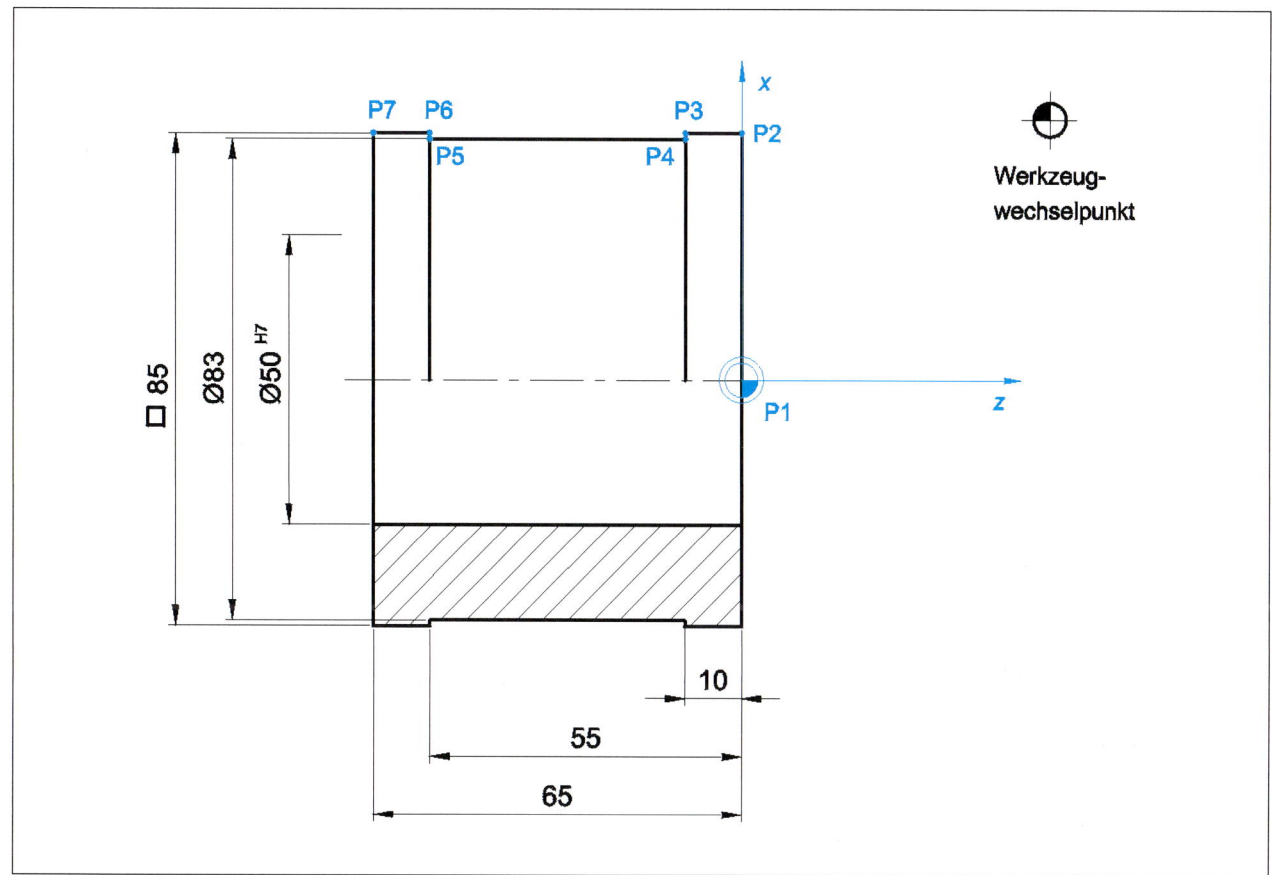

1 Flansch nach den Dreharbeiten

Die Ermittlung der *Konturpunktkoordinaten* erfolgt in drei Schritten:

Schritt A: Werkstücknullpunkt festlegen
Schritt B: Koordinatenachsen festlegen
Schritt C: Koordinaten der Konturpunkte bestimmen

Die Zeichnung (Bild 1) stellt den Flansch nach den Dreharbeiten dar.

Problem:
Bestimmung der X-Koordinate von P2

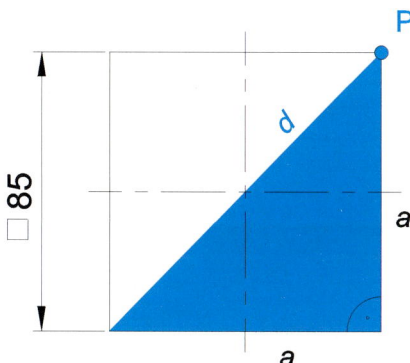

Dreht sich das Halbzeug □ 85 um die Drehachse, so beschreibt der Punkt *P* einen Kreis mit dem Durchmesser *d*.
Der Durchmesser *d* ist die X-Koordinate des Punktes P2.
Berechnung des Durchmessers *d* mit dem *Satz des Pythagoras*.

Exkurs:
Im rechtwinkligen Dreieck ist das Quadrat über der Hypotenuse der Summe der beiden Quadrate über den Katheten flächengleich.

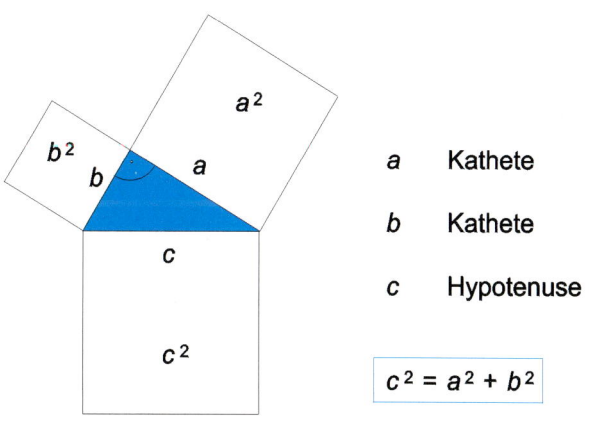

a   Kathete

b   Kathete

c   Hypotenuse

$$c^2 = a^2 + b^2$$

Die Berechnung der Seitenlängen ist nach Umstellen der Formel möglich.

Hypotenuse:
$$c = \sqrt{a^2 + b^2}$$

Katheten:
$$a = \sqrt{c^2 - b^2}$$
$$b = \sqrt{c^2 - a^2}$$

info

Zurück zum Problem:

Der Durchmesser d ist die Hypotenuse im rechtwinkligen Dreieck. Die Kantenlängen a sind die Katheten im rechtwinkligen Dreieck.

Daher folgt:

$d = \sqrt{a^2 + a^2}$

$d = \sqrt{2 \cdot a^2}$

$d = \sqrt{2 \cdot (85\,\text{mm})^2}$

$d = 120{,}208\,\text{mm}$

Gleiches gilt für die Konturpunkte P3; P6 und P7.

Koordinaten der Konturpunkte:

Punkt	P1	P2	P3	P4	P5	P6	P7
X	0	120,208	120,208	83	83	120,208	120,208
Z	0	0	–10	–10	–55	–55	–65

Hinweis

Die X-Koordinate beim Drehen wird immer als Durchmesserwert angegeben.

Neben dem Satz des Pythagoras finden noch weitere mathematische Grundlagen bei der Bestimmung der Koordinaten von Konturpunkten Anwendung.

Winkelsätze

Nebenwinkel ergänzen sich zu 180°.

$\alpha + \beta = 180°$

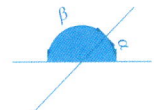

Scheitelwinkel sind gleich groß.

$\alpha = \beta$

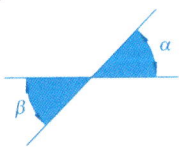

Stufenwinkel sind gleich groß.

$\alpha = \beta$

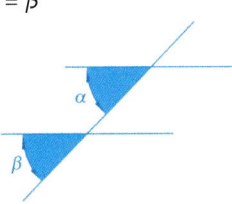

Wechselwinkel sind gleich groß.

$\alpha = \beta$

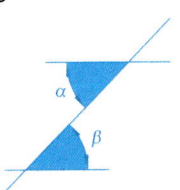

Die Winkelsumme im Dreieck beträgt 180°.

$\alpha + \beta + \gamma = 180°$

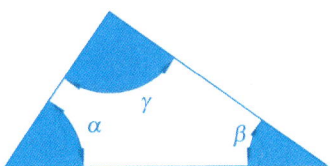

Winkelfunktionen

Die Abhängigkeit zwischen zwei Dreieckseiten und einem Dreieckwinkel wird durch die Winkelfunktionen angegeben.

Diese Abhängigkeiten gelten nur im rechtwinkligen Dreieck.

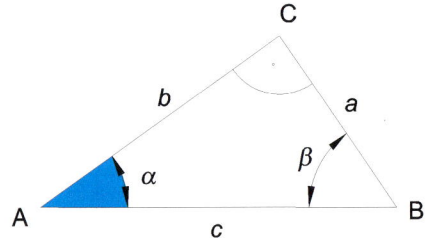

Bezüglich des Winkels α ist

  c die Hypotenuse
  a die Gegenkathete
  b die Ankathete

Verhältnisse:

$\dfrac{\text{Gegenkathete}}{\text{Hypotenuse}} = \text{Sinus } \alpha \qquad \sin \alpha = \dfrac{a}{c}$

$\dfrac{\text{Ankathete}}{\text{Hypotenuse}} = \text{Kosinus } \alpha \qquad \cos \alpha = \dfrac{b}{c}$

$\dfrac{\text{Gegenkathete}}{\text{Ankathete}} = \text{Tangens } \alpha \qquad \tan \alpha = \dfrac{a}{b}$

Durch Umstellen der Formel kann man Seitenlängen bzw. Winkel bestimmen.

2 Fertigung von Werkstücken

1. Zeichnen Sie ein Koordinatensystem der X-Y-Ebene. Die beiden Zahlengeraden sollen den Zahlenbereich von −5 bis +5 abdecken.
Zeichnen Sie in das Koordinatensystem die folgenden Punkte ein.

P1: x 3   y −4   P4: x 2   y 3
P2: x −1   y 5   P5: x 1   y −1
P3: x −4   y −4   P6: x −2   y 1

2. Bestimmen Sie die Koordinaten der Konturpunkte P1 bis P8.

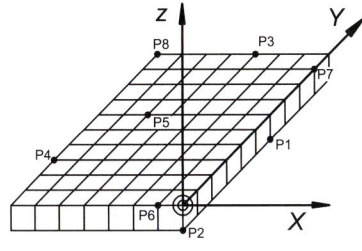

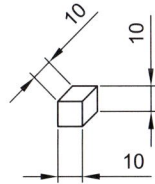

3. a) Übernehmen Sie den Lagerbolzen im Maßstab 1 : 1.
b) Zeichnen Sie den Werkstücknullpunkt und das Koordinatensystem ein.
c) Bestimmen Sie die Koordinaten der Konturpunkte P1 bis P5.

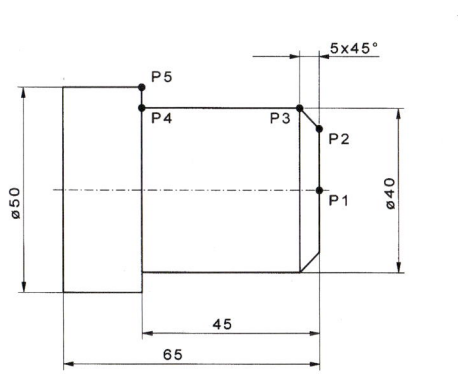

4. Bestimmen Sie die Koordinaten der Konturpunkte für das Langloch (P1 und P2) in der X-Y-Ebene.

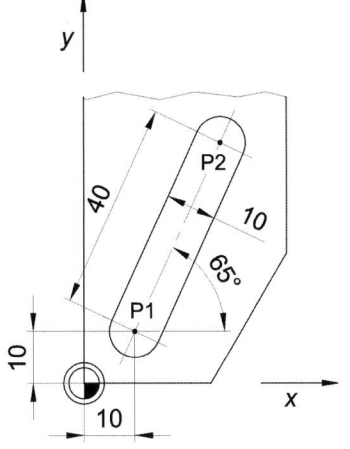

5. Die dargestellte Formplatte soll auf einer Senkrecht-Fräsmaschine gefertigt werden.
a) Übernehmen Sie die Formplatte im Maßstab 1 : 1.
b) Zeichnen Sie den Werkstücknullpunkt und das Koordinatensystem ein.
c) Bestimmen Sie die Koordinaten der Konturpunkte P1 bis P11.

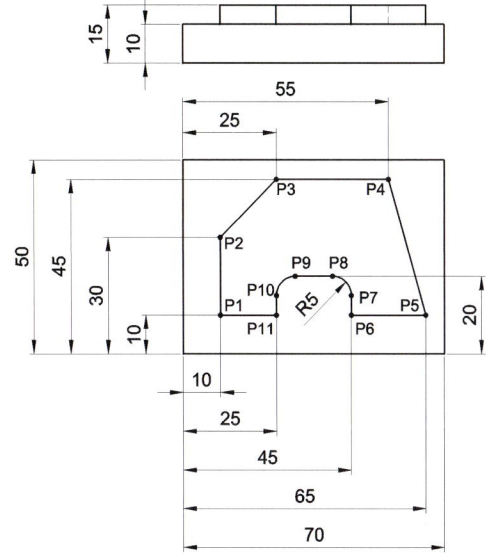

6. Die Kontur des Werkstücks soll auf einer CNC-Fräsmaschine gefertigt werden. Zur Erstellung des Programms ist der Punkt Q zu berechnen.
Bestimmen Sie das Maß x.

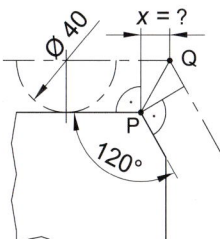

7. Bestimmen Sie jeweils die Winkel α und β.

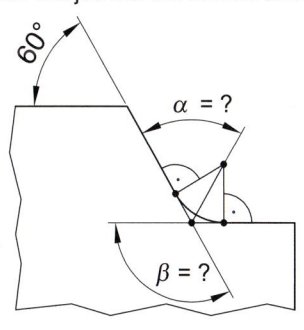

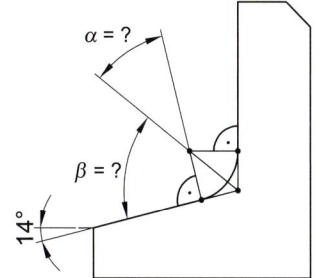

Durchführung der Fertigung

übung und vertiefung

8. Beim Fräsen der dargestellten Kontur muss der Mittelpunkt des Schaftfräsers den Punkt Q anfahren. Wie groß ist das Maß y in mm?

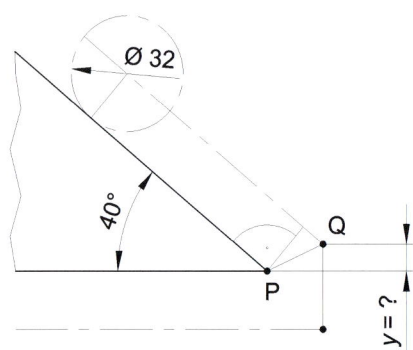

übung und vertiefung

9. Bestimmen Sie die Koordinaten der Konturpunkte P1 bis P5.

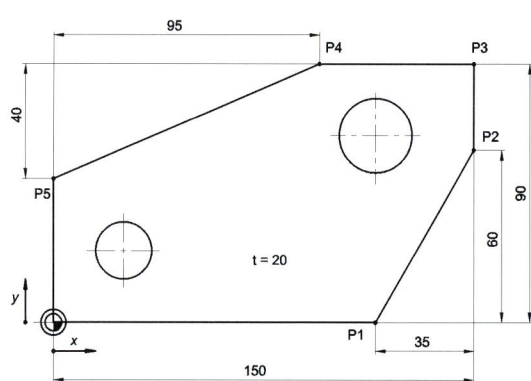

---

info

CNC-gerechte Bemaßung

Eine ungeschriebene Regel in der Praxis lautet:
„Der Facharbeiter im Arbeitssystem sollte bei der Fertigung eines Werkstückes kein Fertigungsmaß berechnen. Alle Maße sollen direkt (ohne Berechnung) aus der technischen Zeichnung zu entnehmen sein."

Beachtet man diese Regel, so müssen sich die Maße für die CNC-Bearbeitung auf den *Werkstücknullpunkt* beziehen.

Daher ergeben sich folgende *Bemaßungsmöglichkeiten*.

A Parallelbemaßung
B Steigende Bemaßung
C Koordinatenbemaßung

Zu A: Parallelbemaßung

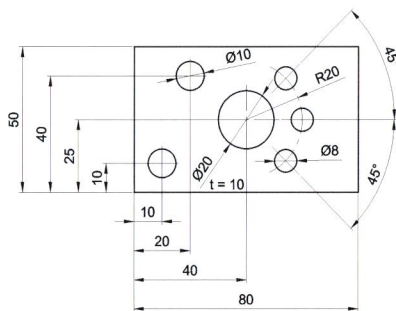

– Maßlinien werden parallel im definierten Abstand angeordnet
– Winkelmaße erhalten konzentrisch zueinander verlaufende Maßlinien

Zu B: Steigende Bemaßung

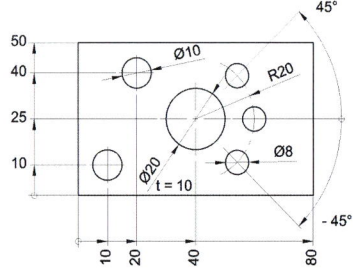

– Bemaßung geht vom Ursprung aus
– Der Ursprung wird als Kreis dargestellt
– Maßzahlen in negativer Richtung müssen mit einem Minuszeichen vor dem Maß eingetragen werden
– Die Leserichtung bei der Maßeintragung beachten

Zu C: Koordinatenbemaßung

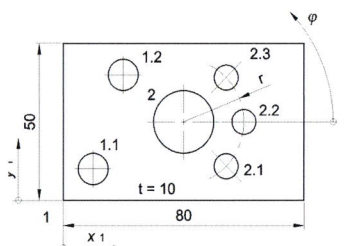

2 Fertigung von Werkstücken

info

Zur Koordinatenbemaßung

Koordinaten-ursprung	POS.	Maße in mm				
		X	Y	r	φ	d
1	1	0	0			–
1	1.1	10	10			⌀ 10
1	1.2	20	40			⌀ 10
1	2	40	25			⌀ 20
2	2.1			20	–45°	⌀ 8
2	2.2			20	0°	⌀ 8
2	2.3			20	45°	⌀ 8

– Ursprung des Koordinatensystems durch Kreise kennzeichnen.
– Richtung und Koordinatenachsen kennzeichnen.
– Werte in eine Tabelle eintragen.
– Grundmaße in die Zeichnung eintragen.
– Einem Haupt-Koordinatensystem können auch Neben-Koordinatensysteme zugeordnet werden.
  Die Systeme müssen mit arabischen Ziffern fortlaufend bezeichnet werden.

Exkurs: Polar-Koordinaten

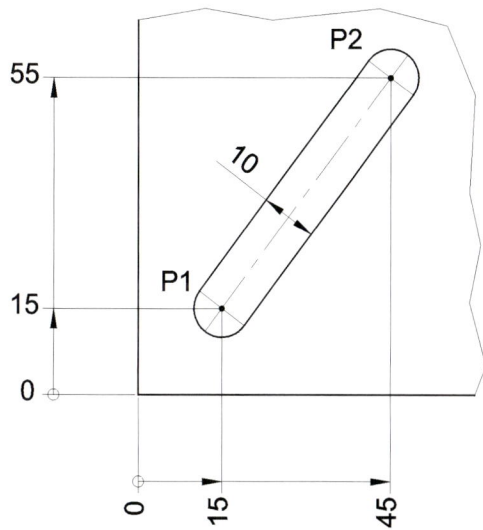

Der Konturpunkt P2 des Langloches soll bemaßt werden.

Möglichkeit 1:
Rechtwinkliges Koordinatensystem

Die senkrechten Abstände der Punkte P1 und P2 werden zum Koordinatenursprung angegeben.

Möglichkeit 2:
Polar-Koordinaten

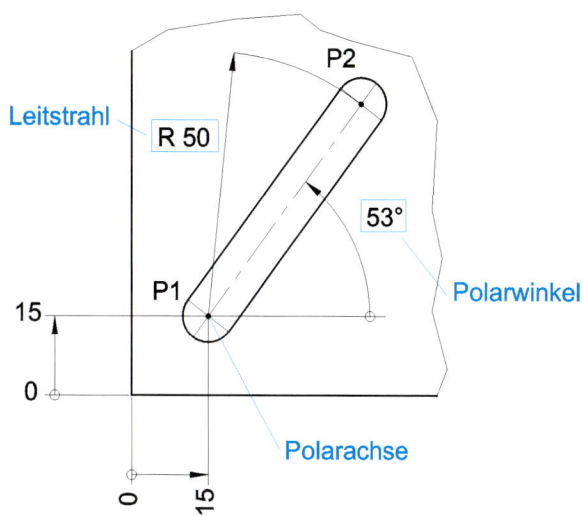

Der Punkt P1 ist durch rechtwinklige Koordinaten bemaßt.
Der Punkt P2 ist durch Polar-Koordinaten bemaßt.

Der Punkt P2 wird durch den Leitstrahl r und den Polarwinkel φ eindeutig festgelegt. Polarwinkel und Leitstrahl beziehen sich auf die Polarachse P1.

Der Polarwinkel wird von der Waagerechten gegen den Uhrzeigersinn gemessen.

Hinweis
Parallelbemaßung, steigende Bemaßung und Koordinatenbemaßung dürfen miteinander kombiniert werden.

englisch

Höhe
height

dreidimensional
three-dimensional

Schnittpunkt
point of intersection

Ebene
plane

Langloch
slotted hole

Mittelpunkt
centre point

Bemaßung
dimensioning

Maßlinie
dimension line

Winkelmaß
angular measure

Polarkoordinate
polar coordinate

Grundplatte
base plate, button plate, mounting plate

Maßstab
scale

Durchführung der Fertigung

übung und vertiefung

1. Der Bolzen soll auf einer CNC-Drehmaschine gefertigt werden.
a) Übertragen Sie die Werkstattzeichnung im Maßstab 1 : 1.
b) Bemaßen Sie den Bolzen in steigender Bemaßung.

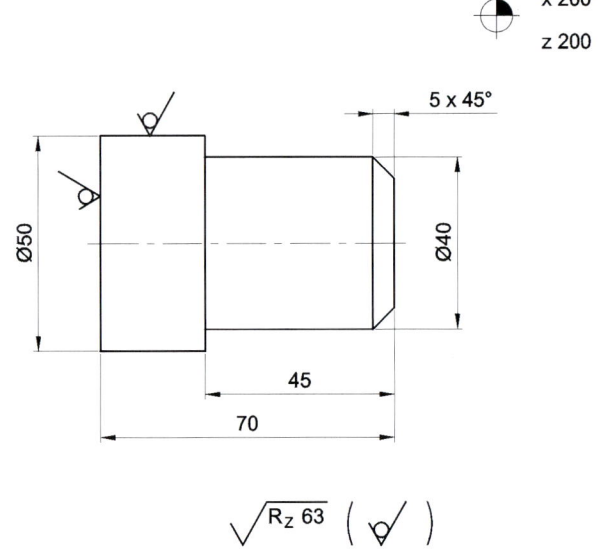

anwendungen

1. Die Grundplatte soll auf einer CNC-Fräsmaschine gebohrt werden.
a) Übertragen Sie die Zeichnung im Maßstab 1 : 1.
b) Bemaßen Sie die Grundplatte mit Hilfe der Koordinatenbemaßung.

2. Der dargestellte Lagerbolzen soll in zwei Aufspannungen auf einer CNC-Drehmaschine gedreht werden.
a) Erstellen Sie für die Bearbeitung des Lagerbolzens eine technische Zeichnung im Maßstab 1 : 1 für jede Aufspannung.
b) Wenden Sie für die Maßeintragung die steigende Bemaßung an.

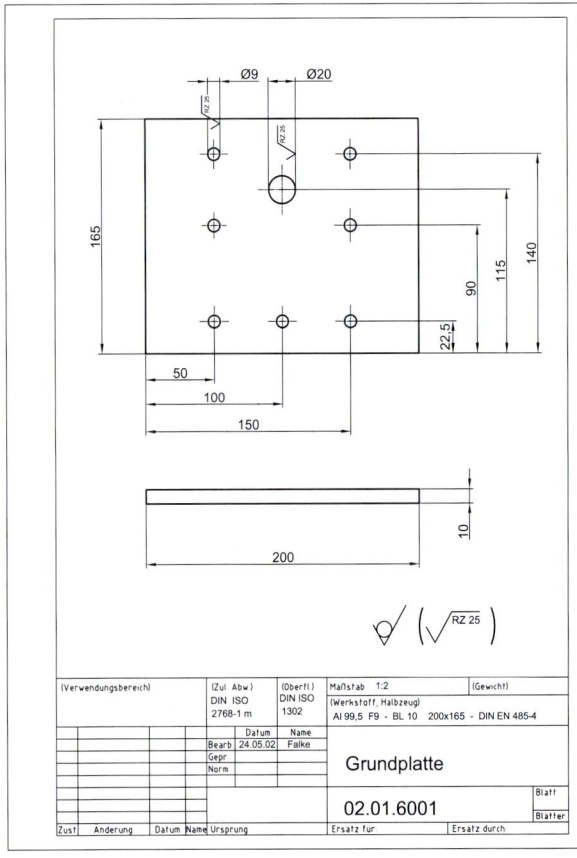

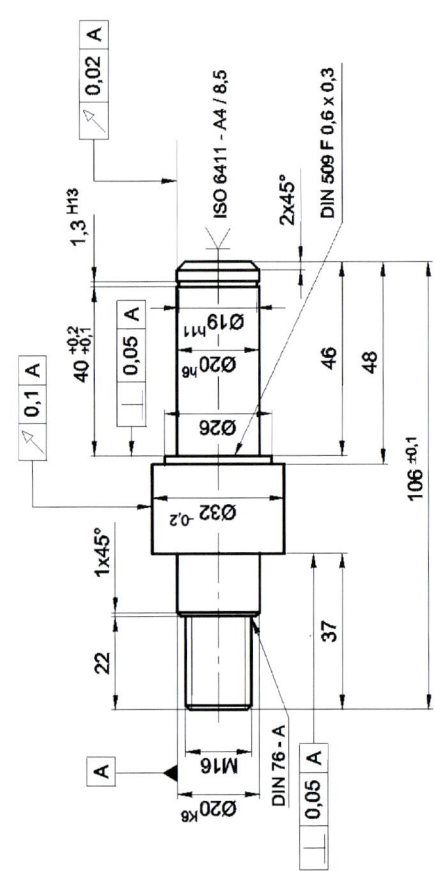

2 Fertigung von Werkstücken

info

CNC-Programme

Der CNC-Steuerung werden die Informationen zur Bearbeitung eines Werkstückes durch das CNC-Programm mitgeteilt.

Ein CNC-Programm enthält geometrische, technologische und maschinentechnische Informationen.

Geometrische Informationen:
– Verfahrbewegung des Werkzeuges
– Maße des Werkstückes
– Form des Werkstückes

Technologische Informationen:
– Werkzeugeinsatz
– Schnittdaten

Maschinentechnische Informationen:
– Kühlschmiermittel
– Drehrichtung
– Getriebestufe
– Programmende

Das CNC-Programm ist eine geordnete Folge von Befehlen zur Herstellung eines Werkstückes.
– Ein CNC-Programm besteht aus Programmsätzen.
– Ein Programmsatz besteht aus einer Folge von Wörtern.
– Ein Wort besteht aus einer Adresse und einem Zahlenwert.

Allgemeiner Aufbau eines Programms

a) *Programmanfang*:
– Kennzeichnung des Programms
– Wahl der Getriebestufe
– Nullpunktverschiebung
– Drehzahlbegrenzung
– Werkzeugwechselpunkt anfahren

b) *Programm der Bearbeitung*:
– Werkzeug auswählen
– Schnittdaten eingeben
– Werkstück bearbeiten

c) *Programmende*:
– Werkzeugwechselpunkt anfahren
– Programmende mit Rücksprung zum Programmanfang

Werkzeugdatei	Technologiedaten			
Werkzeugnummer	T01	T02	T03	T04
Schneidenradius	0,8 mm	0,8 mm	0,8 mm	0,8 mm
Schnittgeschwindigkeit	$315 \frac{m}{min}$	$265 \frac{m}{min}$	$315 \frac{m}{min}$	$450 \frac{m}{min}$
maximale Schnitttiefe	2,5 mm	5 mm	2,5 mm	0,5 mm
Schneidstoff	TP 15	TP 10	TP 15	TP 10
Vorschub bzw. maximale Steigung	$0,15 \frac{mm}{U}$	$0,15 \frac{mm}{U}$	$0,15 \frac{mm}{U}$	$0,15 \frac{mm}{U}$
Darstellung	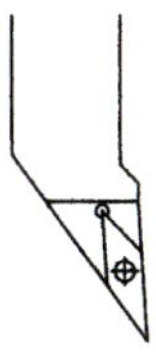	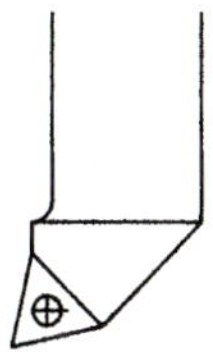	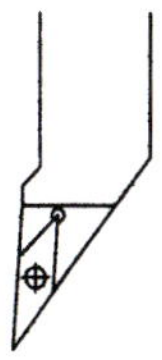	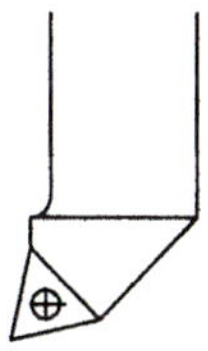
Werkzeugnummer	T05	T06	T07	T08
Schneidenradius bzw. Bohrerdurchmesser				0,4 mm
Schnittgeschwindigkeit	$355 \frac{m}{min}$	$80 \frac{m}{min}$	$180 \frac{m}{min}$	$315 \frac{m}{min}$
maximale Schnitttiefe				2,5 mm
Schneidstoff	TP 10	S 25	HSS	TP 15
Vorschub bzw. maximale Steigung	$0,35 \frac{mm}{U}$	$P = 3$ mm	$0,6 \frac{mm}{U}$	$0,35 \frac{mm}{U}$
Darstellung	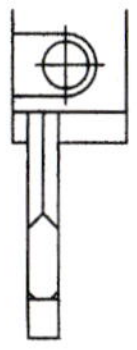	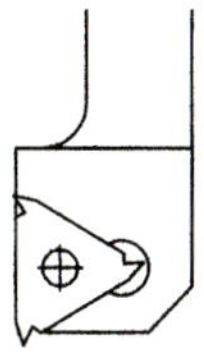		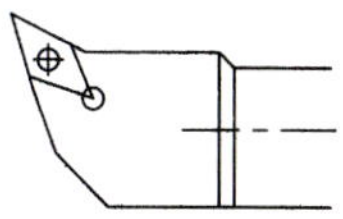

Durchführung der Fertigung

info

Beispiel

CNC-Programm für die 1. Aufspannung zur Herstellung des Flansches 02.01.2001.

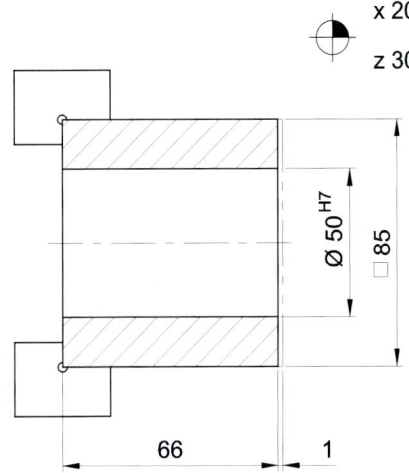

Der Werkzeugrevolver der CNC-Drehmaschine ist mit den auf Seite 59 dargestellten Werkzeugen bestückt (Werkzeugdatei).

```
% 20011
N10    M42
N20    G90  G54
N30    G92  S 2000
N40    G0   X 200  Z 300
N50    T2   D 2
N60    G96  S 265  F 0.6   M04
N70    G0   X 124  Z 0.15
N80    G1   X - 1.6
N90    G1   X 2.4  Z 2.15
N100   G0   X 200  Z 300
N110   T4   D 4
N120   G96  S 450  F 0.15  M04
M130   G0   X 124  Z 0
M140   G1   X - 1.6
N150   G1   X 2.4  Z 2.15
N160   G0   X 200  Z 300
N170   T7   D 7
N180   G96  S 180  F 0.6   M03
N190   G0   X 0    Z 2
N200   G1   Z - 30
N210   G1   Z 2
N220   G1   Z - 50
N230   G1   Z 2
N240   G1   Z - 66
N250   G1   Z 2
N260   G0   X 200  Z 300
N270   T8   D 8
N280   G96  S 265  F 0.5   M04
N290   G0   X 25   Z 2
N300   G1   Z - 68
N310   G0   X 21
N320   G0   Z 2
N330   G0   X 30
N340   G1   Z - 68
N350   G0   X 26
N360   G0   Z 2
N370   G0   X 35
N380   G1   Z - 68
N390   G0   X 31
N400   G0   Z 2
N410   G0   X 40
N420   G1   Z - 68
N430   G0   X 36
N440   G0   Z 2
N450   G0   X 45
N460   G1   Z - 68
N470   G0   X 41
N480   G0   Z 2
N490   G0   X 49.7
N500   G1   Z - 68
N510   G0   X 45
N520   G0   Z 2
N530   G96  S 135  F 0.1   M04
N540   G0   X 50
N550   G1   Z - 68
N560   G0   X 45
N570   G0   Z 2
N580   G0   X 200  Z 300
N590   M30
```

Erklärungen zum Programm

Programmanfang: Satz N10 bis N40

Tabellen!

N10: Getriebestufe auswählen

M41 bis $n = 1500 \frac{1}{\min}$; M42 bis $n = 3000 \frac{1}{\min}$

Grenzdrehzahl ist von der Werkzeugmaschine abhängig

N20: G90 Absolutmaßprogrammierung: Alle angegebenen Koordinaten X oder Y beziehen sich auf den Ursprung.
G54 Nullpunktverschiebung: Der Maschinennullpunkt wird auf den Werkstücknullpunkt verschoben.

N30: Drehzahlbegrenzung bei $n = 2000 \frac{1}{\min}$

N40: Werkzeugnullpunkt anfahren im Eilgang
G0 Eilgang, Verfahrweg nicht eindeutig definiert

Programm der Bearbeitung: N50 bis N570

N50 bis N90: Planen - schruppen

N50: Werkzeug wechseln
T2   Platz im Werkzeugrevolver
D2   Werkzeugkorrekturspeicher

N60: Schnittdaten eingeben

G69 S 265 Schnittgeschwindigkeit $v_c = 265 \frac{m}{\min}$

F 0.6   Vorschub $f = 0{,}6\,\text{mm}$
M04   Spindeldrehrichtung links

N70: Startpunkt der Bearbeitung

N80: Bearbeitung G1: Verfahre auf einer Geraden mit der Vorschubgeschwindigkeit

N90: Werkzeug freifahren

N100: Werkzeugwechselpunkt anfahren

Bei jeder Bearbeitung wiederholen sich die Programmsätze

N110 bis N150:   Planen schlichten
N170 bis N250:   Bohrung ⌀ 20 herstellen
N270 bis N520:   Bohrung aufdrehen - schruppen
N530 bis 570:   Bohrung ⌀ 50^{H7} - schlichten

Programmende: N580 bis N590

N580: Werkzeugwechselpunkt anfahren
N590: Programmende und Rücksprung zum Programmanfang

2 Fertigung von Werkstücken

info

Besonderheiten:
- Die Programmsätze N210 und N230 dienen zum Entspanen des Bohrers. Die Späne werden aus den Spannuten gespült.
- Zwischen den Programmsätzen N270 und N520 wird zum Aufdrehen der Bohrung ein Zyklus (unter Veränderung der Zustellung von $a_p = 2{,}5\,\text{mm}$) ständig wiederholt.

Um solche Wiederholungen bei der Programmierung zu vermeiden, bieten die Hersteller von CNC-Steuerungen *Arbeitszyklen* an.

Bei diesen *Arbeitszyklen* werden vom Programmierer definierte Parameter mit einem Zahlenwert belegt.
Beim Programmstart rechnet sich die Steuerung die Verfahrwege aus und die gewünschte Kontur entsteht. Das Programm wird dadurch verkürzt.

Beispiel
Bohrug aufdrehen - schruppen mit dem PAL-Abspanzyklus G81

PAL-Zyklus G81 Innenbearbeitung

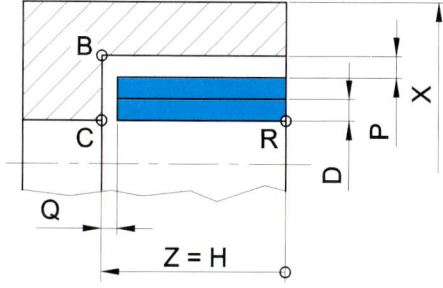

Parameterbelegung:
B Eckpunkt Außen der Innenbearbeitung
C Eckpunkt Innen der Innenbearbeitung
D Zustellung
H Tiefe der Innenbearbeitung
P Schlichtzugabe in X-Richtung
Q Schlichtzugabe in Z-Richtung
R Start- und Enddurchmesser des Zyklus

Programmsatz:

N... G 81 X "B" Z "B" D... H... R... P... Q...
                    └── Z - Koordinate von B
                    └── X - Koordinate von B

- Bis zum Programmsatz N280 bleibt das CNC-Programm
- unverändert

```
N290  G0   X 20    Z 2
N300  G1   X 20    Z 0
N310  G81  X 50    Z–68   D 2.5  H–68  R 20  P 0.15  Q 0
N320  G0   X 20    Z 2
N330  G96  S 315   F 0.1     M04
N340  G0   X 50
N350  G1   Z - 68
N360  G0   X 45
N370  G0   Z 2
N380  G0   X 200   Z 300
N390  M30
```

Bemerkungen:
M300: Startpunkt für den Zyklus anfahren
M310: Zyklus aufrufen
M320: Werkzeug freifahren

Beispiel
Fräsen der Montagetasche mit dem PAL Taschen-Fräszyklus G86

Planung:

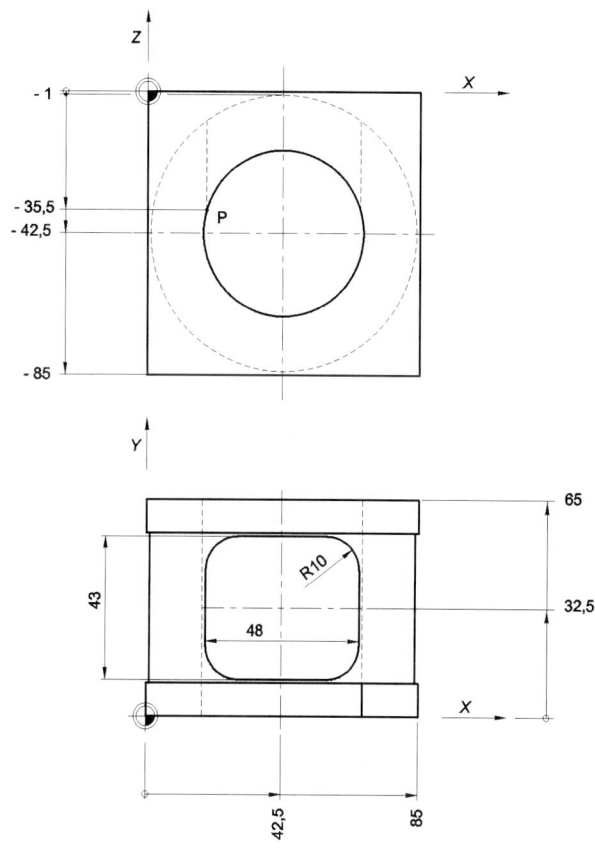

Die Koordinate z des Punktes P muss berechnet werden.
Die Zeichnung zeigt den Flansch für die CNC-Bearbeitung normgerecht bemaßt.

Berechnung der z-Koordinate des Punktes P:

$a = 24\,\text{mm}$

$c = 25\,\text{mm}$

$b = ?\,\text{mm}$

$b = \sqrt{c^2 - a^2}$

$b = \sqrt{(25\,\text{mm})^2 - (24\,\text{mm})^2}$

$b = 7\,\text{mm}$

$z = -42{,}5\,\text{mm} + b$

$z = -42{,}5\,\text{mm} + 7\,\text{mm}$

$z = -35{,}5\,\text{mm}$

Durchführung der Fertigung

info

Werkzeug:
Schaftfräser DIN 844 - B 20 K - W - HSS C08

$z = 2$

$v_c = 200 \dfrac{m}{min}$

$f_Z = 0{,}08$ mm

$a = 3$ mm

Vorschubgeschwindigkeit:

$v_f = f_Z \cdot n \cdot z$

$n = \dfrac{v_c \cdot 1000}{d \cdot \pi}$

$v_f = 0{,}08 \text{ mm} \cdot 3100 \dfrac{1}{min} \cdot 2$

$n = \dfrac{200 \frac{m}{min} \cdot 1000}{20 \text{ mm} \cdot \pi}$

$v_f = 496 \dfrac{mm}{min}$

$n = 3184{,}7 \dfrac{1}{min}$

$n_{gew.} = 3100 \dfrac{1}{min}$

Das Werkzeug ist auf dem Werkzeugrevolverplatz T02 eingespannt.

Werkzeugwechselpunkt:
X 300
Y 200
Z 200

Programmierblatt: PAL Taschen-Fräszyklus G86

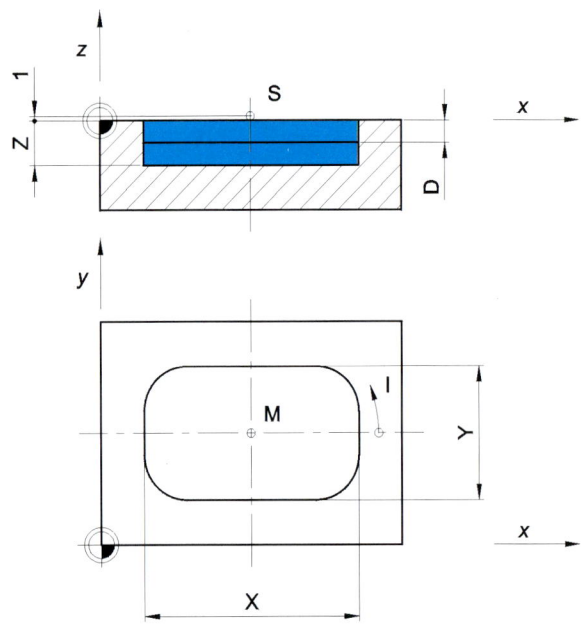

Parameter:
X Länge der Tasche
Y Breite der Tasche
Z Tiefe der Tasche
I Drehwinkel bezogen auf die X-Achse
D Zustellung
S Startpunkt und Endpunkt für Zyklus
M Mittelpunkt der Tasche

Hinweis
Der Startpunkt S liegt in Z-Richtung 1 mm über dem Mittelpunkt M.
Der Startpunkt S muss ein Programmsatz vor dem Zyklenaufruf angefahren werden.

Zyklenaufruf:
N... G86 X... Y... Z... I... D...

CNC-Programm:
% 20013
N10   G90 G54
N20   G0   X 300   Y 200   Z 200
N30   T2   D 2
N40   G94 S3100   F496   M3
N50   G0   X 42.5 Y 32,5 Z 5
N60   G1   X 42.5 Y 32.5 Z 0
N70   G86 X 48   Y 43   Z -36 I 0 D 3
N80   G1   X 42.5 Y 32.5 Z 5
N90   G0   X 300   Y 200   Z 200
N100 M30

Erklärungen zum Programm:

Programmanfang: N10 bis N20
Tabellen!

N10: Absolutmaßprogrammierung G90
     Nullpunktverschiebung G54

N20: Werkzeugwechselpunkt im Eilgang anfahren

Programm der Bearbeitung: N30 bis N80

N30: Werkzeugauswahl

N40: Schnittdaten eingeben

N50: Startpunkt für Zyklen-Bearbeitung mit Vorschubgeschwindigkeit anfahren

N60: Startpunkt für Zyklen-Bearbeitung mit Vorschubgeschwindigkeit anfahren

N70: Taschen-Fräszyklus

N80: Werkzeug freifahren

Programmende: N90 bis N100

N90: Werkzeugwechselpunkt anfahren

N100: Programmende und Rücksprung zum Programmanfang

Hinweis
Beim Taschen-Fräszyklus G86 muss der Fräser den gleichen Radius aufweisen wie die Tasche.

Kreis-Interpolation

Oft sind die *Übergänge* an Drehteilen von einem Zylinder zum anderen *abgerundet*. Der abgerundete Übergang setzt die Kerbwirkung herab.

Auf konventionellen Drehmaschinen werden diese Übergänge mit *Formdrehmeißel* hergestellt.

Bei *CNC-Drehmaschinen* kann die *Werkzeugspitze auf einer Kreislinie* verfahren werden. Dies ist durch das *gleichzeitige* Ansteuern der Vorschubantriebe möglich.

Zum Herstellen von Radien benötigt die CNC-Steuerungen die gleichen Informationen wie ein Zeichner, der einen Radius zeichnen soll.

2 Fertigung von Werkstücken

info

Diese Informationen sind:

1. Lage des Startpunktes
Koordinatenwerte des Startpunktes

2. Lage des Zielpunktes
Koordinatenwerte des Zielpunktes

3. Bewegungsrichtung oder Drehsinn
Wegbedingungen:
G02   Bewegung im Uhrzeigersinn
G03   Bewegung gegen Uhrzeigersinn

4. Lage des Mittelpunktes oder Radienmaß
Angabe des Abstandes in den Achsenrichtung zwischen dem Startpunkt und dem Mittelpunkt der Kreislinie.

Der Abstand wird vom Startpunkt aus gemessen und durch Interpolationsparameter angegeben.
Abstand in X-Richtung: Parameter I
Abstand in Y-Richtung: Parameter J
Abstand in Z-Richtung: Parameter K
Die *Messrichtung* muss beachtet und durch Vorzeichen angegeben werden.

Die Informationen werden in zwei Programmsätzen der Steuerung mitgeteilt:

Satz 1:   Startpunkt
Satz 2:   Drehsinn; Zielpunkt; Radienmaß

Beispiel
Drehen:

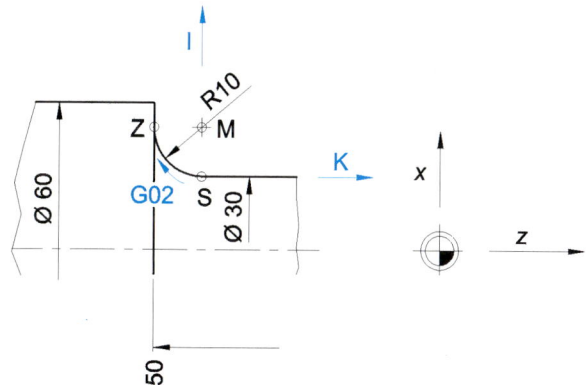

N...   G1   X 30   Z - 40
N...   G2   X 50   Z - 50   I 10   K 0

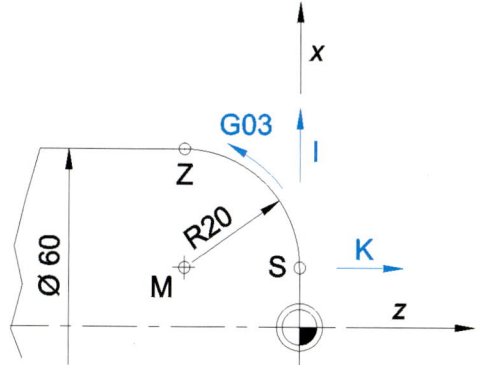

N...   G1   X 20   Z 0
N...   G3   X 60   Z - 20   I 0   K - 20

Fräsen:

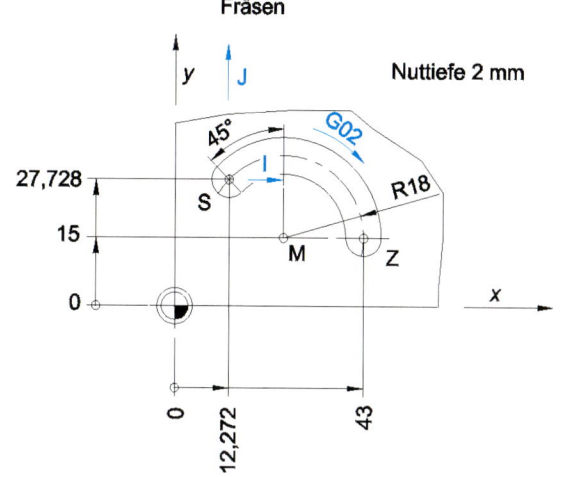

Die Parameter *I* und *J* müssen berechnet werden:

$I = \sin \alpha \cdot R$
$I = \sin 45° \cdot 18\,\text{mm}$
$I = 12{,}728\,\text{mm}$
$J = \cos \alpha \cdot R$
$J = \cos 45° \cdot 18\,\text{mm}$
$J = 12{,}728\,\text{mm}$

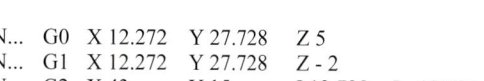

N...   G0   X 12.272   Y 27.728   Z 5
N...   G1   X 12.272   Y 27.728   Z - 2
N...   G2   X 43   Y 15   I 12.728   J - 12.728

Hinweis
Mit den aufgezeigten Informationen ist der Mechatroniker in der Lage, einfache CNC-Probleme selbstständig zu lösen. Bei komplizierteren Problemfällen sollte der Mechatroniker einen Arbeitsauftrag, der von einem Zerspanungsmechaniker bearbeitet wird, anleiten.

Bewertung der Fertigung

anwendungen

1. Erstellen Sie für den Lagerbolzen ein CNC-Programm.
Für die Bearbeitung stehen Ihnen die aufgeführten Werkzeuge und Schnittdaten zur Verfügung.

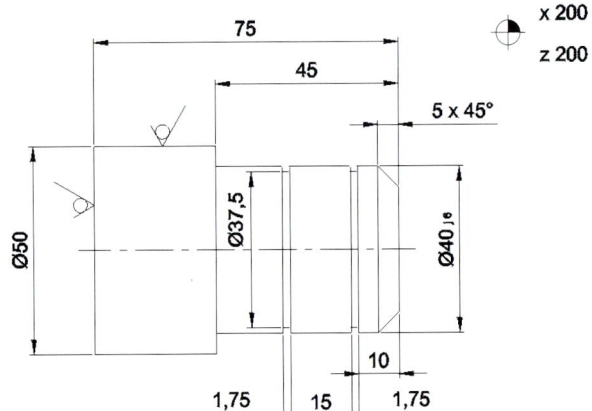

Hinweis
Für alle Dreharbeiten steht die Werkzeugdatei zur Verfügung.

Werkzeugdatei	Technologiedaten			
Werkzeugnummer	T01	T02	T03	T04
Schneidenradius		0,8 mm	0,8 mm	0,8 mm
Schnittgeschwindigkeit	$80 \frac{m}{min}$	$265 \frac{m}{min}$	$315 \frac{m}{min}$	$450 \frac{m}{min}$
maximale Schnitttiefe		5 mm	2,5 mm	0,5 mm
Schneidstoff	S 25	TP 10	TP 15	TP 10
Vorschub bzw. maximale Steigung	$P = 1,5$ mm	$0,6 \frac{mm}{U}$	$0,15 \frac{mm}{U}$	$0,15 \frac{mm}{U}$
Darstellung				
Werkzeugnummer	T05	T06	T07	T08
Schneidenradius bzw. Bohrerdurchmesser				0,4 mm
Schnittgeschwindigkeit	$355 \frac{m}{min}$	$80 \frac{m}{min}$	$180 \frac{m}{min}$	$315 \frac{m}{min}$
maximale Schnitttiefe				2,5 mm
Schneidstoff	TP 10	S 25	HSS	TP 15
Vorschub bzw. maximale Steigung	$0,35 \frac{mm}{U}$	$P = 3$ mm	$0,6 \frac{mm}{U}$	$0,35 \frac{mm}{U}$
Darstellung				

2 Fertigung von Werkstücken

anwendungen

2. Erstellen Sie für die beiden Drehteile ein CNC-Programm.

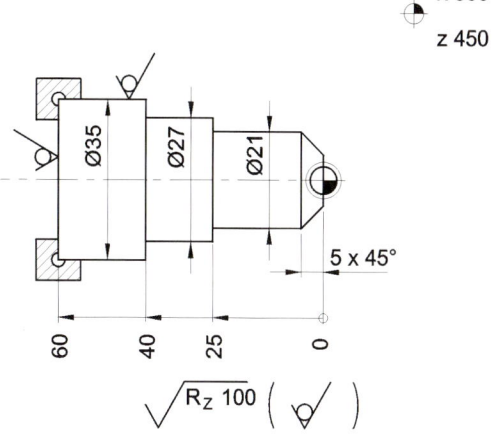

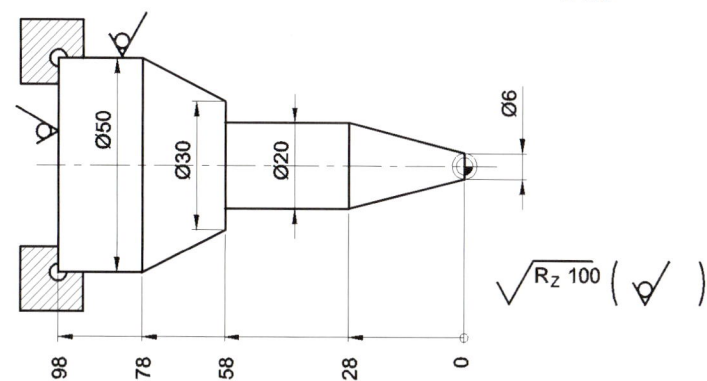

3. Die Platte 02.01.5001 soll auf einer CNC-Senkrechtfräsmaschine bearbeitet werden.

Erstellen Sie für das Fräsen der Langlöcher und das Bohren ein CNC-Programm.

Die maximale Zustellung beim Langlochfräser ⌀ 9 mm T3 beträgt 3 mm.
Der Bohrer ist auf dem Platz T5.

Die Schnittdaten sind dem Tabellenbuch zu entnehmen.

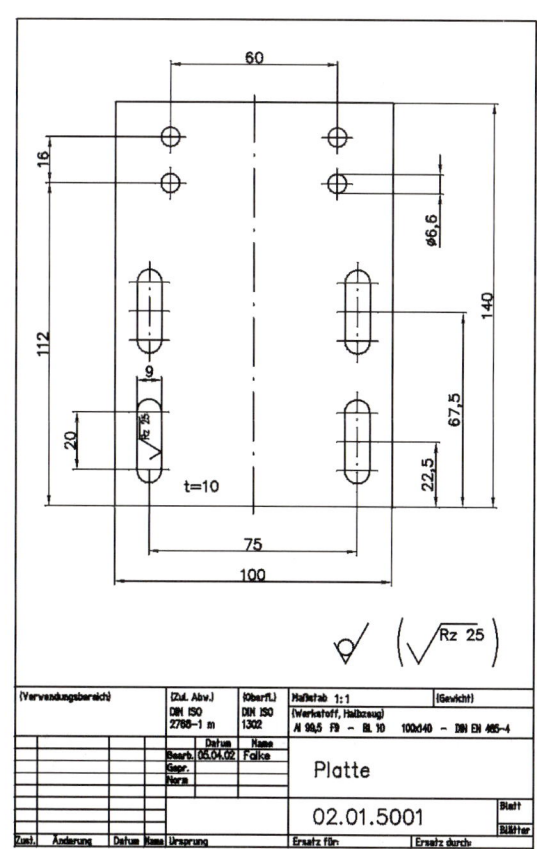

Durchführung der Fertigung

anwendungen

4. Erstellen Sie zum Bohren der Grundplatte auf einer Senkrechtfräsmaschine das CNC-Programm.

Der Werkzeugplatz kann auf dem Werkzeugrevolver frei gewählt werden.

Die Schnittdaten sind dem Tabellenbuch zu entnehmen.

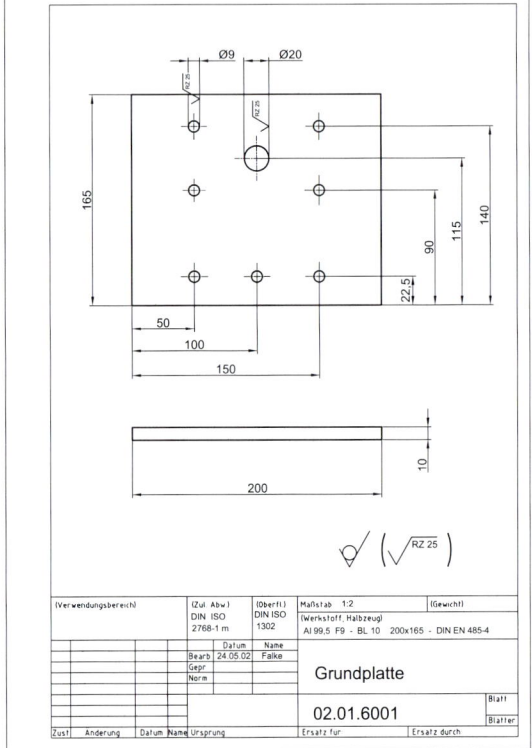

5. Der Lagerbolzen wird in zwei Aufspannungen gedreht. Erstellen Sie für die beiden Aufspannungen und die Freistiche jeweils ein CNC-Programm.

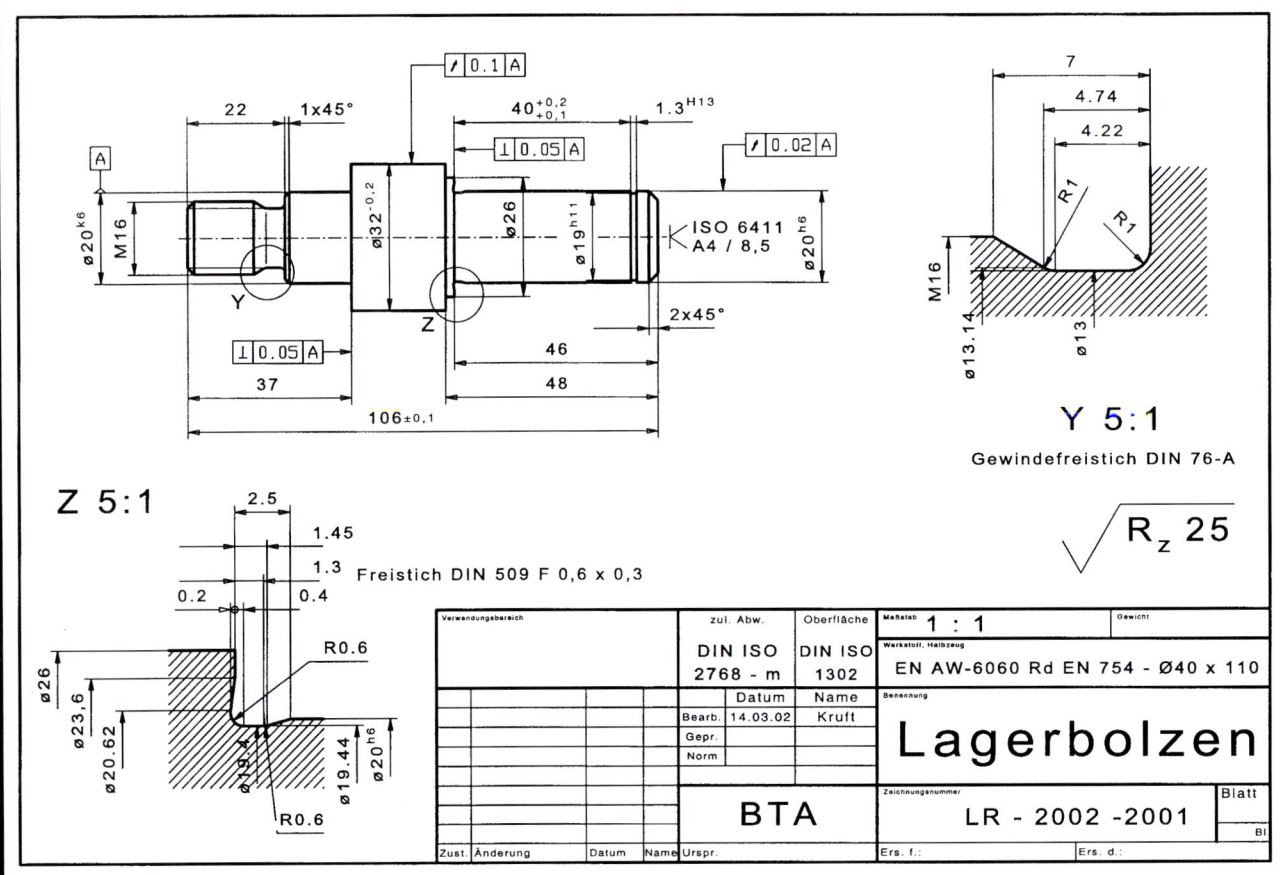

2 Fertigung von Werkstücken

anwendungen

6. Erstellen Sie für die Herstellung des Flanschlagers ein CNC-Programm.

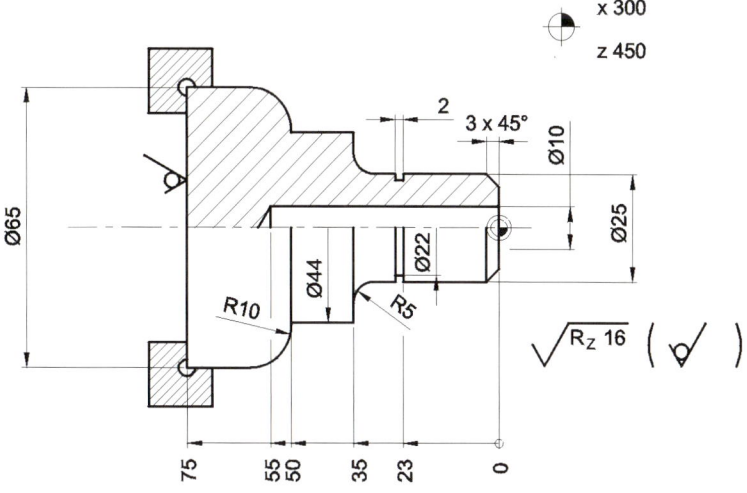

2.3 Bewertung der Fertigung

info

Das *Prüfen* ist ein wesentlicher Bestandteil der *Qualitätssicherung*. Qualität ist nicht direkt messbar, sondern nur über bestimmte Merkmale bestimmbar.

Die zu prüfenden Merkmale werden durch die *Funktion* des Werkstückes bestimmt.

Zu prüfende *Merkmale* sind:
- Werkstückmaße
- Form und Lage der Formelemente
- Oberflächengüte

Da Prüfen im Fertigungsprozess eine teuere Angelegenheit ist, muss der Fachmann in der Lage sein, den *optimalen Prüfzeitpunkt* und das *optimale Prüfmittel* zu bestimmen.

In der Praxis werden für das Prüfen immer häufiger *Prüfpläne* eingesetzt, die Prüfzeitpunkt und Prüfmittel festlegen.

Prüfen von Längen

Die zu prüfenden Merkmale bei der *Länge*, d.h. die Längenmaße, wurden schon bei der Fertigung bestimmt.
Daher soll hier die Berechnung der Grenzmaße nicht wiederholt werden.
Im Vordergrund steht die Betrachtung der *Prüfmittelauswahl*.

Beispiel
Das Maß $\varnothing 50^{H7}$ ist zu prüfen.
Welches Prüfmittel muss eingesetzt werden.

Möglichkeiten:
a) Grenzlehrdorn $\varnothing 50^{H7}$
b) Innenmessschraube, Innenmessschraube für Dreipunkt-Messung

Die Auswahl wird durch die Rahmenbedingungen bestimmt.

– Prüfkosten: Grenzlehrdorn $\varnothing 50^{H7}$
– Kunde fordert Messergebnisse: Innenmessschraube
– Kunde fordert neben Messergebnisse eine hohe Formhaltigkeit: Innenmessschraube für Dreipunkt-Messung
– Prüfen an der Werkzeugmaschine: Grenzlehrdorn $\varnothing 50^{H7}$
– Prüfen im Prüflabor: Innenmessschraube für Dreipunkt-Messung

Prüfen der Oberflächengüte

Die geforderte *Oberflächengüte* kann durch das *Oberflächen-Vergleichsmusterverfahren*, ein subjektives Prüfen, und das *Tastschnitt-System* geprüft werden.

Der Rechner des *Tastschnitt-Systems* druckt im Prüfprotokoll die folgenden Kennwerte aus.

R_z gemittelte Rautiefe
   Mittelwert aus den Einzelrautiefen Z_1 bis Z_5. Teststrecke wird in 5 gleich große Teilstrecken eingeteilt. Für jede Teilstrecke wird die größte Rautiefe ermittelt. Den Mittelwert dieser Rautiefen bilden R_z

R_{max} maximale Rautiefe
   Größte Einzelrautiefe der gesamten Messstrecke

R_a Mittenrauwert
   Arithmetischer Mittelwert aller Abweichungen von der Mittellinie

R_p Glättungstiefe in µm
   Abstand der höchsten Profilspitze zur Mittellinie

M_r oder t_p Materialanteil oder Traganteil in %
   Tragende Profilanteile im Verhältnis zur Gesamtstrecke

Oberflächenprofil

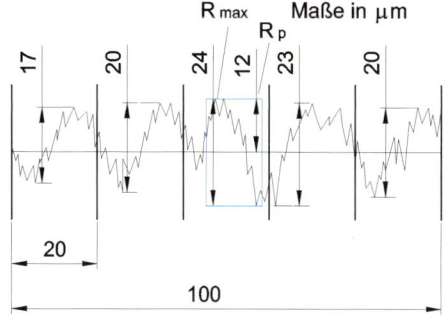

info

Teststrecke: 100 µm
$l_m = 5 \cdot l_e$
$l_e = 20 \, \mu m$

Einzelrautiefen:
$Z_1 = 17 \, \mu m$
$Z_2 = 20 \, \mu m$
$Z_3 = 24 \, \mu m$
$Z_4 = 23 \, \mu m$
$Z_5 = 20 \, \mu m$

Maximale Rautiefe: $R_{max} = 24 \, \mu m$

Gemittelte Rautiefe: $R_z = \frac{1}{5} \cdot (Z_1 + Z_2 + Z_3 + Z_4 + Z_5)$

$R_z = \frac{1}{5} \cdot (17 \, \mu m + 20 \, \mu m + 24 \, \mu m + 23 \, \mu m + 20 \, \mu m)$

$R_z = 20{,}8 \, \mu m$

Glättungstiefe: $R_p = 12 \, \mu m$

Bemerkung:
Der *Mittenrauwert* und der *Materialanteil* lassen sich mit dem Oberflächenprofil nicht ermitteln. Sie werden als Wert ausgedruckt. Die am Oberflächenprofil ermittelten Werte werden ebenfalls als Zahlenwert ausgedruckt.

Prüfen von Form und Lage

Das Prüfen der Form- und Lagetoleranzen erfolgt mit Hilfe *einer* Prüfeinrichtung.

Die Prüfeinrichtung und die Bewegungen beim Prüfen können nach DIN 2258 symbolisch dargestellt werden.

Hilfsmittel zur Positionierung:

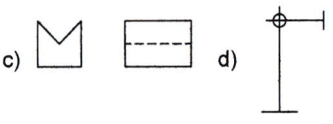

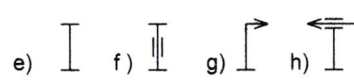

a) Prüfplatte
b) Rundtisch kippbar
c) Prisma
d) Messständer
e) Auflager fest
f) Auflager höhenverstellbar
g) Körnerspitze fest
h) Körnerspitze beweglich

Mess- und Prüfmittel:

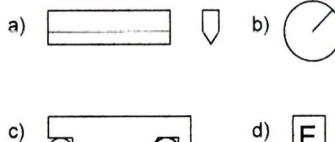

a) Lineal
b) Messuhr
c) Sinuslineal
d) Endmaß

Messort und Anschlag:

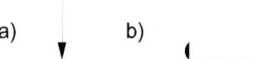

a) Messstelle
b) Anschlag

Bewegungsarten zur Messung:

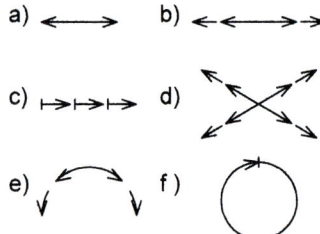

a) geradlinige Verschiebung
b) schrittweise geradlinige Verschiebung in beliebige Position
c) geradlinige Verschiebung in definierter Schrittweite
d) schrittweise Verschiebung in beliebige Positionen in der Ebene
e) schrittweise Drehung in beliebige Winkellagen
f) genau eine Drehung

Das *Prüfen der Form- und Lagetoleranzen* erfolgt in mehreren Schritten:
Schritt 1: Ausrichten des Prüflings
Schritt 2: Prüfvorgang
Schritt 3: Auswerten der Prüfung

Beispiel
Prüfen der Ebenheit am Flansch 02.01.2001

$\boxed{\square \;|\; 0{,}05}$

Hilfsmittel zur Positionierung:
– Prüfplatte
– Halterung für Messuhr

Prüfmittel:
– Messuhr

Aufbau der Prüfeinrichtung:

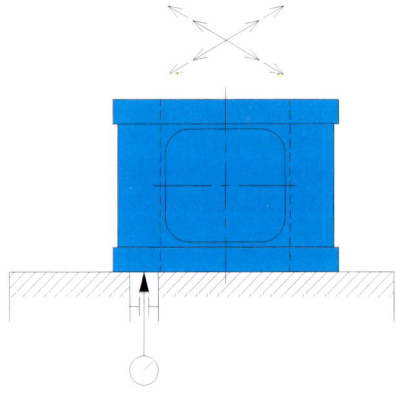

Bewegungsart: Schrittweise Verschiebung in beliebige Positionen in der Ebene

Auswertung der Prüfung:
Die Ebenheit der Fläche entspricht der Vorgabe, wenn der Ausschlag der Messuhr nicht größer als 0,05 mm ist.

2 Fertigung von Werkstücken

übung und vertiefung

1. Bei der Fertigung einer Welle sollen die folgenden Maße geprüft werden.

a) $\varnothing 20^{h6}$ b) $\varnothing 5^{H7}$

c) $\varnothing 40^{+0,2}_{+0,1}$ d) $\varnothing 20^{-0,03}$

Welche Prüfmittel setzten Sie zum Prüfen der Maße ein?

übung und vertiefung

2. Beim Messen des Nennmaßes $\varnothing 30_{j6}$ wurden an 10 Werkstücken die folgenden Istmaße ermittelt:

W1: 30,009 mm   W6: 30,001 mm
W2: 30,004 mm   W7: 29,996 mm
W3: 29,995 mm   W8: 29,999 mm
W4: 29,998 mm   W9: 30,006 mm
W5: 30,011 mm   W10: 30,002 mm

Werten Sie die Messung aus.

3. Beim Bearbeiten eines Werkstückes muss der Durchmesser $\varnothing 20^{k6}$ gedreht werden. Zwischen welchen beiden Grenzmaßen muss das programmierte Durchmessermaß liegen?

anwendungen

4. In der technischen Zeichnung des Lagerbolzens finden Sie die folgende Angabe.

$\sqrt{R_z\ 25}$

a) Welche Bedeutung hat diese Angabe?
b) Beim Prüfen wurde das folgende Oberflächenprofil aufgezeichnet. Werten Sie die Prüfung aus.
c) Entspricht das Prüfergebnis den Anforderungen?

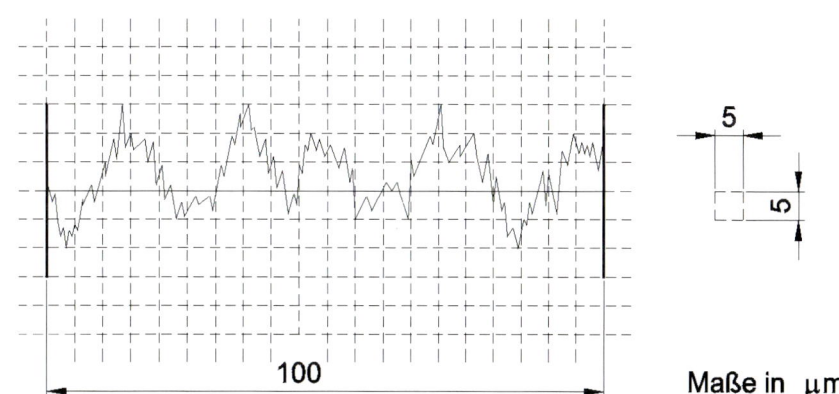

Maße in µm

5. Die geforderten Form- und Lagetoleranzen am Lagerbolzen sollen geprüft werden.

a) Zum Prüfen wurde folgende Prüfanforderung aufgebaut. Welche Form- und Lagetoleranz wird mit Prüfanordnung geprüft?
b) Welche Hilfs- und Prüfmittel werden beim Prüfen eingesetzt?
c) Welche Bewegungsarten werden beim Prüfen durchgeführt?
d) Stellen Sie die Prüfanordnung für das Prüfen der Rechtwinkligkeit mit Hilfe der grafischen Symbole dar.

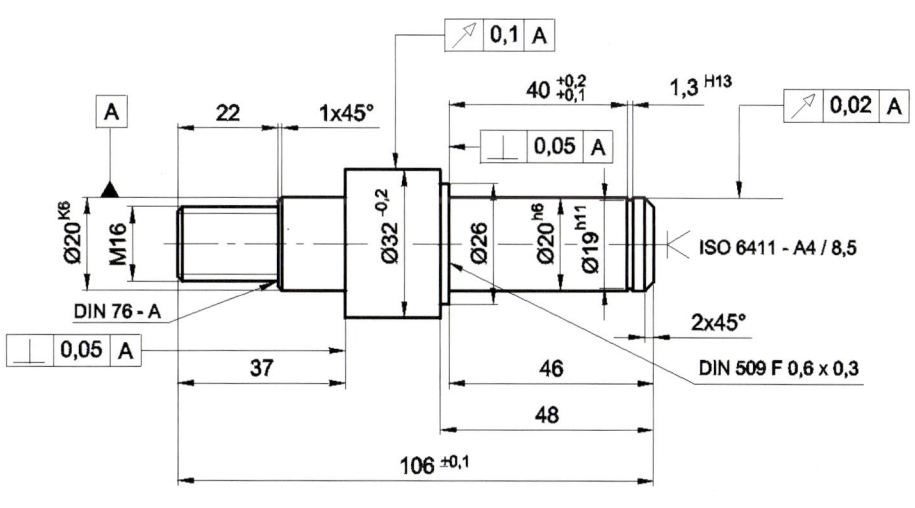

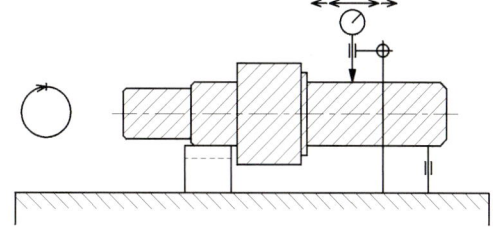

anwendungen

6. Sie erhalten folgenden Prüfauftrag:

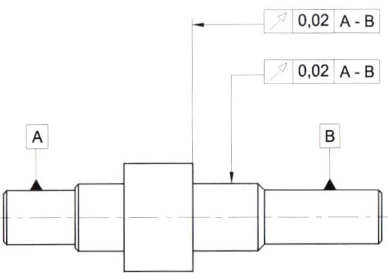

Überprüfen Sie die geforderte Lagetoleranz der Abtriebswelle.
Prüfauftrag 1:   Rundlauf
Prüfauftrag 2:   Planlauf

Prüfauftrag 1:
Welche Hilfs-, Mess- und Prüfmittel werden beim Prüfen eingesetzt?
Welche Bewegungsarten müssen beim Prüfen durchgeführt werden?

Prüfauftrag 2:
Stellen Sie das Prüfverfahren für den Planlauf mit Hilfe der graphischen Symbole dar.

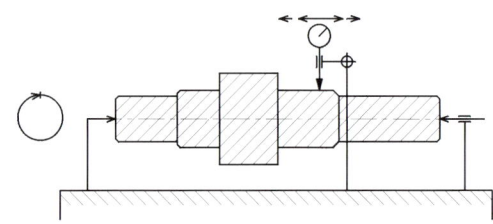

3 Bauelemente zu Teilsystemen bzw. Systemen fügen

info

Durch einen *Montageprozess* werden Bauelemente zu *Teilsystemen* bzw. *Systemen* gefügt. In der Praxis nennt man die Teilsysteme *Baugruppen*. Man unterscheidet zwei Montageabschnitte:

A *Vormontage*
Bauelemente, Einzelteile, werden zu Baugruppen zusammengesetzt. Montierte Baugruppen werden mit Bauelementen zu Baugruppen höherer Ordnung zusammengesetzt.

B *Endmontage*
Baugruppen werden zum Fertigteil zusammengesetzt.

Beispiel
Vormontage:
Y-Achse mit Antrieb (Aufbauübersicht), Seite 71

Eine wichtige Montagetätigkeit ist das *Fügen*. Durch Fügen erzeugt man eine *dauerhafte Verbindung* zwischen Bauelementen bzw. Baugruppen.

Fügen durch Zusammenpassen

Beim *Fügen durch Zusammenpassen* werden die Bauelemente *gepaart*. Die Istmaße der Bauelemente entscheiden, wie die Bauelemente gepaart werden.

In der Praxis spricht man von einer *Passung*.

Die Passung ist die Differenz zwischen dem Istmaß der Innenpassfläche (Bohrung) und dem Istmaß der Außenpassfläche (Welle) vor der Paarung.

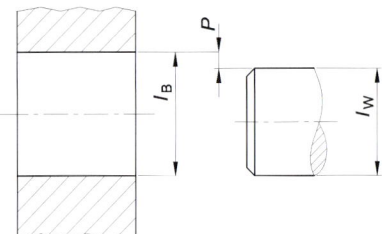

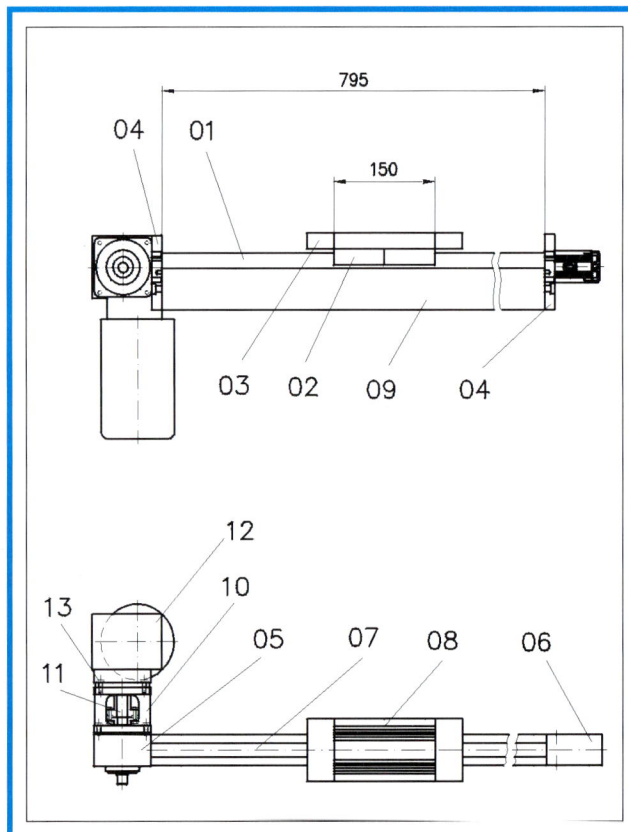

1 Baugruppenzeichnung

Mathematischer Zusammenhang:

$P = I_B - I_W$

P Passung in mm
I_B Istmaß Bohrung in mm
I_W Istmaß Welle in mm

Ist die Passung P positiv, so liegt eine *Spielpassung* vor.
Ist die Passung P negativ, so liegt eine *Übermaßpassung* vor.

Die Passung liegt zwischen den Grenzen der Höchst- und der Mindestpassung.

3 Bauelemente zu Teilsystemen bzw. Systemen fügen

info

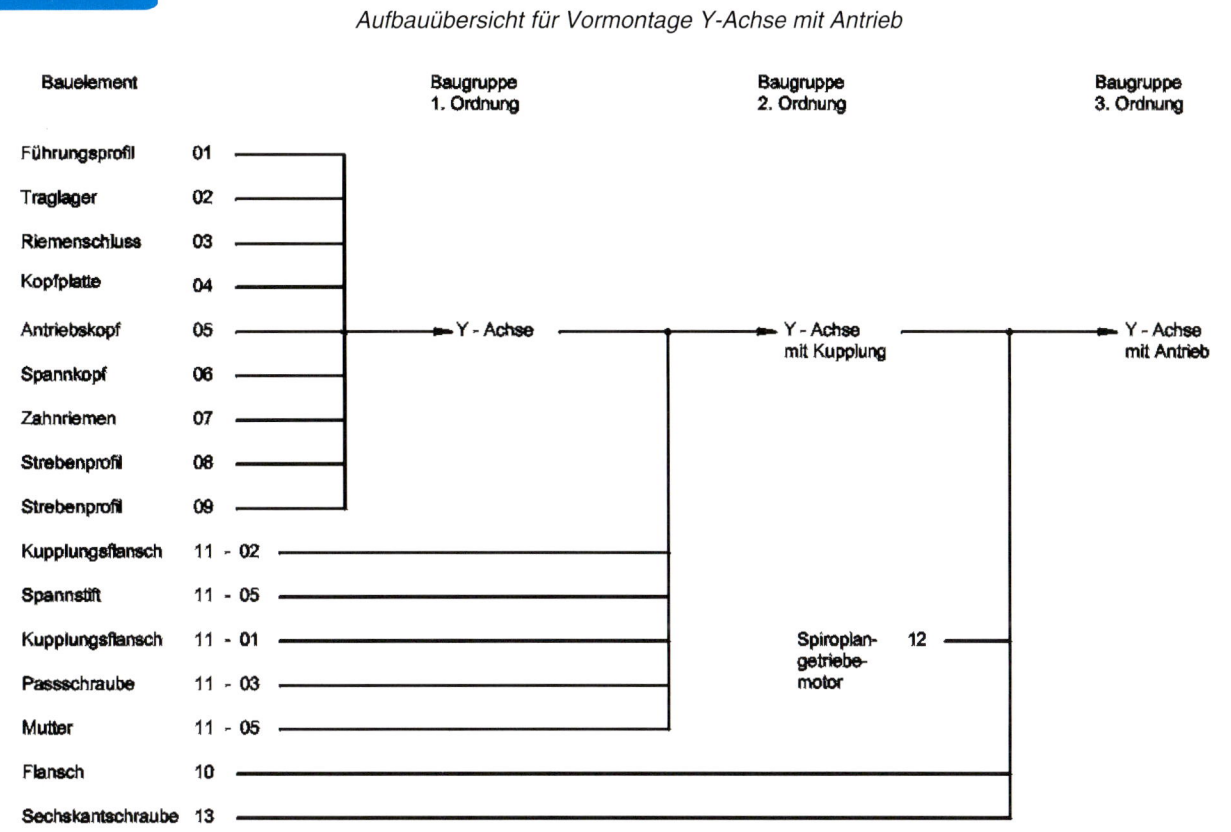

Aufbauübersicht für Vormontage Y-Achse mit Antrieb

$P_o = G_{o_B} - G_{u_W}$

$P_u = G_{u_B} - G_{o_W}$

- P_o Höchstpassung in mm
- P_u Mindestpassung in mm
- G_{o_B} Höchstmaß Bohrung in mm
- G_{u_B} Mindestmaß Bohrung in mm
- G_{o_W} Höchstmaß Welle in mm
- G_{u_W} Mindestmaß Welle in mm

Die Ergebnisse von Höchstpassung P_o und Mindestpassung P_u bestimmen die Passungsart.

Regel:
- P_o positiv und P_u positiv: *Spielpassung*
  P_o ist Höchstspiel P_{S_H}
  P_u ist Mindestspiel P_{S_M}
- P_o negativ und P_u negativ: *Übermaßpassung*
  P_o ist Mindestübermaß $P_{ü_M}$
  P_u ist Höchstübermaß $P_{ü_H}$
- P_o positiv und P_u negativ: *Übergangspassung*
  P_o ist Höchstspiel P_{S_H}
  P_u ist Höchstübermaß $P_{ü_H}$

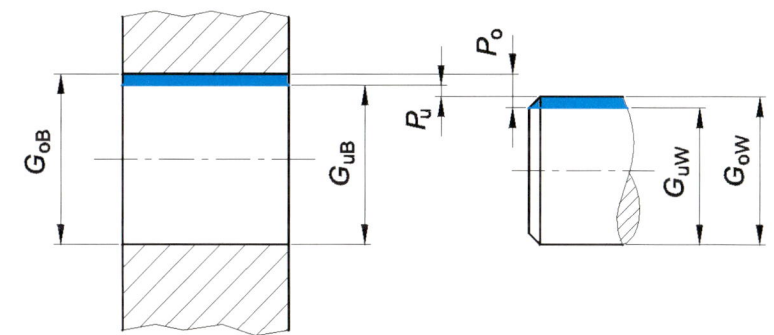

Beispiel

Der Kupplungsflansch 02.01.2102 mit der Bohrung $\varnothing 15^{H7}$ wird mit der Antriebswelle der Y-Achse gepaart. Die Antriebswelle hat einen Durchmesser von $\varnothing 15^{k6}$.

Welche Passungsart liegt bei der Paarung vor?

1. Abmaße bestimmen:

$\varnothing 15^{H7}$: ES = 0,018 mm
EI = 0 mm

$\varnothing 15^{k6}$: es = 0,012 mm
ei = 0,001 mm

2. Grenzmaße bestimmen:

$G_{o_B} = N + ES$ $\qquad G_{u_B} = N + EI$
$G_{o_B} = 15\,\text{mm} + 0{,}018\,\text{mm}$ $\qquad G_{u_B} = 15\,\text{mm} + 0\,\text{mm}$
$G_{o_B} = 15{,}018\,\text{mm}$ $\qquad G_{u_B} = 15\,\text{mm}$

$G_{o_W} = N + es$ $\qquad G_{u_W} = N + ei$
$G_{o_W} = 15\,\text{mm} + 0{,}012\,\text{mm}$ $\qquad G_{u_W} = 15\,\text{mm} + 0{,}001\,\text{mm}$
$G_{o_W} = 15{,}012\,\text{mm}$ $\qquad G_{u_W} = 15{,}001\,\text{mm}$

Fügen durch Zusammenpassen

info

3. Passungen bestimmen:

$P_o = G_{o_B} - G_{u_W}$

$P_o = 15{,}018\,\text{mm} - 15{,}001\,\text{mm}$

$P_o = 0{,}017\,\text{mm}$

$P_u = G_{u_B} - G_{o_W}$

$P_u = 15\,\text{mm} - 15{,}012\,\text{mm}$

$P_u = -0{,}012\,\text{mm}$

4. Passungsart nach Regel festlegen

P_o positiv und P_u negativ => Übergangspassung

$P_{S_H} = 0{,}017\,\text{mm}$

$P_{ü_H} = 0{,}012\,\text{mm}$

übung und vertiefung

1. Bestimmen Sie für die folgenden Paarungen der Bauelemente die Passungsart.

a) Bohrung ⌀30G7;   Welle ⌀30h6
b) Bohrung ⌀120H8; Welle ⌀120u8
c) Bohrung ⌀80M7;   Welle ⌀80h6
d) Bohrung ⌀50F8;   Welle ⌀50h9

2. Für eine Kurbelwelle ⌀30f7 ist die Bohrung mit ⌀30H7 bestimmt. Welche Passungsart liegt vor?

3. Auf die Getriebewelle mit dem Durchmesser ⌀45H7 soll ein Zahnrad mit dem Nabendurchmesser ⌀45s6 montiert werden. Bestimmen Sie die Passungsart.

info

Fügen durch Schrauben

Beim *Fügen durch Schrauben* werden Bauelemente so verbunden, dass sie für Wartungs- und Instandsetzungsarbeiten ohne Zerstörung eines Bauelementes oder Verbindungselementes *wieder zerlegt* werden können.

Das *Verbindungselement*, meist Durchsteckschrauben, Einziehschrauben oder Stiftschrauben, wird beim Fügen angezogen und die Bauelemente werden geklemmt. In der Schraube wirkt eine *Vorspannkraft* F_V, die in den Bauelementen eine *Klemmkraft* F_K hervorruft.

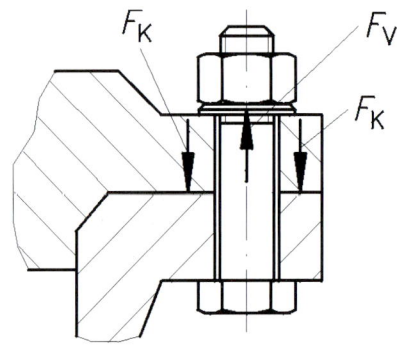

$F_V = F_K$

F_V Vorspannkraft in N
F_K Klemmkraft in N

Die *Vorspannkraft* ist abhängig von der *Betriebskraft* und vom *Vorspannungsverhältnis*.

Das Vorspannungsverhältnis ist abhängig von:
– Belastung
– Anzahl der Trennfugen
– Oberflächenbeschaffenheit der Trennfuge
– Schraubenlänge

Die Richtwerte für das Vorspannungsverhältnis y:

- Belastung y_1:
  ruhend   1,5
  gering schwellend   3
  stark schwellend   5

- Anzahl der Trennfugen y_2:
  3   1,5
  4   3
  6   5

- Oberflächenbeschaffenheit y_3:
  feinstgeschlichtet 1,5
  geschlichtet   3
  rau geölt   4
  geschruppt   5

- Schraubenlänge y_4:
  $L > 5d$ 1,5
  $L \approx 5d$ 3
  $L < 5d$ 5

Das *Vorspannungsverhältnis* y ist der Mittelwert der angegebenen y-Werte.

$$y = \frac{1}{4}(y_1 + y_2 + y_3 + y_4)$$

$$F_V = y \cdot F_B$$

F_V Vorspannkraft in N
y Vorspannungsverhältnis
F_B Betriebskraft in N

Das benötigte *Anzugsmoment der Schraube* lässt sich aus der Vorspannkraft mit Hilfe der Formel für die Arbeit an der Schraube berechnen.

$$M_a = \frac{F_V \cdot P}{2 \cdot \pi \cdot \eta}$$

M_a Anzugsmoment in Nm
F_V Vorspannkraft in N
P Gewindesteigung in m
η Wirkungsgrad des Gewindes

Umrechnung:
1 mm = 0,001 m

Hinweis
Die Belastung durch die Vorspannkraft darf die *Streckgrenze* des Schraubenwerkstoffs nicht überschreiten.

Beispiel
Die beiden Kupplungsflansche werden durch zwei Sechskantschrauben
ISO 4014 - M5 x 25 - 4.8
verbunden.

Die Oberflächengüte der Fügefläche ist mit R_Z 6,3 angegeben.

Die Belastung der Kupplung ist gering schwellend.

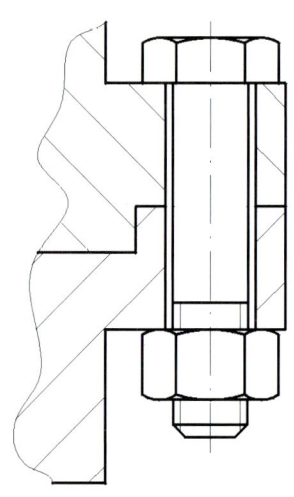

3 Bauelemente zu Teilsystemen bzw Systemen fügen

info

Dabei beträgt die Betriebskraft $F_B = 5000\,\text{N}$. Der Wirkungsgrad im Gewinde beträgt 14 %.
Wie groß ist die Vorspannkraft und das Anzugsmoment?

1. Betriebskraft für eine Schraube ermitteln:
$$F_B = \frac{F_{B_{ges}}}{n} = \frac{5000\,\text{N}}{2}$$
$$F_B = 2500\,\text{N}$$

2. Vorspannungsverhältnis y ermitteln:
$y_1 = 3;\ y_2 = 1{,}5;\ y_3 = 3;\ y_4 = 3;$
$$y = \frac{1}{4} \cdot (y_1 + y_2 + y_3 + y_4) = \frac{1}{4} \cdot (3 + 1{,}5 + 3 + 3)$$
$$y = 2{,}625$$

3. Vorspannkraft berechnen:
$F_V = y \cdot F_B = 2{,}625 \cdot 2500\,\text{N}$
$F_V = 6562{,}5\,\text{N}$

4. Anzugsmoment berechnen:
$$M_a = \frac{F_V \cdot P}{2 \cdot \pi \cdot \eta} \qquad P = 0{,}8\,\text{mm}$$
$$M_a = \frac{6562{,}5 \cdot 0{,}0008\,\text{m}}{2 \cdot \pi \cdot 0{,}14}$$
$$M_a = 5{,}97\,\text{Nm}$$

5. Verbindung prüfen
$$\sigma_{vor} = \frac{F}{A} = \frac{6562{,}5\,\text{N}}{14{,}2\,\text{mm}^2}$$
$$\sigma_{vor} = 462{,}15\,\frac{\text{N}}{\text{mm}^2}$$
$\sigma_{zul} = Re$ \qquad 4.8 Schraubenwerkstoff
$$\sigma_{zul} = 4 \cdot 8 \cdot 10\,\frac{\text{N}}{\text{mm}^2}$$
$$\sigma_{zul} = 320\,\frac{\text{N}}{\text{mm}^2}$$
$\sigma_{vor} > \sigma_{zul}$ \qquad Schraubenverbindung nicht zulässig!

Änderung:
Der Schraubenwerkstoff 6.8 muss gewählt werden.

Bezeichnung der Schrauben:
Sechskantschraube ISO 4014 - M5 × 25 - 6.8
$$\sigma_{zul} = 6 \cdot 8 \cdot 10\,\frac{\text{N}}{\text{mm}^2} = 480\,\frac{\text{N}}{\text{mm}^2}$$
$\sigma_{vor} \leq \sigma_{zul}$

Hinweis
Ist eine Sicherheitszahl gegeben, so muss sie bei der zulässigen Streckgrenze beachtet werden.
$$G_{zul} = \frac{R_e}{v}$$

übung und vertiefung

1. Der Zylinderdeckel eines Hydraulikzylinders ist mit 12 Stiftschrauben am Zylinderkörper befestigt. In der Stückliste steht folgende Bezeichnung:
Stiftschraube DIN 939 - M16 x 70 - 8.8.

Zylinderkörper und Deckel sind geschlichtet. Im Zylinderraum herrscht ein Öldruck von 125 bar, der stark schwellend auftritt.
Der Zylinder hat einen Durchmesser von 150 mm.

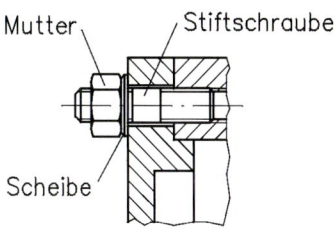

a) Welche Betriebskraft muss jede Schraube aufnehmen, wenn eine Sicherheitszahl von 3 berücksichtigt werden muss?
b) Welche Vorspannkraft muss in der Stiftschraube wirken?
c) Berechnen Sie das Anzugsmoment, wenn der Wirkungsgrad 75 % beträgt.
d) Ist die Schraubenverbindung richtig ausgelegt?

2. In der Stückliste eines Getriebes, steht für das Anschrauben des Getriebedeckels mit 12 Schrauben, folgende Schraubenbezeichnung:
Sechskantschraube ISO 4017 - M8 x 40 - 8.8.
Die Fügeflächen sind geschruppt und die Verbindung hat 3 Trennfugen. Die Belastung der Verbindung ist ruhend. Die Betriebskraft wird mit $F_B = 12\,\text{kN}$ angenommen.
Bestimmen Sie:
a) Die Vorspannkraft in N.
b) Das Anzugsmoment in Nm, wenn der Wirkungsgrad im Gewinde 0,21 beträgt.

3. Der Getriebedeckel wird durch 6 Schrauben am Gehäuse befestigt. Die Vorspannkraft F_V der Zylinderschraube ISO 4762 - M10 x 65, ist mit 13,5 kN angegeben.

a) Mit welchem Anzugsmoment müssen die Schrauben angezogen werden, wenn der Wirkungsgrad im Gewinde 30 % beträgt?
b) Welcher Schraubenwerkstoff muss gewählt werden?

4. Der Lagerblock soll mit 4 Sechskantschrauben ISO 4017 an der Konsole befestigt werden.
Die Fügeflächen zwischen Lagerbock und Konsole sind rau und eingeölt. Die beanspruchende Kraft greift ruhend an. (Zeichnung Seite 74)

a) Welche maximale Vorspannkraft hält eine Schraube aus, wenn man eine 2,5-fache Sicherheit beachten muss?
b) Mit welchem Anzugsmoment müssen die Schrauben angezogen werden, wenn der Wirkungsgrad 27 % beträgt?
c) Mit welcher Betriebskraft F_B kann der Lagerbock belastet werden?

Fügen durch Schrauben, Einpressen

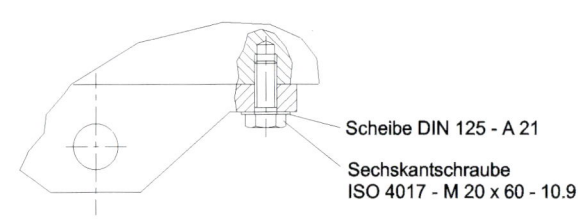

Scheibe DIN 125 - A 21
Sechskantschraube ISO 4017 - M 20 x 60 - 10.9

info

Fügen durch Einpressen

Durch das Fügen durch Einpressen entstehen *Pressverbindungen*.
Man unterscheidet:

A *Längenpressverbindung*
Fügen von Welle und Nabe erfolgt durch axiales Aufpressen bei Raumtemperatur.

$d_B < d_W$

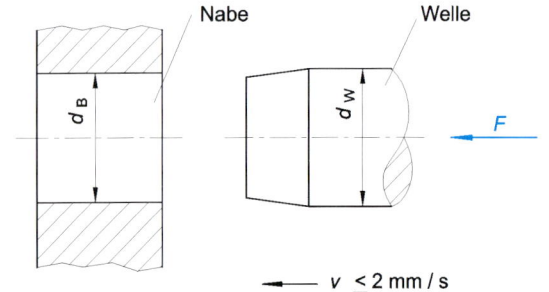

B *Querpressverbindungen*
Vor dem Fügen wird das Außenteil erwärmt oder das Innenteil abgekühlt. Nach dem Fügen entsteht beim Erreichen der Raumtemperatur die Querpressverbindung.
Durch das Erwärmen oder das Abkühlen wird das Durchmessermaß verändert.

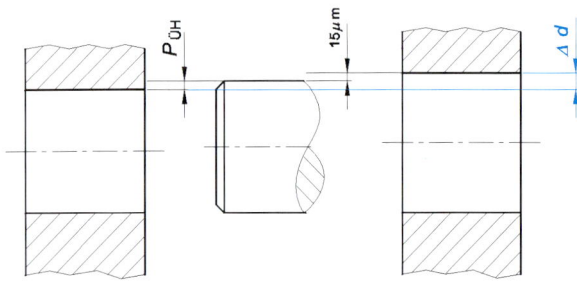

Raumtemperatur Nach der Erwärmung

$\Delta d = P_{ü_H} + 15\,\mu m$

Δd Durchmesseränderung in µm
$P_{ü_H}$ Höchstübermaß in µm

Durchmesseränderung bei Temperaturänderung:

$\Delta d = d_0 \cdot \alpha_1 \cdot \Delta T$

Δd Durchmesseränderung in mm
d_0 Ausgangsdurchmesser in mm
α_1 Längenausdehnungskoeffizient in $\frac{1}{K}$
ΔT Temperaturänderung in K

Da in der Praxis meist die Nabe erwärmt wird, muss meist die Temperaturänderung bestimmt werden.

Die Erwärmung erfolgt meist im Glühofen oder im Wärmebad. Daher ist das Bestimmen der Wärmemenge, die zum Erwärmen der Nabe benötigt wird, wichtig.

Bestimmung der Wärmemenge:
$Q = c \cdot m \cdot \Delta T$

Q Wärmemenge in kJ
c spezifische Wärmekapazität in $\frac{kJ}{kg \cdot K}$
m Masse in kg
ΔT Temperaturänderung in K

Hinweis
Der Längenausdehnungskoeffizient und die spezifische Wärmekapazität sind Werkstoffkennwerte. Man findet sie im Tabellenbuch.

Beispiel
Das Ritzel (POS 1) soll auf die Abtriebswelle gepresst werden. Die Ritzelnabe wurde mit der Passung ⌀30H7 gefertigt und die Welle mit ⌀30s6.
Das Ritzel soll vor dem Fügen im Ölbad erwärmt werden. Das Ritzel aus legiertem Stahl wiegt 2,25 kg.
Bestimmen Sie:
a) Die Temperatur in °C
b) Die Endtemperatur in °C, wenn die Ausgangstemperatur bei 20 °C liegt.

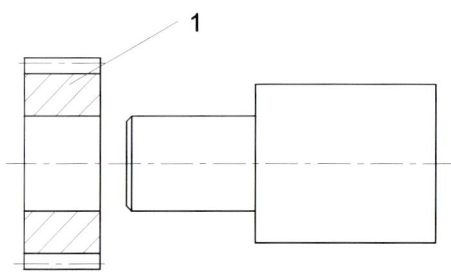

c) Die Wärmemenge in kJ, die zum Erwärmen benötigt wird.
zu a): Temperaturänderung berechnen:
Abmaße bestimmen:
 ⌀30H7   ES = 0,021 mm
         EI = 0 mm

Höchstübermaß berechnen:
$P_{ü_H} = G_{o_W} - G_{u_B}$

Nebenrechnung:
$G_{u_B} = N + EI$
$G_{u_B} = 30\,mm + 0\,mm$
$G_{u_B} = 30{,}0\,mm$

$G_{o_W} = N + es$
$G_{o_W} = 30\,mm + 0{,}048\,mm$
$G_{o_W} = 30{,}048\,mm$

$P_{ü_H} = 30{,}048\,mm - 30{,}0\,mm$
$P_{ü_H} = 0{,}048\,mm$

Durchmesseränderung berechnen:
$\Delta d = P_{ü_H} + 0{,}015\,mm$
$\Delta d = 0{,}048\,mm + 0{,}015\,mm$
$\Delta d = 0{,}063\,mm$

3 Bauelemente zu Teilsystemen bzw. Systemen fügen

info

Temperaturänderung berechnen:

$\Delta d = d_0 \cdot \alpha_1 \cdot \Delta T \qquad \alpha_1 = 0{,}000016 \frac{1}{K}$

$\Delta T = \dfrac{\Delta d}{d_0 \cdot \alpha_1} \qquad d_0 = 30 \, mm$

$\Delta T = \dfrac{0{,}063 \, mm \cdot K}{30 \, mm \cdot 0{,}000016}$

$\Delta T = 131{,}25 \, K$

zu b): Endtemperatur berechnen:

$T_E = T_A + \Delta T \qquad T_A = 20\,°C$

$T_E = 20\,°C + 131{,}25 \, K$

$T_E = 151{,}25\,°C$

zu c): Wärmemenge berechnen:

$Q = c \cdot m \cdot \Delta T \qquad c = 0{,}51 \dfrac{kJ}{kg \cdot K}$

$Q = 0{,}51 \dfrac{kJ}{kg \cdot K} \cdot 2{,}25 \, kg \cdot 131{,}25 \, K \qquad m = 2{,}25 \, kg$

$Q = 150{,}61 \, kJ$

Übung und Vertiefung

1. Die Laufrollen für ein Förderband sollen durch Querpressen Lagerzapfen erhalten. Die Laufrollen aus Stahl sollen zuvor erwärmt werden. Die Laufrollen haben einen Durchmesser von $\varnothing 120^{-0{,}01}$ und die Lagerzapfen $\varnothing 120^{+0{,}055}$.
Auf welche Temperatur muss die Laufrolle erwärmt werden?

2. Ein Pendelrollenlager, mit einem Bohrungsdurchmesser von 100 mm und einer Masse von 15,3 kg soll von Raumtemperatur auf 150 °C erwärmt werden. Der Werkstoff des Lagers ist mit legiertem Stahl angegeben.

a) Welche Wärmemenge ist nötig um das Lager zu erwärmen?
b) Auf welchen Durchmesser weitet sich die Bohrung, wenn der Bohrungsdurchmesser mit $\varnothing 100^{-0{,}01}$ toleriert ist?

3. Auf eine Welle aus Cu Zn 30 mit dem Durchmesser von 50 mm, soll ein Ring aus gleichem Material aufgezogen werden. Der Ring hat eine Bohrung von 49,85 mm.
Auf welche Temperatur muss der Ring erwärmt werden, damit er einwandfrei gefügt werden kann? Ausgangstemperatur ist die Raumtemperatur.

4. Im Glühofen wird eine Getriebewelle $m = 5 \, kg$ aus legiertem Stahl von der Raumtemperatur auf 600 °C erwärmt.
Berechnen Sie die zum Erwärmen notwendige Wärmemenge.

5. Wellen und Naben $\varnothing 100\,H8/u8$ aus Stahl sollen durch Querpressen gefügt werden. Dabei werden die Naben erwärmt. Der Nabenkörper hat eine Masse von 5,3 kg.

a) Auf welche Temperatur müssen die Naben erwärmt werden?
b) Welche Wärmemenge ist zum Erwärmen der Naben notwendig?

4 Systeme und Bauelemente zur Energieübertragung

info

Das *Übertragen der Energie* vom Elektromotor bis zur Verfahrachse wird in diesem Abschnitt näher betrachtet.

Die beteiligten Teilsysteme übernehmen dabei Teilfunktionen, die gemeinsam die Funktion des Systems ergeben.

E: Elektrische Energie
A: Bewegungsenergie

Funktion:
Den Greifer in der Y-Richtung bewegen.

Funktion der Teilsysteme:

Elektromotor
Elektrische Energie in mechanische Energie *wandeln*

Getriebe
Drehfrequenz und Drehmoment *vergrößern* bzw. *verkleinern*

Kupplung
Drehmomente *koppeln* bzw. *unterbrechen*

Verfahrachse
Drehbewegung in eine Längsbewegung *richten*

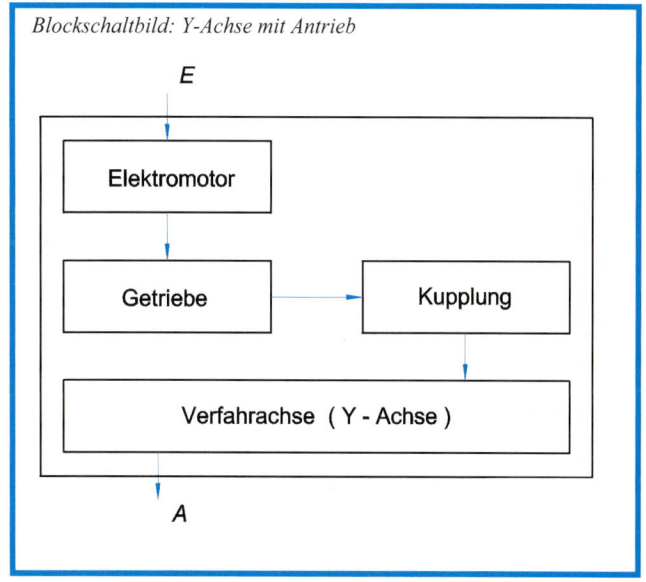

Blockschaltbild: Y-Achse mit Antrieb

Getriebe

info

Bemerkungen
- Die Funktionen der Teilsysteme sind nach Koller beschrieben.
- Getriebe, Kupplung und Verfahrachse übertragen die Energie.

Die Energieübertragung kann *kraftschlüssig* oder *formschlüssig* erfolgen.

Kraftschlüssige Energieübertragung

Beispiel
Keilriemengetriebe
Die übertragbare Kraft und damit die übertragbare Energie hängt von der Reibkraft zwischen dem Keilriemen und den Flanken der Riemenscheibe ab.

Formschlüssige Energieübertragung

Beispiel
Zahnradgetriebe
Die übertragbare Kraft und damit die übertragbare Energie hängt von den Werkstoffkenndaten der beteiligten Bauelemente ab.

Im System *Y-Achse mit Antrieb* wird die Energie formschlüssig übertragen.

Energieübertragung vom Elektromotor zur Kupplung

- Das Ritzel (POS. 03) kämmt mit dem Schraubenrad (POS. 05).
- Die Drehbewegung des Schraubenrades (POS. 05) wird durch die Passfeder (POS. 14) auf die Welle übertragen.
- Die Passfeder (POS. 15) überträgt das Drehmoment auf die Kupplungshälfte.

Die übrigen Bauelemente sind am Energiefluss nicht beteiligt.

1. Teilsystem: Getriebe

Das Getriebe leitet die Energie weiter. Dabei werden die Drehfrequenz und das Drehmoment verkleinert.

Das Getriebe der Y-Achse mit Antrieb setzt sich aus den in der Explosionszeichnung dargestellten Bauelementen zusammen. Der Elektromotor ist am Getriebe angeflanscht.

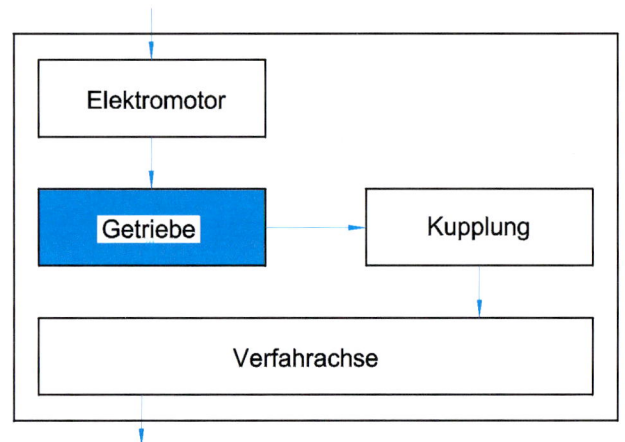

Explosionszeichnung eines Getriebes

Liste der Bauelemente:

POS. – Nr.:	Bezeichnung
01	Gehäuse
02	Deckel
03	Ritzel
04	Abtriebswelle
05	Schraubenrad
06	Distanzstück
07	Stützscheibe
08	Rillenkugellager
09	Rillenkugellager
10	Rillenkugellager
11	Sicherungsring
12	Sicherungsring

POS. – Nr.:	Bezeichnung
13	Sicherungsring
14	Passfeder
15	Passfeder
16	Sicherungsring
17	Sicherungsring
18	Passscheibe
19	Passscheibe
20	Wellendichtring
21	Wellendichtring
22	Verschlusskappe
23	Dichtung
24	Sechskantschraube

4 Systeme und Bauelemente zur Energieübertragung

info

Zahnradgetriebe

Zahnradgetriebe leiten die Energie weiter und vergrößern bzw. verkleinern die *Drehfrequenz* und das *Drehmoment*.

Diese Funktion kann nur erfüllt werden, wenn die Zahnräder den gleichen *Modul* und die gleiche *Zahnform* haben.

Neben dem *Modul m* ist die *Zähnezahl z* die wichtigste Kenngröße eines Zahnrades.
Aus diesen beiden Kenngrößen lassen sich alle *Daten eines Zahnrades* berechnen.

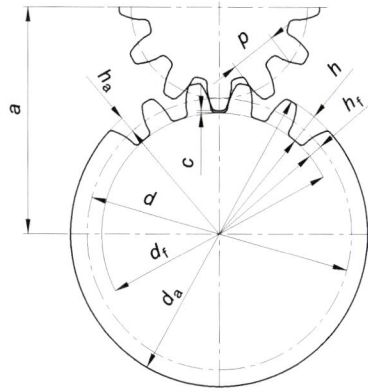

Zahnradberechnung

Kenngrößen
m Modul in mm
z Zähnezahl

Teilung p in mm: $\qquad p = m \cdot \pi$
Kopfspiel c in mm: $\qquad c = 0{,}167 \cdot m$
Zahnkopfhöhe h_a in mm: $\qquad h_a = m$
Zahnfußhöhe h_f in mm: $\qquad h_f = m + c$
Zahnhöhe h in mm: $\qquad h = 2 \cdot m + c$
Teilkreisdurchmesser d in mm: $\qquad d = m \cdot z$
Fußkreisdurchmesser d_f in mm: $\qquad d_f = m \cdot z - 2 \cdot (m + c)$
Kopfkreisdurchmesser d_a in mm: $\qquad d_a = m \cdot (z + 2)$

Die Zähne zweier Zahnräder berühren sich in einem Punkt auf den Teilkreisdurchmessern. Somit errechnet man den Achsabstand nach den folgenden Formeln.

Achsabstand a in mm:

– außenliegendes Gegenrad: $\quad a = \dfrac{m \cdot (z_1 + z_2)}{2}$

– innenliegendes Gegenrad: $\quad a = \dfrac{m \cdot (z_2 - z_1)}{2}$

Zahnradtrieb

Mit Hilfe unterschiedlicher Zähnezahlen lassen sich Drehfrequenz und Drehmoment vergrößern bzw. verkleinern.

Mathematischer Zusammenhang:
Drehfrequenz vergrößern bzw. verkleinern:
Die Zahnräder berühren sich mit den beiden Teilkreisdurchmessern.
Zähneräder die einwandfrei miteinander kämmen, haben den gleichen Modul.
Die Zahnräder drehen sich mit gleicher Umfangsgeschwindigkeit.

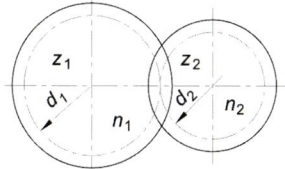

$v_1 = v_2$

$\dfrac{d_1 \cdot \pi \cdot n_1}{1000} = \dfrac{d_2 \cdot \pi \cdot n_1}{1000}$

$d_1 \cdot n_1 = d_2 \cdot n_2$

da: $d = z \cdot m$

gilt: $z_1 \cdot m \cdot n_1 = z_2 \cdot m \cdot n_2$

$z_1 \cdot n_1 = z_2 \cdot n_2$

$\dfrac{n_1}{n_2} = \dfrac{z_2}{z_1}$

Die Drehzahlen stehen im umgekehrten Verhältnis der Zähnezahlen.

Zähnezahl groß $\rightarrow$ Drehzahl klein
Zähnezahl klein $\rightarrow$ Drehzahl groß

Übersetzungsverhältnis

einfach:

$i = \dfrac{n_1}{n_2} \quad$ oder $\quad i = \dfrac{z_2}{z_1}$

mehrfach:

$n_2 = n_3$

$i_1 = \dfrac{n_1}{n_2} = \dfrac{z_2}{z_1}$

$i_2 = \dfrac{n_3}{n_4} = \dfrac{z_4}{z_3}$

$i = i_1 \cdot i_2$

$i = \dfrac{n_1 \cdot n_3}{n_2 \cdot n_4}$

$i = \dfrac{n_1}{n_4}$

$i = \dfrac{z_2 \cdot z_4}{z_1 \cdot z_3}$

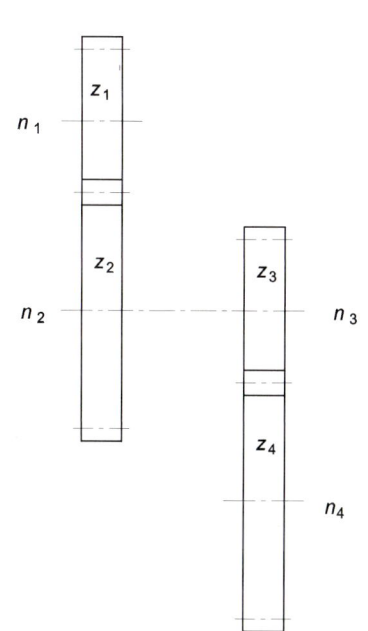

Drehmoment vergrößern bzw. verkleinern:

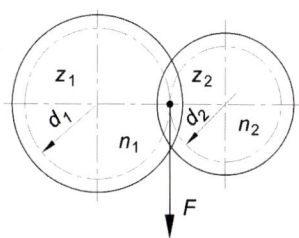

Bei der Energieübertragung vom Zahnrad z_1 auf das Zahnrad z_2 wirkt am Berührpunkt P eine Kraft F auf die Zahnflanken.
Diese Kraft ruft auf die beiden Zahnräder ein Drehmoment M hervor.

Kraftschema:
Freimachen Zahnrad z_1

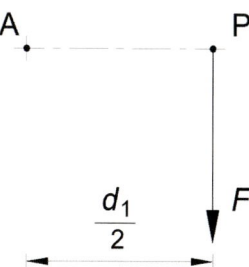

Getriebe

info

Allgemein: $M = F \cdot l$

Hebelarm - z_1:
$l = \dfrac{d_1}{2}$

Drehmoment - z_1:
$M_1 = F \cdot \dfrac{d_1}{2}$

Drehmoment - z_2:
$M_2 = F \cdot \dfrac{d_2}{2}$

Beide Formeln nach F umgestellt und gleichgesetzt ergibt:

$\dfrac{2 \cdot M_1}{d_1} = \dfrac{2 \cdot M_2}{d_2}$

$\dfrac{M_1}{M_2} = \dfrac{d_1}{d_2}$

Da $d = m \cdot z$, gilt:

$\dfrac{M_1}{M_2} = \dfrac{m \cdot z_1}{m \cdot z_2}$

$\dfrac{M_1}{M_2} = \dfrac{z_1}{z_2}$

Die Drehmomente verhalten sich wie die Zähnezahlen.

Zähnezahl groß → Drehmoment groß
Zähnezahl klein → Drehmoment klein

Zusammenhang: Leistung und Drehmoment

Der Elektromotor wandelt die elektrische Energie in mechanische Energie um. Die mechanische Energie gibt der Elektromotor an das Getriebe ab. Eine wichtige Kenngröße des Elektromotors ist seine Ausgangsleistung.
Aus der Ausgangsleistung kann die Größe des Drehmomentes berechnet werden.

Mathematischer Zusammenhang:
Leistung ist Arbeit pro Zeit
Arbeit ist Kraft mal Weg

$P = \dfrac{W}{t} \qquad W = F \cdot s$

$P = \dfrac{F \cdot s}{t}$

Das Verhältnis Weg pro Zeit entspricht der Geschwindigkeit. Daher folgt:

$P = F \cdot v$

Beim Getriebe liegt eine kreisförmige Bewegung vor. Kenngröße dieser Bewegung ist die Umfangsgeschwindigkeit.

$v = d \cdot \pi \cdot n$

Eingesetzt gilt:
$P = F \cdot d \cdot \pi \cdot n$

Eine Kraft mit Hebelarm zum Angriffspunkt erzeugt ein Drehmoment.
In diesem Falle ist der Hebelarm $\dfrac{d}{2}$.

$M = F \cdot \dfrac{d}{2}$

$F \cdot d = 2 \cdot M$

Ersetzt man $F \cdot d$, so gilt:
$P = 2 \cdot M \cdot \pi \cdot n$

Hinweis
Bei Anwendung der Formeln müssen die Einheiten beachtet werden.

P Leistung W
M Drehmoment Nm
n Drehfrequenz s^{-1}

Meist wird die Drehzahl n in $\min^{-1}$ angegeben.
Umrechnung:
$1 \min^{-1} = \dfrac{1}{60} s^{-1}$

Beispiel
Die Darstellung zeigt ein zweistufiges geradverzahntes Stirnradgetriebe, das von einem Elektromotor mit einer Ausgangsleistung von $P = 0{,}75\,\text{kW}$ angetrieben.
Folgende Daten sind bekannt.:

$n_1 = 1500 \dfrac{1}{\min}$
$z_1 = 12$
$m_1 = 2\,\text{mm}$
$z_2 = 25$
$m_2 = 3\,\text{mm}$
$i_2 = 2{,}25$
$z_4 = 27$

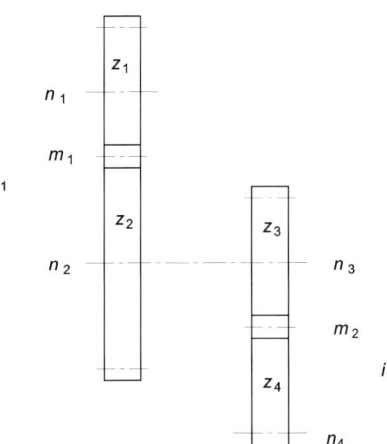

Berechnen Sie bitte:

1. Die Drehzahlen der Zahnräder z_2 und z_3.

$z_1 \cdot n_1 = z_2 \cdot n_2$

$n_2 = \dfrac{z_1 \cdot n_1}{z_2}$

$n_2 = \dfrac{12 \cdot 1500\,\min^{-1}}{25}$

$n_2 = 720\,\min^{-1}$

$n_3 = n_2$
$n_3 = 720\,\min^{-1}$

2. Die Fertigungsgrößen zur Herstellung des Zahnrades z_4, wenn die Breite $b = 20\,\text{mm}$ beträgt.

$d_{a_4} = m \cdot (z_4 + Z)$
$d_{a_4} = 3\,\text{mm} \cdot (27 + 2)$
$d_{a_4} = 87\,\text{mm}$

$d_{f_4} = m \cdot z_4 - 2(m + c)$
$d_{f_4} = 3\,\text{mm} \cdot 27 - 2 \cdot (3\,\text{mm} + 3\,\text{mm} \cdot 0{,}167)$
$d_{f_4} = 73{,}998\,\text{mm}$

oder

$h = 2 \cdot m + c$
$h = 2 \cdot 3\,\text{mm} + 0{,}167 \cdot 3\,\text{mm}$
$h = 6{,}501\,\text{mm}$

4 Systeme und Bauelemente zur Energieübertragung

info

Fertigungsgrößen:

Zahnradkörper drehen:
  Breite: $b = 20$ mm
  Kopfkreisdurchmesser $d_a = 87$ mm
  Halbzeug: $\varnothing\, 90 \times 22$ mm
Zahnrad fräsen:
  Zahnhöhe $h = 6{,}501$ mm (Frästiefe)

3. Die Drehzahl der Abtriebswelle n_4.

$$i_2 = \frac{n_3}{n_4}$$

$$n_4 = \frac{n_3}{i_2}$$

$$n_4 = \frac{720\,\text{min}^{-1}}{2{,}25}$$

$$n_4 = 320\,\text{min}^{-1}$$

4. Das Gesamtübersetzungsverhältnis i.

$$i = \frac{n_1}{n_4}$$

$$i = \frac{1500\,\text{min}^{-1}}{320\,\text{min}^{-1}}$$

$$i = 4{,}6875$$

5. Den Achsabstand a_1 zwischen den Zahnrädern z_1 und z_2:

$$a_1 = \frac{m_1 \cdot (z_1 + z_2)}{2}$$

$$a_1 = \frac{2\,\text{mm} \cdot (12 + 25)}{2}$$

$$a_1 = 37\,\text{mm}$$

6. Die Zähnezahl des Zahnrades z_3.

$$i_2 = \frac{z_4}{z_3}$$

$$z_3 = \frac{z_4}{i_2}$$

$$z_3 = \frac{27}{2{,}25}$$

$$z_3 = 12$$

7. Das Drehmoment der Zwischenwelle (n_2), wenn Verluste der Leistung nicht berücksichtigt werden.

$$P = 2 \cdot M \cdot \pi \cdot n$$

$$M = \frac{P}{2 \cdot \pi \cdot n}$$

$$P = 0{,}75\,\text{kW} = 750\,\text{W}$$

$$n = 720\,\text{min}^{-1} = 12\,\text{s}^{-1}$$

$$M = \frac{750\,\text{W}}{2 \cdot \pi \cdot 12\,\text{s}^{-1}}$$

$$M = 9{,}95\,\text{Nm}$$

Darstellung von Zahnrädern

Zahnräder können nach der DIN ISO 2203 *vereinfacht* dargestellt werden.

Regeln für die Darstellung

(1) Hüllform des Zahnrades mit den Maßen Kopfkreisdurchmesser und Zahnradbreite zeichnen.
(2) Teilkreisdurchmesser als Strich-Punkt-Linie einzeichnen.
(3) Nur im Schnitt wird der Fußkreisdurchmesser gezeichnet. Zwei ungeschnittene Zähne liegen sich im Schnitt gegenüber. Meist wird der Halbschnitt angewendet.
(4) Wichtige Einzelteile, z.B. Bohrung und Nut, werden in weiteren Ansichten dargestellt.
(5) Verzahnungsart und Flankenrichtung wird durch drei parallele schmale Volllinien gekennzeichnet.
Bei geradverzahnten Zahnrädern entfällt diese Kennzeichnung.

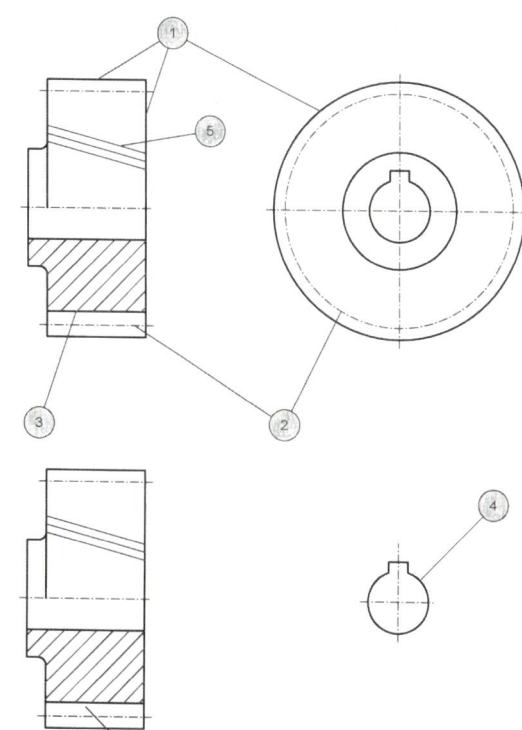

Regeln für die Maßeintragung

Folgende Maße muss die technische Zeichnung eines Zahnrades enthalten.
(1) Kopfkreisdurchmesser
(2) Fußkreisdurchmesser oder Zahnhöhe
(3) Zahnbreite
(4) Oberflächenangabe für die Zahnflanken, die an die Teilkreislinie gesetzt wird
(5) Kennzeichnung von Lagetoleranzen unter Angabe des Bezugs
(6) Maße für die Herstellung des Radkörpers
(7) Angaben für die Herstellung werden in einer Tabelle auf dem Zeichenblatt angegeben

Beispiele zur Maßeintragung auf Seite 80.

Getriebe

info

Beispiele zur Maßeintragung

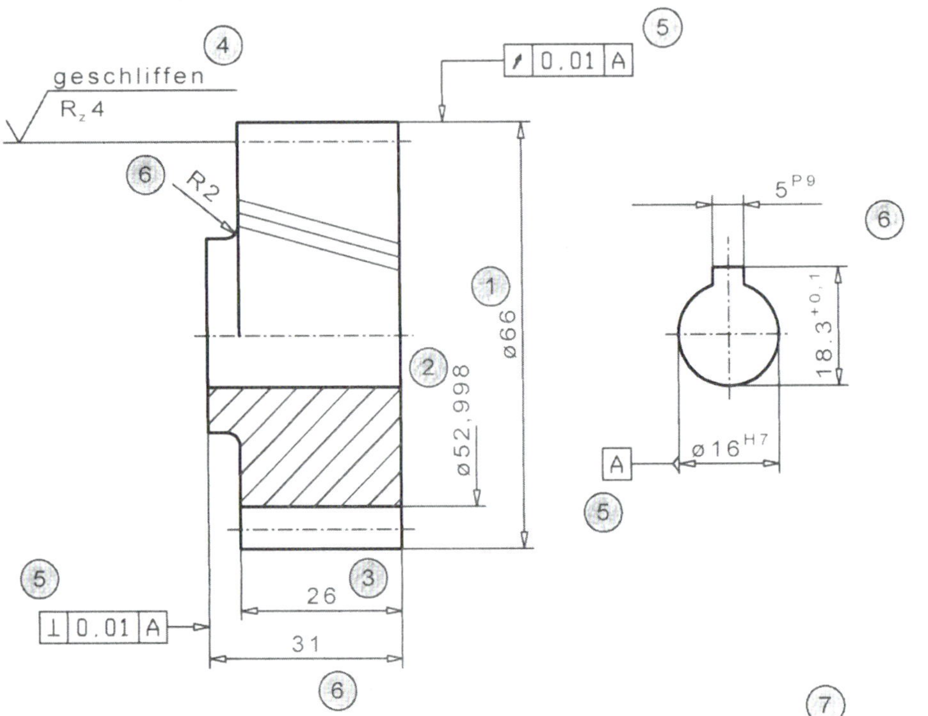

Stirnrad	aussenverzahnt
Modul	3 mm
Zähnezahl	20
Zahnhöhe	6,501 mm
Teilkreisdurchmesser	60 mm
Bezugsprofil	DIN 867
Schrägungswinkel ß	15 °
Flankenrichtung	rechtssteigend
Profilverschiebungsfaktor	0

Übung und Vertiefung

1. Das Zahnrad eines Stirnradgetriebes ist gebrochen und muss erneuert werden. Die Zähnezahl des geradverzahnten Zahnrades ist mit 36 angegeben und der Modul mit 2,5 mm.

Bestimmen Sie die zur Fertigung des Zahnrades benötigten Maße. Die Zahnradbreite beträgt 25 mm.

2. Die geradverzahnten Stirnräder kämmen miteinander. Das Zahnrad z_1 mit 30 Zähnen dreht sich mit einer Drehzahl von $n_1 = 224$ min^{-1}.

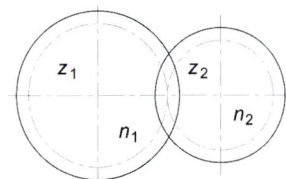

a) Wie viele Zähne besitzt das Zahnrad z_2, wenn die Abtriebsdrehzahl $n_2 = 560$ min^{-1} betragen soll?
b) Wie groß ist das Übersetzungsverhältnis?
c) Wie groß ist der Achsabstand zwischen den beiden Zahnrädern?

3. Eine dreigängige Schnecke ($z = 3$) treibt ein Schneckenrad mit 36 Zähnen an. Das Schneckenrad dreht sich mit einer Drehzahl von 10 min^{-1}.
Berechnen Sie:
a) Die Drehzahl der Schnecke.
b) Das Übersetzungsverhältnis.

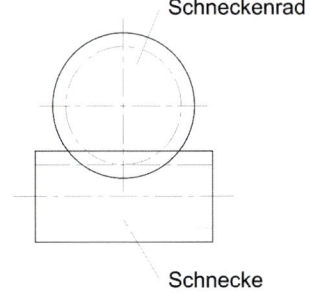

4. Eine Zahnstange soll durch ein Zahnrad mit 48 Zähnen und einem Modul $m = 3$ mm bewegt werden.

Zu berechnen sind:
a) Die Teilung p in mm.
b) Der Teilkreisdurchmesser des Zahnrades d in mm.

4 Systeme und Bauelemente zur Energieübertragung

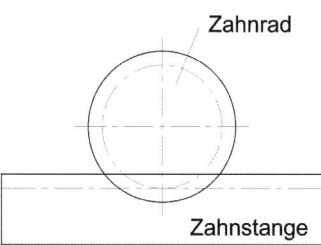

c) Der Weg s der Zahnstange bei einer vollen Umdrehung.
d) Den Zahnstangenhub bei einer Drehung des Zahnrades um 40°.
e) Die Vorschubgeschwindigkeit der Zahnstange, wenn die Drehzahl des Zahnrades $n = 12\,\text{min}^{-1}$ beträgt.

5. Der dargestellte Getriebeplan zeigt das Getriebe eines Hallenkrans.
Der Elektromotor gibt eine Leistung von $P = 5{,}5\,\text{kW}$ an das Getriebe ab. Die Abtriebsdrehzahl des Motors n_1 beträgt $22{,}4\,\text{min}^{-1}$.
Von dem Getriebe sind folgende Daten bekannt:
$m_1 = 4\,\text{mm}$, $z_1 = 32$, $z_2 = 60$, $z_3 = 48$, $z_4 = 76$, $m_2 = 6\,\text{mm}$.

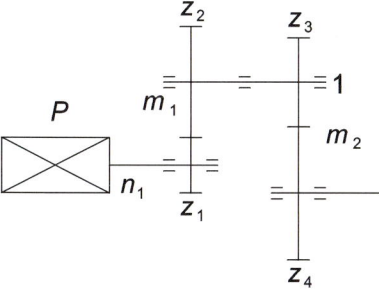

Bestimmen Sie:
a) Das Ausgangsdrehmoment des Elektromotors in Nm.
b) Die Kraft F, die durch z_1 übertragen wird.
c) Die Drehzahl n_2 der Zwischenwelle 1.
d) Das gesamte Übersetzungsverhältnis i.
e) Den Achsabstand a zwischen Zwischenwelle 1 und Abtriebswelle.
f) Die Ausgangsleistung des Getriebes, wenn der Wirkungsgrad $\eta = 97\,\%$ beträgt.
g) Die maximale Hebekraft, wenn die Seiltrommel auf der Abtriebswelle des Getriebes einen wirksamen Durchmesser von 500 mm hat.

6. Die Herstellung eines geradverzahnten Zahnrades mit einem Modul $m = 4\,\text{mm}$ und einer Zähnezahl von $z = 28$ ist zu planen.
Die Breite des Zahnrades beträgt 30 mm.
Die Wellenaufnahme erfolgt mit einer Bohrung $\varnothing 25^{H7}$ mit Passfedernut.
Die Zahnflanken sollen mit einer Rauhtiefe von $R_z 6$ geschliffen sein.
Die Stirnfläche soll zur Aufnahmebohrung rechtwinklig mit einer Toleranz von $t = 0{,}05\,\text{mm}$ verlaufen.
Der Rundlauf der Stirnfläche soll zur Bohrungsachse im Toleranzbereich von $t = 0{,}01\,\text{mm}$ liegen.

a) Berechnen Sie die Zahnradabmessungen, die zur Herstellung einer Zeichnung benötigt werden.
b) Welche Arbeitsschritte setzen Sie zur Herstellung ein?
c) Erstellen Sie für die Herstellung eine technische Zeichnung nach DIN ISO 2203.

info

Passfederverbindung

Das Schraubenrad (POS. 05) ist durch eine Passfeder (POS. 14) mit der Abtriebswelle (POS. 04) verbunden.

Die *Passfederverbindung* überträgt die Energie durch *Formschluss*.

Prinzip der Energieübertragung

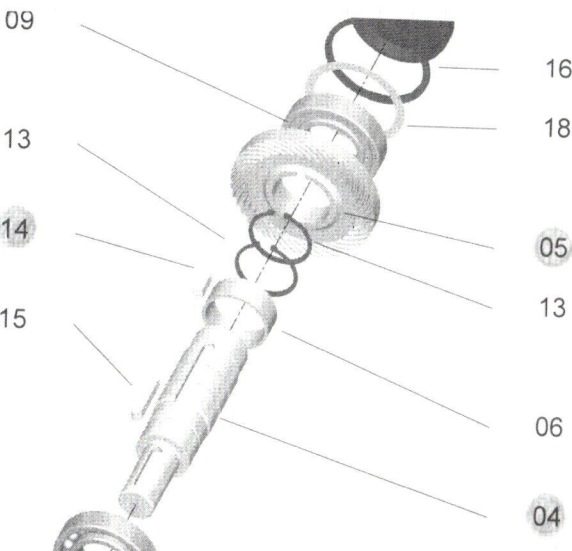

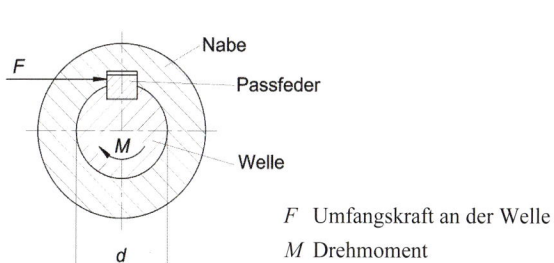

F Umfangskraft an der Welle
M Drehmoment

Die Umfangskraft übt einen Druck auf die beiden Flankenflächen der Passfeder aus. Es muss deshalb eine Nachprüfung der Flächenpressung erfolgen.

Wird die zulässige Flächenpressung überschritten, so besteht die Gefahr der Abplattung. Das Spiel zwischen der Nut und der Passfeder wird zu groß und ein Formschluss ist nicht mehr gegeben.

Nachprüfung der Flächenpressung p:

Allgemein gilt:

$$p = \frac{F}{A}$$

p vorhandene Flächenpressung $\dfrac{\text{N}}{\text{mm}^2}$
F angreifende Kraft N
A beanspruchte Fläche mm^2

Für die Passfederverbindung gilt:

angreifende Kraft: Umfangskraft F
beanspruchte Fläche: a) Wellennut
$$A = \frac{1}{2} \cdot h \cdot l$$
b) Nabennut
$$A = \frac{1}{2} \cdot h \cdot (l - b)$$

Die Nabennut wird von den Rundungen nicht berührt.

Passfederverbindung

info

Angabe in der Stückliste:
Passfeder DIN 6885 - A - b × h × l

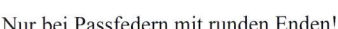

Flächenpressung Wellennut:
$$p = \frac{2 \cdot F}{h \cdot l}$$

Flächenpressung Nabennut:
$$p = \frac{2 \cdot F}{h \cdot (l - b)}$$

Nur bei Passfedern mit runden Enden!

Die errechnete vorhandene Flächenpressung muss kleiner oder gleich der zulässigen Flächenpressung sein.

$p \leq p_{zul}$

p_{zul}: Werkstoffkennwert (siehe Tabellenbuch)

Eine Überprüfung erfolgt nur, wenn die Länge der Passfeder kleiner als 0,8-mal dem Wellendurchmesser ist.

Beispiel
Die Passfeder DIN 6885 - A - 6 × 6 × 12 (POS. 14) verbindet das Schraubenrad (POS. 05), Teilkreisdurchmesser $d_a = 72$ mm, mit der Abtriebswelle (POS. 04), Durchmesser $d = 20$ mm.
Am Berührpunkt auf dem Teilkreisdurchmesser wirkt eine Kraft F_1 von 750 N.
Die Passfederverbindung ist auf Flächenpressung zu überprüfen.

Kräfteschema:

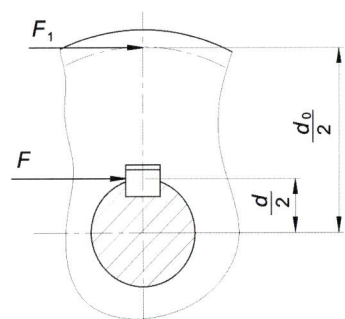

$M = F \cdot l$

$M = F_1 \cdot \dfrac{d_a}{2}$

$M = 750 \text{ N} \cdot \dfrac{72 \text{ mm}}{2}$

$M = 27000$ Nmm

$M = F \cdot \dfrac{d}{2}$

$F = \dfrac{2M}{d}$

$F = \dfrac{2 \cdot 27000 \text{ Nmm}}{20 \text{ mm}}$

$F = 2700$ N

Wellennut:
$p = \dfrac{2 \cdot F}{h \cdot l}$

$p = \dfrac{2 \cdot 2700 \text{ N}}{6 \text{ mm} \cdot 12 \text{ mm}}$

$p = 75 \dfrac{\text{N}}{\text{mm}^2}$

Zulässige Flächenpressung für Stahl:
$p_{zul} = 160 \dfrac{\text{N}}{\text{mm}^2}$ (Tabellenbuch)

Nabennut:
$p = \dfrac{2 \cdot F}{h \cdot (l - b)}$

$p = \dfrac{2 \cdot 2700 \text{ N}}{6 \text{ mm} \cdot (12 \text{ mm} - 6 \text{ mm})}$

$p = 150 \dfrac{\text{N}}{\text{mm}^2}$

Die Passfederverbindung ist zulässig.

Übung und Vertiefung

1. Über die Passfeder DIN 6885 - A - 10 × 8 × 20 soll ein Drehmoment von 82,5 Nm übertragen werden. Die Getriebewelle besitzt einen Durchmesser von 35 mm. Die zulässige Flächenpressung für den Werkstoff der Wellen-Naben-Verbindung beträgt $200 \dfrac{\text{N}}{\text{mm}^2}$.

a) Welche Kraft wirkt an den Passfederflanken?
b) Wie groß ist die vorhandene Flächenpressung?
c) Ist die Verbindung zulässig?

2. Das geradverzahnte Zahnrad, $z = 48$; $m = 4$, ist mit der Getriebewelle, $d = 40$, durch eine Passfeder DIN 6885 - B - 12 × 8 × 36 verbunden. Die zulässige Flächenpressung der Wellen-Naben-Verbindung ist mit $180 \dfrac{\text{N}}{\text{mm}^2}$ angegeben.

a) Welches maximale Drehmoment kann mit der Passfeder-Verbindung übertragen werden?
b) Welche Kraft wirkt am Teilkreisdurchmesser des Zahnrades?
c) Wie groß ist das maximale, übertragbare Drehmoment, wenn die Passfeder der Form B durch eine Passfeder der Form A ersetzt wird?

3. An der Zwischenwelle eines Getriebes wirkt ein Drehmoment von 184,5 Nm. Der Durchmesser für die Wellen-Naben-Verbindung von Zahnrad z_2 beträgt 30 mm.

Die zulässige Flächenpressung wird mit $p_{zul} = 180 \dfrac{\text{N}}{\text{mm}^2}$ angegeben.

Bestimmen Sie die Abmessungen für eine
a) Passfeder der Form A.
b) Passfeder der Form B.

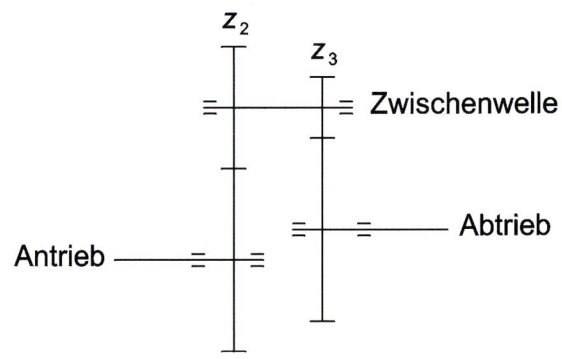

4 Systeme und Bauelemente zur Energieübertragung

info

Kupplung

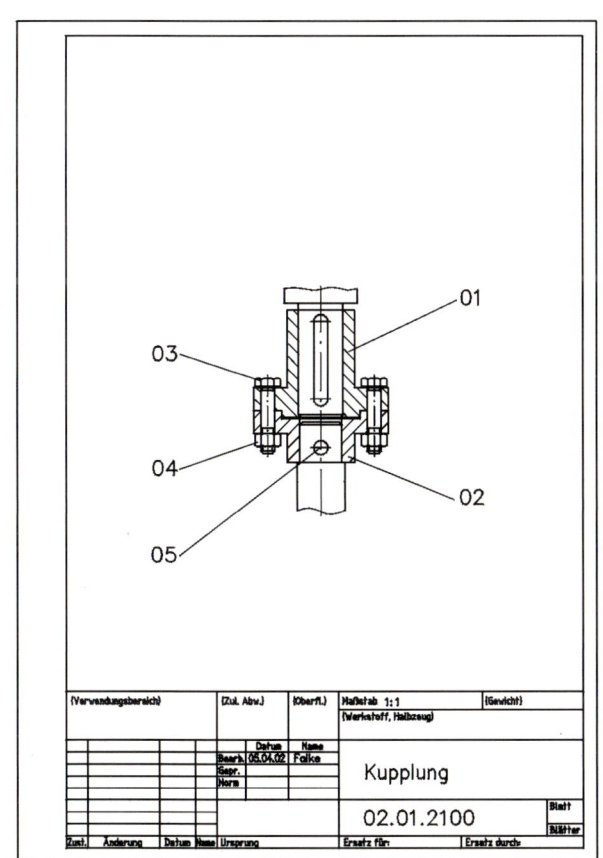

Die *Kupplung* leitet die Energie vom Teilsystem „Getriebe" an das Teilsystem „Verfahrachse" weiter.

Eine weitere Funktion der Kupplung besteht in der *mechanischen Unterbrechung des Energieflusses*.

Der Energiefluss wird durch die Demontage der beiden Passschrauben (POS. 03) unterbrochen.
Bei der Überlastung schert der Spannstift (POS. 05) ab.
An der Energieübertragung sind die folgenden Bauelemente beteiligt:
– Die Passfeder (POS. 15; Getriebe) überträgt die Energie zum Kupplungsflansch (POS. 01).
– Über die Passschraube (POS. 03) gelangt die Energie zum Kupplungsflansch (POS. 02).
– Der Kupplungsflansch (POS. 02) ist durch den Spannstift (POS. 05) mit der Antriebswelle der Verfahrachse verbunden.
Der Spannstift (POS. 05) leitet die Energie zur Antriebswelle weiter.
Die *Energieübertragung* erfolgt durch *Formschluss*.

Pos.	Menge	Einheit	Benennung	Sachnummer/Normb.	Bemerkung
01	1	Stck.	Kupplungsflansch	02.01.2101	
02	1	Stck.	Kupplungsflansch	02.01.2102	
03	2	Stck.	Passschraube	M5x0,8x25 DIN 609	8,8
04	2	Stck.	Mutter	M5-8 ISO 4032	
05	1	Stck.	Spannstift	5x25 – St ISO 13337	

Stückliste Kupplung
02.01.2100

Passschrauben-Verbindung

Die *Passschrauben-Verbindung* leitet die Energie *formschlüssig* weiter.

Der Durchmesser des Bolzens d_s ist mit k6 toleriert.

Die Bohrung der Schraubenaufnahme wird meist mit H7 toleriert.

Das *Drehmoment* wird durch den Bolzenteil übertragen. Dabei wird die Passschraube auf *Abscheren* beansprucht und dadurch einer *Scherspannung* ausgesetzt.

Den Widerstand, den der Werkstoff seiner Zerstörung entgegensetzt, bezeichnet man als *Scherfestigkeit*.

Hinweis: Passschraube füllt die Bohrung aus

Bestimmung der Scherfestigkeit

Die *Scherfestigkeit* ist ein Werkstoffkennwert und kann dem Tabellenbuch entnommen werden.

$\tau_{aB} = R_e$

$\tau_{aB} = 0{,}8 \cdot R_m$

τ_{aB} Scherfestigkeit in $\dfrac{N}{mm^2}$

R_e Streckgrenze in $\dfrac{N}{mm^2}$

R_m Zugfestigkeit in $\dfrac{N}{mm^2}$

In der Praxis wird in den weiteren Berechnungen der kleinste Wert für τ_{aB} angenommen.

Kupplung
02.01.2100

info

Die *ermittelte Scherfestigkeit* stellt eine *Grenzspannung* dar. Bauteile dürfen nie dieser Grenzbelastung ausgesetzt werden. Deshalb muss die *Sicherheitszahl v* berücksichtigt werden.

Die Sicherheitszahl (bezogen auf Werkstoff und Belastungsfall) ist Tabellen zu entnehmen. Damit lässt sich die zulässige Scherspannung berechnen.

$$\tau_{a_{zul.}} = \frac{\tau_{a_B}}{v}$$

$\tau_{a_{zul}}$ zulässige Scherspannung in $\frac{N}{mm^2}$
τ_{a_B} Scherfestigkeit in $\frac{N}{mm^2}$
v Sicherheitszahl

Bestimmung der vorhanden Scherspannung
Die Größe der vorhandenen Scherspannung ist abhängig von der Größe der angreifenden Kraft und der Größe der beanspruchten Fläche.

$$\tau_a = \frac{F}{A}$$

τ_a vorhandene Scherspannung in $\frac{N}{mm^2}$
F Kraft in N
A beanspruchte Fläche in mm^2

Für die Auslegung von Verbindungen, die auf Abscheren beansprucht werden, gilt:

$$\tau_a \leq \tau_{a_{zul}}$$

Beispiel
Die Passschrauben-Verbindung ist hinsichtlich der Beanspruchung zu überprüfen.
Daten der Verbindung:
Passschraube DIN 609 - M5 × 25 - 5.8   2×
Lochkreisdurchmesser 38 mm
Drehmoment 7,6 Nm

Bestimmung der zulässigen Scherspannung
5.8 → Werkstoffdaten der Passschraube
Streckgrenze:
$5 \cdot 8 \cdot 10 = 400 \frac{N}{mm^2}$
Zugfestigkeit:
$5 \cdot 100 = 500 \frac{N}{mm^2}$

$\tau_{a_B} = R_e$

$\tau_{a_B} = 400 \frac{N}{mm^2}$

oder

$\tau_{a_B} = 0,8 \cdot R_m$

$\tau_{a_B} = 0,8 \cdot 500 \frac{N}{mm^2}$

$\tau_{a_B} = 400 \frac{N}{mm^2}$

Beide Werte sind gleich groß, daher folgt:

$\tau_{a_B} = 400 \frac{N}{mm^2}$

Sicherheitszahl: $v = 1,5$ => Tabellenbuch

$\tau_{a_{zul}} = \frac{\tau_a}{v}$

$\tau_{a_{zul}} = \frac{400 \frac{N}{mm^2}}{1,5}$

$\tau_{a_{zul}} = 266,7 \frac{N}{mm^2}$

Bestimmung der vorhandenen Scherspannung
$M = F \cdot l$

$F = \frac{M}{l}$

$F = \frac{7,6 \, Nm}{0,019 \, m}$

$F = 400 \, N$

$l = \frac{d}{2}$

$l = \frac{38 \, mm}{2}$

$l = 19 \, mm$

$l = 0,019 \, m$

$A = 2 \cdot \frac{d_s^2 \cdot \pi}{4}$

$A = 2 \cdot \frac{(5 \, mm)^2 \cdot \pi}{4}$

$A = 39,25 \, mm^2$

$d_s = 5 \, mm$
2 Passschrauben

$\tau_a = \frac{F}{A}$

$\tau_a = \frac{400 \, N}{39,25 \, mm^2}$

$\tau_a = 10,2 \frac{N}{mm^2}$

Überprüfung:

$\tau_a \leq \tau_{a_{zul}}$

$10,2 \frac{N}{mm^2} \leq 266,7 \frac{N}{mm^2}$

Stiftverbindung

Eine *Stiftverbindung* leitet wie die Passschraubenverbindung die Energie *formschlüssig* weiter. Der Spannstift passt sich der Bohrung an.

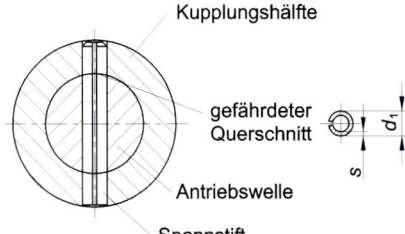

Somit gelten für die *Auslegung einer Stiftverbindung* die gleichen Formeln wie für die Passschrauben-Verbindung.

$\tau_{a_B} = R_e$

oder

$\tau_{a_B} = 0,8 \cdot R_m$

$\tau_{a_{zul}} = \frac{\tau_{a_B}}{v}$

$\tau_a = \frac{F}{A}$

$\tau_a \leq \tau_{a_{zul}}$

Beschreibung siehe Passschrauben-Verbindung

4 Systeme und Bauelemente zur Energieübertragung

> **info**
>
> Die Bestimmung des *gefährdeten Querschnittes A* gestaltet sich manchmal problematisch.
>
> *Problem 1:*
> Querschnitt - Spannstift
> Fläche: geschlitzter Kreisring
>
> Die Form und Breite des Schlitzes bestimmt der Hersteller.
>
> Somit wird in Hersteller-Unterlagen die *Größe des gefährdeten Querschnittes* angegeben oder die *minimale Abscherkraft F*, die eine Verbindung aufnehmen kann.
>
> *Problem 2:*
> Schnittigkeit
>
> Die Anzahl der beanspruchten Querschnitte bezeichnet man als *Schnittigkeit*. Die Schnittigkeit ist der technischen Zeichnung zu entnehmen.
>
> *Beispiele:*
>
>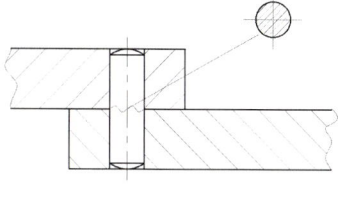
>
> einschnittige Verbindung
>
>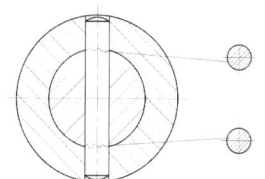
>
> zweischnittige Verbindung
>
> *Problem 3:*
> Kegelstifte
>
> Der Durchmesser der beanspruchten Fläche muss berechnet werden. Grundlagen der Berechnung ist die Geometrie des Kegelstiftes. Mit Hilfe des Kegelverhältnisses muss der Durchmesser berechnet werden.
>
> $C = \dfrac{1}{50}$
>
> Bedeutung:
> Auf 50 mm Länge verändert sich der Durchmesser um 1 mm.
>
> $C = \dfrac{D-d}{l}$
>
>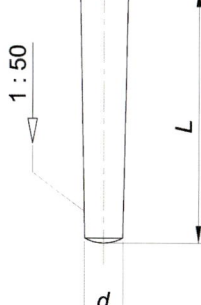
>
> C Kegelverhältnis
> d Nenndurchmesser des Kegelstiftes mm
> D beanspruchter Durchmesser mm
> l Abstand zwischen Nenndurchmesser und beanspruchten Querschnitt mm
>
> *Beispiele*
>
> 1.1 Welcher Abscherkraft ist der Spannstift DIN 1481 - 5 × 25 - St ausgesetzt, wenn mit der Kupplung ein Drehmoment von 7,6 Nm übertragen wird?
>
> 1.2 Ist die Verbindung richtig ausgelegt, wenn der Hersteller eine minimale Abscherkraft von $F_{zul} = 5,2$ kN für eine zweischnittige Verbindung angibt?

1.1 Wellendurchmesser: 15^{H7}

$M = F \cdot l$

$M = \dfrac{F \cdot d}{2}$

$F = \dfrac{2M}{d}$

$F = \dfrac{2 \cdot 7600\,\text{Nmm}}{15\,\text{mm}}$

$F = 1013,\overline{3}\,\text{N}$

$l = \dfrac{d}{2}$

$M = 7,6\,\text{Nm} = 7600\,\text{Nmm}$

1.2 Bedingung
$F \leq F_{zul}$

$1,01\,\text{kN} \leq 5,2\,\text{kN}$

Bedingung erfüllt!
Verbindung richtig ausgelegt.

2. Bestimmen Sie die beiden Durchmesser der beanspruchten Querschnitte der dargestellten Kegelstift-Verbindung.

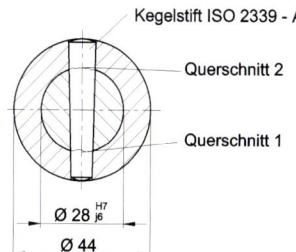

Kegelstift ISO 2339 - A - 8 x 40 - St
Querschnitt 2
Querschnitt 1
Ø 28 H7/j6
Ø 44

Querschnitt 1:
$d = 8\,\text{mm}$

$C = \dfrac{1}{50}$

$L_1 = \dfrac{40\,\text{mm} - 28\,\text{mm}}{2}$

$L_1 = 6\,\text{mm}$

$C = \dfrac{D_1 - d}{L_1}$

$D_1 = C \cdot L_1 + d$

$D_1 = \dfrac{6\,\text{mm}}{50} + 8\,\text{mm}$

$D_1 = 8,12\,\text{mm}$

Querschnitt 2:
$D_2 = C \cdot L_2 + d$

$D_2 = \dfrac{34\,\text{mm}}{50} + 8\,\text{mm}$

$D_2 = 8,68\,\text{mm}$

$L_2 = L_1 + 28\,\text{mm}$

$L_2 = 6\,\text{mm} + 28\,\text{mm}$

$L_2 = 34\,\text{mm}$

1. Die zwei Laschen einer Laschenverbindung werden durch einen Bolzen
DIN EN 22341 - B - 30 × 60 - St
verbunden. Die Verbindung wird nach folgenden Daten ausgelegt:

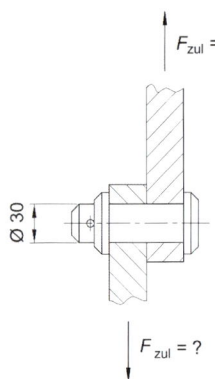

Sicherheitszahl: $v = 3$
Zulässige Scherfestigkeit: $\tau_{zul} = 105 \frac{N}{mm^2}$

a) Wie groß ist die zulässige Scherkraft F_{zul} in kN?
b) Welcher Werkstoff muss für den Bolzen gewählt werden?

2. Wie groß ist die Scherspannung
$\tau_a \left(in \frac{N}{mm^2} \right)$
der Bolzenverbindung bei einem Bolzendurchmesser von 6,0 mm und einer Scherkraft von 910 N?

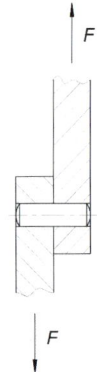

3. Welchen Durchmesser d (in mm) muss der Bolzen haben, wenn Scherspannung
$\tau_a = 32 \frac{N}{mm^2}$ und Scherkraft $F = 1,5$ kN betragen?

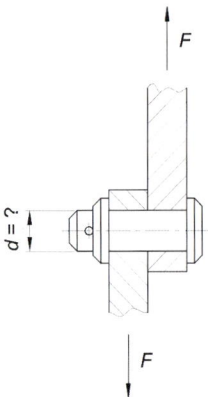

4. Das Gelenk wird durch einen Bolzen
DIN EN 22340 - A - 16 × 60 - St 42
gehalten. Der Bolzen ist für eine 2-fache Sicherheit ausgelegt.

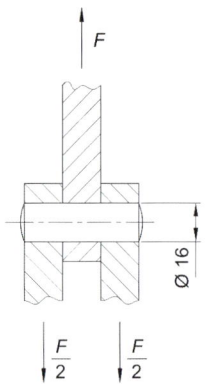

a) Bestimmen Sie die Scherspannung $\tau_a \left(in \frac{N}{mm^2} \right)$.

b) Bestimmen Sie die zulässige Scherspannung
$\tau_{zul} \left(in \frac{N}{mm^2} \right)$.

c) Mit welcher Kraft F (in kN) kann der Bolzen des Gelenks beansprucht werden?

5. Ein Anhänger zum Transport von Lasten wird durch einen Vorsteckbolzen
DIN EN 22341 - B - 50 × 120 - St 60
mit dem Gabelstapler im Anhängermaul verbunden.

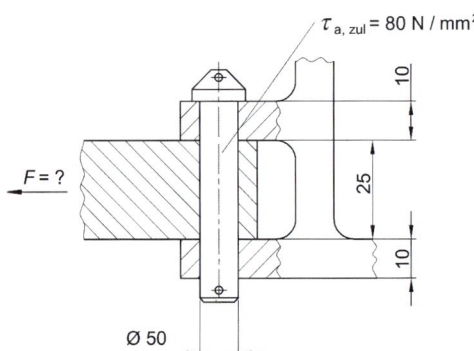

Bestimmen Sie:

a) Die Scherspannung τ_a in $\frac{N}{mm^2}$.

b) Die Sicherheitszahl v, wenn die zulässige Scherspannung $\tau_{a_{zul}}$ 80 $\frac{N}{mm^2}$ beträgt.

c) Die zulässige Scherkraft F_{zul} in kN.

d) Den Werkstoff des Vorsteckbolzens, wenn bei den gleichen Bedingungen eine Scherkraft von 200 kN nicht überschritten wird.

4 Systeme und Bauelemente zur Energieübertragung

info

Schraubenverbindung

Die *Passschrauben*, die als Kupplungselement die beiden Kupplungshälften verbinden, können durch zwei *Sechskantschrauben* ersetzt werden. Aufgrund des geringen Drehmomentes, das bei System „Y-Achse mit Antrieb" übertragen werden muss, stellt diese Lösung eine Alternative dar.

Die Energie wird bei der *Schraubenverbindung* durch *Kraftschluss* übertragen.

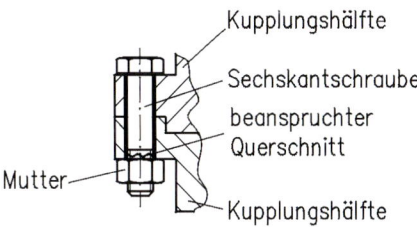

Die Sechskantschraube füllt die Durchgangsbohrung nicht aus. Die Mutter zieht die Schraube an und die Kupplungshälften werden zusammengedrückt. Bei diesem Vorgang wird die Schraube einer *Zugbeanspruchung* ausgesetzt.

Auslegung der Schraubenverbindung:

Eine *Schraube* darf nur im *elastischen Bereich* beansprucht werden. Die Grenze der Belastung ist durch die *Streckgrenze* R_e des Schraubenwerkstoffes gegeben. Auf dem Schraubenkopf sind die *Festigkeitsklassen* angegeben.

Beispiel

5 . 8
- Beide Zahlen => Streckgrenze R_e
  $5 \cdot 8 \cdot 10 = 400 \, N/mm^2$
- Erste Zahl => Zugfestigkeit R_m
  $5 \cdot 100 = 500 \, N/mm^2$

Aus den Werkstoffdaten lässt sich die *zulässige Zugspannung* ermitteln.

$$\sigma_{z\,zul} = \frac{R_e}{v}$$

$\sigma_{z\,zul}$ zulässige Zugspannung in $\frac{N}{mm^2}$

R_e Streckgrenze in $\frac{N}{mm^2}$

v Sicherheitszahl

Die vorhandene *Zugfestigkeit* ist abhängig von der angreifenden Kraft und der beanspruchten Fläche.

$$\sigma_z = \frac{F}{A}$$

σ_z vorhandene Zugspannung in $\frac{N}{mm^2}$

F Zugkraft in N

A Querschnittsfläche in mm^2

Für die Auslegung gilt:
$\sigma_z \leq \sigma_{z\,zul}$

Beispiel

Welche Spannkraft kann durch die beiden Sechskantschrauben
DIN 6914 - M5 × 30 - 4.6
auf die Kupplungshälften maximal aufgebaut werden, wenn die 1,5-fache Sicherheit gefordert ist.

---

1. Zulässige Zugspannung bestimmen:
Schraubenwerkstoff 4.6

$$R_e = 4 \cdot 6 \cdot 10 = 240 \frac{N}{mm^2}$$

$$\sigma_{z\,zul} = \frac{R_e}{v}$$

$$\sigma_{z\,zul} = \frac{240 \frac{N}{mm^2}}{1,5}$$

$$\sigma_{z\,zul} = 160 \frac{N}{mm^2}$$

2. Maximale zulässige Spannkraft bestimmen.

$$\sigma_{z\,zul} = \frac{F_{zul}}{A}$$

$$F_{zul} = \sigma_{z\,zul} \cdot A \cdot i \qquad A = 14,2 \, mm^2$$

$$F_{zul} = 160 \frac{N}{mm^2} \cdot 14,2 \, mm^2 \cdot 2 \quad \text{(Querschnitt siehe Tabellenbuch)}$$

$$F_{zul} = 4544 \, N$$

übung und vertiefung

1. Zum Transport eine Elektromotors ist eine Tragschraube mit dem Werkstoff 6.8 zu dimensionieren. Welches DIN-ISO-Regelgewinde muss die Schraube haben, wenn eine 5-fache Sicherheit berücksichtigt werden muss?

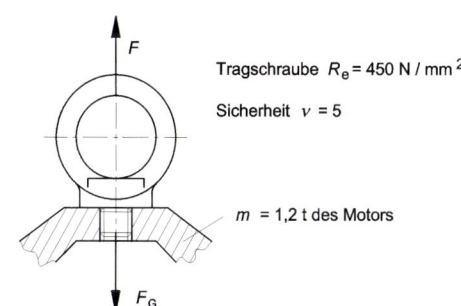

Tragschraube $R_e = 450 \, N/mm^2$
Sicherheit $v = 5$
$m = 1,2 \, t$ des Motors

2. In einer Rohrleitung mit einem Innendurchmesser von 80 mm herrscht ein Druck von 100 bar. Die Rohrleitung soll mit einem Blindflansch verschlossen werden. Der Blindflansch soll mit 6 Schrauben auf dem Rohr befestigt werden.
Welchen Nenndurchmesser haben die Schrauben?

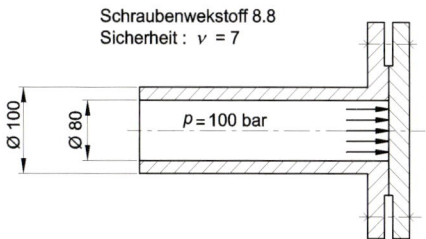

Schraubenwekstoff 8.8
Sicherheit : $v = 7$
$p = 100 \, bar$

3. Die geteilte Zugstange wird mit 4 Schrauben M8 durch Flansche gefügt.
a) Wie groß ist die Zugspannung σ_{zvor} in $\frac{N}{mm^2}$ in den Schrauben?
b) Welchen Schraubendurchmesser setzen Sie ein, wenn die Sicherheitszahl 4 beträgt?
Darstellung auf Seite 88.

Übung und Vertiefung

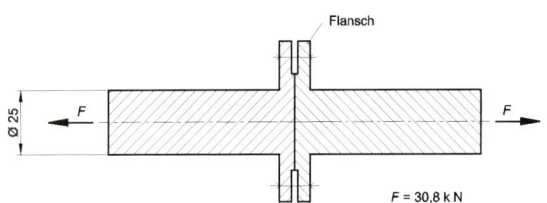

4. Für welche Zugbelastung F_{zul} in N ist das Lager zugelassen, wenn es mit zwei Schrauben mit dem Nenndurchmesser M 12 befestigt wird?

Auf dem Schraubenkopf ist die Kennzahl 8.8 eingeschlagen und die Sicherheitszahl soll 5 betragen.

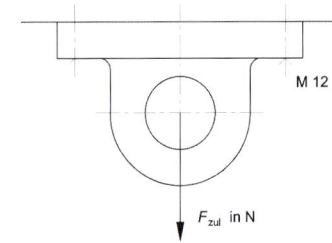

info

Verfahrachse

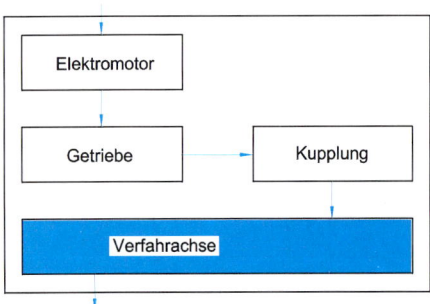

Die Verfahrachse richtet die Drehbewegung in eine Längsbewegung.

Die Zahnriemenscheibe treibt den Zahnriemen. Dieser ist mit dem Laufwagen verbunden.

Dreht sich die Zahnriemenscheibe, so vollführt der Lastwagen eine Längsbewegung.

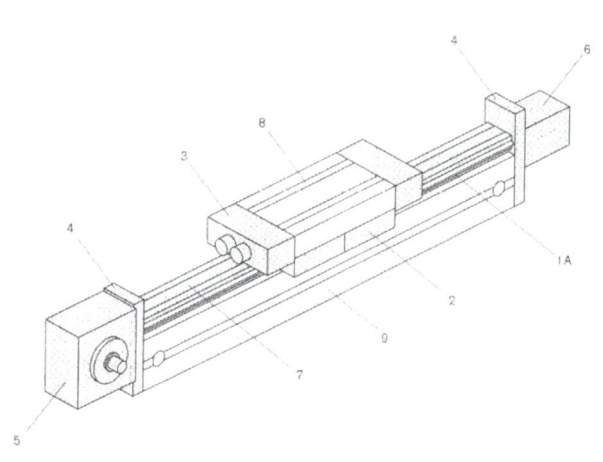

1A Führungsprofil
2 Traglager
3 Riemenschloss
4 Kopfplatte
5 Antriebskopf
6 Spannkopf
7 Zahnriemen
8 Laufwagen
9 Strebenprofil

Aufbau der Verfahrachse
Funktionsprinzip

Auf dem *Laufwagen* der Verfahrachse wird das Teilsystem „X-Achse mit Antrieb" befestigt. Wichtige Kenngrößen für die Funktion sind die *Verfahrgeschwindigkeit,* der *Verfahrweg* und die *Verfahrzeit*.

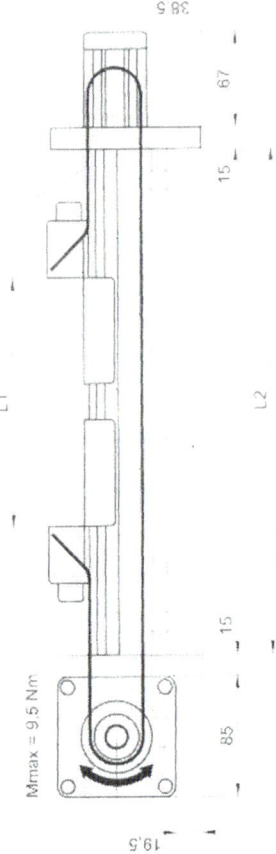

Mathematischer Zusammenhang:

a) Richten der Drehbewegung in die Längsbewegung:
Kenngröße: Umfangsgeschwindigkeit

$$v = \frac{d \cdot \pi \cdot n}{1000 \cdot 60}$$

v Umfangsgeschwindigkeit oder Verfahrgeschwindigkeit in $\frac{m}{s}$
d Durchmesser der Zahnriemenscheibe in mm
n Drehzahl in min^{-1}

b) Verfahrweg und Verfahrzeit:

$$v = \frac{s}{t}$$

v Geschwindigkeit in $\frac{m}{s}$
s Verfahrweg in m
t Zeit in s

Beispiele

1. Das Getriebe gibt eine Drehzahl von $n = 87\,min^{-1}$ ab. Die Zahnriemenscheibe der Verfahrachse hat einen wirksamen Durchmesser von $d_w = 68\,mm$. Mit welcher Umfangsgeschwindigkeit v in $\frac{m}{s}$ wird der Zahnriemen angetrieben?

$$v = \frac{d \cdot \pi \cdot n}{1000 \cdot 60}$$

$$v = \frac{68\,mm \cdot \pi \cdot 87\,min^{-1}}{1000 \cdot 60} = 0{,}31\,\frac{m}{s}$$

2. Welche Zeit benötigt der Laufwagen, um den gesamten Verfahrweg von 750 mm zurückzulegen?

$$v = \frac{s}{t}$$

$$t = \frac{s}{v}$$

$$t = \frac{0{,}75\,m}{0{,}31\,\frac{m}{s}} = 2{,}42\,s$$

Aufgaben zu dieser Problematik finden Sie in der Grundstufe.

5 Bauelemente und Systeme zum Tragen und Stützen

info

Beim Übertragen der Energie in einem Getriebe entstehen Kräfte, die durch Bauelemente aufgenommen und weitergeleitet werden.

Typische Bauelemente zum Stützen und Tragen sind Lager. Sie nehmen Kräfte auf, leiten diese weiter und führen die Wellen in ihrer vorbestimmten Position.

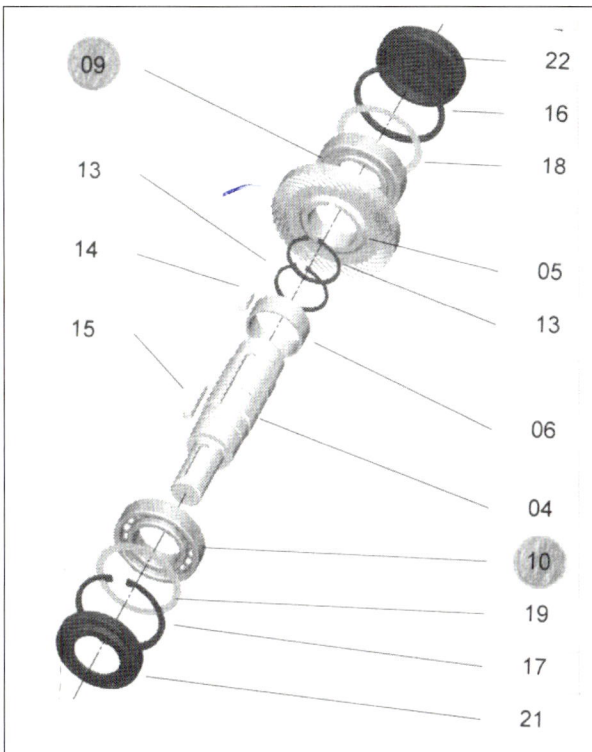

1 Ausschnitt einer Getriebe-Abtriebswelle

09 Rillenkugellager
10 Rillenkugellager

Die *Rillenkugellager* (POS. 09 und POS. 10) führen die Abtriebswelle (POS. 04), leiten die Kraft über den *Innenring*, die *Wälzkörper* und den *Außenring* an das Gehäuse weiter.

Das Gehäuse ist über die Kopfplatte mit der Y-Achse verbunden. Der Grundrahmen leitet die Kraft in den Hallenboden weiter.

In der Praxis werden *Wälzlager* oder *Gleitlager* zum Stützen und Tragen eingesetzt.

Eine Voraussetzung für die Lagerauswahl ist die Größe der Lagerkraft.

1. Bestimmung der Lagerkräfte

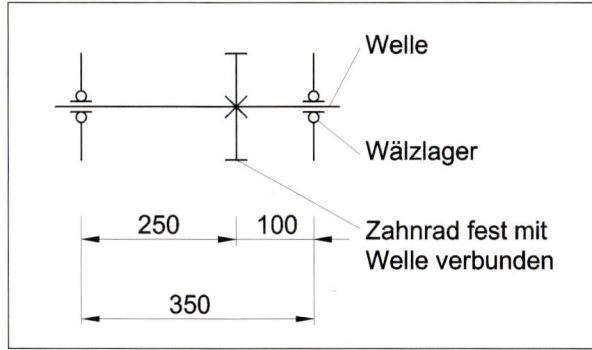

2 Sinnbildliche Darstellung einer Getriebewelle

Beispiel
Das geradverzahnte Stirnrad auf der Getriebewelle wird beim Übertragen der Energie mit einer Kraft von $F = 1{,}5\,\text{kN}$ belastet (siehe Bild 2).
Bestimmen Sie die beiden Kräfte an den Lagerstellen A und B.

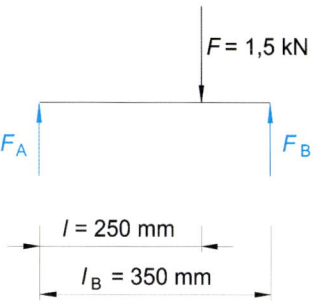

Zur Bestimmung der Lagerkräfte wird zunächst die Problemsituation im Kräfteschema dargestellt.

Kräfteschema

Bemerkungen:
Die Kraft F und die beiden Lagerkräfte erzeugen jeweils ein Drehmoment.
Im System herrscht ein Gleichgewicht, wenn die Summe der Drehmomente gleich Null ist.

Es ist sinnvoll, den Drehpunkt in eine Lagerstelle zu legen. Dadurch erzeugt die Lagerkraft in dieser Lagerstelle kein Drehmoment.

Lösungsansatz - Lagerkraft F_B
– Drehpunkt in Lagerstelle A:
$M_A = F_A \cdot 0 \rightarrow$ kein Drehmoment
$M_F = F \cdot l$
$M_B = F_B \cdot l_B$

– Drehmomentengleichung:

Drehmomente besitzen einen Drehsinn.
$M(+)$: Drehsinn im Uhrzeigersinn
$M(-)$: Drehsinn gegen den Uhrzeigersinn

$i = n$
$\sum M_i = 0$
$i = 1$

$\sum M(+) = \sum M(-)$

M_F dreht positiv
M_B dreht negativ

$M_F = M_B$
$F \cdot l = F_B \cdot l_B$

– Gleichung nach unbekannter Größe umstellen und lösen:

$F_B \cdot l_B = F \cdot l$

$F_B = \dfrac{F \cdot l}{l_B}$

$F_B = \dfrac{1{,}5\,\text{kN} \cdot 250\,\text{mm}}{350\,\text{mm}}$

$F_B = 1{,}071\,\text{kN}$

Die Lagerkraft F_A kann mit dem gleichen Lösungsansatz gelöst werden. Dazu verlegt man den Drehpunkt in die Lagerstelle B.

Lagerkräfte, radiale und axiale Kräfte

info

Ein anderer Lösungsweg zur Bestimmung der Lagerkraft F_A ist das *Gleichgewicht der Kräfte*. Im System müssen die angreifende Kräfte mit entgegengesetzter Richtung gleich groß sein.

Lösungsansatz - Lagerkraft F_A:
– Kräftegleichung aufstellen:
Bedingung: Summe der Kräfte nach unten gleich
Summe der Kräfte nach oben.

$$\sum_{i=1}^{i=n} F_i \downarrow = \sum_{i=1}^{i=n} F_i \uparrow$$

$F = F_A + F_B$

– Gleichung nach unbekannter Größe umstellen und lösen:

$F_A + F_B = F$
$F_A = F - F_B$
$F_A = 1,5\,\text{kN} - 1,071\,\text{kN}$
$F_A = 0,429\,\text{kN}$

Hinweis
Die bestimmten Lagerkräfte F_A und F_B sind *radiale* Kräfte. Sollte das Ergebnis der Lagerkraft negativ sein, so ist die Richtung der Kraft falsch angenommen worden.

2. Radiale und axiale Kräfte

Bei geradverzahnten Stirnrädern treten hauptsächlich *radiale Kräfte* auf. Sie wirken quer zur Wellenachse.
Axiale Kräfte wirken längs zur Wellenachse und versuchen, die Welle zu verschieben. Sind an der Energieübertragung schrägverzahnte Stirnräder beteiligt, so wirken radiale und axiale Kräfte auf die Lager.

Beispiel
Das geradverzahnte Stirnrad wird durch ein schrägverzahntes Stirnrad ersetzt. Der Schrägswinkel β beträgt $15°$.
Berechnen Sie die radiale Kraft F_Y und die axiale Kraft F_X, wenn die angreifende Kraft $F = 1,5\,\text{kN}$ beträgt.

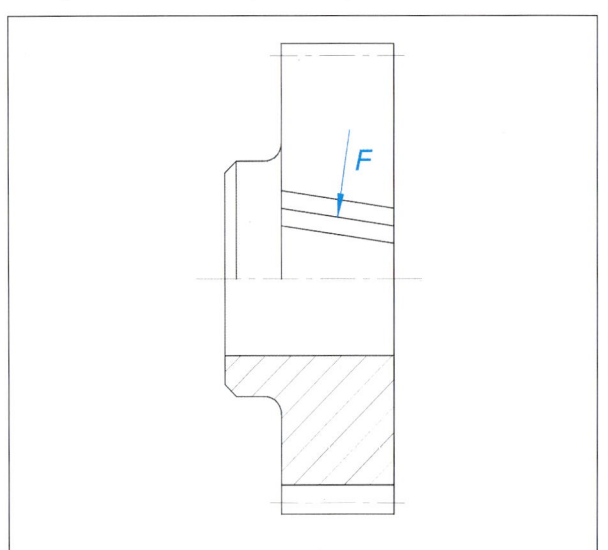

1 Radial und axial wirkende Kräfte

Die Kraft F wirkt *senkrecht* auf die Zahnflanke aber *schräg* zur Achse des Zahnrades.

Die Kraft F muss in eine *radiale* und *axiale* Komponente zerlegt werden.

Kräfteschema

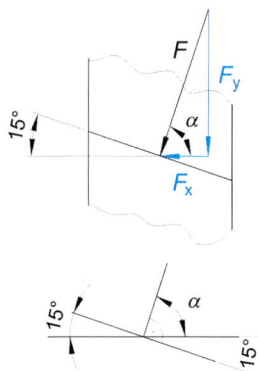

Die Kraft F_X und die Kraft F_Y stehen senkrecht aufeinander. Die Kräfte F, F_X und F_Y bilden ein rechtwinkliges Dreieck.
Der Winkel α muss aus dem Schrägungswinkel β bestimmt werden.

$\alpha = 90° - 15°$

$\alpha = 75°$

Die Kräfte F_X und F_Y lassen sich mit Hilfe der Winkelfunktionen Sinus und Cosinus bestimmen.

$\sin \alpha = \dfrac{\text{GK}}{\text{Hyp}} = \dfrac{F_Y}{F}$

$F_Y = F \cdot \sin \alpha$
$F_Y = 1,5\,\text{kN} \cdot \sin 75°$
$F_Y = 1,449\,\text{kN}$

$\cos \alpha = \dfrac{\text{AK}}{\text{Hyp}} = \dfrac{F_X}{F}$

$F_X = F \cdot \cos \alpha$
$F_X = 1,5\,\text{kN} \cdot \cos 75°$
$F_X = 0,388\,\text{kN}$

übung und vertiefung

1. Der dargestellte Träger wird mit einer Kraft $F = 60\,\text{kN}$ beaufschlagt.

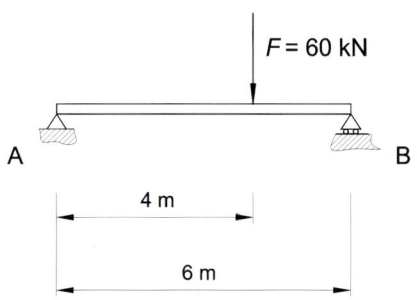

a) Berechnen Sie die Auflagerkräfte in den Lagerstellen A und B.
b) Welche Kräfte müssen die Lager aufnehmen, wenn die Gewichtskraft des IPB-Trägers von $F_G = 618\,\text{N}$ mit berücksichtigt wird?

5 Bauelemente und Systeme zum Tragen und Stützen

2. Die Getriebewelle mit zwei geradverzahnten Zahnrädern wird durch die Kräfte $F_1 = 600\,N$ und $F_2 = 1800\,N$ belastet. Bestimmen Sie die beiden Lagerkräfte F_A und F_B.

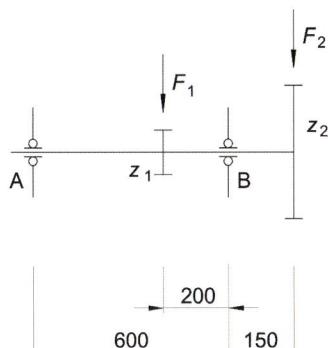

3. Eine Getriebewelle überträgt mit den Zahnrädern z_1, z_2 und z_3 die Energie. Die Wirkung der Kräfte ist im Kräfteschema dargestellt.

$F_1 = 1,4\,kN$
$F_2 = 2,6\,kN$
$F_3 = 3,5\,kN$

Berechnen Sie die Lagerkräfte F_A und F_B.

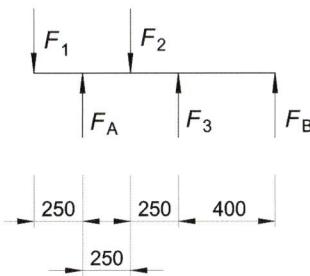

4. Ein schrägverzahntes Zahnrad hat rechtssteigende Flanken unter einem Winkel von 20°. An den Flanken wirkt eine Kraft von $F = 25\,kN$.
Bestimmen Sie die Kräfte in axialer und radialer Richtung.

5. Das Ritzel z_1 auf der Ritzelwelle hat linkssteigende Flanken unter einem Winkel von 15°.
Die Kraft an den Flanken beträgt $F_1 = 500\,N$. Das schrägverzahnte Stirnrad z_2 hat rechtssteigende Flanken unter einem Winkel von 20°. Die übertragende Kraft an den Flanken beträgt $F_2 = 1,5\,kN$.
a) Bestimmen Sie für jedes Zahnrad die axialen und radialen Kräfte.
b) Welche Kräfte in axialer und radialer Richtung müssen die Lagerstellen aufnehmen?

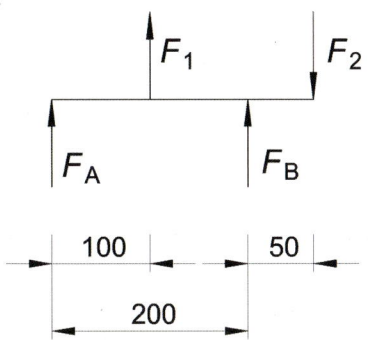

6. Auf der Frässpindel ist ein schrägverzahnter Fräser gespannt. Der Schrägungswinkel beträgt 30°. Die Zerspankraft beträgt beim Fräsvorgang $F = 5,5\,kN$.

Wie groß sind die Kräfte, die von den Lagerstellen A und B aufgenommen werden müssen?

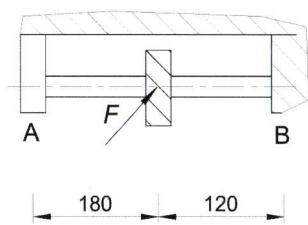

info

3. Längenänderung

Nur das *Festlager* kann *radiale und axiale* Kräfte aufnehmen. Das *Loslager* hingegen lässt eine axiale Verschiebung zu und nimmt nur radiale Kräfte auf.

Da sich Getriebewellen im Betriebszustand erwärmen und eine Längenänderung erfahren, muss eine mögliche axiale Verschiebung bei der Lagergestaltung berücksichtigt werden.

Die mögliche Längenänderung ist abhängig von:

- der Temperaturänderung
- dem Werkstoff der Welle
- der Ausgangslänge der Welle

Mathematischer Zusammenhang:

$\Delta l = \alpha_1 \cdot l_1 \cdot \Delta t$

Δl Längenänderung in mm
α_1 Längenausdehnungskoeffizient in $\frac{1}{K}$
l_1 Ausgangslänge in mm
Δt Temperaturänderung in K

Hinweis
Der Längenausdehnungskoeffizient ist ein Werkstoffkennwert und ist dem Tabellenbuch zu entnehmen.

Beispiel

Die dargestellte Getriebewelle aus legiertem Stahl erwärmt sich von Raumtemperatur 20 °C auf 50 °C.

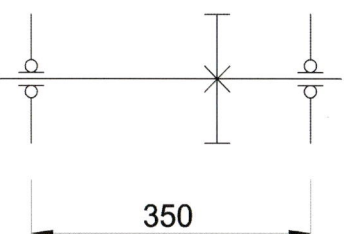

Bestimmen Sie die Längenausdehnung der Getriebewelle in mm.
$\Delta l = \alpha_1 \cdot l_1 \cdot \Delta t$

$\alpha_1 = 0,000016\,\frac{1}{K}$ => Tabellenbuch

$l_1 = 350\,mm$ => Zeichnung

$\Delta t = t - t_R$

$\Delta t = 50\,°C - 20\,°C$

$\Delta t = 30\,K$

Längenänderung, Wälzlager

Übung und Vertiefung

1. Bestimmen Sie den Längenausdehnungskoeffizienten α_1 folgender Werkstoffe:
a) Stahl unlegiert
b) Eisen, rein
c) Wolfram
d) Nickel
e) Kupfer

2. Der Stahlträger einer Fußgängerbrücke ist Temperaturschwankungen (Sommer und Winter) von 50 K ausgesetzt. Welche Längenänderung erfährt der Stahlträger aus unlegiertem Stahl?

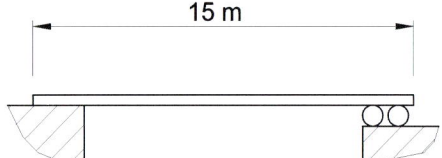

3. Das Loslager einer Getriebewelle, aus 42 Cr Mo 4 und 450 mm Länge, lässt eine axiale Verschiebung von 0,23 mm zu.
Bestimmen Sie die maximale Temperatur, auf die sich die Getriebewelle erwärmen darf - ausgehend von der Temperatur 20 °C - ohne die Funktion des Getriebes zu gefährden.

4. Bei einem Laborversuch werden Probestäbe aus Kupfer, Stahl unlegiert und Aluminium von 20 °C auf 80 °C erwärmt. Die Probestäbe haben eine Länge von 1 m.
Berechnen Sie die Längenausdehnung der Probestäbe.

5. Die Regelung der Temperatur beim Glühofen erfolgt mit einem Dehnstab aus Wolfram.
Die maximale Temperatur im Glühofen soll 1200 °C betragen. Die Ausgangstemperatur ist mit 20 °C festgelegt.
Welche Ausgangslänge besitzt der Dehnstab, wenn bei der maximalen Temperatur eine Längenänderung von 0,6 mm auftreten soll?

Regeln für die Darstellung:
- Alle Einzelheiten werden als breite Volllinie gezeichnet
- Eine Schraffur entfällt

- Bedeutung der Elemente

―――
Achse des Wälzelements bei Lagern ohne Einstellmöglichkeit

⌒
Achse des Wälzelements bei Lagern mit Einstellmöglichkeit

|
Lage Anzahl der Reihen von Wälzelementen

◯
Wälzelemente, die rechtwinklig zu ihrer Achse gezeichnet sind

Regel für die Maßeintragung

- Wälzlager sind Normteile, daher ist eine Bemaßung nicht notwendig.

Hinweis
Die Regeln für die Darstellung von Sicherungsringen und Dichtungen sind dem Tabellenbuch zu entnehmen.

info

4. Wälzlager

Sind die Lagerkräfte bekannt, so kann mit Hilfe eines Wälzlagerkatalogs ein *Wälzlager* ausgewählt werden. Eine weitere Berechnung zur Bestimmung des Wälzlagers erfolgt nicht mehr.

Soll die Problematik einer Lagerung mit Wälzlagern dargestellt werden, so können Wälzlager nach DIN ISO 8826 vereinfacht dargestellt werden.

In der Stückliste werden Wälzlager mit der Benennung, der DIN-Nr. und einem Kurzzeichen aus Ziffern oder Buchstaben eingetragen.

Beispiel
In einer Stückliste ist ein Wälzlager wie folgt angegeben:
Schrägkugellager DIN 628 - 7206 B

Stellen Sie das Wälzlager vereinfacht dar.

Übung und Vertiefung

1. Stellen Sie die folgenden Wälzlager nach DIN ISO 8826 vereinfacht dar.

a) Zylinderrollenlager DIN 5412 - NUP 312
b) Rillenkugellager DIN 625 - 6208
c) Kegelrollenlager DIN 720 - 30212
d) Axial-Rillenkugellager DIN 711 - 51210

2. Welche Kräfte, axial oder radial, können die folgenden Wälzlager aufnehmen?

a) Nadellager DIN 617
b) Axial-Pendelrollenlager DIN 728
c) Rillenkugellager DIN 625
d) Tonnenlager DIN 628
e) Axial-Rillenkugellager DIN 711

3. Nennen Sie Wälzlager, bei denen der Wälzkörperkranz sich auf der Laufbahn des bordlosen Lagerrings verschieben kann und damit als Loslager eingesetzt werden.

4. Auf dem Lagerbolzen sollen ein Rillenkugellager DIN 625 und ein Zylinderrollenlager DIN 5412 montiert werden.
Die beiden Lager werden durch einen Distanzring auf der Lagerstelle $\varnothing 20^{h6} \times 40^{+0,2}_{+0,1}$ getrennt.

Der Distanzring hat folgende Abmessungen:
Innendurchmesser: $\varnothing 20^{+0,1}$ mm
Außendurchmesser: $\varnothing 28$ mm
Breite: $14^{-0,1}$ mm

5 Bauelemente und Systeme zum Tragen und Stützen

Übung und Vertiefung

Die Lager werden durch einen Sicherungsring gegen axiales Verschieben gesichert.

a) Stellen Sie Baugruppenzeichnungen mit den Wälzlagern in vereinfachter Darstellung nach DIN ISO 8826 dar.

b) Wie werden die Wälzlager in die Stückliste eingetragen?

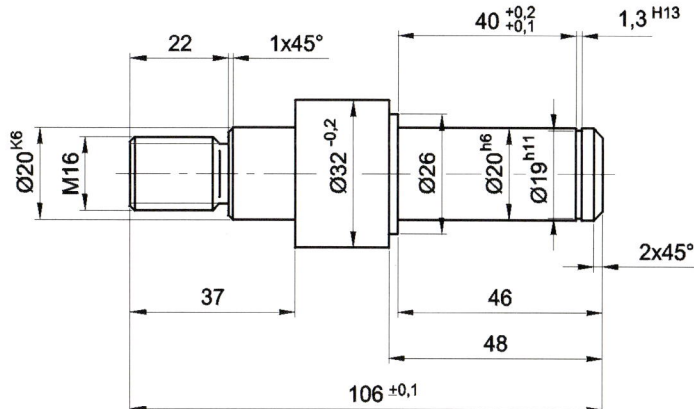

---

info

5. Gleitlager

Gleitlagerbuchsen sind wie Wälzlager Normteile, die in ihren Abmessungen und Formen festgelegt sind.

Eine Ausnahme stellt die *Länge der Gleitlagerbuchse* dar. Sie muss abhängig von der auftretenden Lagerkraft und der zulässigen Flächenpressung bestimmt werden.

Bei Gleitlagern darf die zulässige Flächenpressung des Lagerwerkstoffes nicht überschritten werden, weil sonst eine einwandfreie Funktion der Lagerung nicht mehr gewährleistet ist.

Mathematischer Zusammenhang:

$$p = \frac{F}{A}$$

p Flächenpressung in $\frac{N}{mm^2}$

F Kraft in N

A Berührfläche in mm^2

Hinweis

Bei Gleitlagern ist die Berührfläche die projizierte Fläche des Lagerzapfens.

$A = d \cdot l$

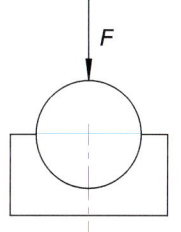

Bestimmung der Gleitlagerlänge

$$p_{zul} = \frac{F}{A}$$

$$p_{zul} = \frac{F}{d \cdot l}$$

$$l = \frac{F}{d \cdot p_{zul}}$$

l Lagerlänge in mm

F Lagerkraft in N

d Lagerzapfendurchmesser in mm

p_{zul} zulässige Flächenpressung in $\frac{N}{mm^2}$

=> Werkstoffkennwert siehe Tabellenbuch

Beispiel

Die dargestellte Getriebewelle soll mit Gleitlagerbuchsen aus G - Cu Sn 12 Pb 1 gelagert werden. Die Lagerstelle A hat einen Durchmesser von 22 mm und die Lagerstelle B von 12 mm. Welche Länge müssen die beiden Lagerbuchsen haben?

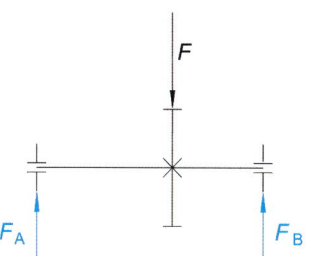

$F = 15$ kN

$F_A = 10{,}71$ kN

$F_B = 4{,}29$ kN

$p_{zul} = 25 \frac{N}{mm^2}$

Lagerstelle A: $\varnothing 22$ mm^2

$$l = \frac{F}{d \cdot p_{zul}}$$

$$l = \frac{10710 \, N}{22 \, mm \cdot 25 \frac{N}{mm^2}}$$

$l = 19{,}5$ mm

Normlänge: 20 mm

Lagerstelle B: $\varnothing 12$ mm^2

$$l = \frac{F}{d \cdot p_{zul}}$$

$$l = \frac{4290 \, N}{12 \, mm \cdot 25 \frac{N}{mm^2}}$$

$l = 14{,}3$ mm

Normlänge: 15 mm

Übung und Vertiefung

1. Die Gleitlagerbuchse
ISO 4379 - F22 x 25 x 30 - G - Cu Sn 10 P
nimmt die Getriebewelle auf.

Welche maximale Lagerkraft kann die Gleitlagerbuchse aufnehmen?

Übung und Vertiefung

2. Die Laufradachse eines Kranes wird mit $F = 120\,\text{kN}$ belastet. Die zulässige Flächenpressung beträgt $p = 9\,\dfrac{\text{N}}{\text{mm}^2}$.

Wie groß ist die Länge der Buchse, wenn der Durchmesser 80 mm beträgt?

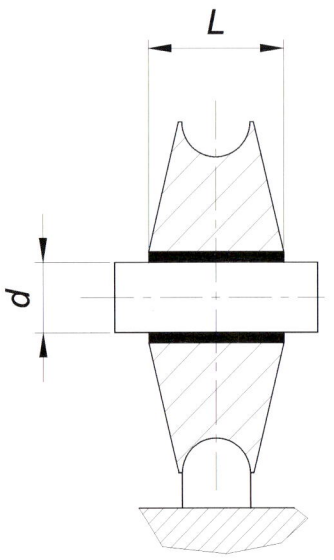

Übung und Vertiefung

3. An der Umlenkwelle greifen die Kräfte $F_1 = 8\,\text{kN}$, $F_2 = 2\,\text{kN}$ und $F_3 = 6\,\text{kN}$ an. Die Welle hat einen Durchmesser von 50 mm.

a) Bestimmen Sie die Lagerkräfte F_A und F_B.
b) Bestimmen Sie die Flächenpressung zwischen Lagerzapfen und Lagerbuchse.

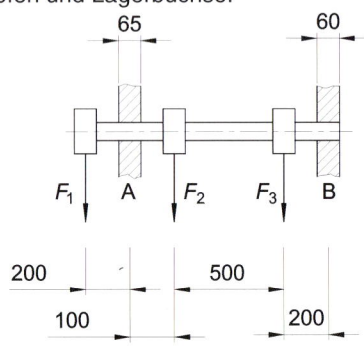

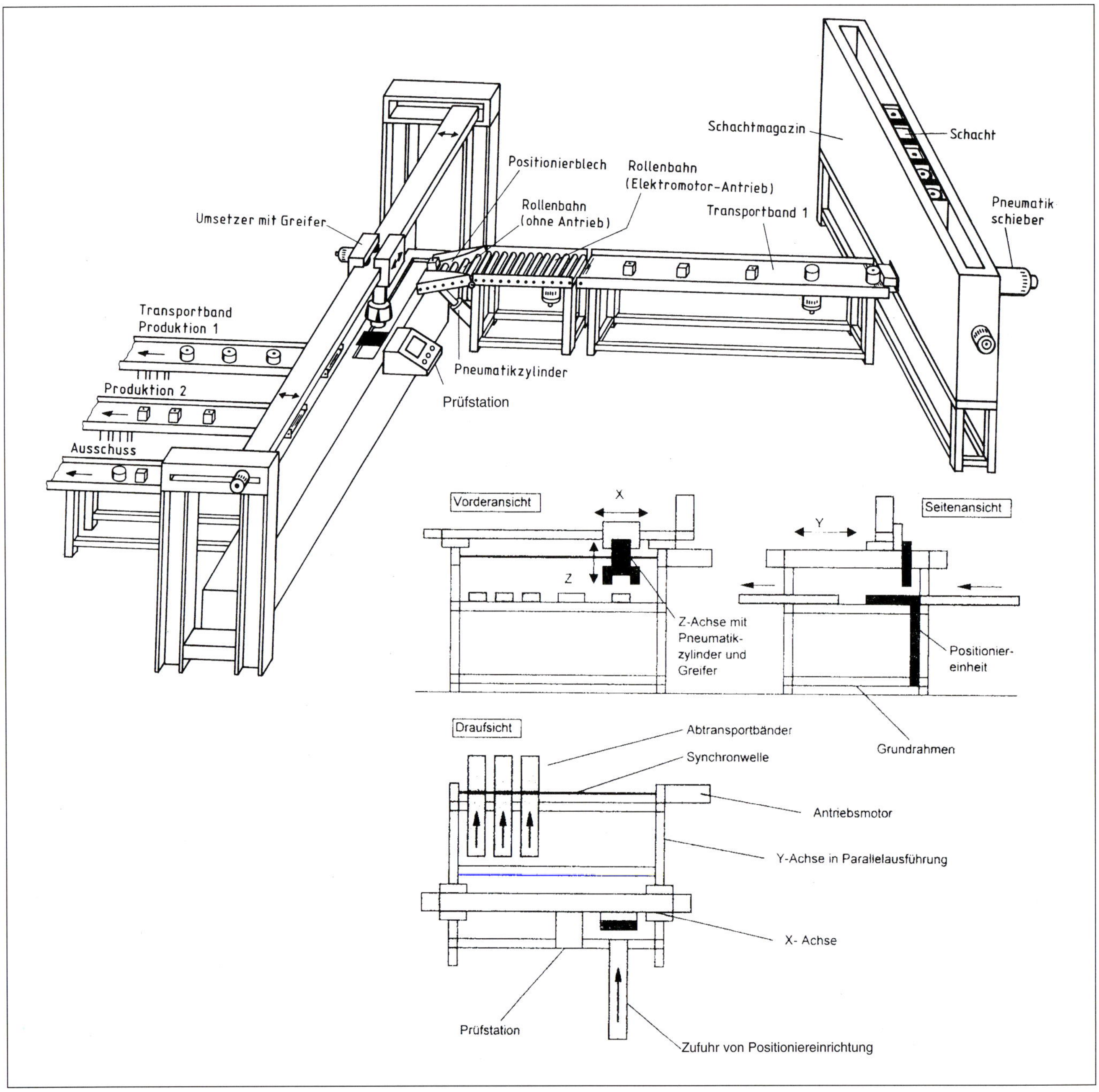

1 Gesamtprojekt Fußzufuhr (Prinzip) und Konstruktionsprinzip des Umsetzers (Skizze)

6 Realisierung mechatronischer Teilsysteme

6.1 Bandantriebsmotoren projektieren

auftrag

Die Antriebsmotoren für die Bänder Transportband 1 (vom Schachtmagazin zur Positioniereinrichtung), Produktion 1, Produktion 2 und Ausschuss (Bild 1, Seite 94) sind an die Klemmleiste X6 des Schaltschrankes anzuschließen.

Die Motoren tragen folgendes Leistungsschild.

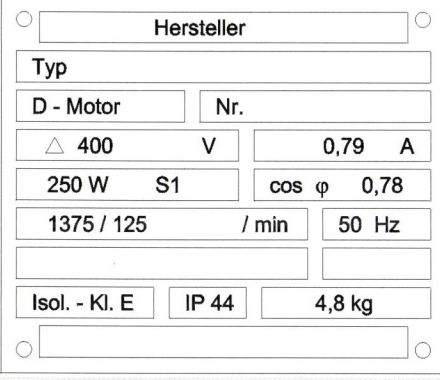

anwendungen

1. Um welchen Motor handelt es sich? Welche Vorteile hat dieser Motor?

2. Was bedeutet die Angabe Δ 400 V?

3. Was bedeutet die Angabe S1? Ist ein solcher Motor für die Antriebsaufgabe geeignet?

4. Was bedeutet die Angabe IP44?

5. Das Leistungsschild trägt zwei Drehfrequenzangaben: 1375/125 1/min. Es handelt sich um einen Getriebemotor. Wie groß ist das Übersetzungsverhältnis?

6. Warum ist der Einsatz von Getriebemotoren hier sinnvoll?

7. Welche Stromstärke führt die Zuleitung bei Nennbetrieb des Motors?

8. Welche elektrische Leistung nimmt der Motor bei Nennbetrieb auf?

9. Die Zuleitungen zum Motor sollen vor mechanischer Beschädigung geschützt werden.
Welche Maßnahmen schlagen Sie vor?

10. Als Zuleitung wird der Leitungstyp H07RN-F 4 G 1,5 vorgesehen. Um welche Leitung handelt es sich hierbei? Warum reichen 4 Adern aus? Ist die Leitung hier zulässig?

11. Wenn die Leitungen als Schutz vor mechanischer Beschädigung durch Rohr gezogen werden sollen und für die Versorgung der drei Bänder „Produktion 1", „Produktion 2" und „Ausschuss" die Leitungen vom Schaltschrank über eine gewisse Strecke gemeinsam in einem Rohr verlegt sind, hat dies Einfluss auf die Strombelastbarkeit.
Ist die Strombelastbarkeit unter diesen Voraussetzungen ausreichend, wenn die Umgebungstemperatur mit 25 °C angenommen werden kann? Wählen Sie auch geeignete Rohrdurchmesser aus.

12. Was ist zu tun, wenn die Strombelastbarkeit nicht ausreichend ist?

13. Den Leitungsschutz sollen Schmelzsicherungen übernehmen, die im Schaltschrank eingebaut sind.
Wählen Sie geeignete Schmelzsicherungen aus.

14. Nachdem die Leitungen verlegt wurden, ohne das während des Betriebes mechanische Beschädigungen möglich sind, werden die Klemmkastenabdeckungen der Motoren entfernt. Neben der PE-Klemme (Schutzleiteranschluss) sind sechs weitere Klemmen erkennbar.

Jeweils zwei dieser Klemmen sind bereits durch Brücken miteinander verbunden, wie Bild 1 zeigt.

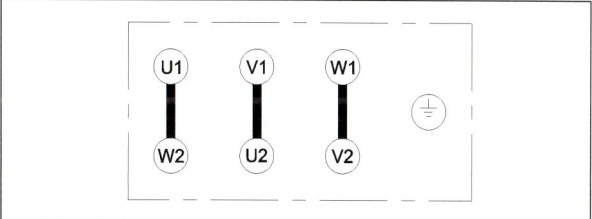

1 Brücken im Klemmkasten des Motors

a) Die Brücken sind senkrecht eingelegt. Was wird dadurch ausgesagt?
b) Skizzieren Sie die Schaltung der Motorwicklungen unter Berücksichtigung der auf dem Leistungsschild angegebenen Drehfrequenz.
c) Ist diese Schaltung bei dieser Anwendung sinnvoll?
d) Welchen Strom nimmt der Motor bei dieser Schaltung auf?
e) Warum lautet die Klemmenbezeichnung des Motors U1-V1-W1 und W2-U2-V2?
f) Wenn die Brücken so geschaltet werden, dass die Klemmen W2-U2-V2 miteinander verbunden werden, ändert sich die Schaltung der Motorwicklungen.
Skizzieren Sie bitte die Schaltung.
Wie groß ist dann die Stromaufnahme des Motors?
Welche Leistung nimmt der Motor bei dieser Schaltung auf?

15. Die vom Schaltschrank kommende Leitung ist an den Motor anzuschließen. Bitte beschreiben Sie genau Ihre Vorgehensweise.

16. Bild 1, Seite 96 zeigt den prinzipiellen Anschluss des Drehstrommotors.
a) Welche technische Bedeutung hat die Schwärzung im oberen Teil der Schmelzsicherungen F1?
b) Wählen Sie bitte ein geeignetes Schütz aus.
c) Wählen Sie eine geeignete Motorschutzeinrichtung aus. Auf welchen Wert ist die Motorschutzeinrichtung einzustellen?

Vorsicht! Bei Leitungseinführungen auf Dichtheit und Zugentlastung achten.

Anschlussklemmen sorgfältig anziehen (Brandgefahr durch unzulässig hohen Übergangswiderstand).

Bandantriebsmotoren projektieren

anwendungen

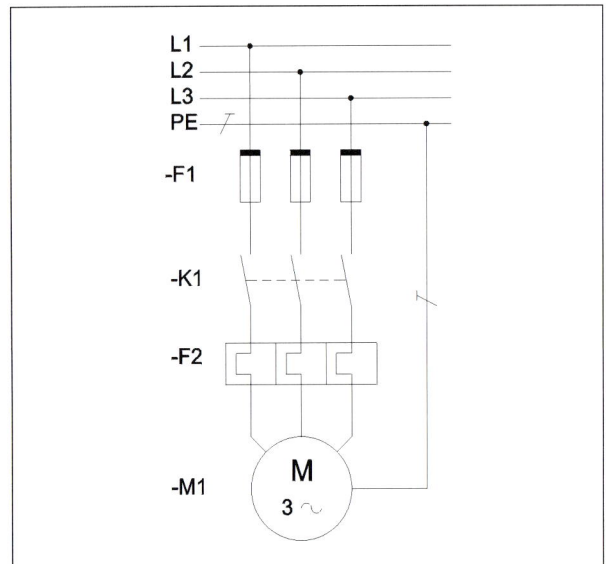

1 Anschluss des Motors zu 16, Seite 95

17. Bitte vervollständigen Sie den Anschlussplan.

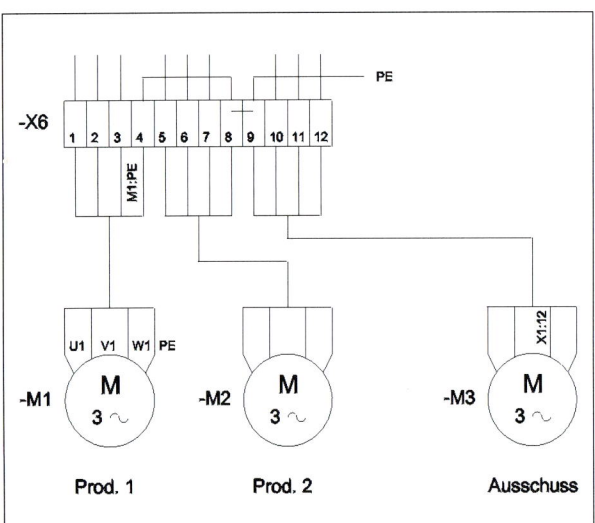

2 Anschlussplan zu 17

18. Beschreiben Sie bitte die Vorgehensweise beim Anschluss der Motoren an die Klemmleiste X6 des Schaltschrankes.

19. Anschlüsse (z.B. an der Klemmleiste X6) müssen „sicher gegen Selbstlockern" sein.
a) Was bedeutet das?
b) Welche Maßnahmen sind hierzu erforderlich?

20. Warum ist bei Anschluss der Motoren an Klemmleiste X6 das Verlöten (bzw. Verzinnen) der Leiterenden unzulässig?
Wie werden die Leiterenden von mehr-, fein- und feinstdrähtigen Leitern vorschriftsmäßig behandelt?

21. „Leiter müssen am jedem Anschluss identifizierbar sein" (DIN EN 60204-1).
Wählen Sie eine geeignete diesbezügliche Maßnahme für die Motoranschlüsse an Klemmleiste X6 aus.
Was ist bei der Identifikation von Leitern allgemein zu beachten?

info

Drehstrommotor

Anwendung findet praktisch ausschließlich der *Kurzschlussläufermotor* (Käfigläufermotor).

Er zeichnet sich durch einen *einfachen* und *robusten* Aufbau aus. Wegen seiner Wirkungsweise als *Induktionsmotor* sind aufwendige und serviceanfällige Stromzuführungselemente zum Läufer verzichtbar.

Das Ständerdrehfeld induziert den Läuferstrom in den an den Stirnseiten kurzgeschlossenen blanken Leiterstäben des Läufers.

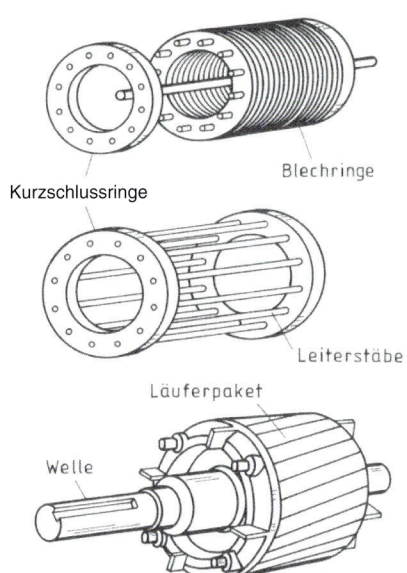

Die *Drehfelddrehzahl* n_1 kann bei 50-Hz-Netzfrequenz und einpoliger Ausführung ($p = 1$) der Ständerwicklung maximal den Wert

$$n_1 = \frac{f \cdot 60}{p} = \frac{50\,\text{Hz} \cdot 60}{1} = 3000\,\frac{1}{\text{min}}$$

erreichen. Die *Läuferdrehzahl* n_2 bleibt stets um die *Schlupfdrehzahl* n_S hinter der Drehfelddrehzahl zurück. Der Läufer läuft *asynchron* (Asynchronmotor).

$n_S = n_1 - n_2$

Die Schlupfdrehzahl n_S wird meistens in Prozent, bezogen auf die Drehfelddrehzahl n_1, angegeben.

$$s = \frac{n_1 - n_2}{n_1} \cdot 100\%$$

s	Schlupf	%
n_1	Drehfelddrehzahl	$\frac{1}{\text{min}}$
n_2	Läuferdrehzahl	$\frac{1}{\text{min}}$

englisch

Getriebe gear unit	**Positionierung** positioning
Getriebemotor geared motor	**Betriebsart** mode of operation
Antriebsauswahl unit selection	**Schutzart** international protection, IP, protective system
Bauformen mounting positions	**Drehzahl, (Drehfrequenz)** driving speed, engine speed, revolutions per minute, rotational speed
Leistungsschild rating plate	
Transportband belt conveyor	**Übersetzungsverhältnis** ratio of transmission

6 Realisierung mechatronischer Teilsysteme

info

Weitere Berechnungsgrößen des Drehstrommotors

Wirkleistung, aufgenommene
$$P_1 = \sqrt{3} \cdot U \cdot I \cdot \cos \varphi$$

Wirkleistung, abgegebene
$$P_2 = \sqrt{3} \cdot U \cdot I \cdot \eta \cdot \cos \varphi$$

Wirkungsgrad
$$\eta = \frac{P_2}{P_1}$$

Drehmoment
$$M = \frac{P_2}{2\pi \cdot n_2}$$

P_1, P_2	Wirkleistung	W
U	Außenleiterspannung	V
I	Außenleiterstrom	A
$\cos \varphi$	Leistungsfaktor	
η	Wirkungsgrad	
M	Drehmoment	Nm
n_2	Läuferdrehzahl	1/min

Anzugsmoment M_A
Gibt der Motor beim Anlauf (aus dem Stillstand heraus) ab.

Sattelmoment M_S
Kleinstes während des Anlaufens abgegebenes Drehmoment.

Kippmoment M_K
Größtes Drehmoment, das der Motor abgeben kann. Wird der Motor überlastet, sinkt die Drehfrequenz ab; der Schlupf wird größer, bis der Motor schließlich „kippt" (er bleibt stehen).

Nennmoment M_N
Beim Nennmoment gibt der Motor bei Nenndrehfrequenz n_N seine Nennleistung P_N ab.

Stromstärke
Der Drehstrom-Kurzschlussläufermotor hat einen hohen Anzugsstrom.

Betriebskennlinie

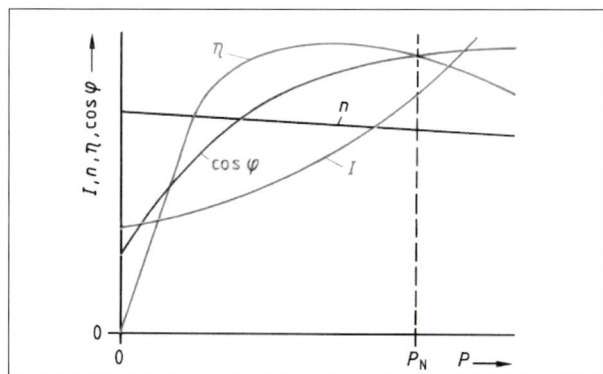

1 Betriebskennlinie des Asynchronmotors

Die *Drehfrequenz n* fällt bei Belastung nur geringfügig ab (Nebenschlussverhalten). *Wirkungsgrad η* und *Leistungsfaktor $\cos \varphi$* sind stark belastungsabhängig.

Bei *Nennbetrieb* (Nennleistung P_N) erreicht das Produkt von η und $\cos \varphi$ ($\eta \cdot \cos \varphi$) seinen Höchstwert. Die *Verluste* des Motors sind dann am geringsten.

Für den Praktiker ergibt sich hieraus die Forderung:

Der Motor sollte möglichst mit Volllast betrieben werden. Der Leistungsbedarf der Arbeitsmaschine und die Bemessungsleistung (Nennleistung) des Motors (Leistungsschildangabe) sollen möglichst übereinstimmen.

Betriebswerte

Die Bandantriebsmotoren haben folgende Betriebswerte, die teilweise dem Leistungsschild der Motoren entnommen werden können.
In weiteren Fällen geben die Unterlagen der Hersteller bzw. Tabellenbücher Auskunft.

P_N kW	n 1/min	I A	M_N Nm	η %	$\cos \varphi$	I_A/I_N	M_A/M_N	M_K/M_N
0,25	1375	0,79	1,8	62	0,78	3,2	1,7	1,7

Übung und Vertiefung

1. Betriebswerte des Bandantriebsmotors (siehe info).
a) Wie groß ist bei diesem Motor die Drehfelddrehzahl n_1?
b) Ermitteln Sie die Schlupfdrehzahl und den Schlupf in %.
c) Bestimmen Sie den Anlaufstrom I_A und das Anlaufmoment M_A.

2. Leistungsschild eines Drehstrommotors (Bild 2).
a) Welche Leistung gibt der Motor an der Welle ab (Bemessungsleistung, Nennleistung)?
b) Wie viele Pole hat die Ständerwicklung?
c) Wie groß ist das Nennmoment des Motors?
d) Bestimmen Sie die Schlupfdrehzahl und den Schlupf.
e) Der Motor wird durch die Arbeitsmaschine mit 7 kW belastet. Wie beurteilen Sie diesen Antrieb?
f) Wie groß ist das Anlaufmoment des Motors?

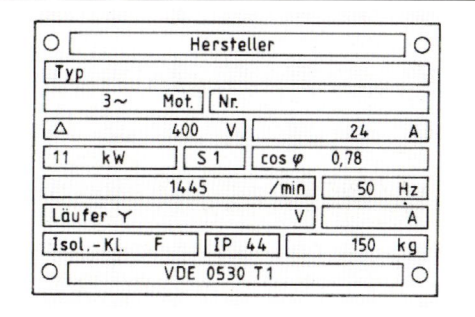

2 Leistungsschild Drehstrommotor

3. Der 11-kW-Motor nach Aufgabe 2 darf nicht direkt angelassen werden.
Vorgeschlagen wird ein Stern-Dreieck-Anlauf.
a) Unter welcher Voraussetzung ist ein Stern-Dreieck-Anlauf möglich?
b) Der Stern-Dreieck-Anlauf soll mit Schützen und einem Zeitrelais verwirklicht werden (automatischer Stern-Dreieck-Anlauf).
Bitte erstellen Sie die komplette Materialliste, wobei z.B. auf Leitungen und Aderendhülsen verzichtet werden kann. Wählen Sie dabei geeignete Schütze und Motorschutzeinrichtungen aus.
c) Erstellen Sie die Steuerungsdokumentation (hier Schaltpläne).
d) Welcher Leitungsquerschnitt ist zu verlegen. Die Zuleitung und die Leitung zum Motor sind bei einer Temperatur von 25 °C in Rohr geführt.
Bestimmen Sie den Nennstrom der vorgeschalteten Überstrom-Schutzorgane (hier Schmelzsicherungen).
e) Auf welchen Wert muss die Motorschutzeinrichtung eingestellt werden? Was ist hierbei besonders zu beachten?

Bandantriebsmotoren projektieren

übung und vertiefung

4. Bei Durchsicht der Herstellerangaben für Getriebemotoren ist folgender Text zu lesen. Bitte übersetzen Sie den Text.

When odering it is essential to specify the following:
Mounting position: IM B3, IM B5, IM V1 etc.
Position on the terminal box: 0°, 90°, 180° or 270°.
If not spezified at the time of ordering, the terminal box position supplied will be at 0°.

Position of the gear housing bulge: B5, B5I, B5II or B5III.
B5 (normal) corresponds to the position shown in the mounting position sheets.

Position of cable entry: normal, 1, 2 or 3.
On brake motors please take the dimensions on the dimension sheet into account.

Direction of rotation of the output shaft, viewed end-on, must be specified, if a backstop is required. For right angular reducers please indicate whether, viewed end-on, for the A or B side.

englisch

Stromstärke
current intensity, amperage

Zuleitung
lead, lead-in (wire), feed line, feeding, supply

Nennleistung
rated operational power, nominal operation power

Leitung (elektrisch)
line, wire, cable, (flexible) lead, cord

Rohr
tube, pipe

Schaltschrank
switch cabinet, cubicle

Durchmesser
diameter

Strombelastbarkeit (Leitungen, Kabel)
current-carrying capacity, ampacity

Leitungsschutzschalter
circuit breaker, automatic cut-out

Schmelzsicherung
fuse, fuse cut-out, blow-out fuse

Klemmbrett
terminal board

Klemmkasten
terminal box, lead box

Klemmleiste
terminal strip, terminal block, connection-block, connection strip, strip terminal

Schutzleiter
protective (earthed) conductor, protective earthing conductor

Anschluss
connection, junction, pin (Steuerschaltkreis)

Anschlussstelle
connection point, connecting point, bonding site, contact pad

Klemme
terminal, clamp, clip

Brücke
link, bridge

Zugentlastung
pull relief, cord fastener, cord grip, cable grip

Leitungseinführung
entry of cable

Übergangswiderstand
transition resistance, contact resistance, junction resistance

Schütz
contactor, control gate

Motorschutz
motor protection switch, motor circuit breaker

N-Leiter (Neutralleiter)
neutral

Drehstrommotor
three-phase-motor

Käfigläufermotor
squirrel cage rotor motor

Induktionsmotor
induction motor

Drehfeld
rotating (magnetic) field, revolving (magnetic) field

Ständer
stator

Läufer
rotor

Schlupf
slip, slippage

Schlupfdrehzahl
asynchronous speed

asynchron
asynchronous

Wirkungsgrad
efficiency (factor)

info

Stern-Dreieck-Anlauf

Beim *Anlassen von Motoren* dürfen keine störenden *Spannungsabsenkungen* auftreten.

Die Nennspannung der elektrischen Ausrüstung ist vom Betreiber so zu wählen, dass die Dauerbetriebsspannung am Netzanschluss stets innerhalb des Toleranzfeldes von 0,9 bis 1,1 der Ausrüstungs-Nennspannung liegt.

Die Wicklung des Motors ist für die Betriebsspannung in Dreieck ausgelegt und wird beim Anlassen in Stern geschaltet. Dadurch sinkt die Wicklungsspannung auf das $1/\sqrt{3}$-fache ab. Anzugsstrom und Anzugsmoment verringern sich auf ein Drittel in Bezug auf die direkte Einschaltung des Motors in Dreieckschaltung.

Motoren, deren Anzugsstrom größer als 60 A ist, dürfen nicht direkt eingeschaltet werden. Wenn der Anzugsstrom nicht bekannt ist, muss er mit $I_A = 8 \cdot I_N$ angenommen werden.

Vorsicht!

Kurzschlussläufermotoren, die in Stern-Dreieck-Schaltung angelassen werden sollen, müssen für die Netzspannung in Dreieckschaltung ausgelegt sein.
Die niedrigste Spannungsangabe auf dem Leistungsschild muss der Netzspannung entsprechen.

auftrag

Der Antriebsmotor für das Transportband 1 (von der Schachtanlage zur Positioniereinrichtung) soll angeschlossen werden. Auch diese Leitung soll direkt zum Schaltschrank geführt und dort auf die Klemmleiste X6 aufgelegt werden.

Auf dem Leistungsschild des Motors findet man u.a. folgende Angaben: ΔYY; 127/247 1/min; 0,2/0,28 kW.

anwendungen

1. Der Motor hat zwei Drehfrequenzen: 127 1/min und 247 1/min. Wenn bei Ausschuss ein Tischfuß nachgeliefert werden muss, soll das Band mit der hohen Drehfrequenz angetrieben werden. Bei „Normalbetrieb" arbeitet das Band mit der niedrigen Drehfrequenz.
a) Was bedeutet die Angabe ΔYY auf dem Leistungsschild des Motors?
b) Wenn die Abdeckung vom Klemmkasten des Motors abgenommen wird, sind neben der PE-Klemme 6 Klemmen sichtbar, die die Bezeichnungen 1U, 1V, 1W und 2U, 2V, 2W tragen.

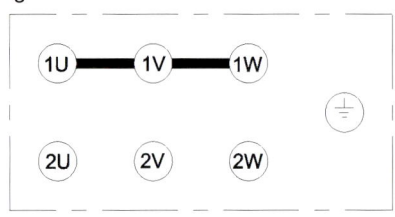

6 Realisierung mechatronischer Teilsysteme

anwendungen

Die Klemmen 1U, 1V und 1W sind durch Brücken miteinander verbunden.

Wenn die Brücken nicht entfernt werden:
An welche Klemmen sind die Außenleiter des Drehstromnetzes anzuschließen?
Arbeitet der Motor dann mit der hohen oder der niedrigen Drehfrequenz?
Wie sind die Brücken zu schalten, wenn die andere Drehfrequenz fest eingestellt werden soll?

c) Eine flexible Drehfrequenzänderung ist sicherlich nicht durch Montage bzw. Demontage von Brücken möglich, sondern muss programmgesteuert erfolgen. Hierzu ist eine Verbindung zwischen dem Antriebsmotor und dem Schaltschrank erforderlich.
Wie viele Adern muss die Leitung (oder müssen die Leitungen) für den Anschluss des Motors haben?

2. Welcher Leitungsquerschnitt ist zu verlegen? Beschreiben Sie bitte die Vorgehensweise bei der Leitungsverlegung zwischen Motor und Schaltschrank.

3. Bestimmen Sie den Nennstrom der Überstrom-Schutzorgane (Schmelzsicherungen).

4. Auch in diesem Fall ist ein Motorschutz erforderlich. Bestimmen Sie den jeweiligen Einstellwert.

5. Wie viele Schütze werden für die Steuerung des Motors benötigt?
Wählen Sie bitte geeignete Schütze aus.

6. Ergänzen Sie die Klemmleiste X6 (vgl. Seite 96) um die für den Anschluss des Motors erforderlichen Klemmen und erstellen Sie den Anschlussplan.

englisch

Drehmoment
speed torque, moment of couple (rotation), torsion(al) moment

Anzugsmoment
initial torque, starting torque, locked-rotor-torque

Kippmoment
overturning moment

Nennmoment
rated-torque

Sattelmoment
pull-in-torque

Kennlinie
characteristic (curve, line)

Betriebskennlinie
operating characteristic, working characteristic

Vollast
full load

Volllastbetrieb
full-load working

Leistungsfaktor
power factor, cos φ

Stern-Dreieck
star-delta, wye-delta

Spannung
voltage, potential difference

Spannungsfall
voltage drop

Spannungseinbruch
voltage dip

Spannungsanstieg
voltage increase (rise)

Netzspannung
mains voltage, supply voltage, line voltage, net voltage

Antrieb
drive

Antrieb, elektrischer
electrically drive

Antriebsmotor
drive motor

Bandantrieb
belt drive

Motor, polumschaltbar
motor, two speed

12/2-polig
12/2 poles

Getrennte Wicklung
separatly wound

Angezapfte Wicklung
tapped wound

Montage
mounting

Demontage
disassembly, dismantlment

info

Polumschaltbare Drehstrommotoren

Die *Drehfrequenz von Asynchronmotoren* kann durch die *Frequenz* und die *Polpaarzahl* beeinflusst werden.

$$n_1 = \frac{f \cdot 60}{p}$$

Durch Änderung der Polpaarzahl p kann die Drehfrequenz *grobstufig* verändert werden. *Polumschaltbare Drehstrommotoren* haben Ständer
– mit zwei voneinander unabhängigen Wicklungen unterschiedlicher Polzahl oder
– mit einer Wicklung, deren Polzahl durch Umschaltung halbiert werden kann.

Wicklungsanschlüsse für die niedrige Drehfrequenz: 1U, 1V, 1W
Wicklungsanschlüsse für die hohe Drehfrequenz: 2U, 2V, 2W
Im Motorsymbol angegeben ist die *Polzahl*, nicht die Polpaarzahl.

Motor mit getrennten Wicklungen
Es darf immer nur *eine* Wicklung eingeschaltet werden. *Jede* Wicklung ist mit einem *thermischen Motorschutz* auszurüsten.

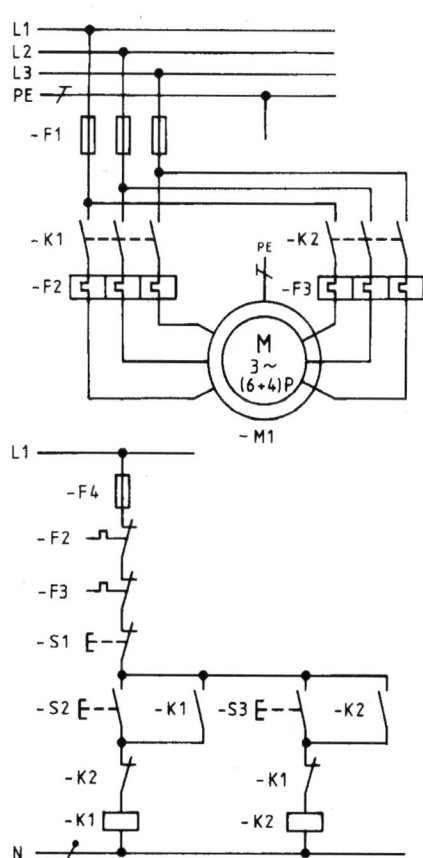

Dahlanderschaltung
Nur *eine* Ständerwicklung erforderlich, die je Wicklungsstrang *zwei Wicklungshälften* hat. Bei der *niedrigen Drehfrequenz* ist die Wicklung in *Dreieck*, bei der *hohen Drehfrequenz* in *Doppelstern* geschaltet. Die Drehfrequenzen stehen im Verhältnis 1 : 2 zueinander.

$$\frac{P_\Delta}{P_{YY}} = \frac{1}{1,5}$$

Während der Motor mit getrennten Wicklungen (teuer) weitgehend vom Frequenzumrichterantrieb verdrängt wurde, hat die Dahlanderschaltung nach wie vor ihre Anwendungsgebiete.

Bandantriebsmotoren projektieren

info

Dahlanderschaltung

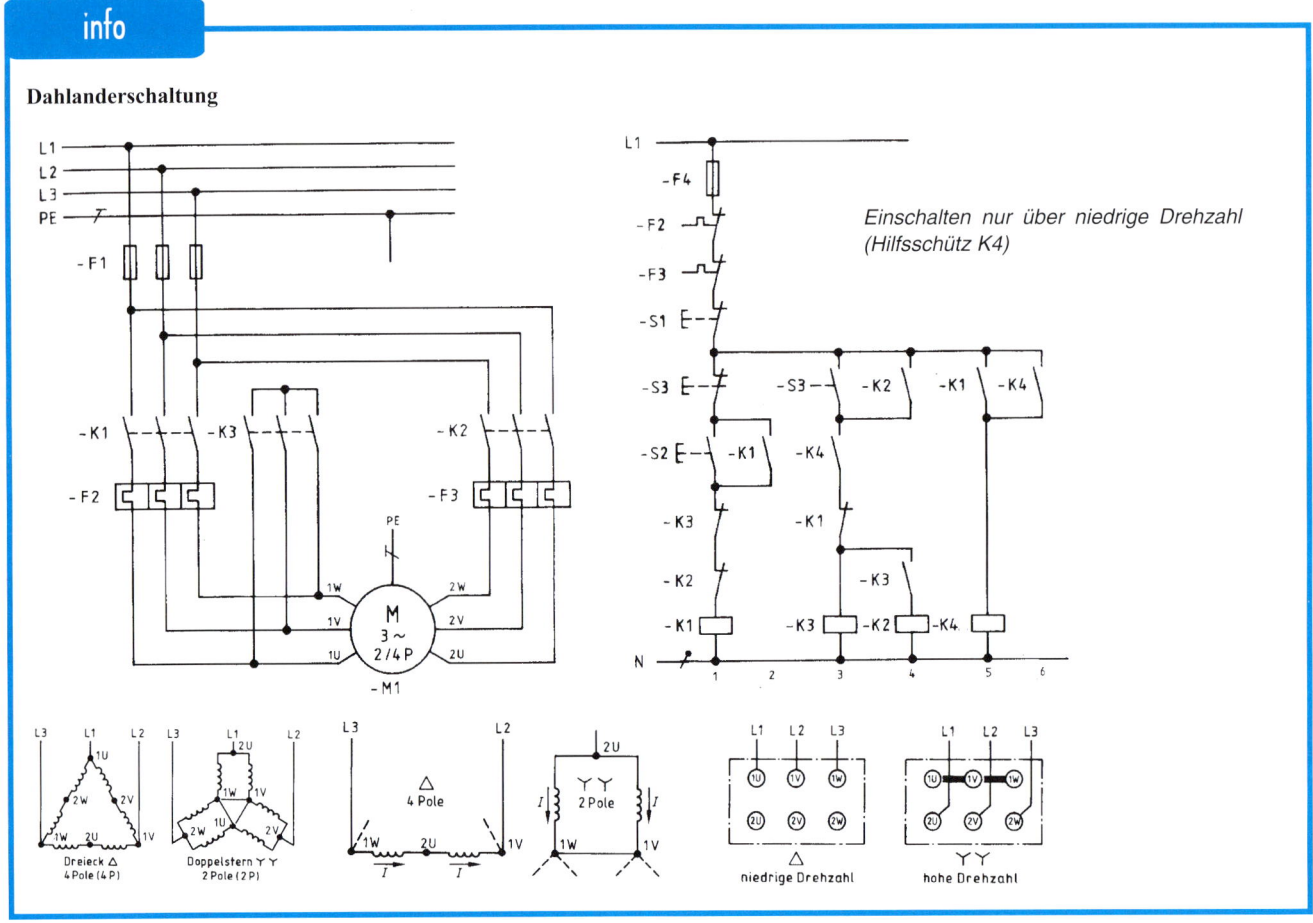

Einschalten nur über niedrige Drehzahl (Hilfsschütz K4)

übung und vertiefung

1. Ein Drehstrom-Asynchronmotor ist polumschaltbar (6/2p). Für diesen Antrieb soll eine Schützschaltung entwickelt werden.
Zeichnen Sie den Laststromkreis und den Steuerstromkreis in aufgelöster Darstellung mit allen erforderlichen Bauteilen.

2. Ein polumschaltbarer Drehstrom-Asynchronmotor in Dahlanderschaltung mit den Daten
400 V/50 Hz, 4,7/5,7 kW, 1450/2920 1/min
soll mit Hilfe einer Schützschaltung an das Drehstromnetz angeschlossen werden.
a) Zeichnen Sie den Stromlaufplan der Steuerung in aufgelöster Darstellung.
b) Auf welche Werte müssen die Motorschutzeinrichtungen eingestellt werden?
c) Warum sind die Motorleistungen bei beiden Drehfrequenzen unterschiedlich?
d) Beim Test des Antriebes wird festgestellt, dass der Motor bei den beiden Drehfrequenzen in unterschiedlicher Richtung läuft. Woran kann das liegen und was ist zu tun?

auftrag

Die für den Bandantrieb (4 Bänder) erforderlichen Betriebsmittel sollen im Schaltschrank montiert und verdrahtet werden. Im Bedienteil des Schaltschrankes sind für die Bandsteuerung vorgesehen und bereits montiert:

3 Leuchttaster (weiß)
– Band „Produktion 1"
– Band „Produktion 2"
– Band „Ausschuss"

Das Transportband 1 wird eingeschaltet, wenn der Pneumatikschieber des Schachtmagazins ausfährt. Wenn innerhalb von 30 Sekunden der Schieber nicht erneut ausgefahren ist, schaltet das Band wieder aus.

Sämtliche Leuchttaster haben Schließerfunktion.

1 Austaster (rot) für das Ausschalten sämtlicher Bänder (Öffner).

anwendungen

1. Schütze und Schmelzsicherungen werden auf die Hutschienen im Schaltschrank aufgeschnappt.
Die Motorschutzrelais werden auf die zugehörigen Schütze aufgesteckt und sorgfältig verschraubt.

a) Im Schaltschrank sind Verdrahtungskanäle montiert, die einen mechanischen Schutz der Verdrahtungsleitungen und ein sauberes Erscheinungsbild gewährleisten.
Welche Leitungen verwenden Sie für die Verdrahtung?
Geben Sie bitte den Leitungstyp, die Farbe der Umhüllung und den Querschnitt an.

6 Realisierung mechatronischer Teilsysteme

anwendungen

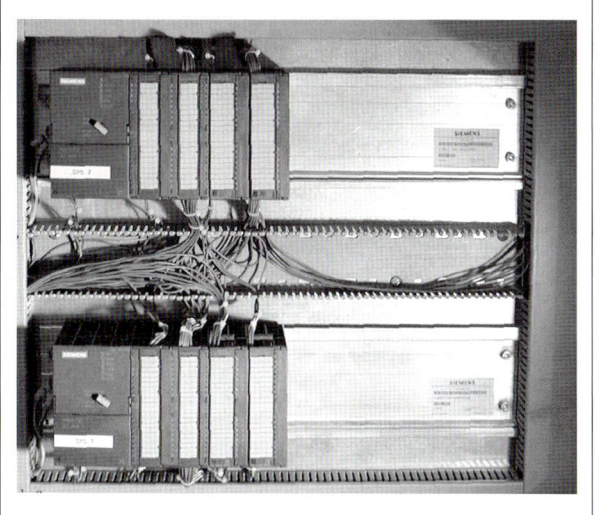

1 Verdrahtungskanäle im Schaltschrank

b) Bei der Auswahl des Leitungsquerschnittes ist die verminderte Wärmeabgabe im Verdrahtungskanal zu berücksichtigen.
Nach welcher Verlegeart sind die Überstrom-Schutzeinrichtungen auszuwählen?

c) Welche Werkzeuge werden für die Schaltschrankverdrahtung benötigt?

d) Beschreiben Sie die Vorgehensweise bei der Schaltschrankverdrahtung am Beispiel *einer* Leitungsverbindung.

2. Bandantrieb 1, Blatt 7 (Seite 102):
Dargestellt ist der Stromlaufplan der Steuerung in aufgelöster Darstellung.

a) Was bedeuten die Angaben /6.13 und /9.1 in der Zeichnung?

b) Erläutern Sie die Wirkungsweise der Steuerung.

c) Wie beurteilen Sie den Einbau der thermischen Motorschutzelemente in den Steuerstromkreis?

d) Die Meldelampen H1 bis H3 sind Bestandteil von Leuchttastern. So ist z.B. H1 dem Taster S1 zuzuordnen. Wie beurteilen Sie die Schaltung hinsichtlich der praktischen Verdrahtung? Wäre eine Schaltungsänderung sinnvoll?

e) Das Band „Ausschuss" soll nur eingeschaltet werden, wenn ein fehlerhafter Tischfuß auf dieses Band gesetzt wird. Wenn dann innerhalb 1 Minute kein weiterer fehlerhafter Tischfuß angeliefert wird, soll das Band wieder ausgeschaltet werden.
Nehmen Sie die notwendigen Änderungen vor und dokumentieren Sie diese. Listen Sie auch das zusätzlich benötigte Material auf und beschreiben Sie die Montage.

3. Transportband 1, Blatt 8 (Seite 103):
Dargestellt ist der Hauptstromkreis des Dahlandermotors.

a) Ist die Schaltung korrekt? Worauf ist besonders zu achten?

b) Welche Schütze oder welches Schütz sind bei der hohen Drehfrequenz angezogen?

c) Warum müssen die Schütze K4 und K5 unbedingt gegeneinander verriegelt werden?

d) Warum sind zwei Motorschutzeinrichtungen vorgesehen? Auf welche Ströme sind sie einzustellen?

4. Transportband 1, Blatt 8, Seite 103: Dargestellt ist der Stromlaufplan der Steuerung in aufgelöster Darstellung. Wenn das Schütz K30A (Anschluss hier nicht dargestellt) anzieht, ist die Nachlieferung eines fehlerhaften Tischfußes erforderlich. Wenn das Schütz K30A abgefallen ist, kann Transportband 1 mit „normaler" Geschwindigkeit arbeiten.

a) Worum handelt es sich bei K8T? Bitte erläutern Sie die Arbeitsweise von K8T.

b) Ein Kollege behauptet, die Schaltung arbeitet nicht einwandfrei. Bitte überprüfen Sie die Schaltung und nehmen Sie gegebenenfalls Änderungen vor (Berichtigung der Dokumentation).

info

Leuchtdrucktaster
Mit Glühlampe 2,4 W/130 V für 220-240 V. Handelsüblich in den Farben weiß, rot und grün in den Ausführungen
- 1 Schließer
- 1 Öffner
- 1 Schließer und ein Öffner

erhältlich.

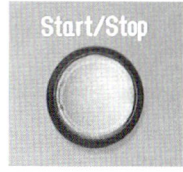 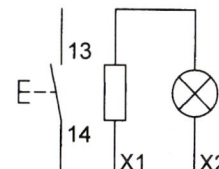

Aderendhülsen, Kabelschuhe
Bestehen i. Allg. aus Kupfer oder einer Kupferlegierung. Sie sind blank oder zwecks Korrosionsschutz verzinnt und zum Teil mit einem farbigen Isolierstoffkragen versehen.

Beim Zusammenpressen (nur mit einem speziell dafür vorgesehen Werkzeug; Aderendhülsenzange!) entsteht eine gute Verbindung zwischen Leiter und Hülse.

Farbkennzeichnung von Aderendhülsen

0,5 mm^2	weiß	2,5 mm^2	blau
0,75 mm^2	grau	4,0 mm^2	grau
1,0 mm^2	rot	6,0 mm^2	gelb
1,5 mm^2	schwarz	10 mm^2	rot

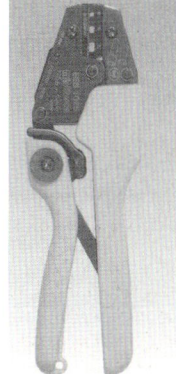

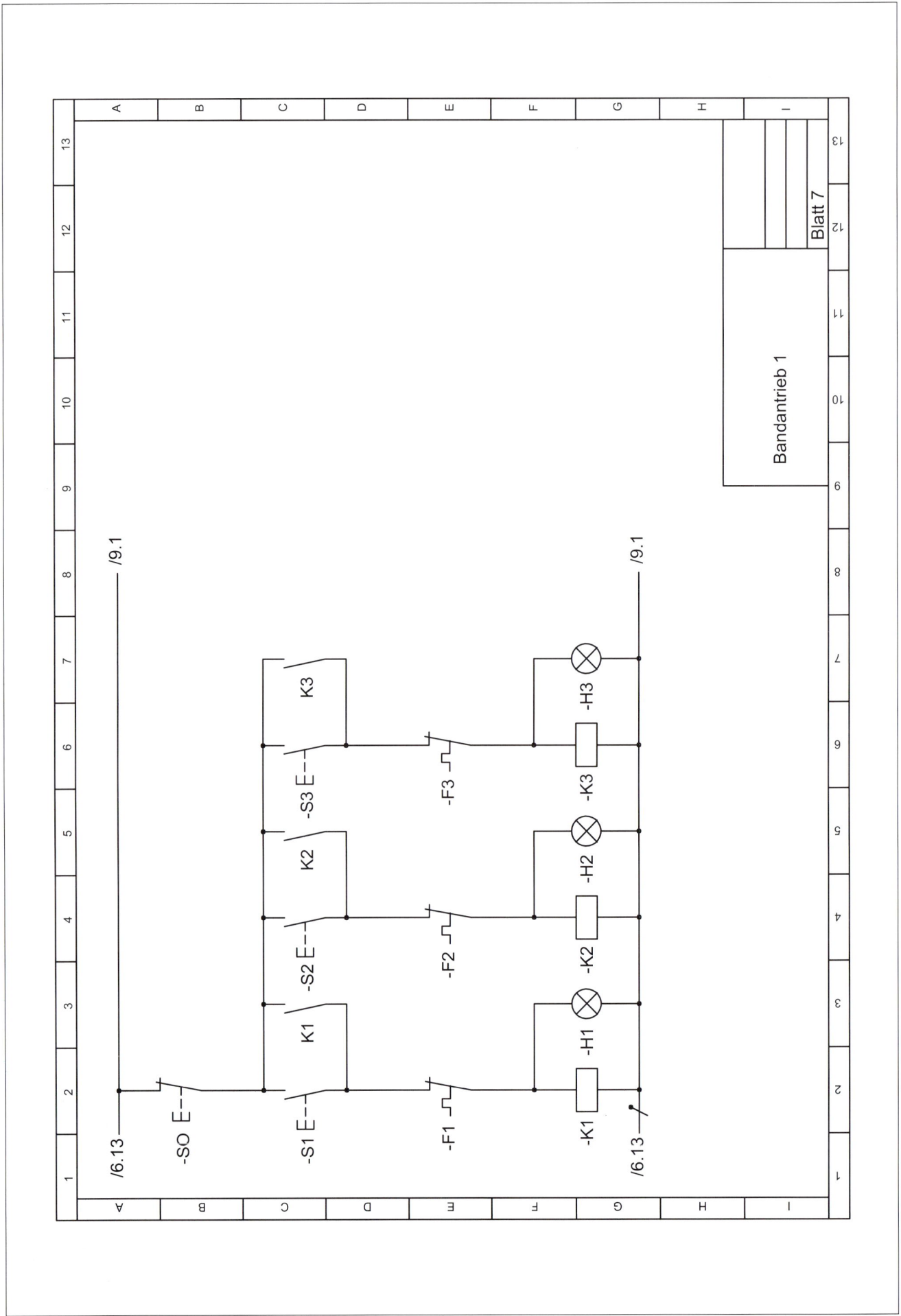

1 Bandantrieb 1

6 Realisierung mechatronischer Teilsysteme

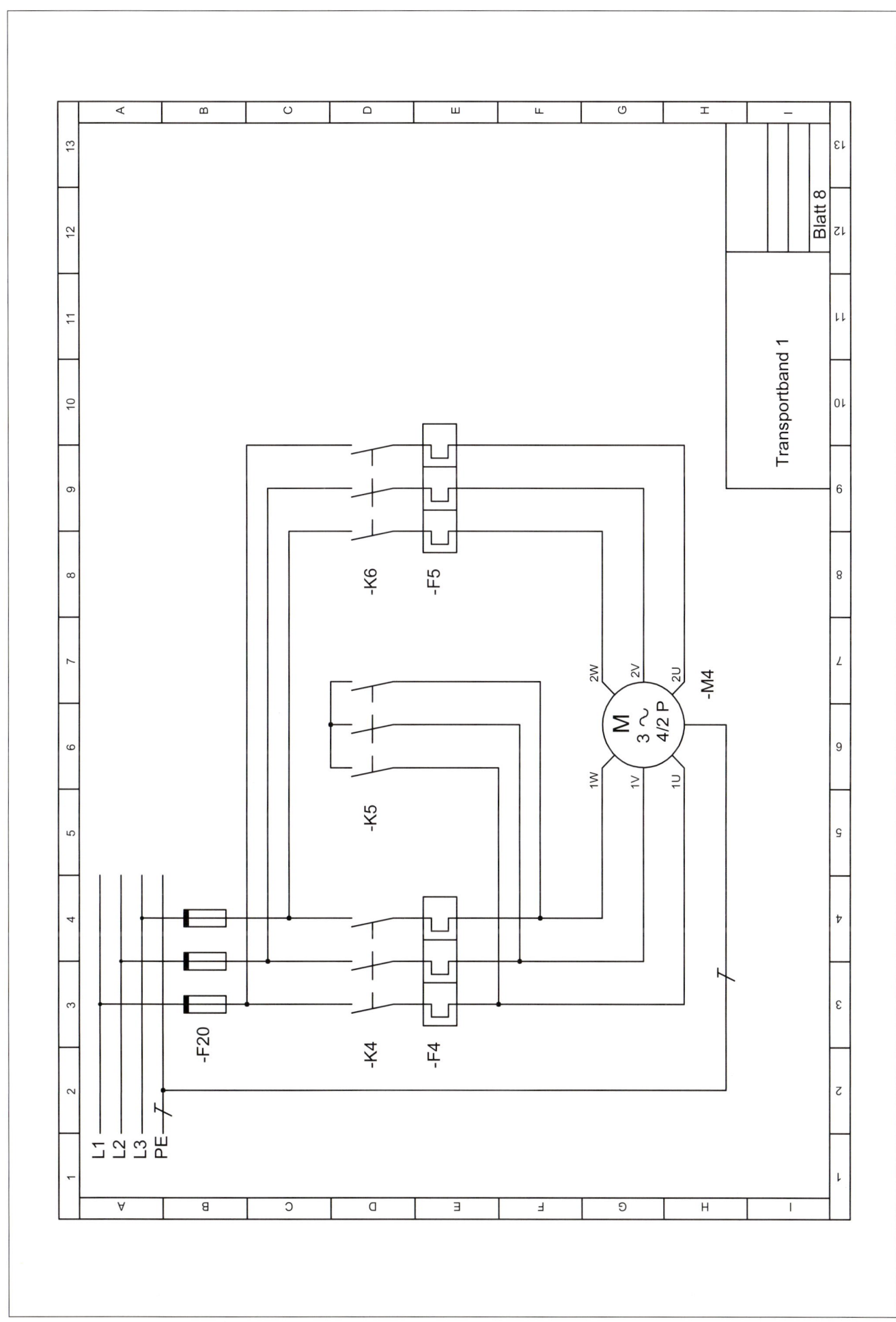

1 Transportband 1, Hauptstromkreis

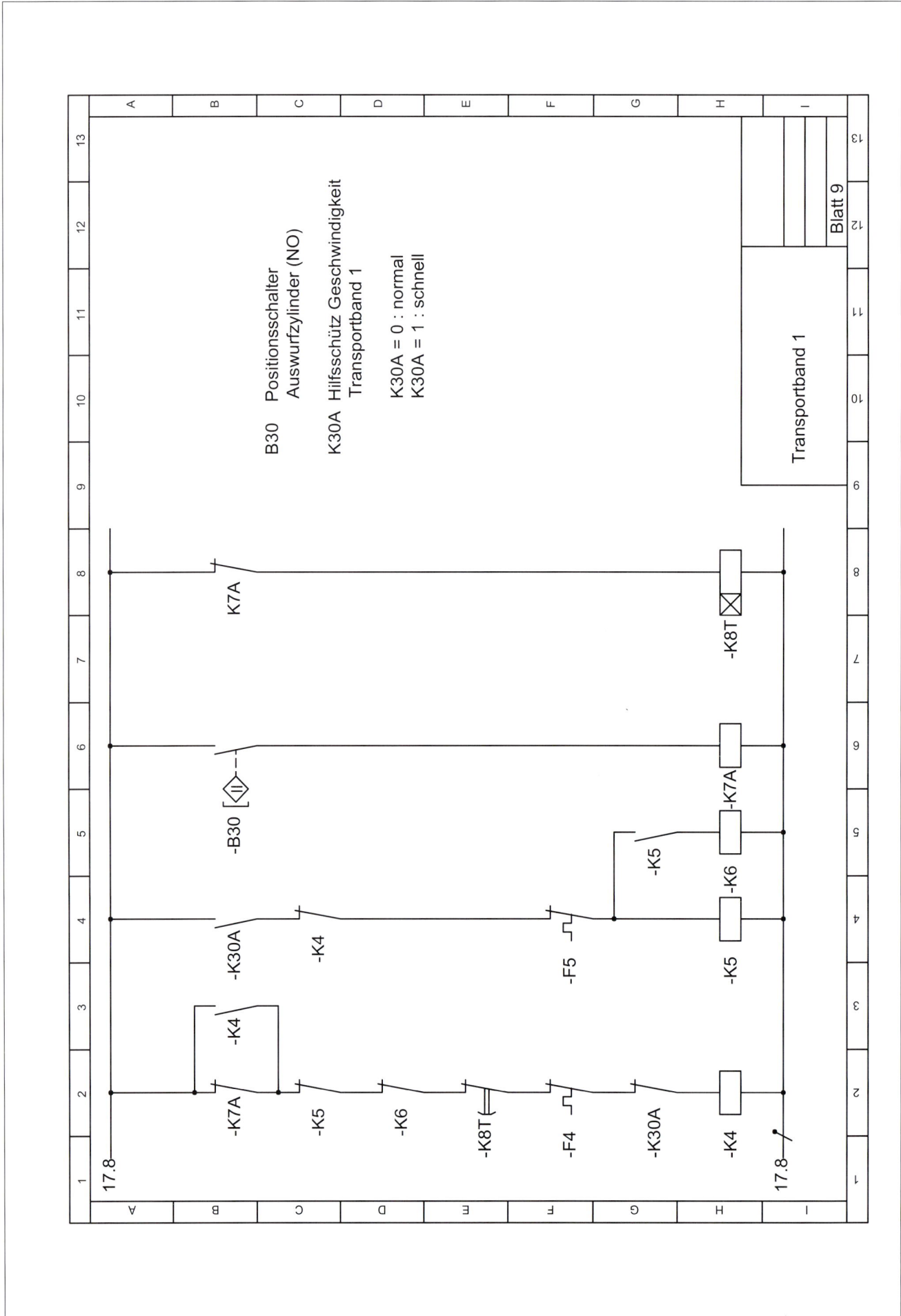

1 Transportband 1, Steuerstromkreis

6 Realisierung mechatronischer Teilsysteme

info

Schmelzsicherungen

Schmelzsicherungen schützen Leitungen und Betriebsmittel vor Überlastung und Kurzschluss, indem sie den Stromkreis selbsttätig unterbrechen.

Ein *Schraubsicherungssystem* besteht aus den Elementen
- Sicherungssockel
- Passschraube
- Schmelzeinsatz
- Berührungsschutz
- Schraubkappe

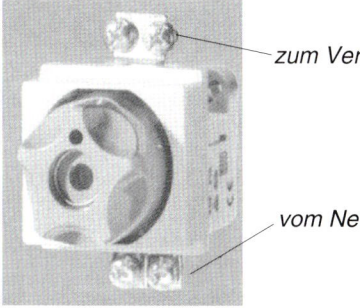

zum Verbraucher

vom Netz

Nennstromstärken und Kennfarben

4 A	braun	20 A	blau
6 A	grün	25 A	gelb
10 A	rot	35 A	schwarz
16 A	grau	50 A	weiß

D-System (Diazed)
D II   E27   2 ···   25 A   500 V AC/DC
D III   E33   35 ···   63 A   500 V AC/DC
D IV H   R1$\frac{1}{4}$ 80 A, 100 A   500 V AC/DC

DO-System (Neozed)
D 01   E14   2 ···   16 A   400 V AC 250 V DC
D 02   E18   20 ···   63 A   400 V AC 250 V DC
D 03   M30 x 2 80 A, 100 A 400 V AC   250 V DC

englisch

Sicherung
fuse, fuse link

Schmelzeinsatz
fuse link, fusible element

Schmelzleiter
fuse element, fusing conductor

Schmelzsicherung
fuse cut-out, blow out fuse

Leuchttaster
illuminated control push button, indicator push-button unit

Öffnerkontakt
normaly closed contact, break contact unit, opening contact

Schließerkontakt
normally open contact, closer, breaker, NO-contact, a-contact

Glühlampe
filament lamp

SPS
programmable logic controller

Betriebsmittel, elektrische
electrical equipment

modular
modular

Schützsteuerung
contacter control, contacter equipment

6.2 SPS-Programmierung

auftrag

Die Motoren der Transportbänder (siehe Seite 94) sollen in die SPS-Steuerung der Gesamtanlage einbezogen werden.

Neben der Programmerstellung ist der Anschluss der Betriebsmittel an die SPS vorzunehmen.

anwendungen

1. Für die Gesamtanlage wurde eine modulare SPS vorgesehen.
Was versteht man darunter?
Welchen wesentlichen Vorteil hat die modulare SPS gegenüber einer Kompaktsteuerung?

2. Welche wesentlichen Vorteile hat der Einsatz einer SPS gegenüber einer konventionellen Schützsteuerung?

3. Sie sollen die Wirtschaftlichkeit eines SPS-Einsatzes beurteilen.
Bitte nennen Sie wesentliche Kriterien.

4. Die Zentraleinheit vieler SPS-Systeme hat eine Pufferbatterie.
Welche Aufgabe hat diese Batterie und worauf ist für den Servicetechniker unbedingt zu achten?

5. Dargestellt ist der Aufbau eines einfachen SPS-Systems (Bild 1, Seite 106).
Bitte erläutern Sie die einzelnen Komponenten.

6. Ein SPS-Programm ist eine Folge von Steueranweisungen. Bitte beschreiben Sie die Arbeitsweise eines SPS-Programms.

7. Eine wichtige Kenngröße von SPS-Systemen ist die Zykluszeit.
Welche Bedeutung hat diese Zykluszeit bei der SPS-Auswahl?

8. SPS-Systeme arbeiten nach dem Prozessabbild.
a) Was wird darunter verstanden?
b) Warum ist diese Arbeitsweise für die steuerungstechnische Anwendung unverzichtbar?

9. U   E0.0
   U   E0.1
   O   E0.2
   =   A4.0

a) Beschreiben Sie die Abarbeitung des Programms.

b) Was versteht man unter dem Status eines Operanden?

c) Erläutern Sie den Begriff Abfrageergebnis.

d) Was versteht man unter dem Verknüpfungsergebnis (VKE)? Welche Bedeutung hat das VKE bei der Programmbearbeitung?

e) Manche Programmiersysteme arbeiten nach dem Prinzip der Erstabfrage.
Was versteht man darunter und welche Bedeutung hat es für die Programmerstellung?

f) Stellen Sie obiges als Anweisungsliste geschriebenes Programm als Funktionsplan (FUP) und als Kontaktplan (KOP) dar.

anwendungen

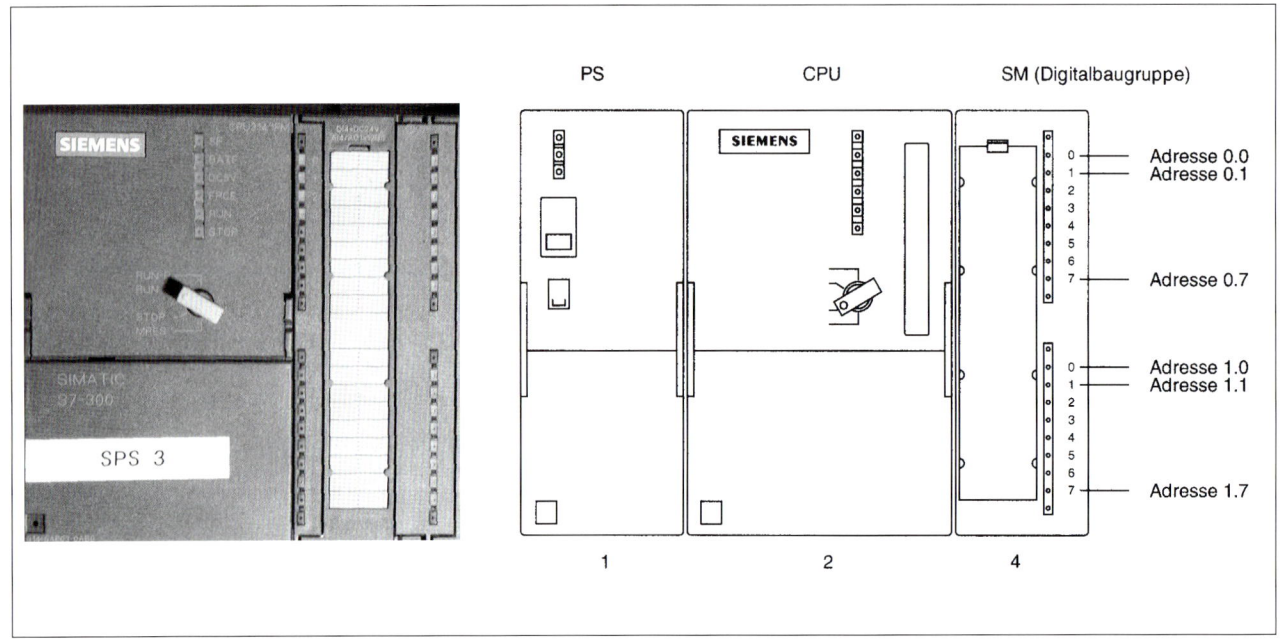

1 SPS-System zu Aufgabe 5, Seite 105

10. Steuerung für den Bandantrieb 1, Seite 102.

Die Steuerungsaufgabe soll mit Hilfe einer SPS verwirklicht werden. Dargestellt sind die Zuordnungsliste und der vereinfachte Anschlussplan (Belegungsplan).

Zuordnungsliste

Betriebs- mittel	Ein-/ Ausgang	Kommentar
S0	E0.0	Austaster, Öffner
S1	E0.1	Band „Produktion 1" EIN, Schließer
S2	E0.2	Band „Produktion 2" EIN, Schließer
S3	E0.3	Band „Ausschuss" EIN, Schließer
F1	E0.4	Motorschutz „Produktion 1", Öffner
F2	E0.5	Motorschutz „Produktion 2", Öffner
F3	E0.6	Motorschutz „Ausschuss", Öffner
K1	A4.0	Schütz „Produktion 1"
K2	A4.1	Schütz „Produktion 2"
K3	A4.2	Schütz „Ausschuss"
H1	A4.3	Meldung „Produktion 1"
H2	A4.4	Meldung „Produktion 2"
H3	A4.5	Meldung „Ausschuss"

a) Welchen Informationsgehalt haben Zuordnungsliste bzw. Belegungsplan?

b) In welchem Stadium der Projektierung werden Zuordnungsliste bzw. Belegungsplan erstellt?

c) Ein Teil des Steuerungsprogramms lautet folgendermaßen:

U E0.1
O A4.0
U E0.0
U E0.4
= A4.0
= A4.3

Ist dieser Programmausschnitt in Ordnung?
Erstellen Sie das Programm für die gesamte Steuerung „Bandantrieb 1" in dieser Form.

d) Stellen Sie das gesamte Programm nach c) als Funktionsplan (FUP) und als Kontaktplan (KOP) dar.

e) Vorgeschlagen wird folgende Programmierung für den „Bandantrieb 1":

ON E0.0
ON E0.4
R A4.0
U E0.1
S A4.0
U A4.0
= A4.3

Ist dieser Programmausschnitt in Ordnung?
Erstellen Sie das Programm für die gesamte Steuerung „Bandantrieb 1" in dieser Form.

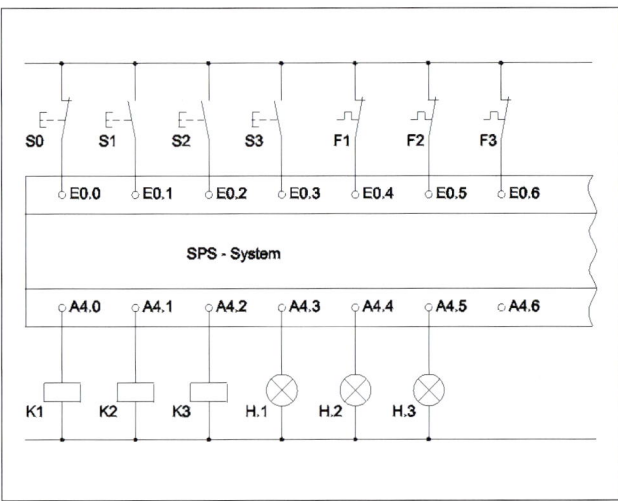

2 Anschlussplan (Belegungsplan) zu Aufgabe 10

6 Realisierung mechatronischer Teilsysteme

anwendungen

f) Stellen Sie das gesamte Programm nach e) als Funktionsplan (FUP) und als Kontaktplan (KOP) dar.

g) Worin liegt der wesentliche Unterschied bei der Programmierung nach c) und e)?
Worauf ist besonders zu achten?

11. Erstellen Sie das Programm für den Bandantrieb 1 in der Programmiersprache ST (SCL).

12. Auch für Transportband 1 ist ein SPS-Programm zu erstellen.
a) Erstellen Sie die Zuordnungsliste.
b) Skizzieren Sie den Anschlussplan.
c) Entwickeln Sie das Programm in den Sprachen FUP, AWL und KOP.

13. Im Schaltschrank ist ein SPS-System (Hardware) zu montieren.
Bitte beschreiben Sie genau Ihre Vorgehensweise.
Skizzieren Sie den Anschluss der SPS einschließlich Spannungsversorgung der CPU sowie der digitalen Ein- und Ausgabebaugruppen.
Die 24-V-Spannungsversorgungs-Baugruppe kann dabei als vorhanden angenommen werden.

14. Ausgabebaugruppe (siehe technische Daten).
Worauf ist bei der Auswahl der Schütze für die Bandantriebsmotoren zu achten?

15. Es werden Ausgangsbaugruppen mit elektronischen Ausgängen und mit Relaisausgängen angeboten.
Welchen Vorteil haben Relaisausgänge?
Unter welchen Voraussetzungen würden Sie sich für eine solche Baugruppe entscheiden?

info

Eingabebaugruppe, technische Daten (Auswahl)

Anzahl der Eingänge	16
Lastnennspannung L+/L1	DC 24 V (Nennwert)
	20,4 – 28,8 V (zulässiger Bereich)
Eingangsspannung	
• Nennwert	DC 24 V
• für Signal „1"	15 – 30 V
• für Signal „0"	–3 – + 5 V
Potenzialtrennung	Optokoppler
Eingangsstrom bei „1"-Signal	typ. 7,0 mA
Eingangs-verzögerungszeit	1,2 – 4,8 ms
Leitungslänge	
• ungeschirmt	600 m
• geschirmt	1000 m
Stromaufnahme Verlustleistung	max. 25 mA typ 3,5 W
Isolation geprüft mit	DC 500 V

Ausgabebaugruppe, technische Daten (Auswahl)

Anzahl der Ausgänge	16
Lastnennspannung L+/L1	DC 24 V
• zulässiger Bereich	20,4 – 28,8 V
Potenzialtrennung	Optokoppler
• In Gruppen zu	8
Ausgangsstrom	
• bei Signal „1" Nennwert bei 60 °C	0,5 A
• Mindeststrom	5 mA
• bei Signal „0"	0,5 mA
Summenstrom der Ausgänge (je Gruppe)	2 A
Lampenlast	max. 5 W
Schaltfrequenz der Ausgänge	
• bei ohmscher Last	max. 100 Hz
• bei induktiver Last	max. 0,5 Hz
• bei Lampenlast	max. 100 Hz
Kurzschlussschutz	elektronisch

Beschaltungsbilder der Baugruppen

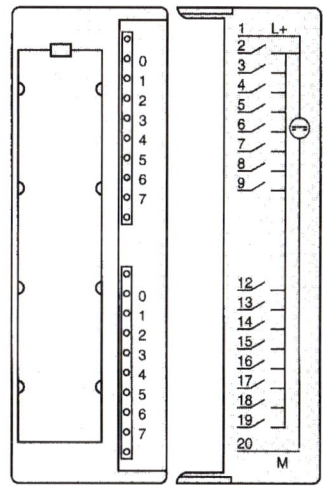

Eingabebaugruppe
DI: Digital Input

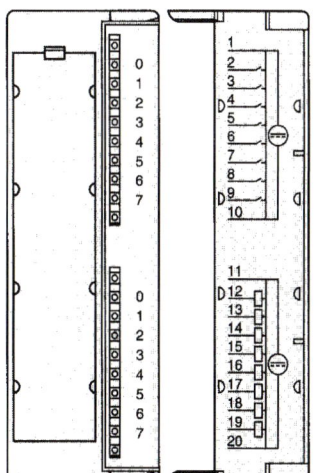

Kombinierte Eingabe- und Ausgabebaugruppe
DI / DO: Digital Input / Digital Output

SPS-Programmierung

info

Zentralbaugruppe, technische Daten (Auswahl)

Arbeitsspeicher	32 KByte
Pufferung	
• ohne Batterie	144 Byte Merker, Zähler, Zeiten und Daten
• mit Batterie	Zusätzlich alle Datenbausteine
Echtzeituhr	ja
Programmorganisation	linear, strukturiert
Bearbeitungszeiten für	
• Bitoperationen	0,3 – 0,6 µs
• Wortoperationen	1 µs
• Zeit-/Zähloperationen	12 µs
Zykluszeitüberwachung	150 ms (voreingestellt) einstellbar 1 – 6000 ms
Merker	2048
• davon remanent mit Batterie	0 – 2048 (M0.0 – M255.7)
• davon remanent ohne Batterie	0 – 1152 (M0.0 – M143.7), einstellbar
Zähler	64
Zählbereich	1 – 999
Zeiten	128
Zeitbereich	10 ms bis 9990 s
Versorgungsspannung	
• Nennwert	DC 24 V
• zulässiger Bereich	20,4 – 28,8 V
Stromaufnahme	1 A
Einschaltstrom	8 A
Verlustleistung	16 W

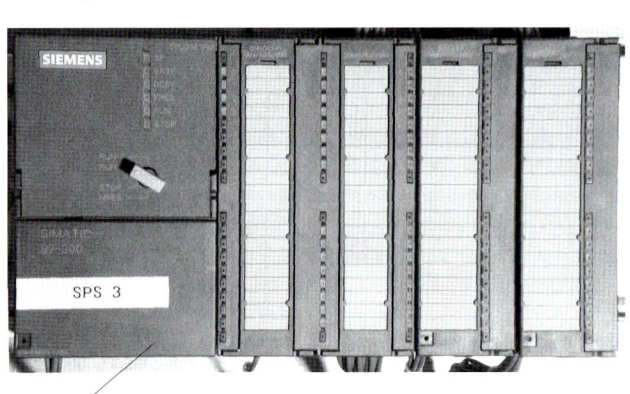

SPS-System

Zentralbaugruppe

englisch

SPS programmable controller

Betriebsmittel electrical equipment

modular modular

Schützsteuerung contacter control, contacter equipment

Zentraleinheit central prozessing unit, CPU, processor

Puffer buffer

Anweisung instruction, statement, command

Anweisungsliste instruction list (IL)

Kontaktplan (KOP) ladder diagram (LD)

Funktionsplan (FUP) sequential function chart (SFC), logic diagram

Zykluszeit cycle time

Operandenadresse operand adress

Abfrage interrogation

Verknüpfung, logische logical interconnection

Verknüpfung, programmierte programmed interconnection

Verknüpfungsanweisung logic instruction

Verknüpfungsbedingung logic condition

Befehl instruction

Programmierung programming

info

Operationsteile von Steueranweisungen

U	UND
O	ODER
N	NICHT
=	Ergebniszuweisung, nicht speichernd
S	Ergebniszuweisung, speichernd EIN
R	Ergebniszuweisung, speichernd AUS

Operandenteile von Steueranweisungen

E	Eingang
A	Ausgang
M	Merker
T	Zeitglied
Z	Zähler

6 Realisierung mechatronischer Teilsysteme

info

Programmiersprachen

AWL	U E0.0 U E0.1 = A4.0	Anweisungsliste	
FUP	E0.0, E0.1 → & → A4.0	Funktionsplan	
KOP	⊣ E0.0 ⊢ ⊣ E0.1 ⊢ ─(A4.0)─	Kontaktplan	
ST (SCL)	A4.0 := E0.0 AND E0.1; bzw. A4.0 := E0.0 & E0.1;	**S**trukturierter **T**ext **S**tructured **C**ontrol **L**anguage	

Auf die Darstellung der Ablaufsprache (AS, Graph) wurde hier noch verzichtet.

Merker

Merker sind 1-Bit-Speicherelemente, mit denen die Signalzustände „0" und „1" gespeichert werden können.

Im einfachen Sinne haben die Merker die gleiche Funktion wie die Hilfschütze einer Schützsteuerung. Merker können wie Ausgänge gesetzt und wie Eingänge abgefragt werden.

Zum Beispiel:

```
U   E1.0          U   E1.0
U   E1.1          S   M0.6
=   M0.1          UN  E1.1
U   M0.1          R   M0.6
U   E0.2          U   M0.6
=   A4.6          U   E1.2
                  =   A4.4
```

Strukturierte Programmierung

Ein *strukturiertes Programm* besteht aus den Elementen

- Organisationsbaustein (OB)
- Funktionsbaustein (FB)
- Funktion (FC)
- Datenbaustein (DB)

Der Organisationsbaustein kann Funktionsbausteine und Funktionen aufrufen. Der Funktionsbaustein kann nur FBs und Funktionen aufrufen. Die Funktion kann nur Funktionen aufrufen. Es gibt also eine Hierarchie:
OB → FB → FC.
Da der FB im Unterschied zur Funktion Speicherverhalten hat, benötigt er für die Datenspeicherung einen Datenbaustein.

CALL FB1, DB1

Der Funktionsbaustein FB1 wird mit dem ihm zugeordneten Datenbaustein DB1 aufgerufen. Der Aufruf kann aus dem Organisationsbaustein oder einem anderen Funktionsbaustein heraus erfolgen; niemals jedoch aus einer Funktion heraus.

Symboltabelle

Eine flexible Programmierung mit *wiederverwertbaren* Programmelementen verzichtet auf die Verwendung von *Hardwareadressen* (z.B. E 0.1 oder A 4.0). Das Programm selbst umfasst *Variablen*, die neben der zugeordneten Hardwareadresse und dem Datentyp in die Symboltabelle eingetragen werden.

Symboltabelle (vereinfacht)

Name	Adresse	Typ	Kommentar
baender_aus	E0.0	BOOL	Bänder ausschalten, Öffner
bd_prod_1_ein	E0.1	BOOL	Band Produktion 1 einschalten, Schließer
bd_prod_2_ein	E0.2	BOOL	Band Produktion 2 einschalten, Schließer
bd_aussch_ein	E0.3	BOOL	Band Ausschuss einschalten, Schließer
mot_sch_bd_p1	E0.4	BOOL	Motorschutz; Band Produktion 1, Öffner
mot_sch_bd_p2	E0.5	BOOL	Motorschutz; Band Produktion 2, Öffner
mot_sch_ausschuss	E0.6	BOOL	Motorschutz; Band Ausschuss, Öffner
BAND_PROD_1	A4.0	BOOL	Band Produktion 1
BAND_PROD_2	A4.1	BOOL	Band Produktion 2
BAND_AUSSCH	A4.2	BOOL	Band Ausschuss
MELD_BD_PR_1	A4.3	BOOL	Meldelampe Band Produktion 1
MELD_BD_PR_2	A4.4	BOOL	Meldelampe Band Produktion 2
MELD_BD_AUSS	A4.5	BOOL	Meldelampe Band Ausschuss

Die in der *Symboltabelle* deklarierten Variablen haben im gesamten Projekt Gültigkeit (im OB, in allen FBs und in allen Funktionen). Man kann diese Variablen als *global* bezeichnen. Globale Variablen werden beim Programmiersystem S7 in Anführungszeichen gesetzt (z.B. "baender_aus").

SPS-Programmierung

info

Die Variable *baender_aus* erhält den *booleschen Wert* („0" oder „1") von der *Hardwareadresse* (vom Eingang) *E0.0*.

Durch den zugeordneten *Datentyp BOOL* ist festgelegt, dass diese so *deklarierte* Variable *nur boolesche Daten* empfangen (verarbeiten) kann.

Boolesche Daten können nur einen der beiden Signalzustände
- „0", FALSE
- „1", TRUE

annehmen.

Programmdarstellung mit Variablen (Beispiel)

```
U    "bd_prod_1_ein"
S    "BAND_PROD_1"
ON   "baender_aus"
ON   "mot_sch_bd_p1"
R    "BAND_PROD_1"

U    "BAND_PROD_1"
=    "MELD_BD_PR_1"
```

Hinweise
- Die Anführungszeichen müssen nicht eingegeben werden. Sie werden vom Programmiersystem automatisch hinzugefügt.
- Selbstverständlich kann die Variablendarstellung auch bei den anderen Programmiersprachen verwendet werden.

Zeitfunktionen (Auswahl)

Einschalt-verzögerung	SE	Wenn das VKE am Starteingang der Zeitfunktion von „0" nach „1" wechselt, wird die Zeit gestartet. Wenn die Zeit abgelaufen ist und der Starteingang noch den Wert „1" hat, ergibt die Abfrage der Zeitfunktion den Wert „1".
Einschalt-verzögerung; speichernd	SS	Wie SE; jedoch muss das VKE am Starteingang nicht ständig den booleschen Wert „1" haben. Wenn das VKE am Starteingang während der ablaufenden Zeit wieder von „0" nach „1" wechselt, wird die Zeit erneut mit dem eingegebenen Zeitwert gestartet.
Ausschalt-verzögerung	SA	Wenn das VKE am Starteingang der Zeitfunktion von „1" nach „0" wechselt, wird die Zeitfunktion gestartet. So lange das VKE am Starteingang den booleschen Wert „1" hat oder die Zeit noch nicht abgelaufen ist, lautet das Abfrageergebnis des Zeitgliedes „1". Wenn während der laufenden Zeit das VKE am Starteingang der Zeitfunktion von „0" nach „1" wechselt, wird das Zeitglied zurückgesetzt.

Laden der Zeitdauer

```
L  S5T#30S           // 30 Sekunden
L  S5T#1H30S20MS     // 1 Stunde, 30 Sekunden,
                     // 20 Millisekunden
```

Reihenfolge von Zeitoperationen

Bei der Programmierung ist eine bestimmte Reihenfolge einzuhalten, wobei natürlich nicht immer sämtliche Operationen benötigt werden und weggelassen werden können.

1. Freigabe der Zeit	U E1.0
	FR T5
2. Zeit starten	U E1.1
	L S5T#10S
	SE T1
3. Zeit rücksetzen	U E1.2
	R T1
4. Zeitabfrage, binär	U T1
	= A4.0

Darstellung einer Zeitfunktion im Funktionsplan (FUP)

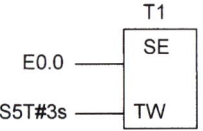

Darstellung einer Zeitfunktion im Kontaktplan (KOP)

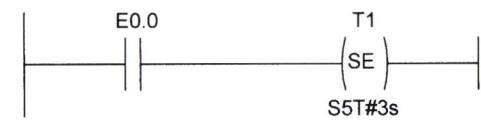

englisch

Programmiersprache
programming language

Programmiersystem
programming system

Programmspeicher
program memory

Signalspeicher
latch, transient recorder, event recorder

Zuordnungsliste
assignment list, cross-reference list

Projektierung
project work

Anschluss
connection

Schaltschrank
switch cabinet, cubicle, switchgear cabinet

Baugruppe
package, unit package, module

Baugruppenträger
chassis

Nennspannung
rated voltage

Nennstrom
rated current, nominal current

Eingangsspannung
input voltage, sending end voltage

Verzögerungszeit
delay time, lag time

Leitung
line, electric line, wire, cable

Abschirmung
screening, shielding, protective screen

Verlustleistung
dissipation (power), loss (power), powerloss

Isolation
isolation

Potenzial
potential

Kurzschlussschutz
short-circuit protection

Frequenz
frequency

Nennwert
nominal value, rated value, rating

Echtzeituhr
real-time-clock, RTC

Zähler
counter, counting unit

Merker
flag, marker

Symbol
symbol

Ausschaltverzögerung
turn-off delay

Reihenfolge
sequence, order

Freigabe
release, releasing, clearing

6 Realisierung mechatronischer Teilsysteme

info

Programmierung mit S7
- Simatic Manager aufrufen.
- Neues Projekt anlegen (falls erforderlich; sonst bereits erstelltes *Projekt laden*).

Bei *neuem* **Projekt** anlegen:
- CPU-Typ auswählen (z.B. CPU 314)
- Projektnamen eingeben (z.B. FUSS_ZUFUHR)

Die S7-Software ist *objektorientiert*.
Objekte sind z.B. Stationen, Baugruppen, Programme, Quellen, Bausteine. Die Anordnung der Objekte gibt Auskunft über die *Objekthierarchie*.
Eine *Station* enthält z.B. eine *programmierbare Baugruppe*. Einer solchen programmierbaren Baugruppe kann z.B. ein *Programm* zugeordnet werden. Ein Programm umfasst Quellen, Symbole und Bausteine.
Wenn z.B. ein Objekt kopiert wird, wird die gesamte „niederwertige" Hierarchie gleich mitkopiert.

- *Symboltabelle erstellen*

S7-Programm → Symbole
Geöffnet wird der *Symbol-Editor*, in dem die Symbolinformationen eingetragen werden können. Den Eintrag

    CYCLE EXECUTION   OB1   OB1

lassen Sie bitte unverändert (siehe unten).

Beachten Sie die *Variablennamen* (Spalte Symbol). *Variablen* sind vom Anwender definierte *Bezeichner*, die als Platzhalter für die Daten des SPS-Programms verwendet werden.

Ein *Bezeichner* ist eine Folge von Buchstaben, Ziffern und Unterstrichzeichen (_).
Die Folge muss mit einem Buchstaben oder einem Unterstrich beginnen und darf keine Leerzeichen enthalten. Deutsche Sonderzeichen sind möglichst zu vermeiden (z.B. oe statt ö).

Jede Änderung in der Symboltabelle muss *gespeichert* werden:

Strg + S oder *Tabelle → Speichern*

Danach Rückkehr zum Simatic-Manager.

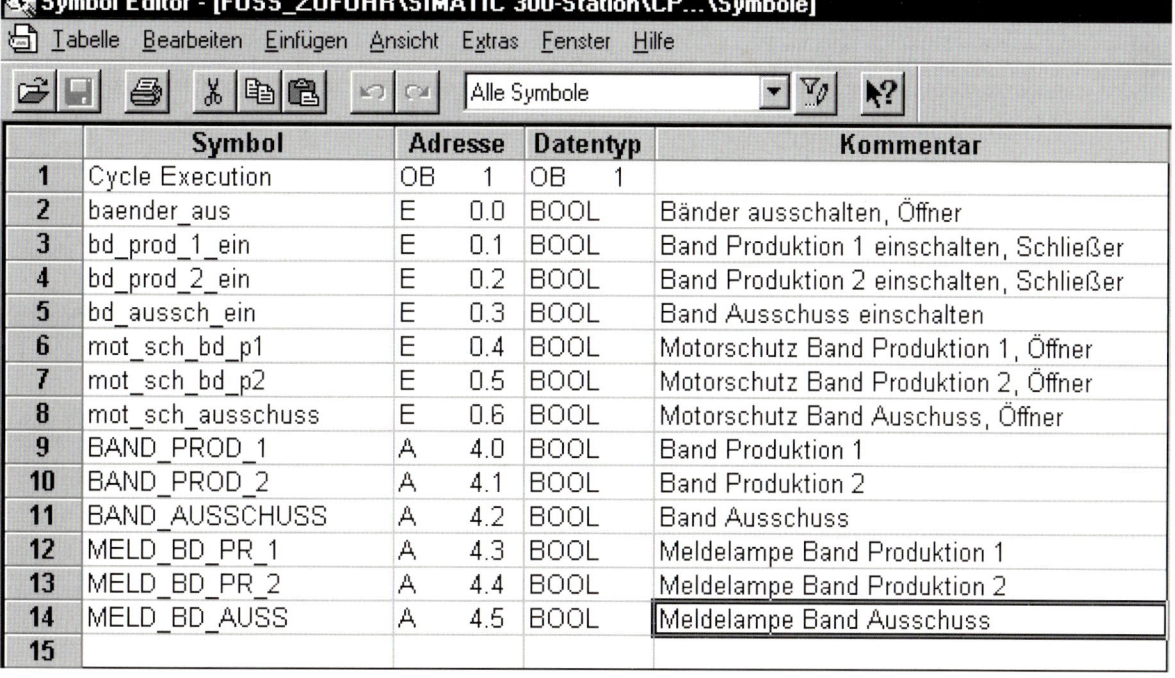

	Symbol	Adresse		Datentyp		Kommentar
1	Cycle Execution	OB	1	OB	1	
2	baender_aus	E	0.0	BOOL		Bänder ausschalten, Öffner
3	bd_prod_1_ein	E	0.1	BOOL		Band Produktion 1 einschalten, Schließer
4	bd_prod_2_ein	E	0.2	BOOL		Band Produktion 2 einschalten, Schließer
5	bd_aussch_ein	E	0.3	BOOL		Band Ausschuss einschalten
6	mot_sch_bd_p1	E	0.4	BOOL		Motorschutz Band Produktion 1, Öffner
7	mot_sch_bd_p2	E	0.5	BOOL		Motorschutz Band Produktion 2, Öffner
8	mot_sch_ausschuss	E	0.6	BOOL		Motorschutz Band Ausschuss, Öffner
9	BAND_PROD_1	A	4.0	BOOL		Band Produktion 1
10	BAND_PROD_2	A	4.1	BOOL		Band Produktion 2
11	BAND_AUSSCHUSS	A	4.2	BOOL		Band Ausschuss
12	MELD_BD_PR_1	A	4.3	BOOL		Meldelampe Band Produktion 1
13	MELD_BD_PR_2	A	4.4	BOOL		Meldelampe Band Produktion 2
14	MELD_BD_AUSS	A	4.5	BOOL		Meldelampe Band Ausschuss
15						

info

- *SPS konfigurieren*
SIMATIC 300-Station → Hardware
Es erscheint die Konfigurationstabelle (HW-Konfig.)
Die gewählte CPU 314 ist bereits eingetragen.

Im Hardware-Katalog unter SIMATIC 300 den Behälter SM 300 öffnen. DI bedeutet: Digitale Eingabebaugruppe, DO bedeutet: Digitale Ausgabebaugruppe.

DI-Behälter öffnen und die Baugruppe SM 321 DI 16 x DC 24 V auf Steckplatz 4 ziehen. Steckplatz 3 muss frei bleiben.
In gleicher Weise den DO-Behälter öffnen und die Baugruppe DO 16 x DC 24 V/0,5 A auf Steckplatz 5 ziehen.

Beachten Sie bitte:
- In der E-Spalte (Eingang) steht der Eintrag 0 ... 1. Dies bedeutet, dass die Eingänge E0.0 ... E0.7 und E1.0 ... E1.7 zur Verfügung stehen.
- In der A-Spalte (Ausgang) steht der Eintrag 4 ... 5. Die Ausgänge A4.0 ... A4.7 und A5.0 ... A5.7 stehen zur Verfügung.

Station speichern (Strg + S) und zurück zum SIMATIC-Manager.

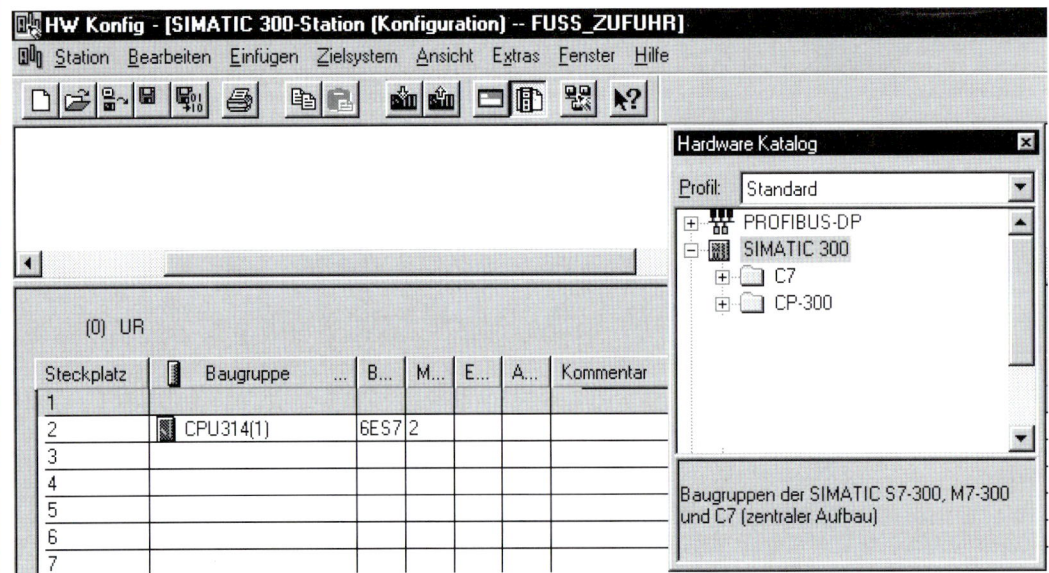

- *Funktionsbaustein FB1 erstellen*
Bausteine → Einfügen → S7-Baustein → Funktionsbaustein

Name: FB1, Erstellsprache FUP, OK

Im SIMATIC-Manager auf FB1 doppelklicken.
Das Fenster KOP/ AWL/FUP (Programmeditor) wird geöffnet.
Unter Bitverknüpfungen finden Sie die Speicher. UND-, ODER- und NICHT-Verknüpfung, Ergebnisbox sowie „Hinzufügen weiterer Eingänge" finden sich in der Schaltleiste.

Die Eingangs- und Ausgangsvariablen können entweder durch ihre Variablennamen oder durch ihre Hardwareadressen eingegeben werden. In beiden Fällen erscheint nach Betätigung der Eingabetaste der in der Symboltabelle deklarierte Variablenname.

Wenn ein *Netzwerk* fertiggestellt wurde (endet mit Ergebniszuweisung), wird ein neues Netzwerk erstellt. Entweder
- *Rechte Maustaste und Netzwerk einfügen*
- *Einfügen → Netzwerk*
- *Strg + R*

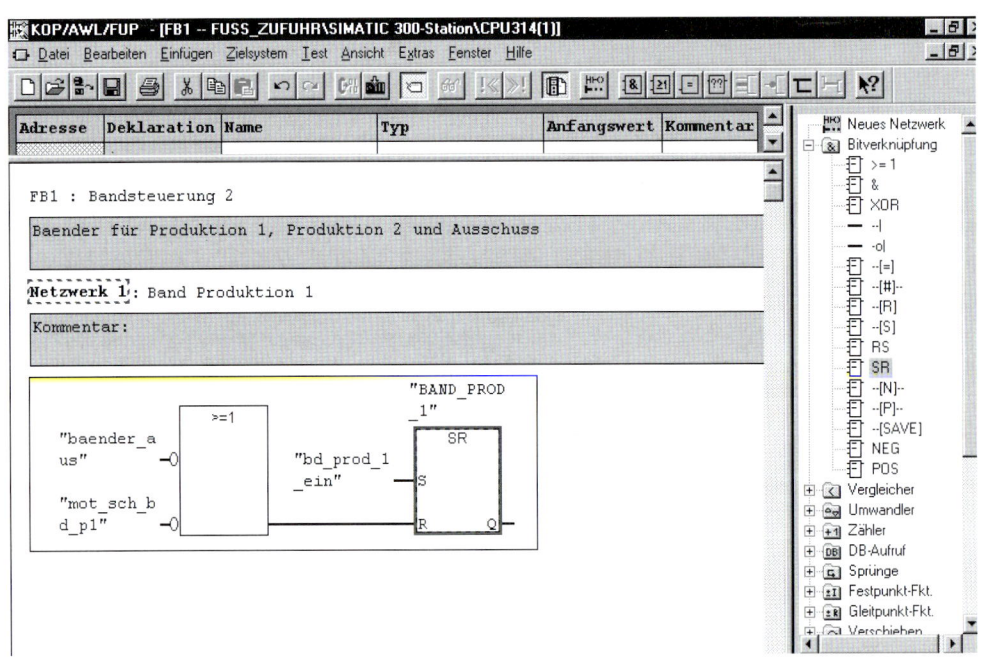

6 Realisierung mechatronischer Teilsysteme

info

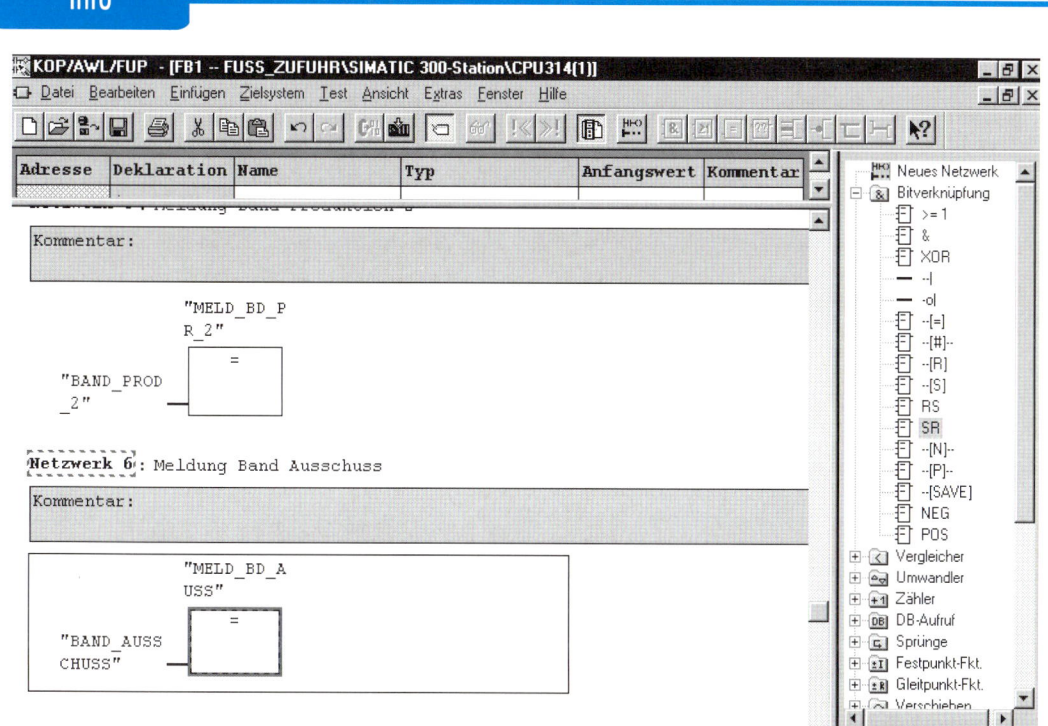

- *Organisationsbaustein OB1 bearbeiten*
Doppelklick auf OB1 im Simatic-Manager. Der OB1 wird geöffnet.
Am einfachsten ist der Bausteinaufruf in AWL-Form.

CALL   FB1, DB   //Kommentar

Nach Betätigung der Eingabetaste erscheint das Fenster „Instanz-Datenbaustein generieren...". Da einem FB zwingend ein DB zugeordnet werden muss, die Schaltfläche „Ja" anklicken.

OB1 speichern (z.B. *Strg + S*); und zurück zum Simatic Manager.

- *Programm zum Test in CPU laden*
Baustein selektieren und entweder die Schaltfläche „*Laden*" anklicken oder *Zielsystem → Laden* oder *Strg + L*.
Danach wird das Programm in die CPU geladen und kann getestet werden.

anwendung

1. Das Steuerungsprogramm für Transportband 1 ist als FB2 zu erstellen und zum Testen in die CPU zu laden.

Beschreiben Sie genau Ihre Vorgehensweise.

Beachten Sie bitte, dass das Programm für die 3 Bänder: „Produktion 1", „Produktion 2" und „Ausschuss" bereits erstellt ist.

Im Simatic Manager des Projektes „Fußzufuhr" sind im Objekt Bausteine bereits OB1, FB1, DB1 vorhanden. Ihr Auftrag besteht also in einer Programmergänzung.

übung und vertiefung

1. Wegen Betriebserweiterung muss ein weiterer Kompressor für die Druckluftversorgung der Pneumatik in Betrieb genommen werden.

Der Kompressor ist bereits aufgebaut und mit der Pneumatikversorgung des Betriebes verbunden. Er muss nun elektrisch angeschlossen werden.

Auf dem Elektromotor ist das dargestellte Leistungsschild angebracht (Bild 1).

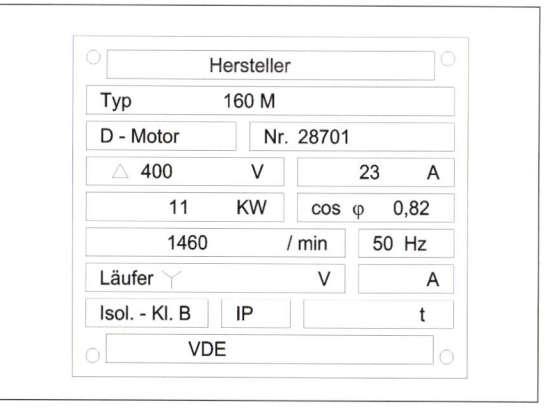

1 Leistungsschild des Kompressormotors

a) Ist der Motor für Stern-Dreieck-Anlauf geeignet? Begründen Sie Ihre Antwort.
b) Wie groß ist die Stromaufnahme des Motors im Dreieckbetrieb und im Sternanlauf?
c) Welches Drehmoment gibt der Motor an der Welle ab? Wie groß ist der Wirkungsgrad des Motors?

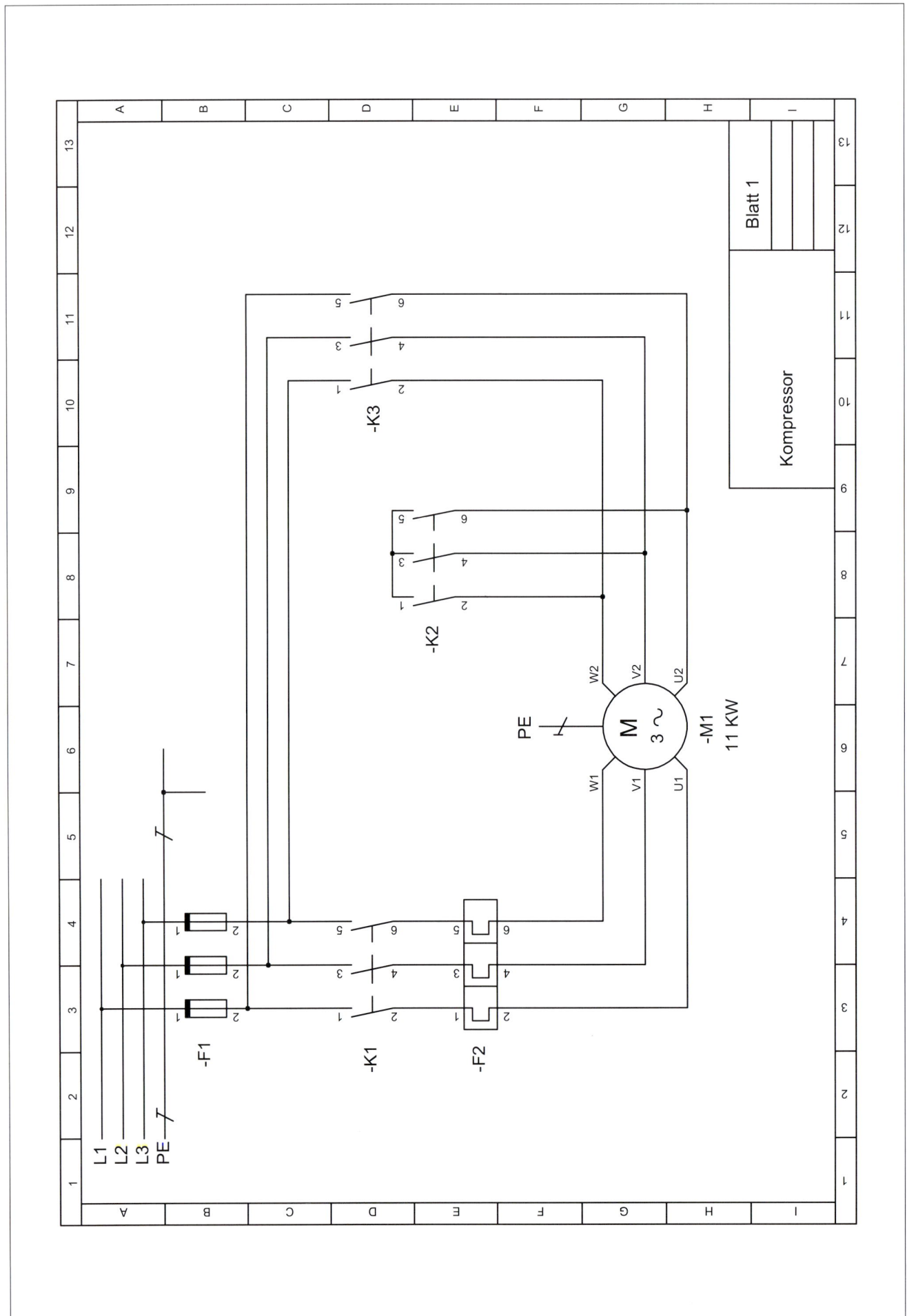

1 Kompressorsteuerung, Hauptstromkreis

6 Realisierung mechatronischer Teilsysteme

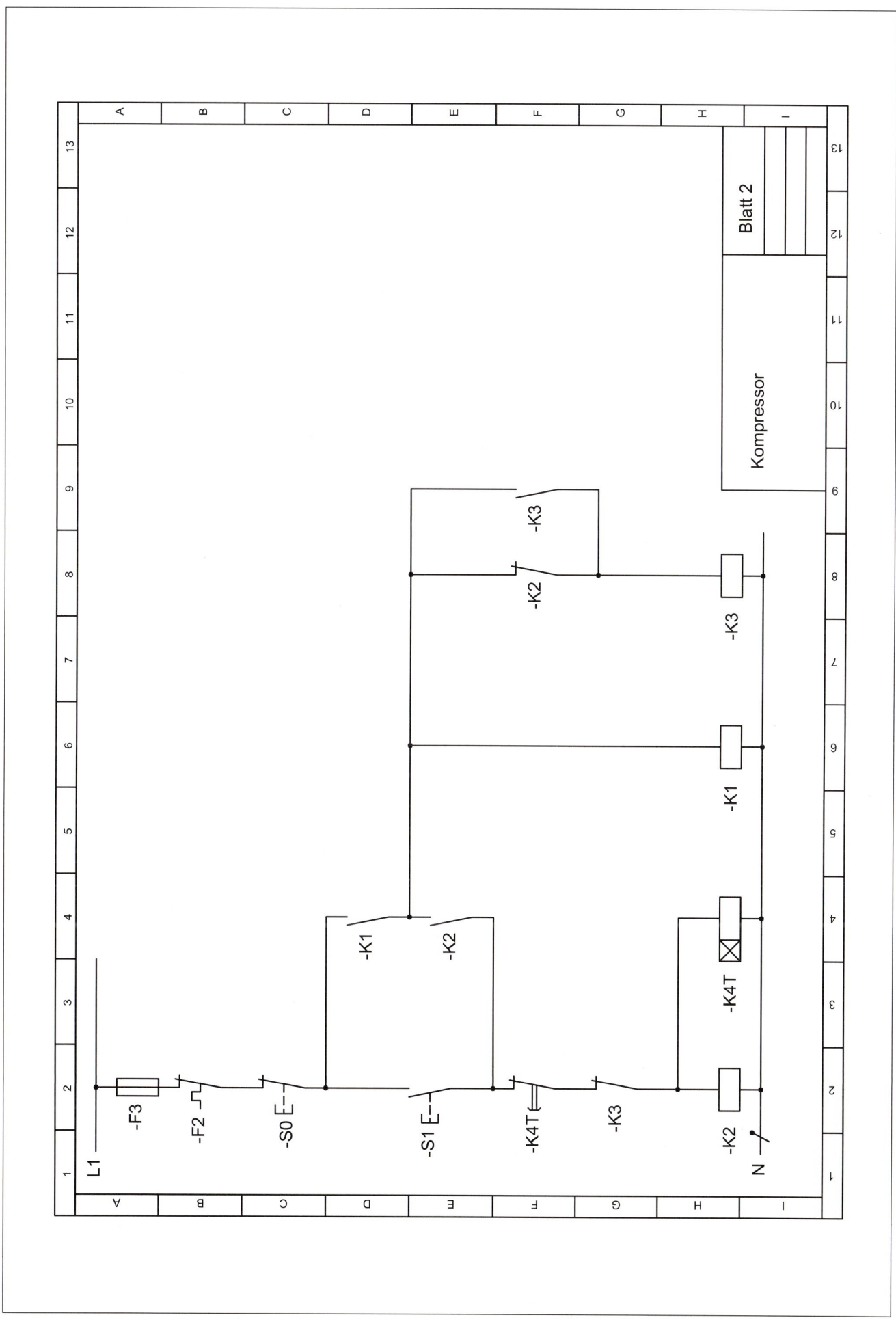

1 Kompressorsteuerung, Steuerstromkreis

SPS-Programmierung

Übung und Vertiefung

d) Zum Kompressor wird eine 17 m lange Zuleitung gezogen, die überwiegend durch Rohr verläuft. Wählen Sie eine geeignete Leitung aus.

e) Die Zuleitung muss abgesichert werden. Bitte wählen Sie den Nennstrom der Überstrom-Schutzorgane (Schmelzsicherungen gG) aus.

f) Wie groß ist der maximale Spannungsfall auf der Leitung? Ist dieser Wert in Ordnung?

g) Wählen Sie geeignete Schütze K1, K2, K3 aus.

h) Wählen Sie ein Motorschutzrelais aus.

i) Einstellwert des Motorschutzrelais?

j) Ein Kollege bemerkt, dass das Motorschutzrelais auf den Nennstrom des Motors in Dreieckschaltung einzustellen ist. Hat er Recht?

k) Kompressorsteuerung, Blatt 1 (Seite 114): Bitte überprüfen Sie den Schaltungsentwurf und nehmen Sie gegebenenfalls Änderungen vor. Welche Schütze müssen verriegelt werden?

l) Kompressorsteuerung, Blatt 2 (Seite 115): Bitte überprüfen Sie den Schaltungsentwurf und nehmen Sie gegebenenfalls Änderungen vor.

m) In die Kompressorsteuerung, Blatt 2 (Seite 115) ist ein Druckschalter einzubauen, der bei 6 bar einschaltet und bei 7,5 bar ausschaltet. Bitte nehmen Sie die Änderung vor.

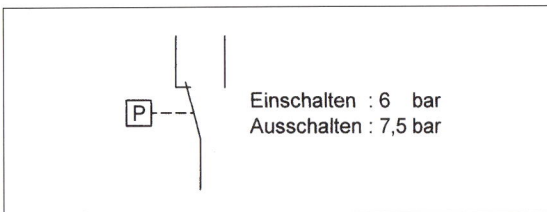

1 Druckschalter zu Aufgabe 1 m

n) Sie erhalten den Auftrag, einen Funktionsbaustein für den Stern-Dreieck-Anlauf zu entwickeln. Verwenden Sie dabei bitte die quellorientierte Programmierung.

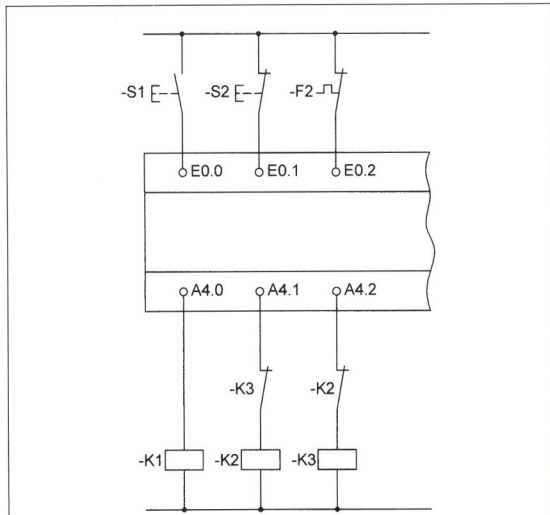

2 Anschlussplan zu Aufgabe 1 n

– Welche Aufgabe haben die Öffner K2 und K3?
– Konfigurieren Sie die SPS-Hardware.

– Erstellen Sie die Symboltabelle.
– Programmieren Sie den Funktionsbaustein.

start	E0.0	Starttaster, Schließer
stop	E0.1	Stopptaster, Öffner
mot_schutz	E0.2	Motorschutz, Öffner
NETZ	A4.0	Netzschütz
STERN	A4.1	Sternschütz
DREIECK	A4.2	Dreieckschütz

info

Quellorientierte Programmierung

Es werden *Quellen* erstellt, die zu einem späteren Zeitpunkt in Bausteine übersetzt werden.
Die Programmierung kann auch mit einem *herkömmlichen Texteditor* erfolgen.
Die so erstellte Quelle wird dann in das Programmiersystem als *externe Quelle* importiert und steht nach der *Übersetzung* als *Baustein* zur Verfügung. Die Quelle selbst bleibt dabei unverändert. Von den elementaren Programmiersprachen (AWL, FUP, KOP) kann nur die *AWL* quellorientiert programmiert werden.

Variablenarten im Deklarationsteil

Variablenart	Schlüsselwörter	Verwendung bei ...
Eingangsparameter	VAR_INPUT END_VAR	FC, FB
Ausgangsparameter	VAR_OUTPUT END_VAR	FC, FB
Durchgangsparameter	VAR_IN_OUT END_VAR	FC, FB
Lokaldaten, statisch	VAR END_VAR	FB
Lokaldaten, temporär	VAR_TEMP END_VAR	OB, FC, FB

OB: Organisationsbaustein
FC: Funktion
FB: Funktionsbaustein.

Temporäre Lokaldaten werden zur Zwischenspeicherung von Ergebnissen, die während der Programmbearbeitung eines Bausteins anfallen, verwendet. Nach Beendigung der Bausteinbearbeitung gehen temporäre Lokaldaten verloren.

Statische Lokaldaten werden vom Funktionsbaustein in seinem zugeordneten *Instanz-Datenbaustein* abgelegt; sie können als „Gedächtnis" des Funktionsbausteins angesehen werden.
Der Dateninhalt bleibt erhalten, bis er vom Steuerungsprogramm geändert wird.

Beachten Sie bitte:
Bei der *inkrementellen Programmierung* (mit Hilfe des Programmiersystems) sind folgende Deklarationen üblich.

Eingangsparameter	in
Ausgangsparameter	out
Durchgangsparameter	in_out
Statische Lokaldaten	stat
Temporäre Lokaldaten	temp

6 Realisierung mechatronischer Teilsysteme

info

Bei der *inkrementellen Programmierung* ist die *tabellarische Deklaration* möglich.

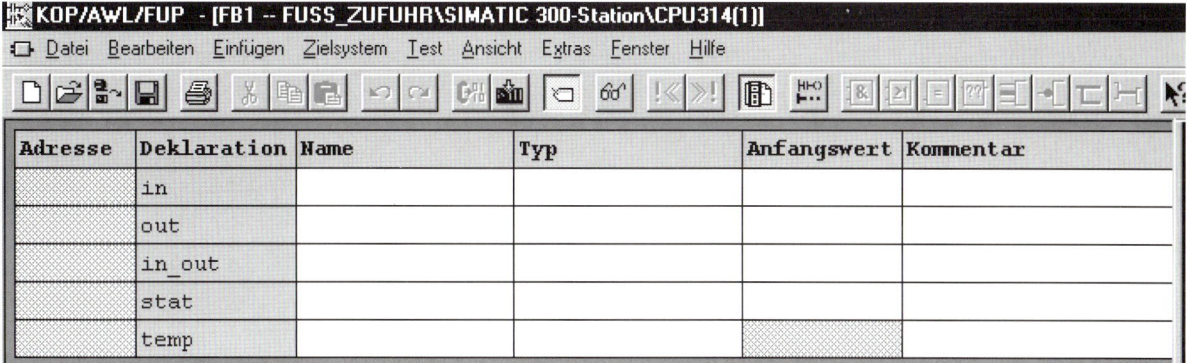

Beispiel
Es ist in quellorientierter Form ein Funktionsbaustein für die Wendeschaltung zu erstellen.
Als Grundlage für die Programmierung dient der dargestellte Funktionsplan.

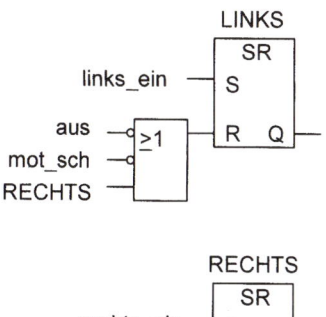

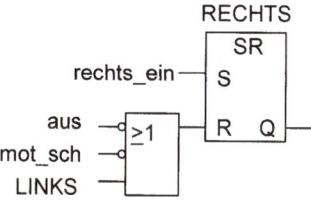

Bei der quellorientierten Programmierung ist jede Steueranweisung mit einem *Semikolon* abzuschließen.

```
FUNCTION_BLOCK FB20        //Wendeschaltung
    VAR_INPUT
        links_ein  : BOOL;
        rechts_ein : BOOL;
        mot_sch    : BOOL;
        aus        : BOOL;
    END_VAR
    VAR_OUTPUT
        LINKS   : BOOL;
        RECHTS  : BOOL;
    END_VAR
    BEGIN
        (Hier wird die Anweisungsliste eingegeben)
    END_FUNCTION_BLOCK
```

Das Programm wird mit einem *Texteditor* eingegeben und erhält den Dateinamen wende.awl (der Zusatz *awl* ist *zwingend*).

Nun wird das Programm geladen, in das die erstellte Quelle *importiert* werden soll (Simatic-Manager).

Als Funktionsplan ist eine quellorientierte Programmierung nicht möglich. Der FUP wird somit als AWL dargestellt.

```
U   links_ein;
S   LINKS;
ON  aus;
ON  mot_sch;
O   RECHTS;
R   LINKS;

U   rechts_ein;
S   RECHTS;
ON  aus;
ON  mot_sch;
O   LINKS;
R   RECHTS;
```

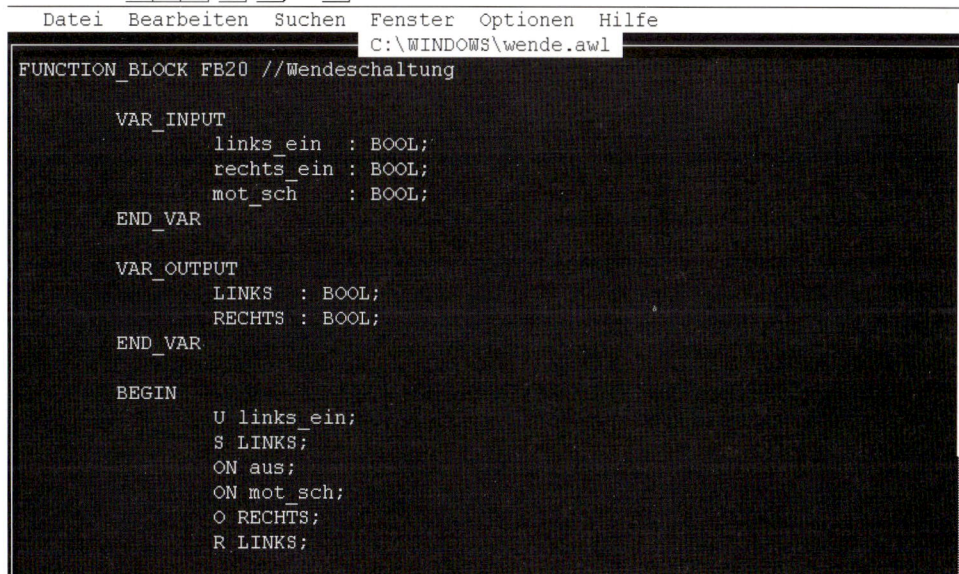

SPS-Programmierung

info

Behälter *Quellen* selektieren: *Einfügen → Externe Quelle*

Danach wird das Programm „wende.awl" geladen. Es befindet sich im Anschluss daran im *Quellen-Behälter* von S7. Durch Doppelklick kann es geöffnet werden.

Nun kann das Programm *übersetzt* werden:
Datei → Übersetzen oder *Strg + B* oder Schaltfläche

Nach der (versuchten) Übersetzung werden eventuelle Fehler angezeigt. Ein Doppelklick auf einen Fehler in der Liste zeigt im Programm die fehlerhafte Stelle an.

Im vorliegenden Fall ist die Eingangsvariable *aus* nicht deklariert. Dies muss nun nachgeholt werden. Danach wird ein weiterer Übersetzungsvorgang eingeleitet.
Bei *Compilerergebnis 0 Fehler* ist die Übersetzung erfolgreich abgeschlossen.
Der Baustein FB20 steht nun auch im Behälter *Bausteine* des Simatic-Managers zur Verfügung.

```
            BEGIN
                U   links_ein;
                S   LINKS;
                ON  aus;
                ON  mot_sch;
                O   RECHTS;
                R   LINKS;

                U   rechts_ein;
                S   RECHTS;
                ON  aus;
                ON  mot_sch;
                O   LINKS;
                R   RECHTS;
```

```
Übersetzen: FUSS_ZUFUHR\SIMATIC 300-Station\CPU314(1)\S7-Programm(1)\Quellen\wende
F Ze 000017 Sp 023: Variable aus paßt weder zu einer Deklaration noch ist aus  in der Symboltabel
F Ze 000024 Sp 023: Variable aus paßt weder zu einer Deklaration noch ist aus  in der Symboltabel
```

Der Baustein wird im OB1 mit

CALL FB20, DB20

aufgerufen, wobei ein *Instanz-Datenbaustein* angelegt wird.

Danach erscheint die *Formalparameterliste* des Bausteins mit den in Baustein deklarierten Variablen.

Diesen Formalparametern (sie sind bei jedem Bausteinaufruf gleich) werden die der Instanz entsprechenden *Aktualparameter* zugeordnet.

Wir verwenden hier der Einfachheit halber Hardwareadressen; natürlich sind hier auch in der Symboltabelle deklarierte Variablen möglich.

Von diesem Baustein „wende" (FB20) können beliebig viele *Instanzen* mit unterschiedlichen *Aktualparametern* gebildet werden.

Zum Beispiel:
CALL FB20, DB21
Dieser Instanz ist der Datenbaustein DB21 zugeordnet. Jeder Instanz ist ein eigener *Instanz-Datenbaustein* zugeordnet.

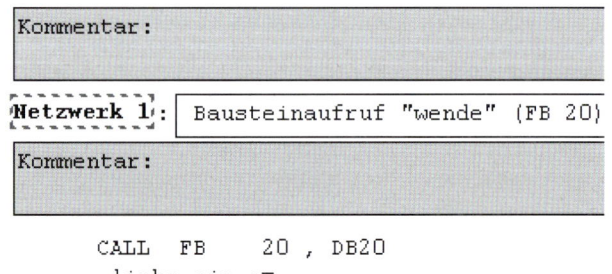

Instanzierung
Instanzierung ist die Zuordnung von Variablen mit Angabe des Namens und Datentyps bei der Deklaration.
Durch Deklaration unterschiedlicher Variablen für den selben Funktionsbaustein-Typ wird für jede derart gebildete Instanz eine Datenkopie des Funktionsbausteins im Speicher gebildet.

Instanz
Unter Instanz wird der Aufruf eines FBs verstanden. Wenn ein FB zum Beispiel sechsmal aufgerufen wird, existieren sechs Instanzen dieses FBs.
Jedem Aufruf ist ein separater Instanz-Datenbaustein zugeordnet.

6 Realisierung mechatronischer Teilsysteme

info

```
Netzwerk 1: Bausteinaufruf "wende" (FB 20)

Kommentar:

     CALL  FB    20 , DB20
      links_ein :=E1.0
      rechts_ein:=E1.1
      mot_sch   :=E1.2
      aus       :=E1.3
      LINKS     :=A5.0
      RECHTS    :=A5.1
```

Den Formalparametern können Aktualparameter (hier Hardwareadressen) zugeordnet werden.

Von einem Baustein können beliebig viele Instanzen gebildet werden.
Dabei sind die Formalparameter stets identisch, die Aktualparameter sind i. Allg. unterschiedlich.

```
     CALL  FB    20 , DB20
      links_ein :=E1.0
      rechts_ein:=E1.1
      mot_sch   :=E1.2
      aus       :=E1.3
      LINKS     :=A5.0
      RECHTS    :=A5.1
```

```
Netzwerk 2: Weitere Instanz des Bausteins "wende" (FB20)

Kommentar:

     CALL  FB    20 , DB21
      links_ein :=E1.4
      rechts_ein:=E1.5
      mot_sch   :=E1.6
      aus       :=E1.7
      LINKS     :=A5.2
      RECHTS    :=A5.3
```

6.3 Projektierung der Positioniereinrichtung

Neben der Positionierung erfolgt hier die Erkennung der Fußform und des Fußmaterials. Dazu werden *zwei Lichttaster* und *ein induktiver Näherungssensor* eingesetzt.

Auf den in der Erstplanung vorgesehenen Bandantrieb an der Positioniereinheit wurde inzwischen verzichtet. Damit entfällt ein Bandantriebsmotor (Antrieb Fußzufuhr). Bei Verzicht auf den Antrieb Fußzufuhr werden auch die Sensoren „Fuß von Schacht" (B15) und „Fuß auf Kippe" (B16) nicht benötigt. Die *Fußerkennung* erfolgt mit Hilfe der Sensoren B10, B11 und B12.

Für die *Aufnahme der drei Sensoren* wurde bereits eine *Sensorenplatte* konstruiert (Grundstufe).

Zu beachten ist, dass der B11 so zu justieren ist (vgl. Grundstufe), dass verchromte Füße erkannt und schwarze Füße nicht erkannt werden. Die Tabelle zeigt die Signalzustände der Sensoren B10 bis B12 (alle NO) bei den einzelnen Tischfußausführungen.

	B10 rund	B11 eckig	B12 Metall
Fuß rund, Kunststoff	1	0	0
Fuß, eckig, Kunststoff	0	1	0
Fuß rund, verchromt	1	0	1
Fuß eckig, verchromt	0	1	1
Fuß eckig, Metall (schwarz)	0	0	1

auftrag

Für das Modul „Positioniereinrichtung" ist ein SPS-Programm zu erstellen. Der Anschluss der Betriebsmittel an die SPS ist vorzunehmen. Anschließend ist das entwickelte SPS-Programm zu testen.

Projektierung der Positioniereinrichtung

anwendungen

1. Als Arbeitsgrundlage liegt ein Steuerungsentwurf vor, der in Zusammenhang mit den Erstplanungen erstellt wurde.

Die Sensoren B10 bis B14 werden weiterhin benötigt. Da sie aber direkt an die SPS-Eingänge angeschlossen werden können, entfallen die Hilfsschütze K10A – K14A.

Die Tischfußerkennung (K17A bis K19A) muss überarbeitet werden. Die Hilfsschütze K17A bis K19A entfallen, da ihre Aufgabe im SPS-Programm von Merkern übernommen werden kann.

Die Ventile Y3 und Y4 können ebenfalls direkt an die SPS angeschlossen werden, die Hilfsschütze K20A und K21A entfallen damit auch.

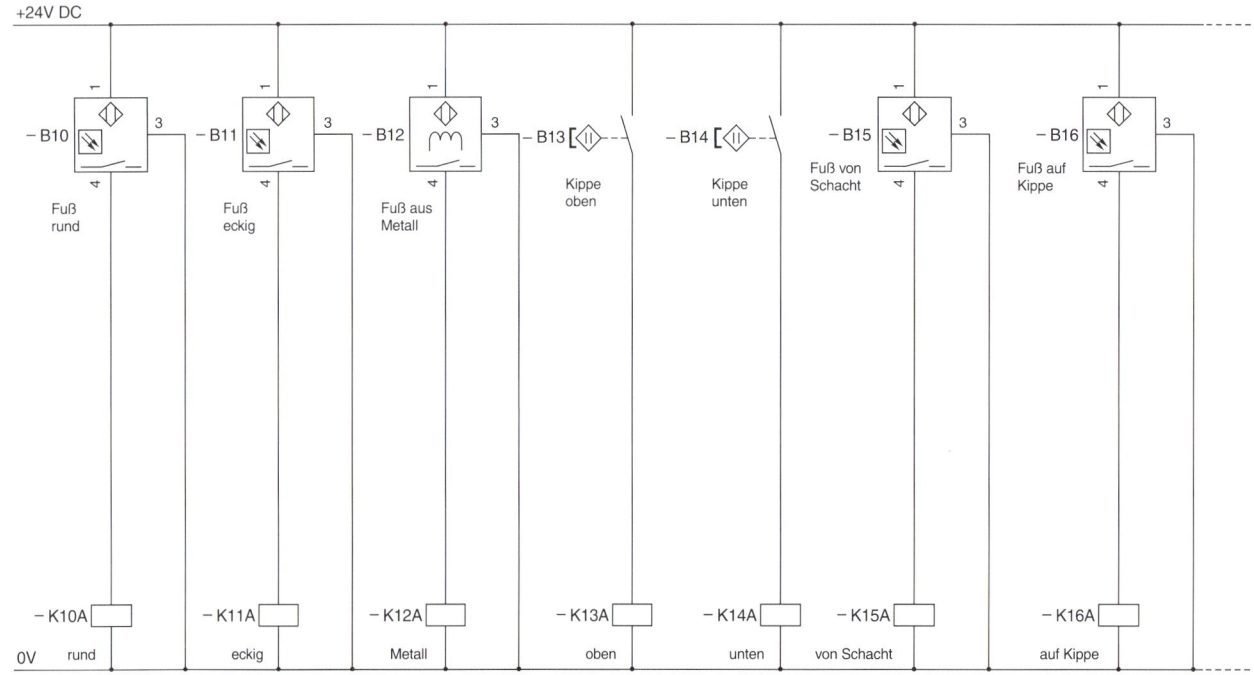

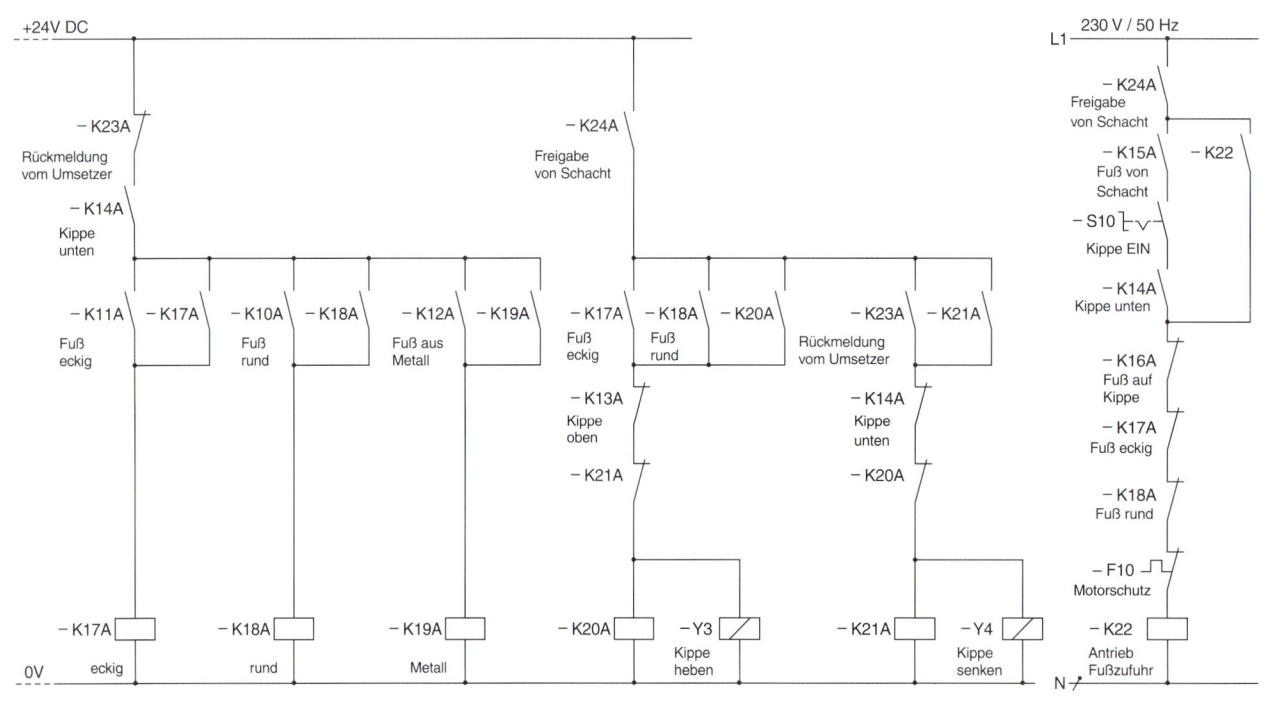

6 Realisierung mechatronischer Teilsysteme

anwendungen

Somit ergibt sich folgende Zuordnungsliste:

Zuordnungsliste

Betriebs-mittel	Ein-/Ausgangs-bezeichnung	Kommentar
B10	E 0.0	Lichttaster, NO
B11	E 0.1	Lichttaster, NO
B12	E 0.2	Näherungssensor, induktiv, NO
B13	E 0.3	Positionsschalter, Kippe oben, NO
B14	E 0.4	Positionsschalter, Kippe unten, NO
Y3	A 4.0	Kippe heben
Y4	A 4.1	Kippe senken

Anschlussplan, unvollständig

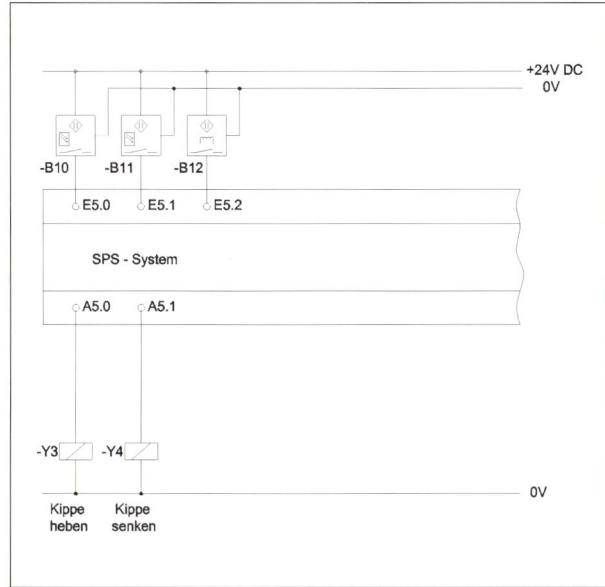

1 Anschlussplan der Betriebsmittel an die SPS

a) Übernehmen Sie den Anschlussplan auf ein Zeichenblatt und vervollständigen Sie ihn.

b) Worin liegt der wirtschaftliche Vorteil des SPS-Einsatzes gegenüber einer Schützsteuerung?

c) Dargestellt ist die Symboltabelle für das Programmmodul „Positioniereinrichtung".

fuss_rund	E0.0	BOOL	Lichttaster, NO
fuss_eckig	E0.1	BOOL	Lichttaster, NO
fuss_metall	E0.2	BOOL	ind. Näherungssensor, NO
kippe_oben	E0.3	BOOL	Positionsschalter, NO
kippe_unten	E0.4	BOOL	Positionsschalter, NO
KIPPE_HEBEN	A4.0	BOOL	Ventil Y3 (heben)
KIPPE_SENKEN	A4.1	BOOL	Ventil Y4 (senken)

Beschreiben Sie, wie die Symboltabelle mit Hilfe des Programmiersystems eingegeben wird.
Wenn Sie Zugriff auf ein Programmiersystem haben, können Sie diese Arbeit (und die folgende) natürlich praktisch ausführen.
Beachten Sie dabei, dass das Projekt bereits bei der Erarbeitung der Bandantriebe angelegt wurde. Die Symboltabelle ist also zu *ergänzen*.

2. Für die Programmierung der Positioniereinrichtung („Kippe") liegt Ihnen folgender Programmentwurf vor.

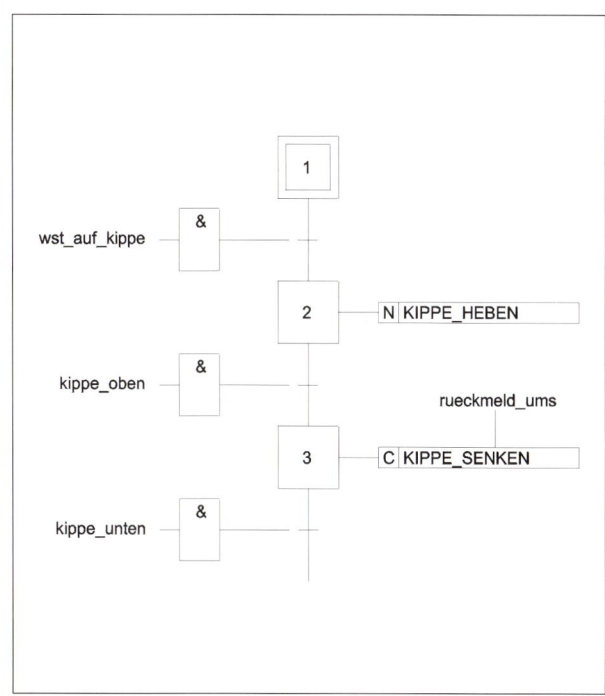

2 Programmentwurf für die Positioniereinrichtung

Hinweis:
Die Variable *rueckmeld_ums* (Rückmeldung vom Umsetzer) ist ein *Merker*, der dann den booleschen Wert „1" annimmt, wenn der Umsetzer einen Fuß gegriffen und von der Positioniereinrichtung entfernt hat.

a) Wie würden Sie den Merker *rueckmeld_ums* deklarieren? Bitte begründen Sie die Antwort.

b) Erläutern Sie die Arbeitsweise des Programms; insbesondere die Wirkung des Befehls „KIPPE_SENKEN" mit dem Bestimmungszeichen C.

c) Welche besondere Bedeutung hat der Schritt 1 in der dargestellten Ablaufsteuerung?

d) Welche Folge hätte es, wenn der C-Befehl an Schritt 3 durch einen N-Befehl ersetzt würde?

e) Ihr Meister teilt Ihnen mit, dass eine Programmierung als Schrittkette (Ablaufsprache, GRAPH 7) wegen der eingesetzten CPU nicht möglich ist.
Da der Austausch gegen eine leistungsfähigere CPU aus Kostengründen ausgeschlossen wird, muss das Programm zum Beispiel als Funktionsplan (FUP) erstellt werden.
Bitte führen Sie diese Arbeit aus.

3. Entwickeln Sie das Programm für die Fußform und -materialerkennung. Je nach dem, um welchen Fuß es sich handelt, soll ein Merker gesetzt werden, der die Fußpositionierung auf das richtige Transportband (Produktion 1, Produktion 2) ermöglicht.

Mögliche Variablennamen der Merker

f_rund_kunst	:	Fuß rund, Kunststoff
f_eckig_kunst	:	Fuß eckig, Kunststoff
f_rund_chrom	:	Fuß rund, Chrom
f_eckig_chrom	:	Fuß eckig, Chrom
f_eckig_schwarz	:	Fuß eckig, Metall, schwarz

a) Die Merker sind zu deklarieren (Datentyp BOOL). Würden Sie diese Merker als lokale oder als globale Variablen ansehen? Nehmen Sie die Deklaration vor.

Projektierung der Positioniereinrichtung

anwendungen

b) Erstellen Sie das Programm in einer Programmiersprache Ihrer Wahl.
Überlegen Sie dabei insbesondere, durch welche Bedingung oder welche Bedingungen die Merker wieder zurückgesetzt werden können. Sie können dafür einen weiteren Merker deklarieren.

c) Das Programmmodul ist zu testen.
Erstellen Sie hierfür zuvor eine Testliste, die alle wichtigen Programmfunktionen beinhaltet.

info

Ablaufsteuerungen

Bestehen aus *Schritten*, *Transitionen* und *Befehlen* (Aktionen); dabei werden die Schritte stets in einer *festgelegten Reihenfolge* abgearbeitet.

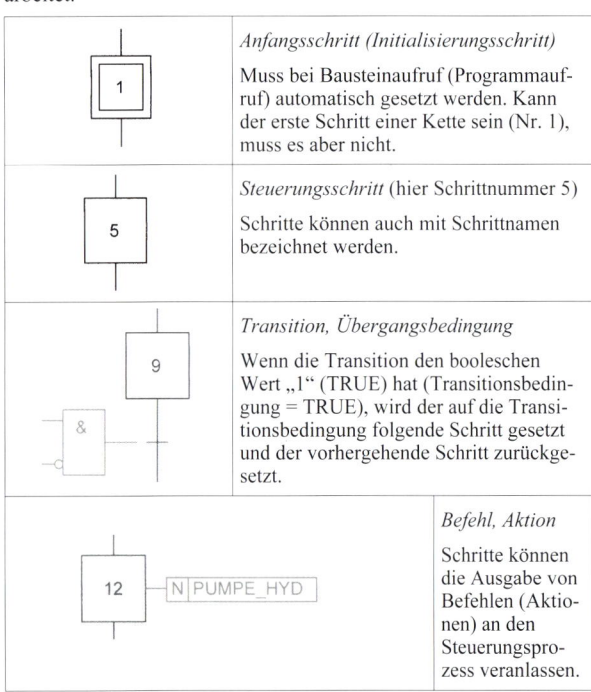

		Anfangsschritt (Initialisierungsschritt) Muss bei Bausteinaufruf (Programmaufruf) automatisch gesetzt werden. Kann der erste Schritt einer Kette sein (Nr. 1), muss es aber nicht.
		Steuerungsschritt (hier Schrittnummer 5) Schritte können auch mit Schrittnamen bezeichnet werden.
		Transition, Übergangsbedingung Wenn die Transition den booleschen Wert „1" (TRUE) hat (Transitionsbedingung = TRUE), wird der auf die Transitionsbedingung folgende Schritt gesetzt und der vorhergehende Schritt zurückgesetzt.
		Befehl, Aktion Schritte können die Ausgabe von Befehlen (Aktionen) an den Steuerungsprozess veranlassen.

Bestimmungszeichen von Befehlen

N	nicht speichernd not stored	N-Befehle werden ausgeführt, so lange ihr zugeordneter Schritt gesetzt ist.
S	speichernd stored	S-Befehle werden ausgeführt, sobald der ihnen zugeordnete Schritt gesetzt ist. Sie werden so lange ausgeführt, bis sie durch einen R-Befehl (rücksetzen) wieder zurückgesetzt werden.
R	rücksetzend reset	Rücksetzen von S-Befehlen
D	verzögert delayed	Zeitverzögerter Befehl; der Befehl wird um die angegebene Verzögerungszeit verspätet ausgegeben.
L	begrenzt limited	Der Befehl wird nur während der angegebenen Zeitdauer ausgegeben. Danach wird er selbsttätig deaktiviert.

Initialisierung von Ablaufsteuerungen

Ablaufsteuerungen benötigen einen *Initialisierungsschritt*, der den *Einstieg* in die Schrittkette ermöglicht.
Bei modernen Steuerungen und Einsatz der entsprechenden Programmiersprachen, erfolgt diese Initialisierung ohne Zutun des Anwenders. Ist dies nicht der Fall, muss die Initialisierung vom Anwender programmiert werden.

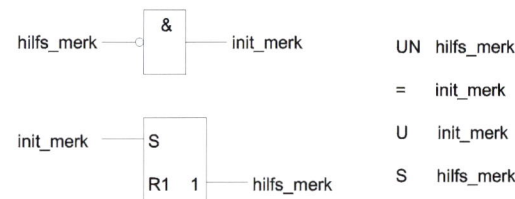

Darstellung einer Ablaufsteuerung als Funktionsplan

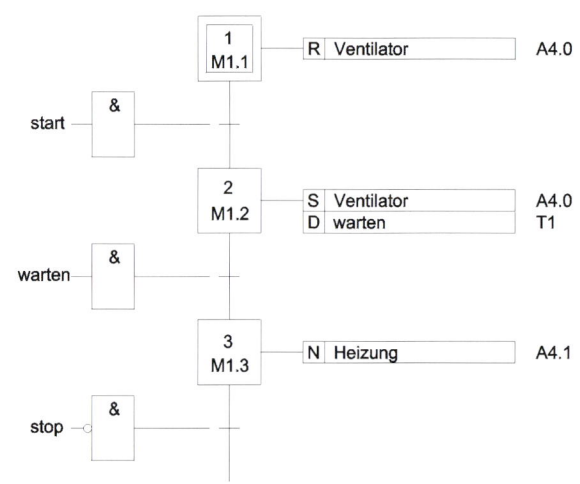

Bei Initialisierung der Kette wird der 1. Schritt (Schrittmerker M1.1) gesetzt. In der Steuerung wird keine Reaktion hervorgerufen, weil der (noch) ausgeschaltete Ventilator rückgesetzt wird.

Wenn start = „1", wird der Übergang vom 1. Schritt zum 2. Schritt (Schrittmerker M1.2) vollzogen. Der Ventilator wird speichernd eingeschaltet und die Wartezeit (5 s) wird gestartet.

Nach Ablauf der Wartezeit erfolgt der Übergang von Schritt 2 nach Schritt 3 (Schrittmerker M1.3). Der Ventilator bleibt eingeschaltet (S-Befehle wirken schrittübergreifend) und zusätzlich wird die Heizung eingeschaltet.

Wenn die Variable „stop" den booleschen Wert „0" (False) annimmt (weil der Austaster betätigt wurde), erfolgt der Übergang von Schritt 3 nach Schritt 1. Ein Schrittkettendurchlauf ist abgeschlossen.

Der speichernd eingeschaltete Ventilator wird ausgeschaltet (R-Befehl), der N-Befehl „HEIZUNG" wird deshalb nicht mehr ausgeführt, weil der 3. Schritt nicht mehr gesetzt ist.

Vorsicht!

**Am Initialisierungsschritt dürfen keine Befehle „hängen", die eine steuerungstechnische Wirkung an der Maschine oder in der Anlage hervorrufen.
Unfallgefahr durch ungewolltes Anlaufen!**

6 Realisierung mechatronischer Teilsysteme

info

Zugehöriger Funktionsplan (Step 7)

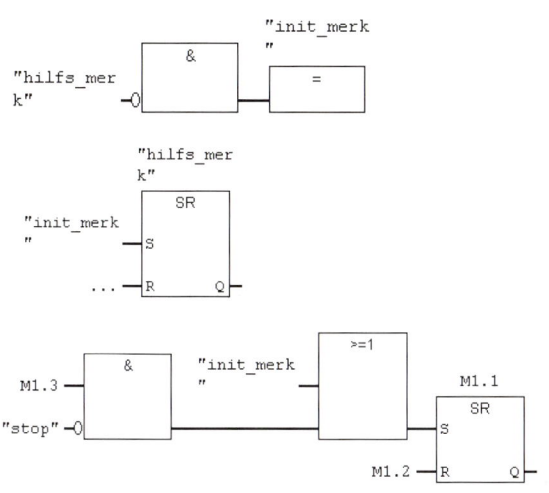

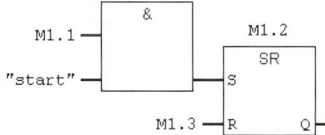

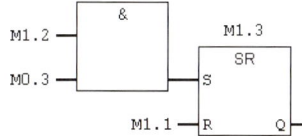

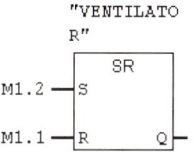

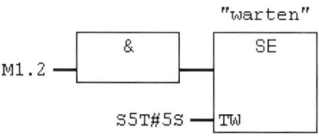

Zugehörige Anweisungsliste

```
//Initialisierung
    UN  hilfs_merk
    =   init_merk         //Initialisierungsmerker
    U   init_merk
    S   hilfs_merk

//Schritt 1
    U   M1.3              //Schritt 3 ist Vorgänger von Schritt 1
    UN  stop
    O   init_merk
    S   M1.1              //Schritt 1; Init-Schritt
    U   M1.1              //Schritt 1
    R   M1.3              //Schritt 3 ist Vorgänger von Schritt 1
```

```
//Schritt 2
    U   M1.1              //Schritt 1 ist Vorgänger von Schritt 2
    U   start
    S   M1.2              //Schritt 2
    U   M1.2
    R   M1.1              //Schritt 1 ist Vorgänger von Schritt 2

//Schritt 3
    U   M1.2              //Schritt 2 ist Vorgänger von Schritt 3
    U   warten
    S   M1.3              //Schritt 3
    U   M1.3
    R   M1.2              //Schritt 2 ist Vorgänger von Schritt 3

//Ventilator
    U   M1.2              //Schritt 2 schaltet Ventilator ein
    S   VENTILATOR
    U   M1.1              //Schritt 1 schaltet Ventilator aus
    R   VENTILATOR

//Wartezeit starten
    U   M1.2              //Schritt 2 startet die Wartezeit
    L   S5T#5s            //von 5 Sekunden
    SE  WARTEN            //Einschaltverzögerung

//Heizung
    U   M1.3              //Die Heizung ist nur an Schritt 3
                          //eingeschaltet
    =   HEIZUNG
```

Test von Programmen

Der Programmtest erfolgt entweder durch Anschluss eines SPS-Systems mit Simulator oder mit Hilfe eines Software-Simulators, der den Hardwareeinsatz beim Programmtest verzichtbar macht.

Auf Seite 117 wurde der Funktionsbaustein einer Wendeschaltung (FB20) quellorientiert programmiert, übersetzt und vom OB1 aufgerufen.

Netzwerk 1: Bausteinaufruf „wende" (FB20)

```
CALL FB20, DB20
    links_ein  := E1.0      //Schließer
    rechts_ein := E1.1      //Schließer
    mot_sch    := E1.2      //Öffner
    aus        := E1.3      //Öffner
    LINKS      := A5.0
    RECHTS     := A5.1
```

Zum Test werden den Formalparametern des Bausteins FB20 hier Hardwareadressen als Aktualparameter zugeordnet.

Eine *Checkliste*, die *vor* dem eigentlichen Programmtest erstellt wird, ist außerordentlich hilfreich (siehe Seite 124).

Selbstverständlich können Sie sich ein eigenes Formblatt für den Programmtest entwickeln.

englisch

Merker
flag, marker

Ventil
valve

Schützsteuerung
contactor control, contactor equipment

Rückmeldung
reply, audible ringing signal, check-back (signal)

Befehl
command

Aktion
action

Schritt
step

Transition, Übergangsbedingung
transition

lokal
local

Projektierung der Positioniereinrichtung

info

Projekt	Bearbeiter	Version	Datum	Seite
FB20 Wendeschaltung	Klaus Müller	01	10.11.02	1

Anfangsbedingungen (Eingänge, die vor Programmstart „1"-Signal führen):
E1.2 = 1, E1.3 = 1

Nr.	Eingabe		Reaktion		in Ordnung ja	nein
1.	Taster Links kurz betätigen;	E1.0: 1 - 0	Motor Linkslauf:	A5.0 = 1		
2.	Taster Rechts kurz betätigen;	E1.1: 1 - 0	keine Veränderung (Verriegelung)			
3.	Austaster kurz betätigen;	E1.3: 0 - 1	Motor Linkslauf aus:	A5.0 = 0		
4.	Taster Rechts kurz betätigen;	E1.1: 1 - 0	Motor Rechtslauf:	A5.1 = 1		
5.	Taster Links kurz betätigen;	E1.0: 1 - 0	keine Veränderung (Verriegelung)			
6.	Austaster kurz betätigen;	E1.3: 0 - 1	Motor Rechtslauf aus:	A5.1 = 0		
	Motorschutz testen					
7.	Taster Links kurz betätigen;	E1.0: 1 - 0	Motor Linkslauf:	A5.0 = 1		
8.	Motorschutz spricht an;	E1.3: 0 - 1	Motor Linkslauf aus:	A5.0 = 0		
9.	Taster Rechts kurz betätigen;	E1.1: 1 - 0	Motor Rechtslauf:	A5.1 = 1		
10.	Motorschutz spricht an;	E1.3: 0 - 1	Motor Rechtslauf aus:	A5.1 = 0		

Programm testen
- Simulator starten (vom Simatic-Manager aus).

Simulator ein-/ausschalten

- Notwendige Baugruppen einfügen.

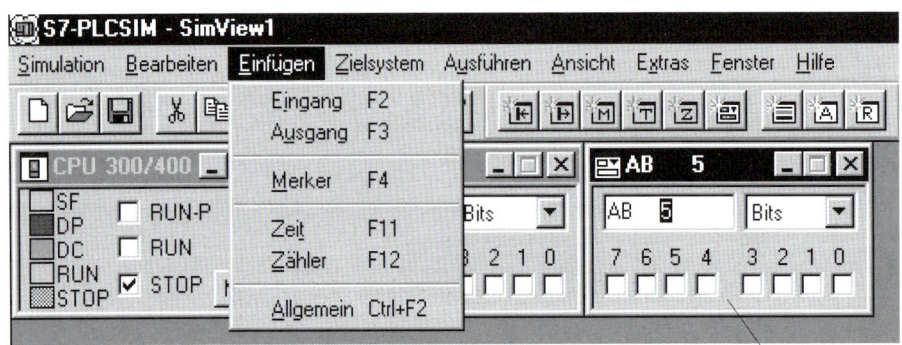

Ausgangsbaugruppe Ausgangs-Byte 5 mit den Ausgängen A5.0 bis A5.7

6 Realisierung mechatronischer Teilsysteme

info

- Anfangsbedingungen eingeben; siehe Checkliste: E1.2 = 1, E1.3 = 1.

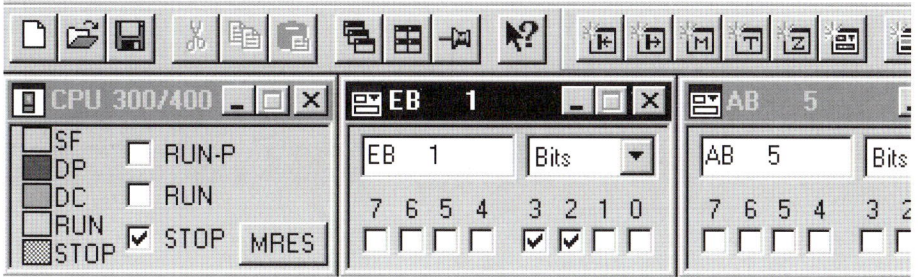

- Zurück zum SIMATIC-Manager. Behälter „Bausteine" selektieren und über die Schaltfläche „Laden" oder über *Zielsystem → Laden* oder *Strg + L*. Danach befindet sich das Programm mit sämtlichen Bausteinen im Programmspeicher der CPU.

- Zurück zum Simulator. Die CPU in den RUN- oder RUN-P-Zustand versetzen. Die grüne RUN-LED blinkt einige Male auf und leuchtet dann dauerhaft.

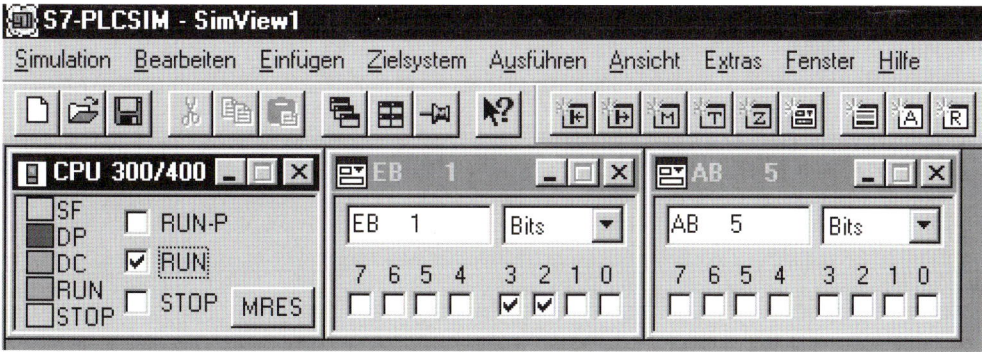

Nun wird die Checkliste abgearbeitet, in dem die Signalzustände des Eingangsbytes EB1 entsprechend den Vorgaben verändert werden. Dabei können die Reaktionen der Ausgänge beobachtet werden.

Nützliche Informationen bei Verwendung des Simulators

- Über *Extras → Symbole zuordnen* können im Simulator die Symbolinformationen zur Anzeige gebracht werden.

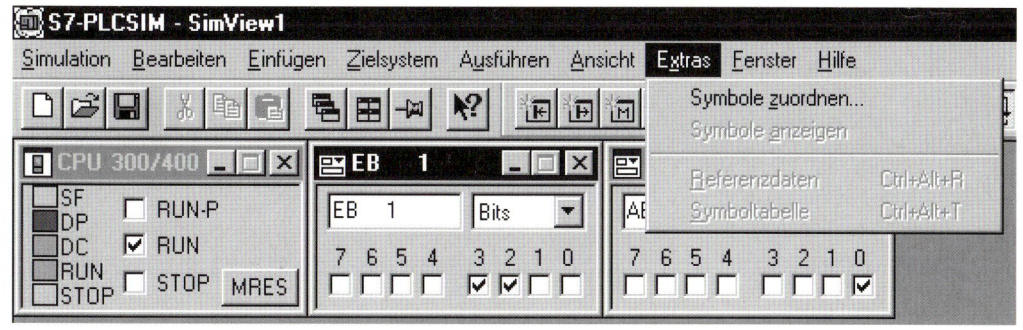

Projektierung der Positioniereinrichtung

info

- Die Symbole befinden sich im Behälter *Programm* im *Symbolbehälter*. S7-Programm anklicken → Symbole anklicken → OK.
- Wenn nun die einzelnen Eingänge, Ausgänge usw. im Simulator mit der Maus angefahren werden, erscheint der deklarierte Variablenname (Symbolname), der der Hardwareadresse zugeordnet ist.

  Auch die in der Symboltabelle eingetragene Kommentierung wird angezeigt.

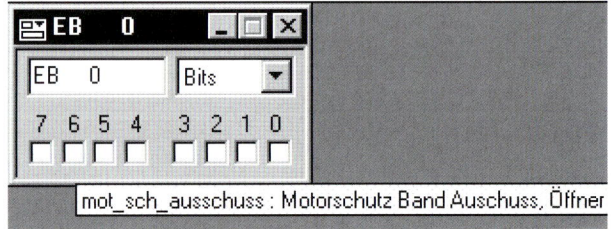

Wenn beim Programmtest ein Fehler erkannt wird, ist folgende Möglichkeit besonders interessant:
Simulator oder CPU im RUN- oder RUN-P-Status belassen. Eingangssignale so belassen, wie sie beim Auftreten des Fehlers eingestellt waren.

- Im SIMATIC-Manager den FB20 durch Doppelklick öffnen.

- *Test → Beobachten*

  Danach werden bei der Anweisungsliste *Status der Operanden* (Signalzustand) und boolscher Wert des Verknüpfungsergebnisses (VKE) angezeigt.

  Somit ist gut erkennbar, an welcher Stelle im Programm der Fehler auftritt und wodurch er verursacht wird.

  Dies funktioniert in vergleichbarer Weise auch bei den Programmiersprachen FUP und KOP.

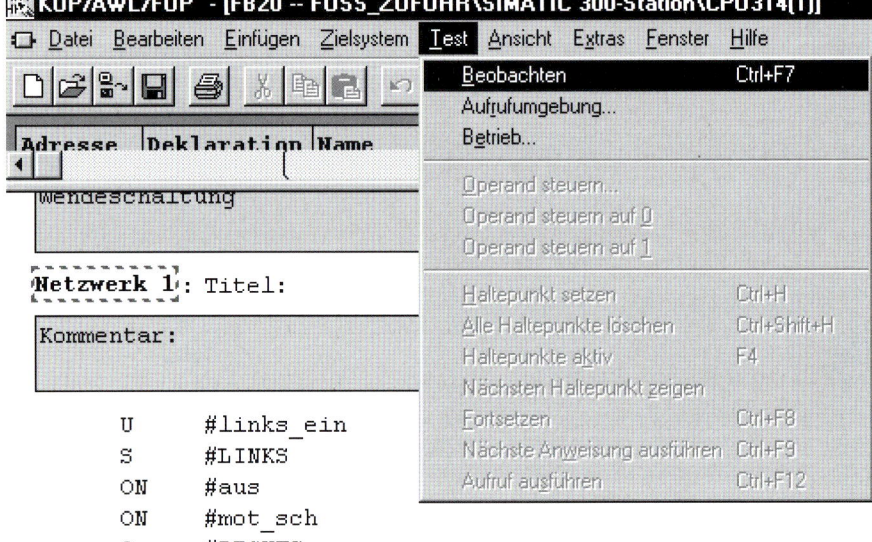

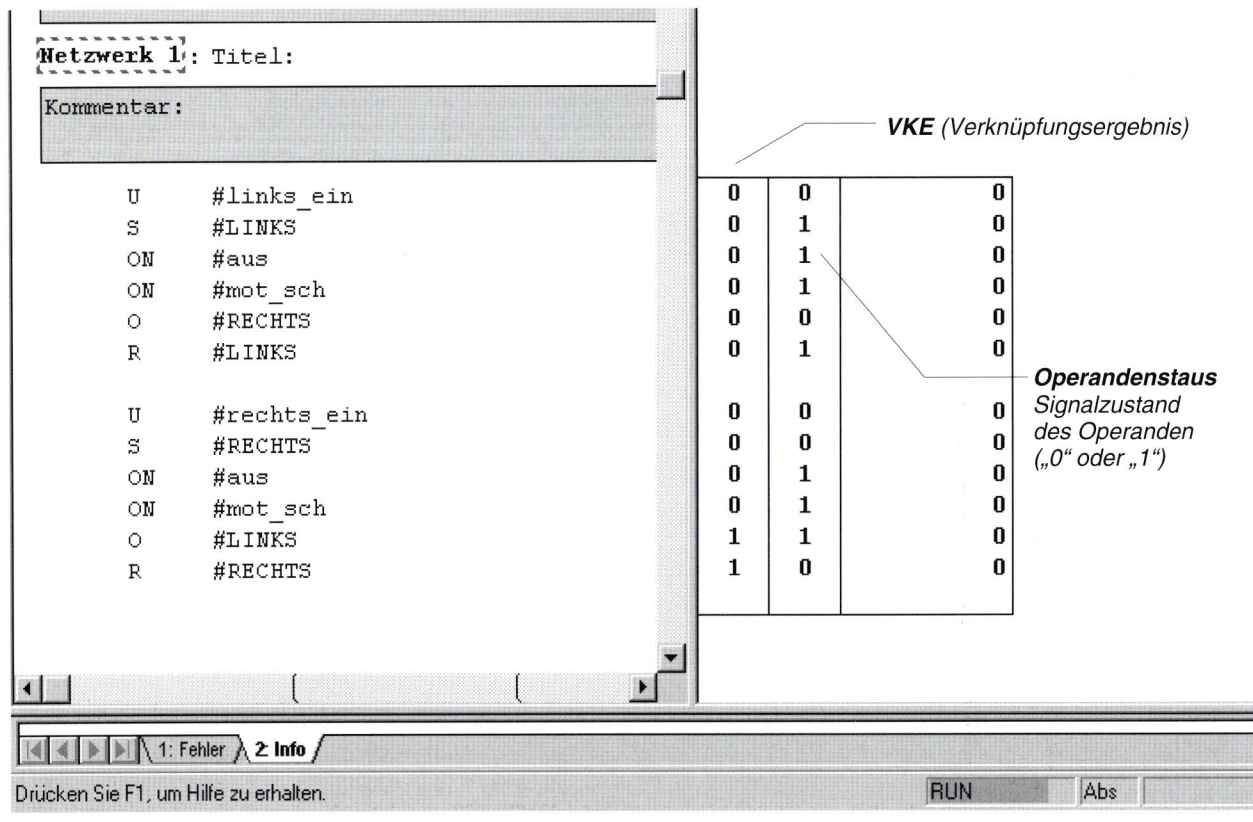

VKE (Verknüpfungsergebnis)

Operandenstaus
Signalzustand des Operanden („0" oder „1")

6 Realisierung mechatronischer Teilsysteme

Übung und Vertiefung

1. Für die Bausteinbibliothek soll ein Impulserzeuger programmiert werden. Unabhängig von der Dauer des „1"-Signals am Impulseingang soll eine Impulsdauer von 100 ms erzeugt werden.

a) Erstellen Sie den Baustein quellorientiert in der Programmiersprache AWL.
b) Erstellen Sie den Baustein in der Programmiersprache FUP.

2. Ferner ist für die Bausteinbibliothek ein Blinkgeber zu erstellen. Ein- und Auszeit sollen dabei variabel und parametrierbar sein, so dass der Baustein für unterschiedliche Aufgaben eingesetzt werden kann.

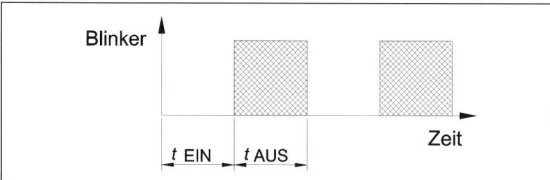

1 Blinkgeber zu 2, Signal-Zeit-Verlauf

So lange der Eingang des Blinkgebers den booleschen Wert TRUE hat, soll der Ausgang des Blinkgebers mit der parametrierten Frequenz blinken.

a) Programmieren Sie den Baustein quellorientiert in AWL.
b) Entwickeln Sie den Baustein in FUP.
c) Erstellen Sie eine Checkliste und testen Sie das Programm.

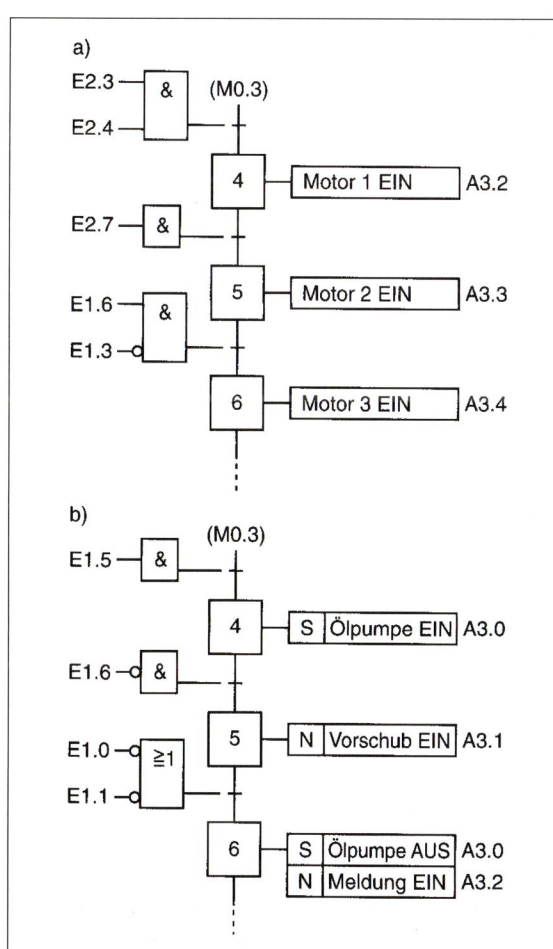

2 Schrittketten zu Aufgabe 3

Übung und Vertiefung

3. Beschreiben Sie die Wirkungsweise und erstellen Sie den zugehörigen Funktionsplan (Bild 2). Erstellen Sie auch die Checkliste zum Programmtest.

4. Stern-Dreieck-Anlassschaltung (siehe Seite 115): Entwickeln Sie das Programm als Ablaufsteuerung. Achten Sie besonders darauf, dass auch im Sternanlauf jederzeit ein Ausschalten möglich ist. Skizzieren Sie auch den Anschluss der Betriebsmittel an die SPS.

stop	E1.1	BOOL	Stopptaster, Öffner
start	E1.2	BOOL	Starttaster, Schließer
mot_sch	E1.3	BOOL	Motorschutz, Öffner
NETZ	A4.0	BOOL	Netzschütz
STERN	A4.1	BOOL	Sternschütz
DREIECK	A4.2	BOOL	Dreieckschütz
MELD_START	A4.3	BOOL	Meldelampe Motor eingeschaltet

5. Für die automatische Reinigung von Leiterplatten wird eine Ultraschall-Reinigungsanlage eingesetzt (Bild 1, Seite 128).

In Beladeposition wird ein Korb mit den zu reinigenden Leiterplatten gefüllt. Bei Betätigung des Starttasters wird der Korb angehoben und anschließend nach rechts transportiert, bis S6 erreicht ist. Der Korb senkt sich dann in das Tauchbad 1, in dem er 1,5 min verweilt.

Wenn die Zeit verstrichen ist, wird der Korb wieder angehoben, bis S4 erreicht wird. Nach 30 s fährt der Korb das Tauchbad 2 an.

Die für das Tauchbad 1 beschriebenen Vorgänge wiederholen sich bei Tauchbad 2 und Tauchbad 3. Verweilzeiten und Tropfzeiten entsprechen Tauchbad 1.
Wenn die Tropfzeit nach dem Hub aus Tauchbad 3 verstrichen ist, kehrt der Korb in die Ausgangsposition (S5, S3) zurück.

Wird S0 ausgeschaltet, wird der Reinigungsvorgang programmgemäß abgeschlossen. Ein erneuter Start mit S1 ist dann aber nicht möglich.

Bei der Funktionskontrolle im Rahmen der Inbetriebnahme wird festgestellt, dass die Steuerung nicht einwandfrei arbeitet. Der beiliegende Funktionsplan (Bild 1, Seite 129) ist offensichtlich fehlerhaft.

a) Protokollieren Sie die Fehlersuche.
b) Beseitigen Sie die Fehler und dokumentieren Sie das Steuerungsprogramm in fehlerfreier Form.
c) Beim Austausch der älteren SPS gegen eine moderne SPS werden folgende Arbeiten notwendig, die von Ihnen fachgerecht durchzuführen sind:

- Erstellung einer Symboltabelle für folgende Konfiguration:
  CPU 314; Eingangsbaugruppe:
  E0.0 … E0.7, E1.0 … E1.7,
  Ausgangsbaugruppe:
  A4.0 … A4.7, A5.0 … A5.7.
  Verwenden Sie Variablennamen Ihrer Wahl.
- Erstellen Sie das Programm als Ablaufsteuerung in der Programmiersprache GRAPH.
- Testen Sie das Programm.

Projektierung der Positioniereinrichtung

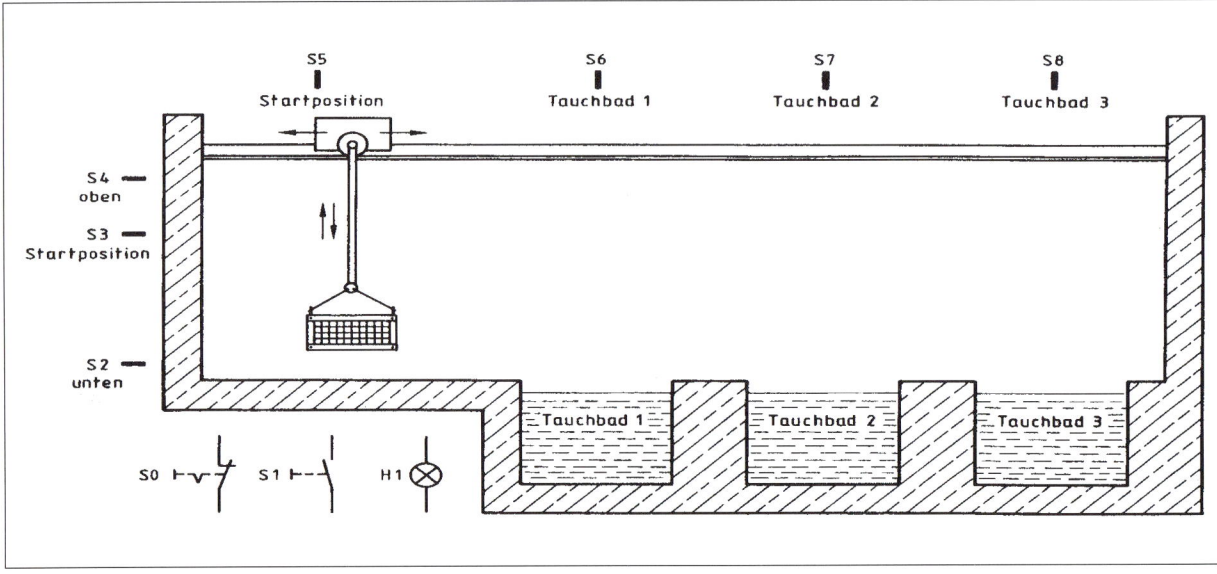

1 Technologieschema zu Aufgabe 5, Seite 127

Zuordnungsliste

Betriebs-mittel	Ein-/Ausgangs-bezeichnung	Kommentar
S0	E1.0	Stopptaster, Öffner
S1	E1.1	Starttaster, Schließer
S2	E1.2	Korb unten, Öffner
S3	E1.3	Korb in Startposition, Öffner
S4	E1.4	Korb oben, Öffner
S5	E1.5	Korb in Beladeposition, Öffner
S6	E1.6	Korb über Tauchbad 1, Öffner
S7	E1.7	Korb über Tauchbad 2, Öffner
S8	E2.0	Korb über Tauchbad 3, Öffner
H1	A4.0	Meldung EIN
M1	A4.1	Aufwärts
M1	A4.2	Abwärts
M2	A4.3	Links
M2	A4.4	Rechts

d) Beim Laden des Programms in die CPU der Ultraschall-Reinigungsanlage wird festgestellt, dass ein GRAPH-Programm von dieser CPU nicht bearbeitet werden kann.
Welche Problemlösungsmöglichkeiten würden Sie in Betracht ziehen?
Zu welcher konkreten Entscheidung gelangen Sie?

6. Nach Fehlersuche, Fehlerkorrektur und erfolgreicher Inbetriebnahme stellt der Kunde an die Steuerung nach Aufgabe 5c folgende zusätzliche Forderung:
Es ist zusätzlich ein Befehlsgeber zu installieren, bei dessen Betätigung die Anlage unverzüglich abgeschaltet wird. Eine rote Meldeleuchte signalisiert diesen Zustand.
Nach erneuter Betätigung des Starttasters wird der Betrieb an der Stelle wieder aufgenommen, an der er bei der Befehlsgabe STOP zuvor unterbrochen wurde.
Bitte führen Sie die geforderten Ergänzungen aus.

7. Erläutern Sie die Funktion der in Bild 2 dargestellten Schrittkette.

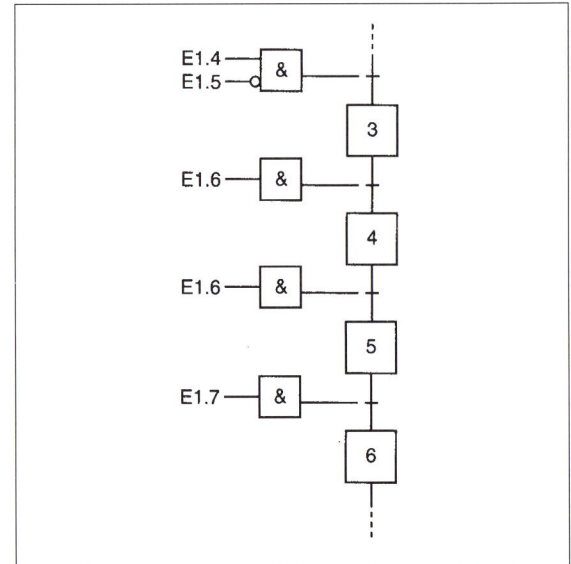

2 Schrittkette zu Aufgabe 7

8. Welche Funktion hat die dargestellte Steuerung?

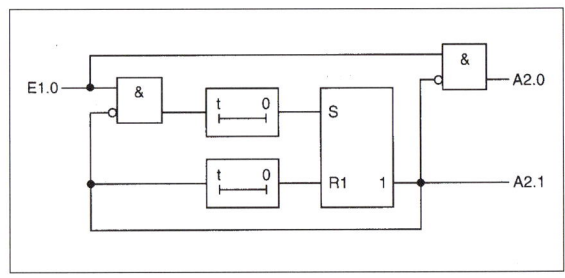

3 Funktionsplan zu Aufgabe 8

6 Realisierung mechatronischer Teilsysteme

Übung und Vertiefung

1 Schrittkette zu Aufgabe 5, Seite 127

Übung und Vertiefung

9. Zwecks Endkontrolle werden Produkte auf einem Transportband dem Prüfort zugeführt.
Dort wird eine Lichtschranke unterbrochen und das Band stoppt.
Nach der Prüfung wird am Prüfort ein Taster betätigt und das Band läuft wieder an.

Technologieschema

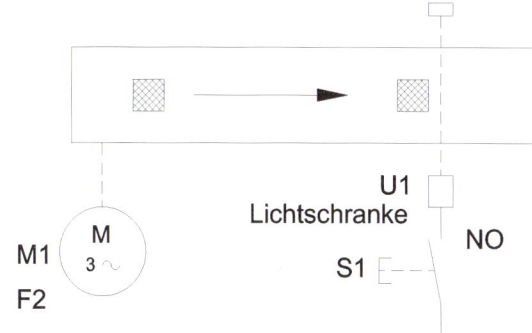

Symboltabelle

band_start	E1.1	BOOL	Taster Band einschalten, Schließer
mot_schutz_band	E1.2	BOOL	Motorschutz Bandantrieb, Öffner
band_halt	E1.3	BOOL	Lichtschranke Bandstopp, NO
TRANSPORT	A4.0	BOOL	Bandantrieb einschalten

a) Entwickeln Sie das Steuerungsprogramm in der Programmiersprache FUP.
b) Erstellen Sie eine Checkliste und testen Sie das Programm.
c) Dokumentieren Sie den Anschluss der Betriebsmittel M1, U1, S1, K1, F2.

10. Dargestellt ist der Funktionsplanentwurf einer allgemein verwendbaren Flankenauswertung.

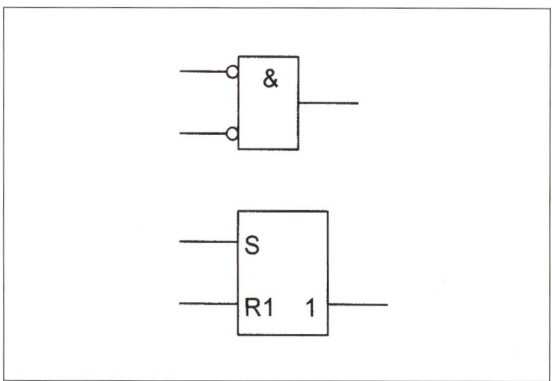

2 Funktionsplanentwurf zu Aufgabe 10

Verwenden Sie die Variablen Eingang, Impuls_Merker und Flanken_Merker.

a) Ergänzen Sie den Funktionsplan um die Variablen.
b) Handelt es sich um eine positive oder negative Flankenauswertung?
c) Beschreiben Sie bitte genau die Funktionsweise dieses Programms.

info

Flankenauswertung

Durch *Flankenauswertung* kann die *Änderung* eines Signalzustandes erkannt werden. Einem Sensor können dann neben dem *statischen* booleschen Signal zwei weitere Informationen „entnommen" werden:

- Wird der Sensor gerade erreicht?
- Wird der Sensor gerade verlassen?

Beispiel Schließer

Schließer wird gerade betätigt	Signalzustand wechselt von „0" auf „1"		positive Flanke, ansteigende Flanke
Schließer ist betätigt	Signalzustand hat den statischen Wert „1"		statisches (unverändertes) Signal
Schließer wird gerade verlassen	Signalzustand wechselt von „1" auf „0"		negative Flanke, fallende Flanke

Beim *Öffner* sind die Verhältnisse genau umgekehrt.

Programmierung einer positiven Flanke

Wenn das VKE vor der Flankenauswertung von „0" nach „1" wechselt, wird eine *positive* Flanke erkannt.

Programmierung einer negativen Flanke

Wenn das VKE vor der Flankenauswertung von „1" nach „0" wechselt, wird eine *negative* Flanke erkannt.

Hinweise:

- *Impulsmerker testen*
  Der Impulsmerker führt nur einen Zyklus lang den booleschen Wert „1" und ist somit mit den Testfunktionen des Programmiergerätes sehr schlecht zu beobachten.

  Abhilfe kann hier eine Speicherfunktion schaffen, die den booleschen Wert des Impulsmerkers zur Beobachtung festhält.

  ```
  U  Impuls_Merker
  S  Flanke_vorhanden
  U  Reset
  R  Flanke_vorhanden
  ```

  Wie das Rücksetzen (Reset) durchgeführt wird, bleibt dem Anwender überlassen.

- *Flankenauswertung unabhängig vom Programmiersystem*
  – *Positive Flanke*
  ```
  U   Eingang
  UN  Flanken_Merker
  =   Impuls_Merker
  U   Eingang
  =   Flanken_Merker
  ```
  – *Negative Flanke*
  ```
  UN  Eingang
  UN  Flanken_Merker
  =   Impuls_Merker
  UN  Eingang
  =   Flanken_Merker
  ```

englisch

global
global

Transitionsbedingung, Übergangsbedingung
transition condition

Anfangsschritt
initial step

Wartezeit
delay, waiting time

Ventilator
blower, fan, ventilator

Heizung
heater, heating

Simulator
simulator

Bibliothek
library

Blinkgeber
blinker unit, flasher unit

Impuls
impulse, pulse

Impulsgeber
pulse generator, pulse initiator, pulser

Flanke
edge

positive Flanke
rising edge

negative Flanke
falling edge

Ablaufsteuerung
run-off control

info

Arbeiten mit GRAPH 7

Graph-Programme können nur in einem *Funktionsbaustein* programmiert werden, der dann vom OB1 aufgerufen werden muss.

Zunächst wird das Projekt angelegt. Die SPS wird konfiguriert.

- Im Simatic-Manager Behälter *Bausteine* selektieren:
  Einfügen → Funktionsbaustein; Erstellsprache GRAPH wählen.

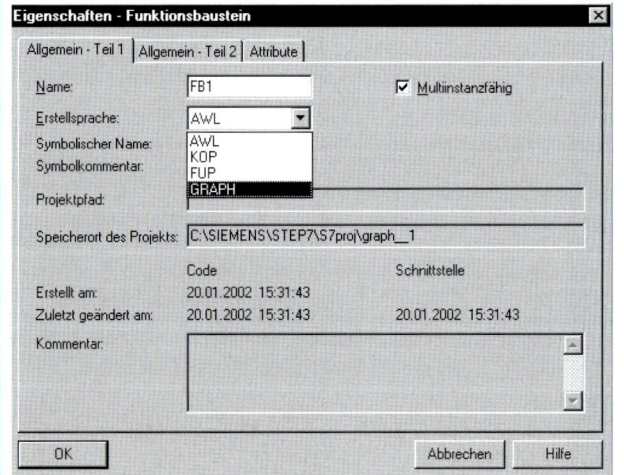

6 Realisierung mechatronischer Teilsysteme

info

- Im Simatic-Manager den erstellten FB öffnen (Doppelklick).

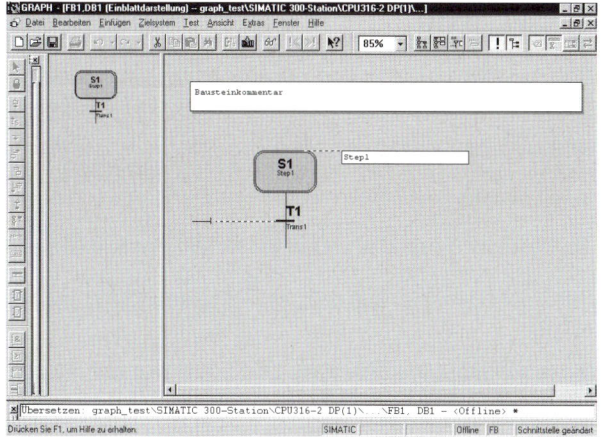

Es erscheint die GRAPH-Oberfläche mit dem Initialisierungsschritt und der ihm zugeordneten Transition.

- Transition T1 mit der Maus anklicken und „*Schritt + Transition einfügen*"-Schaltfläche anklicken (oder *Strg + 1* eingeben).
Dies kann nun für jeden weiteren einzufügenden Schritt wiederholt werden.

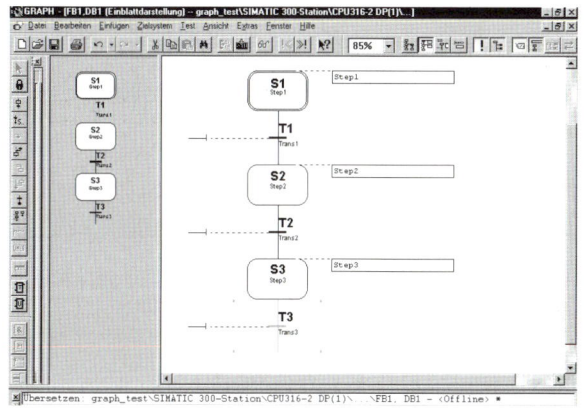

- Ablaufsteuerungen bilden eine geschlossene Ablaufkette. Nach Schritt S3 kommt in unserem Beispiel wieder Schritt S1. Dies wird wie folgt programmiert:
Transition T3 mit der Maus anklicken (falls nicht schon vorher selektiert). Schaltfläche „Sprung einfügen" anklicken (oder Strg + 6 eingeben). Danach das Sprungziel (hier S1) eingeben. Nach Abschluss dieser Aktionen ergibt sich folgendes Bild.

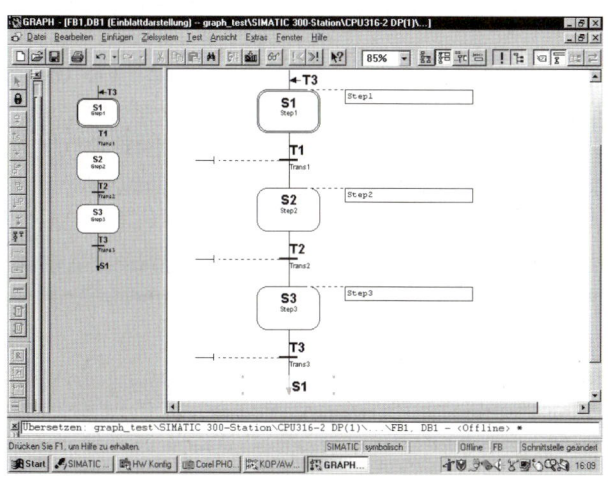

- Transition zwischen S1 und S2 anklicken.
Danach Schaltfläche „UND-Box einfügen" anklicken (oder Funktionstaste S2 betätigen).
Wenn mehr als ein Eingang für die Transition benötigt werden, dann Schaltfläche „Bin-Eingang" anklicken oder Funktionstaste F8 betätigen.
Danach an den Eingängen der Transitionsbedingung klicken und die Variablennamen bzw. Hardwareadressen eingeben.

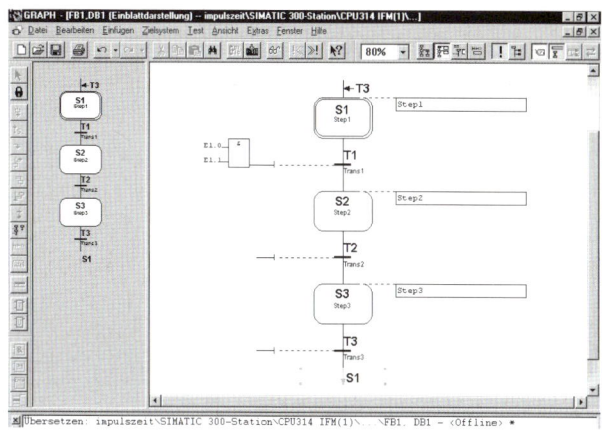

Diese Vorgänge bei den übrigen Transitionen wiederholen.

Wenn ein Eingang negiert werden soll, kann dies nach Anklicken des betreffenden Einganges und anschließendem Drücken der Funktionstaste F9 erfolgen.

- Eingabe der zugeordneten Befehle (Aktionen).
Befehlssymbole anklicken und TAB-Taste drücken. Es erscheint ein Symbol, in dem Bestimmungszeichen und Variablenname bzw. Hardwareadresse eingetragen werden.
Mit der TAB-Taste gelangt man von Feld zu Feld innerhalb des Befehlssymbols und kann weitere Befehle anfügen.

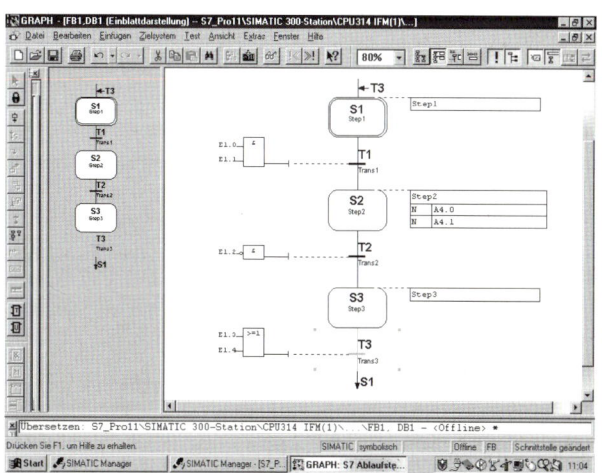

Hinweis
Sollten Sie irrtümlich ein überschüssiges Befehlssymbol am gerade bearbeiteten Schritt erzeugt haben, müssen Sie das gesamte Symbol (einschließlich Bestimmungszeichenfeld) farbig unterlegen und dann die Entfernen-Taste (Entf) drücken.

Zur farbigen Unterlegung zum Beispiel Befehl mit der Maus anfahren und die Maus bei gedrückter linker Maustaste etwas bewegen. Danach Maustaste loslassen.
Oder mit der Maus kurz unterhalb des Befehlssymbols klicken.

Projektierung der Positioniereinrichtung

info

- Zurück zum Simatic-Manager und den OB1 öffnen. Dort den Bausteinaufruf (der das Graph-Programm enthält) eingeben. Auch hierbei wird ein Instanzdatenbaustein angelegt. Die im OB1 angezeigte Parameterliste bleibt unbearbeitet.

```
CALL  FB      1 , DB1
    OFF_SQ   :=
    INIT_SQ  :=
    ACK_EF   :=
    S_PREV   :=
    S_NEXT   :=
    SW_AUTO  :=
    SW_TAP   :=
    SW_MAN   :=
    S_SEL    :=
    S_ON     :=
    S_OFF    :=
    T_PUSH   :=
    S_NO     :=
    S_MORE   :=
    S_ACTIVE:=
    ERR_FLT  :=
    AUTO_ON  :=
    TAP_ON   :=
    MAN_ON   :=
```

- Programm (sämtliche Bausteine) in die CPU laden. Hierzu Behälter „Bausteine" anklicken. Danach Schaltfläche „Laden" anklicken. Eventuelle Rückfragen des Programms mit „Ja" bzw. „OK" bestätigen.

- GRAPH-FB wieder öffnen. *Test → Beobachten* wählen.

  Der Initialisierungsschritt S1 wird farbig unterlegt, der Schritt S1 ist aktiv (gesetzt).

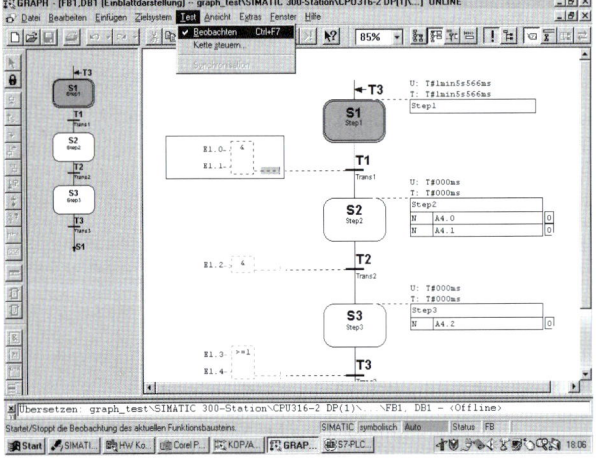

- Wenn die Transition zwischen Schritt 1 und Schritt 2 den booleschen Wert „1" hat, erfolgt der Übergang von S1 nach S2. Die Befehle A4.0 und A4.1 nehmen den booleschen Wert „1" an.

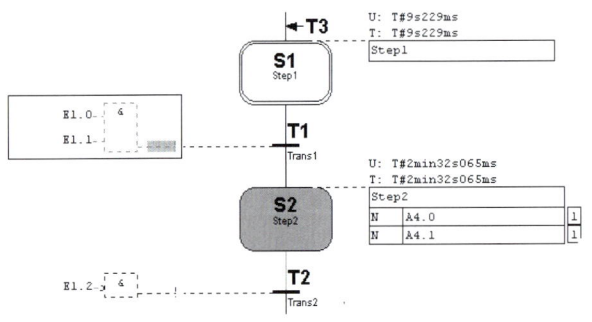

6.4 Projektierung des Umsetzers

auftrag

Die Tischfüße werden von der Positioniereinrichtung der Prüfstation zugeführt.

Dort wird festgestellt, ob die Füße über eine zentrische Bohrung verfügen. Trifft dies nicht zu, wird der Fuß auf das Ausschussband gesetzt.

Ansonsten werden die runden Füße dem Produktionsort 1 und die eckigen Füße dem Produktionsort 2 zugeführt, indem die Füße auf das jeweilige Transportband gesetzt werden.

Diese Aufgabe übernimmt ein Umsetzer, der vom Mechatroniker zu projektieren ist.

anwendungen

Die Bewegungen
- Links/Rechts
- vor/zurück

des Umsetzers werden mit Hilfe von Getriebemotoren durchgeführt.

Hierzu werden die gleichen Motoren wie für den Antrieb der Transportbänder „Produktion 1", „Produktion 2" und „Ausschuss" verwendet (siehe Seite 95).

1. Die Motorleitungen sind zum Schaltschrank zu führen. Welchen Leitungstyp und welchen Querschnitt verlegen Sie?
Beschreiben Sie die Vorgehensweise bei der Leitungsverlegung.

2. Wählen Sie geeignete Sensoren aus und beschreiben Sie deren Installation.

3. Die Sensorleitungen werden zu einem Klemmenkasten am Umsetzer geführt und dort auf eine Klemmenleiste gelegt.
Skizzieren Sie den Anschluss der Klemmenleiste.
Wie viele Adern muss die Leitung zwischen dem Klemmenkasten und dem Schaltschrank mindestens haben?
Wählen Sie eine geeignete Leitung aus.

4. Skizzieren Sie bitte die SPS-Beschaltung für den Umsetzer.

5. Für die Erstellung des SPS-Programms wird die auf Seite 134 dargestellte Symboltabelle verwendet.

Ausgangsposition des Greifers:
Der Greifer steht über der Positioniereinrichtung:
- oben
- vorne
- rechts

6 Realisierung mechatronischer Teilsysteme

anwendungen

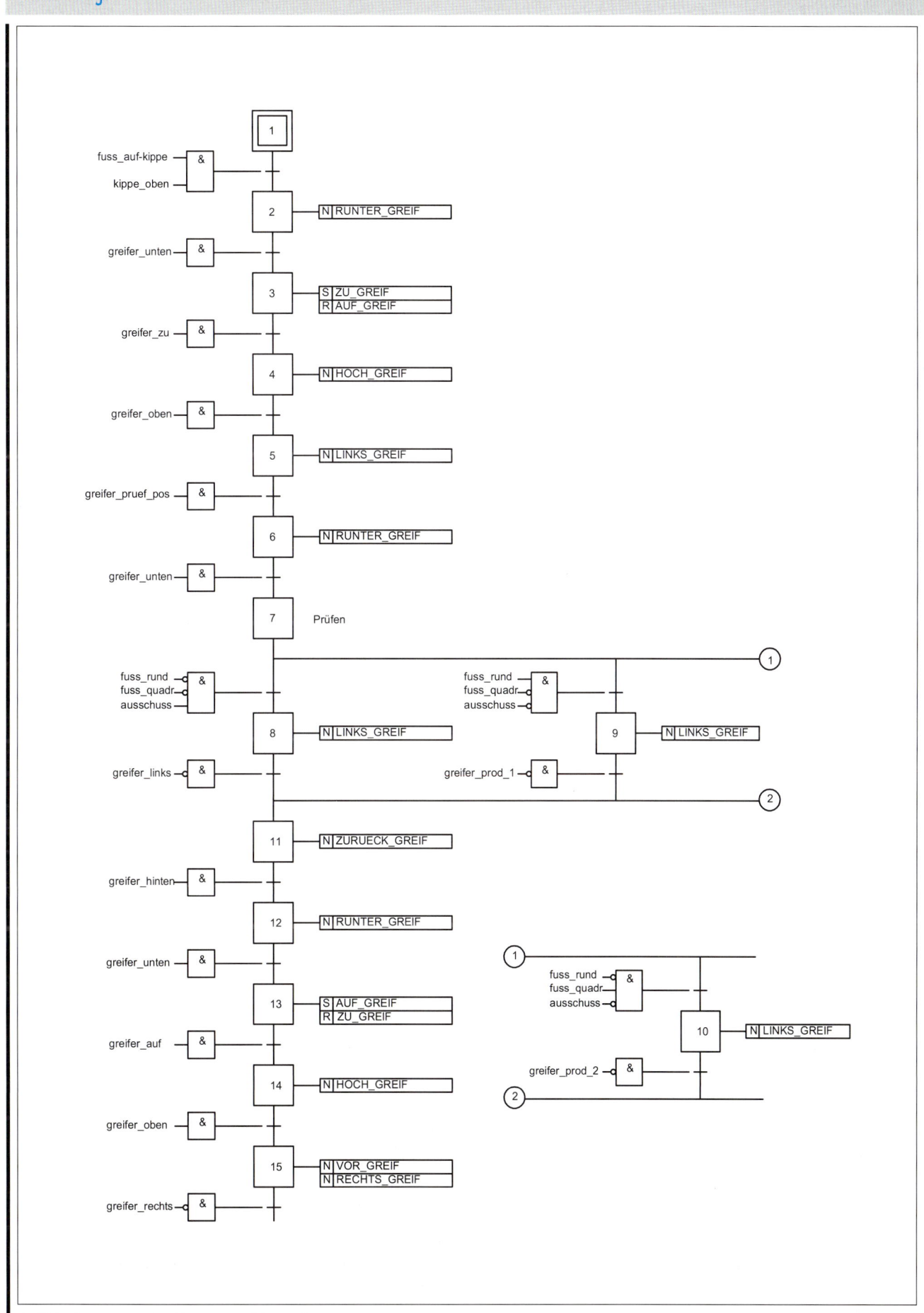

1 Ablaufsteuerung des Umsetzers (Entwurf)

anwendungen

Symboltabelle

greifer_vorne	E8.0	BOOL	Greifer ist vorn, Öffner
greifer_hinten	E8.1	BOOL	Greifer ist hinten, Öffner
greifer_links	E8.2	BOOL	Greifer ist links, Öffner
greifer_rechts	E8.3	BOOL	Greifer ist rechts, Öffner
greifer_oben	E8.4	BOOL	Greifer ist oben, NO
greifer_unten	E8.5	BOOL	Greifer ist unten, NO
greifer_pruef_pos	E8.6	BOOL	Greifer ist über Prüfeinrichtung, Öffner
greifer_prod_1	E8.7	BOOL	Greifer über Band „Prod. 1", Öffner
greifer_prod_2	E9.0	BOOL	Greifer über Band „Prod. 2", Öffner
greifer_zu	E9.1	BOOL	Greifer geschlossen, NO
greifer_auf	E9.2	BOOL	Greifer offen, NO
RECHTS_GREIF	A20.0	BOOL	Greifer fährt nach rechts
LINKS_GREIF	A20.1	BOOL	Greifer fährt links
HOCH_GREIF	A20.2	BOOL	Greifer fährt hoch
RUNTER_GREIF	A20.3	BOOL	Greifer fährt runter
VOR_GREIF	A20.4	BOOL	Greifer fährt nach vorne
ZURUECK_GREIF	A20.5	BOOL	Greifer fährt nach hinten
ZU_GREIF	A20.6	BOOL	Greifer schließt
AUF_GREIF	A20.7	BOOL	Greifer öffnet

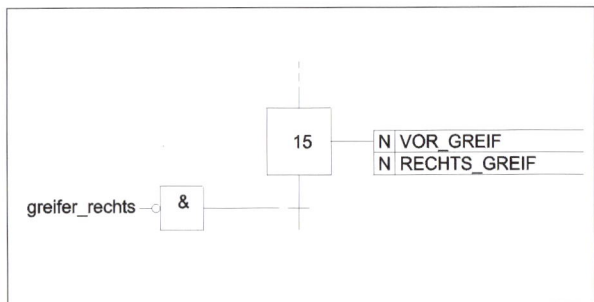

1 Schritt 15 mit zugehöriger Transition

6. Die Prüfstation soll erkennen, dass der jeweilige Fuß eine zentrische Bohrung hat.
Wenn dies nicht der Fall ist, liegt Ausschuss vor.
Entwickeln Sie eine wirtschaftliche Lösung.
Wenn das Bohrloch nicht zentrisch ist, muss die Variable „ausschuss" den booleschen Wert „1" annehmen.
Entwickeln Sie auch das Steuerungsprogramm für die Prüfstation.

7. Es liegt die in Bild 1, Seite 133 dargestellte Ablaufsteuerung als Entwurf vor.
a) Ist eine Ablaufsteuerung hier sinnvoll einzusetzen? Welche Vor- und Nachteile sind dabei zu beachten?
b) Der 7. Schritt der Ablaufsteuerung enthält keinen Befehl. Wozu dient dieser Schritt?
c) Um welche Art der Verzweigung handelt es sich bei den Schritten 8, 9, und 10?
d) Die Variablen „fuss_rund", „fuss_quadr" und „ausschuss" sind Merker. Welche Aufgabe haben sie innerhalb der Ablaufsteuerung?

anwendungen

e) Unter welchen Voraussetzungen kann der Schritt 9 gesetzt werden? Welche besondere Bedeutung haben dabei die auf „0"-Signal abgefragten Variablen „fuss_quadr" und „ausschuss"?

f) Beachten Sie besonders den Schritt 13. Von ihm werden die Befehle S AUF_GREIF und R ZU_GREIF aktiviert. Gewünscht wird, dass zunächst der Befehl R ZU_GREIF ausgeführt wurde, bevor der Befehl S AUF_GREIF aktiviert werden kann. Bitte bearbeiten Sie dies, ohne einen zusätzlichen Schritt zu verwenden.

g) Ein vergleichbares Problem wie bei f) gilt für Schritt 3. Bitte geben Sie auch hier eine Lösung an.

h) Besonders problematisch scheint der Schritt 15 mit seinen zwei Befehlen zu sein (Bild 1).
Als Problem ist dabei nicht anzusehen, dass der Greifer zwei Verfahrbewegungen gleichzeitig durchführt. Dies ist u.U. zu akzeptieren.
Das Problem liegt vielmehr in der nachfolgenden Transition „greifer_rechts".
Benennen Sie das Problem und entwickeln Sie eine Lösung.

i) Ist die Verzweigung bei dieser Problemlösung unverzichtbar? Wenn möglich, geben Sie eine Alternativlösung ohne Verzweigung an.

info

Alternativverzweigung und Alternativzusammenführung

Nur *einer* von mehreren parallelen Zweigen wird durchlaufen. Welcher dies im Einzelfall ist, hängt von der *zuerst erfüllten Transition* ab.

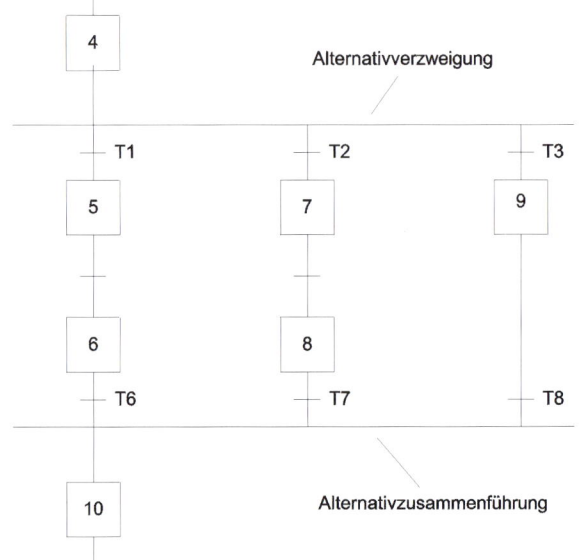

Der 4. Schritt hat hier drei mögliche *Nachfolger* (Schritte 5, 7 und 9). Diese müssen den gemeinsamen Vorgänger (Schritt 4) zurücksetzen.

Der 10. Schritt hat drei mögliche Vorgänger (Schritte 6, 8, 9). Der 10. Schritt muss diese Vorgänger zurücksetzen.

6 Realisierung mechatronischer Teilsysteme

info

Simultanverzweigung und Simultanzusammenführung

Die *Simultanverzweigung* besteht aus mehreren parallelen Zweigen, die von *einer* Transition aktiviert und *gleichzeitig* durchlaufen werden.

Erst wenn *sämtliche* letzten Schritte der Zweige und die Transition des Folgeschrittes den booleschen Wert „1" haben, wird die Verzweigung verlassen.

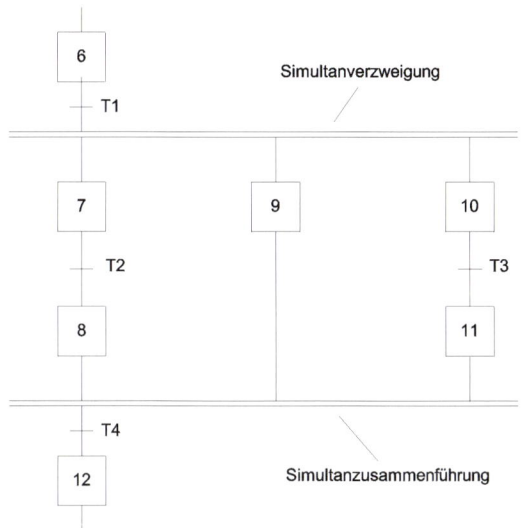

- Schritt 6 gesetzt und T1 = „1":
  Schritte 7, 9 und 10 werden gesetzt.
- Schritte 8, 9 und 11 gesetzt und T4 = „1":
  Schritt 12 wird gesetzt.

Sprung

Abhängig von einer *Sprungbedingung* werden Schritte der Kette bearbeitet oder nicht (übersprungen).
Wenn die Sprungbedingung den Wert „1" hat, werden die Schritte 7, 8 und 9 übersprungen. Wenn nicht, werden die Schritte 7, 8, 9 linear abgearbeitet.

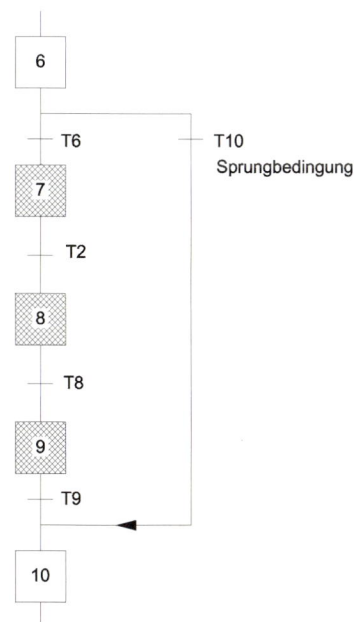

Der 6. Schritt hat zwei mögliche Nachfolger: Schritt 7 (ohne Sprung) und Schritt 10 (mit Sprung). Ebenso hat der 10. Schritt zwei mögliche Vorgänger (Schritt 9 bzw. 6).

Schleife

Abhängig von einer *Schleifenbedingung* werden Schritte der Kette *wiederholt bearbeitet*.
Der 9. Schritt hat zwei mögliche Nachfolger (Schritt 10, wenn Schleifenbedingung = „0" und Schritt 7, wenn Schleifenbedingung = „1").
Der 7. Schritt hat zwei mögliche Vorgänger: Schritt 6 und Schritt 9.

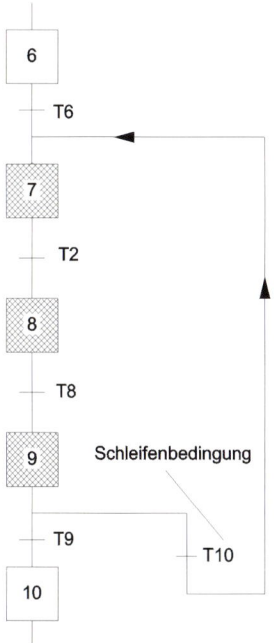

Beispiel
Die Schrittkette ist mit Hilfe von Speichern in der Programmiersprache FUP darzustellen.

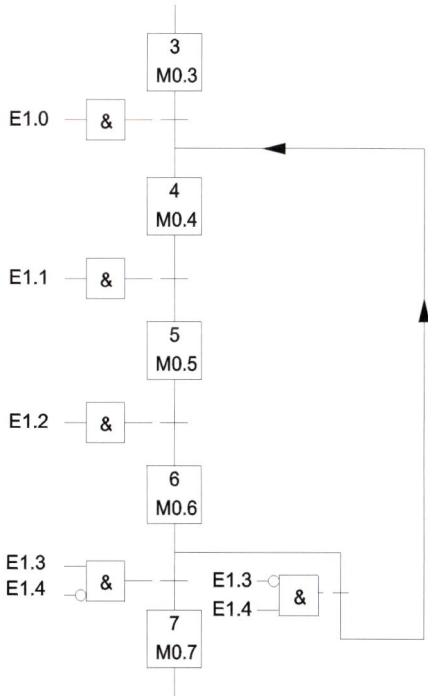

E1.4 ist die *Schleifenbedingung*. E1.3 die Transitionsbedingung für Schritt 7 (M0.7). Beachten Sie bitte, dass E1.3 und E1.4 gegeneinander verriegelt sind:
Entweder wird die Schleife durchlaufen (E1.4 = „1") oder die Kette mit dem Schritt 7 (E1.4 = „0", E1.3 = „1") fortgesetzt.

Projektierung des Umsetzers

info

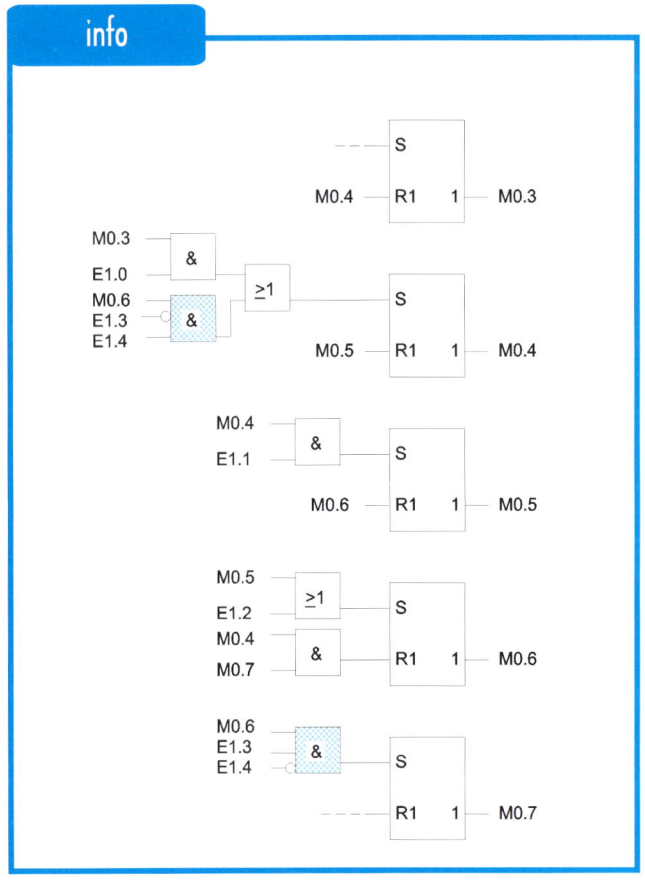

anwendung

1. Die Ablaufkette für den Umsetzer ist bei der installierten CPU nicht in der Programmiersprache GRAPH 7 programmierbar. Da die CPU nicht ausgewechselt werden soll, muss die Ablaufkette mit RS-Speichern (siehe Beispiel) aufgebaut werden.
a) Erstellen Sie das Steuerungsprogramm mit Speichern.
b) Erstellen Sie eine Checkliste und testen Sie das Programm.

übung und vertiefung

1. Eine Taktstraße mit zwei Werkzeugmaschinen ist zu projektieren. (Technologieschema siehe Bild 1, Seite 137).

Arbeitsablauf:
Wenn ein Werkstück auf die Einlegestation gebracht wird (S1), fährt der Schieber vor und schiebt das Werkstück auf Band 1.
Sobald die Lichtschranke B1 erreicht ist, schaltet sich das Band ein.
Das Werkstück wird bis zur Bohrmaschine transportiert (B3).
Der Bohrantrieb wird eingeschaltet (K8).
Nach 2 Sekunden senkt sich der Bohrer (K6) und hebt sich danach wieder (K7).
Der Bohrantrieb wird ausgeschaltet und die Bänder 1 und 2 schalten sich ein. Sie transportieren das Werkstück zur Mehrspindelmaschine (B4).
Der Werkzeugantrieb (K9) wird eingeschaltet und nach 2 Sekunden senkt sich das erste Werkzeug in das Werkstück (K10).
Dann hebt sich das Werkzeug wieder (K11) und die Mehrspindel dreht sich (K12) bis S8 die Positionierung des nächsten Werkzeuges signalisiert.

Zuordnungsliste

Betriebs-mittel	Ein-/Ausgangs-bezeichnung	Kommentar
S1	E0.1	Werkstück auf Station, Schließer
S2	E0.2	Schieber eingefahren, Öffner
S3	E0.3	Schieber ausgefahren, Öffner
S4	E0.4	Bohrer oben, Öffner
S5	E0.5	Bohrer unten, Öffner
S6	E0.6	Mehrspindel oben, Öffner
S7	E0.7	Mehrspindel unten, Öffner
S8	E1.0	Ende Drehen Mehrspindel, Öffner
B1	E1.1	Lichtschranke Bandstart, NC
B2	E1.2	Lichtschranke Bandstopp, NC
B3	E1.3	Werkstück unter Bohrmaschine, NC
B4	E1.4	Werkstück unter Mehrspindel, NC
K1	A4.1	Schieber vorfahren
K2	A4.2	Schieber zurückfahren
K3	A4.3	Antrieb Band 1
K4	A4.4	Antrieb Band 2
K5	A4.5	Antrieb Band 3
K6	A4.6	Bohrer senken
K7	A4.7	Bohrer heben
K8	A5.0	Bohrspindelantrieb
K9	A5.1	Werkzeugantrieb, Mehrspindelmaschine
K10	A5.2	Mehrspindel senken
K11	A5.3	Mehrspindel heben
K12	A5.4	Mehrspindel drehen

englisch

Verzweigung branch(ing)	**Sprungbefehl** jump instruction, branch instruction, go-to-statement
Verzweigungspunkt branch(ing) point	**Schleife** loop
simultan simultaneous	**Taktstraße** intermittend assembly line
alternativ alternative	**Bohrmaschine** drilling machine
Zusammenführung junction	**Mehrspindelmaschine** multiple machine
Sprung jump, branch	**Transportband** belt conveyor

6 Realisierung mechatronischer Teilsysteme

Übung und Vertiefung

1 Technologieschema der Taktstraße mit zwei Werkzeugmaschinen

Nach diesem Prinzip werden sämtliche Werkzeuge zum Einsatz gebracht.

Danach werden die Bänder 2 und 3 eingeschaltet, bis sie durch die Lichtschranke B2 wieder zum Stillstand kommen.

a) Folgende Antriebsmotoren sind installiert:

- Schieber: 80; 0,55 kW; 1400 1/min
- Band 1, 2, 3: 80; 0,75 kW; 1400 1/min
- Bohr- und Mehrspindelantrieb: 90S; 1,1 kW; 1410 1/min
- Bohr- und Mehrspindelmaschine (heben, senken): 80; 0,55 kW; 1400 1/min
- Mehrspindel drehen: 71; 0,25 kW; 1325 1/min

Wählen Sie geeignete Anschlussleitungen für die Motoren aus.
Welchen Bemessungsstrom müssen die Überstrom-Schutzeinrichtungen haben?
Wählen Sie geeignete Motorschutzeinrichtungen aus und geben Sie die jeweiligen Einstellwerte an.

b) Erstellen Sie die Symboltabelle unter Berücksichtigung der Motorschutzeinrichtungen und des Not-Aus.

c) Entwickeln Sie das Steuerungsprogramm als Ablaufsteuerung.

d) Ändern Sie das Programm unter c) so, dass auf Wunsch (Schalter am Bedienpult) die Mehrspindelmaschine „übersprungen" wird.
Das Werkstück wird dann nur gebohrt und abtransportiert (Bänder 2 und 3).

e) Der Kunde ist mit dem Steuerungsprogramm nicht zufrieden. Er beklagt, dass immer nur ein Werkstück bearbeitet werden kann.
Er schlägt vor, dass bereits ein weiteres Werkstück der Bohrmaschine zugeführt und dort bearbeitet wird, während die Mehrspindelmaschine noch in Betrieb ist.
Nehmen Sie bitte die notwendigen Änderungen vor.

Für die Lösung des Kundenauftrages erstellen Sie zunächst bitte einen Funktionsbaustein mit folgenden Formalparametern in FUP-Darstellung.

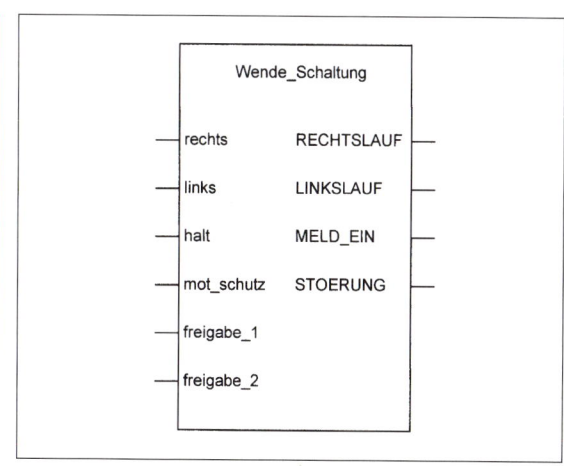

2 Funktionsbaustein „wende_schaltung"

Eine Störungsmeldung kann zum Beispiel ausgegeben werden, wenn der Motorschutz angesprochen hat oder die Freigabe entzogen wurde. Beachten Sie, dass die Formalparameter im Funktionsbaustein „wende_schaltung" zu deklarieren sind.

Das Programm hat dann die in Bild 1, Seite 138 dargestellte Struktur.

englisch

Antriebsmotor
drive motor, driving motor

Zähler
counter, counting unit

Zähler, binär
binary counter

Zählereingang
counting input

Zählerstand
count

Aufwärtszähler
up-counter

Abwärtszähler
down-counter

SCL
structured control language

Anweisung
assignment, statement, instruction, command

Störung
failure, fault, trouble, breakdown

Freigabe
release, releasing, clearing, opening

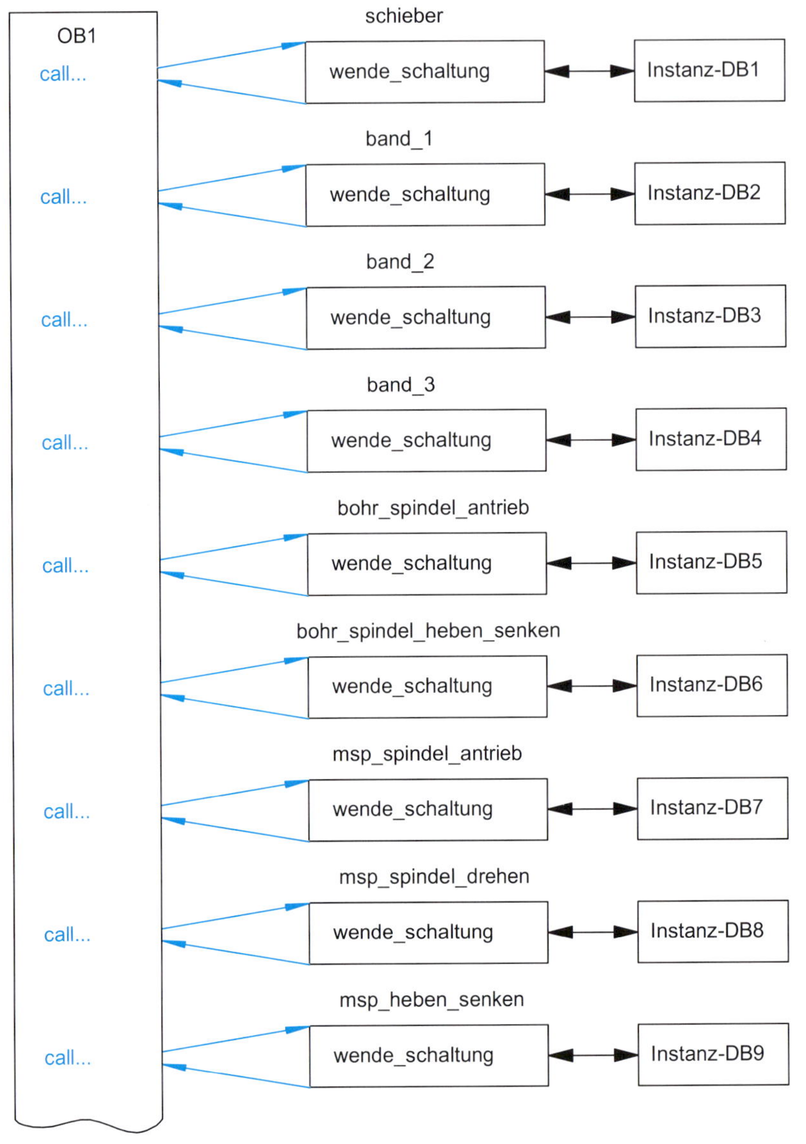

Projektierung des Umsetzers

übung und vertiefung

```
OB1
 call...  →  schieber
             wende_schaltung  ↔  Instanz-DB1
 call...  →  band_1
             wende_schaltung  ↔  Instanz-DB2
 call...  →  band_2
             wende_schaltung  ↔  Instanz-DB3
 call...  →  band_3
             wende_schaltung  ↔  Instanz-DB4
 call...  →  bohr_spindel_antrieb
             wende_schaltung  ↔  Instanz-DB5
 call...  →  bohr_spindel_heben_senken
             wende_schaltung  ↔  Instanz-DB6
 call...  →  msp_spindel_antrieb
             wende_schaltung  ↔  Instanz-DB7
 call...  →  msp_spindel_drehen
             wende_schaltung  ↔  Instanz-DB8
 call...  →  msp_heben_senken
             wende_schaltung  ↔  Instanz-DB9
```

1 Struktur des Programmes Taktstraße unter Verwendung des FB „wende_schaltung"

info

Zählfunktionen

Zähler setzen	S Z...	Wenn VKE von „0" nach „1" wechselt, wird der Zähler gesetzt. Der Zählwert entspricht dann dem Anfangswert.
Zähler rücksetzen	R Z...	Wenn VKE = „1", wird der Zähler rückgesetzt.
Zählwert vorgeben		C#30 setzt den Zählwert zum Beispiel auf 30. In AWL: L C#30. Der Zählwert kann auch eine Variable sein.
Vorwärts zählen	ZV	Jede positive Flanke erhöht den Zählerstand um 1 (bis 999).
Rückwärts zählen	ZR	Jede positive Flanke erniedrigt den Zählerstand um 1 (bis 000).

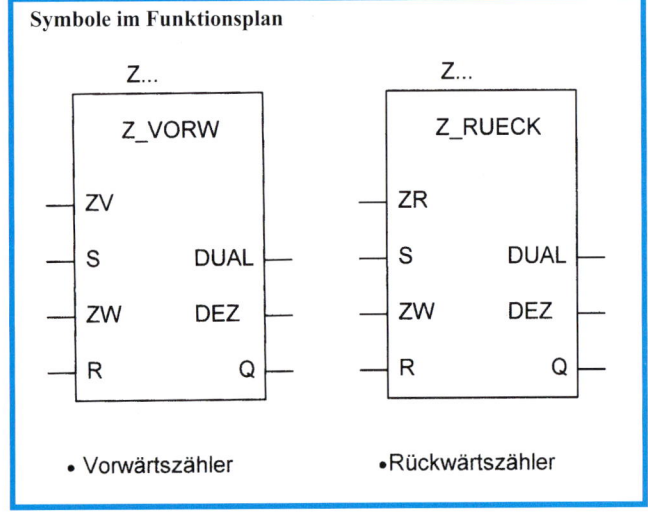

Symbole im Funktionsplan

- Vorwärtszähler
- Rückwärtszähler

6 Realisierung mechatronischer Teilsysteme

info

Reihenfolge der Zähleroperationen

1. Zähler freigeben   FR Z...
2. Vorwärts zählen   ZV Z...
3. Rückwärts zählen   ZR Z...
4. Zähler setzen   S Z...
5. Zähler rücksetzen R Z...
6. Digitale Abfrage
7. Binäre Abfrage

Beispiel
Die Drehbewegung der Mehrspindelmaschine wird durch S8 (angeschlossen an E1.0) beendet.
Nach jedem Drehvorgang soll der Zählerstand verändert werden.

a) **Rückwärtszähler**: Zählerstand wird von 3 bis auf 0 verringert.
b) **Vorwärtszähler**: Zählerstand wird von 0 bis auf 3 erhöht.

Wenn der jeweilige Zählerstand erreicht ist, soll der Merker M10.6 den booleschen Wert 1 annehmen.

a) *Rückwärtszähler in FUP-Darstellung*

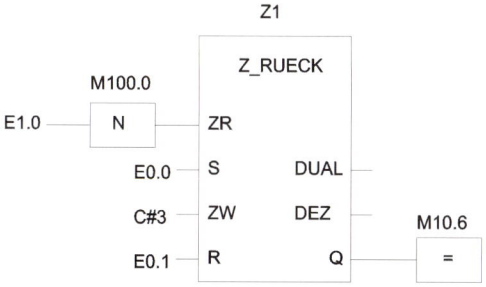

- E0.0 (Setzeingang S): Signaländerung $0 \to 1 \to 0$:
  Zählerstand wird auf 3 gesetzt, der binäre Zählerausgang nimmt den booleschen Wert „1" an.

- Jeder Signalzustandswechsel von $1 \to 0$ am Zählereingang E1.0 (negative Flanke) verringert den Zählerstand um 1.

- Wenn der Zählerstand auf 0 heruntergezählt wurde, nimmt der binäre Zählerausgang den Wert Q = „0" an.

- Durch einen erneuten $0 \to 1 \to 0$ Signalzustandswechsel an E0.0 (S), wird der Zähler wieder auf den Anfangswert 3 gesetzt und Q = „1".

- Ein „1"-Signal an R (E0.1) setzt jederzeit den Zählerstand auf 0 und schaltet den binären Zählerausgang aus (Q = „0").
  Da der Zählereingang ZR bereits flankengesteuert ist, kann auf die externe Flankenbildung verzichtet werden. Bei Steuerung mit negativer Flanke ist der ZR-Eingang allerdings zu negieren.

Wichtig ist hierbei allerdings, dass E1.0 bei Programmstart (RUN) „1"-Signal hat, da sonst bei Programmstart bereits ein Zählvorgang durchgeführt wurde.

Rückwärtszähler in AWL-Darstellung

```
UN E1.0      //negative Flanke an E1.0
ZR Z1        //rückwärts zählen

U  E0.0      //Zähler setzen
L  C#3       //Zählwert ist 3
S  Z1

U  Z1        //Solange Zählwert nicht 0,
=  M10.6     //Merker 10.6 auf „1" setzen
```

b) *Vorwärtszähler in FUP-Darstellung*

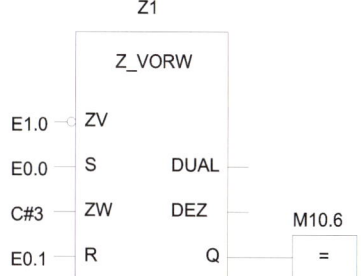

- Bei S = 1 wird der Zählwert auf 3 gesetzt (ZW = 3). Der Zählerausgang ist „1" (Q = „1"; M10.6 = „1").
- Jede negative Zählflanke an ZV erhöht den Zählerstand um 1.
- Der Ausgang Q bleibt „1", bis der Zähler durch „1"-Signal am R-Eingang gelöscht wird.

Vorwärtszähler in AWL-Darstellung

```
UN E1.0      //negative Flanke an E1.0
ZV Z1        //vorwärts zählen

U  E0.0      //Zähler setzen
L  C#3       //Zählwert ist 3
S  Z1

U  Z1        //So lange Zählwert nicht 0,
=  M10.6     //Merker 10.6 auf „1" setzen
```

anwendungen

1. Die Standardzähler (Z_VORW, Z_RUECK) sind ein wenig „unhandlich".

Sie werden daher beauftragt, einen „maßgeschneiderten" Zähler-Funktionsbaustein als SCL- Quelle zu erstellen und zu testen.

Ihr Meister übergibt Ihnen hierzu folgenden Planungsentwurf.

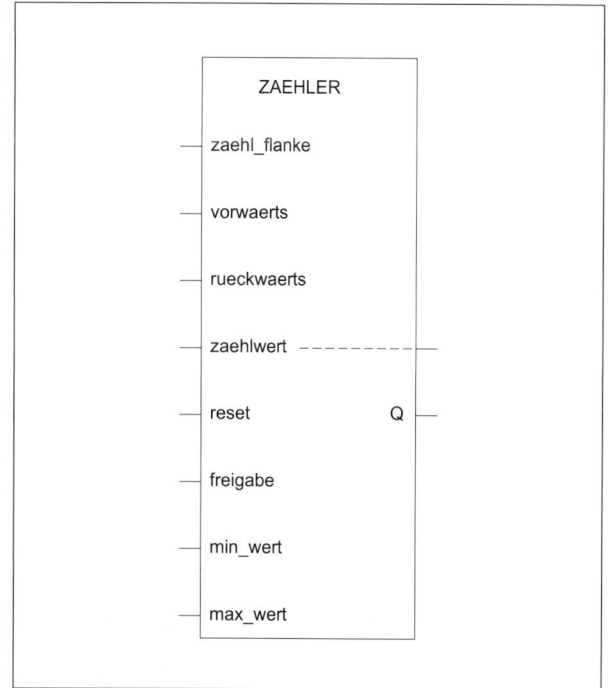

1 Zähler, Planungsentwurf

anwendungen

vorwaerts
Vorwärts zählen (+ 1) bei „1"-Signal an diesem Eingang
rueckwaerts
Rückwärts zählen (–1) bei „1"-Signal an diesem Eingang
zaehl_flanke
Zählvorgang (± 1) bei Flanke
zaehlwert
Aktueller Zählwert
reset
Rücksetzen des Zählers (zaehlwert, Q)
freigabe
Nur bei „1"-Signal an diesem Eingang arbeitet der Zähler
min_wert
Kleinster Zählwert
max_wert
Größter Zählwert
Q
Binärer Zählerausgang

FUNCTION_BLOCK FB50   //ZAEHLER
  var_input

    zaehl_flanke : BOOL;
    vorwaerts   : BOOL;
    rueckwaerts : BOOL;
    reset   : BOOL;
    freigabe   : BOOL;
    min_wert   : INT;
    max_wert   : INT;

  end_var

  var_in_out

    zaehlwert   : INT;

  end_var

  var_output

    Q   : BOOL;

  end_var

BEGIN
  if vorwaerts & rueckwaerts then RETURN; end_if;
  //Wenn gleichzeitig vorwaerts = 1 und rueckwaerts = 1,
  //dann
  //Rückkehr zum aufrufenden Baustein (z.B. OB1)
  if vorwaerts then zaehlwert := min_wert;
    elsif rueckwaerts then zaehlwert := max_wert;
  end_if;
  //zaehlwert auf den Anfangswert setzen
  //(min_wert bzw. max_wert)
  if freigabe & zaehlwert < max_wert & zaehl_flanke
        then zaehlwert := zaehlwert + 1; end_if;

Bitte vervollständigen Sie das Programm.

2. Setzen Sie den Zähler nach 1. für die Taktstraße (vgl. Seite 136) ein.

info

Strukturierter Text (SCL)

SCL ist eine Programmiersprache nach *IEC 1131-3*. Sie besteht aus einer Folge von durch *Semikolon* getrennte *Anweisungen*.

Wesentliche Vorteile:
- Relativ kurze Programme
- Übersichtlicher Programmaufbau
- Wirtschaftlich durch Wiederverwertbarkeit der erstellten Programme
- Optimal bei komplexen Problemlösungen, die über den reinen „Schützersatz" hinausgehen

• **Anweisung**
Zuweisung (:=), die das Ergebnis eines Ausdrucks einer Variablen zuweist. Zum Beispiel:

  PUMPE := start & freigabe
  VENTIL_1 := start_1 OR start_2 & NOT stop;

Beachten Sie:
  UND-Funktion   : & bzw. AND
  ODER-Funktion : OR
  Negation   : NOT

• **Alternativverzweigung** (IF... THEN... ELSE)

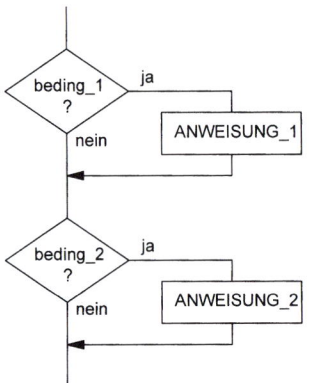

  IF beding_1 then ANWEISUNG_1; END_IF;
  IF beding_2 then ANWEISUNG_2; END_IF,

Abhängig von den Bedingungen werden die Anweisungen ausgeführt; oder auch nicht: *Jede* der aufgelisteten Bedingungen wird dabei bearbeitet.

  IF beding_1 then ANWEISUNG_1 ELSE STOERUNG;
    END_IF;

Wenn die Bedingung *beding_1* den booleschen Wert „0" hat, wird die Störungsmeldung ausgegeben.

  IF beding_1 THEN ANWEISUNG_1;
    ELSIF beding_2 THEN ANWEISUNG_2;
  END_IF;

Wenn zum Beispiel die Bedingung 1 den booleschen Zustand „1" hat, wird die Anweisung 1 bearbeitet; der ELSIF-Zweig wird dann *nicht* mehr bearbeitet.

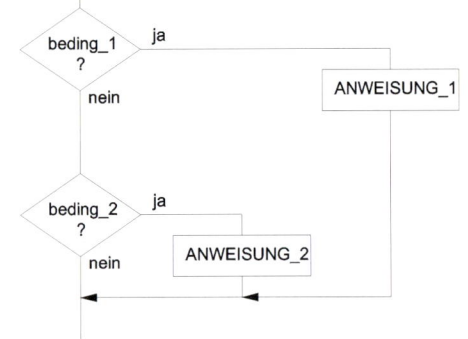

6 Realisierung mechatronischer Teilsysteme

info

Beispiel
Ein Funktionsbaustein für eine Wendeschaltung soll in SCL quellorientiert erstellt werden. Anschließend ist die Funktionsfähigkeit durch Test nachzuweisen.

```
FUNCTION_BLOCK FB30
    var_input
        links     : bool;
        rechts    : bool;
        mot_schutz: bool;
        stop      : bool;
        freigabe  : bool;
    end_var

    var_output
        RECHTSLAUF : bool;
        LINKSLAUF  : bool;
        MELD       : bool;
        STOERUNG   : bool;
    end_var

var
    merk_rechts : bool;
    merk_links  : bool;
end_var

begin
    if rechts then merk_rechts := 1; end_if;
    if NOT stop or NOT mot_schutz then merk_rechts := 0;
        end_if;

    if links then merk_links := 1; end_if;
    if NOT stop or NOT mot_schutz then merk_links := 0;
        end_if;

    RECHTSLAUF := merk_rechts & NOT LINKSLAUF &
                    freigabe;
    LINKSLAUF := merk_links & NOT RECHTSLAUF &
                    freigabe;

    MELD := LINKSLAUF OR RECHTSLAUF;

    STOERUNG := merk_rechts & NOT RECHTSLAUF OR
        merk_links & NOT LINKSLAUF OR NOT mot_schutz;

END_FUNCTION_BLOCK
```

Externe Quelle einladen und übersetzen. Nach erfolgreicher Übersetzung steht der FB30 im Bausteinordner zur Verfügung.

Im OB1 kann der Baustein mit
   CALL FB30, DB30
aufgerufen werden, worauf die deklarierten Formalparameter erscheinen.

```
CALL FB30, DB30
    links       := E124.0
    rechts      := E124.1
    mot_schutz  := E124.2
    stop        := E124.3
    freigabe    := TRUE
    RECHTSLAUF  := A124.0
    LINKSLAUF   := A124.1
    MELD        := A124.2
    STOERUNG    := A124.3
```

Danach kann das Programm in die CPU geladen und getestet werden.

Beachten Sie bitte:
- Wenn der Freigabeeingang „freigabe" nicht benötigt wird, kann er mit dem booleschen Zustand TRUE („1") parametriert werden. Ein gesonderter Operand ist dann nicht erforderlich.
- Die Formalparameter „mot_schutz" und „stop" müssen den booleschen Zustand „1" haben, wenn die Ausgänge eingeschaltet werden sollen. Dies entspricht auch dem Regelfall: Motorschutz; Öffner 95 - 96 unbetätigt; Stopptaster ist Öffner.

Bitte testen Sie das Programm sorgfältig und nehmen Sie gegebenenfalls Verbesserungen vor.

Not-Aus bei SPS, Prinzip

Betätigung von S1 (Quittierung): K20A zieht an und geht in Selbsthaltung. Die Spannungsversorgung für die SPS-Ausgänge wird freigegeben. Am Eingang E0.0 der SPS liegt „1"-Signal an. Die Steuerung ist betriebsbereit.

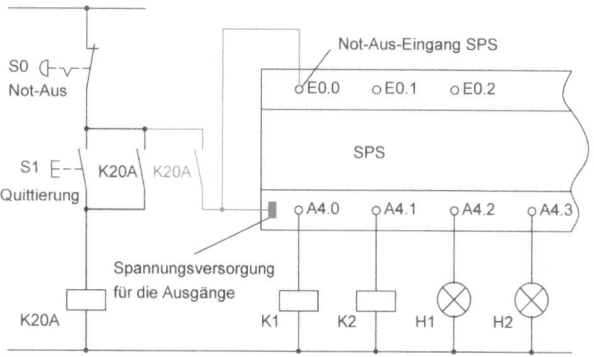

Betätigung von S0 (Not-Aus): K20A fällt ab. Die Spannungsversorgung der SPS-Ausgänge wird abgeschaltet, der Eingang E0.0 nimmt den Signalzustand „0" an. Der Not-Aus-Fall ist eingetreten.

Beachten Sie bitte:
Natürlich dürfen im Not-Aus-Fall nur *die* SPS-Ausgänge spannungsfrei geschaltet werden, deren angeschlossene Betriebsmittel im Notfall ausgeschaltet sein müssen.
Ausgänge, bei denen dies nicht der Fall ist, dürfen *nicht* über K20A spannungsfrei geschaltet werden.

1. Für die Taktstraße (vgl. Seite 127) ist der SPS-Anschluss einschließlich der Not-Aus-Beschaltung durchzuführen.

Beachten Sie dabei besonders, dass nach Entriegelung des Not-Aus und anschließender Quittierung ein problemloser Wiederanlauf der Taktstraße ermöglicht werden muss.

6.5 Temperaturgeregelten Schaltschrank-Lüfter einbauen

auftrag

Die Verlustwärme der Betriebsmittel lässt die Innentemperatur des Schaltschrankes auf zu hohe Werte ansteigen. Daher wird der nachträgliche Einbau eines Filterlüfters vorgesehen.
Die Temperatur wird über einen handelsüblichen Regler geregelt, der den Lüfter bei einer Temperatur von 35 °C einschaltet und bei 30 °C wieder ausschaltet.

Sie erhalten den Auftrag, diese Arbeiten fachgerecht durchzuführen.

info

Filterlüfter
Bei Einsatz von Filterlüftern in Gehäusen mit erhöhter Schirmwirkung sind EMV-gerechte Lösungen notwendig.

Die Unterteile der Lüfter werden dann mit einer metallischen Schicht überzogen. Eine durchgehende leitende Verbindung zwischen Lüftergehäuse und Einbaufläche wird über eine spezielle EMV-Dichtung verwirklicht.

Technische Beschreibung
- Schnellbefestigung ohne Schrauben
- Quadratischer Montageausschnitt
- Luftrichtung saugend oder blasend
- Drehzahlregelung möglich

Technische Daten

Bemessungsbetriebsspannung Volt/Hz	230/50/60
Luftleistung, freiblasend	500 m³/h
Kondensatormotor max. Bemessungsstrom	0,29 A 0,35 A
Leistung	64 W 80 W
Geräuschpegel	59/61 dB (A)
Temperaturbereich	– 10 °C bis + 55 °C

Filterlüfter

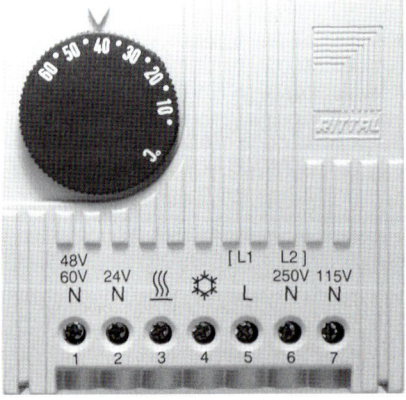

Thermostat

anwendungen

1. Erstellen Sie einen Arbeitsplan für die mechanischen Arbeiten.

2. Beschreiben Sie die Installation der elektrischen Betriebsmittel.

3. Der Lüftermotor arbeitet mit 230 V-Wechselspannung. Um welchen Motor handelt es sich?

4. Bei Inbetriebnahme des Motors wird festgestellt, dass der Motor nicht anläuft. Woran kann das liegen?

5. Der Kondensatormotor verfügt über einen Betriebkondensator C_B. Welche Aufgabe hat dieser? Was passiert bei Ausfall des Betriebskondensators?

6. Der Betriebskondensator ist defekt und soll ausgetauscht werden. Die Kondensatorbeschriftung ist nicht mehr lesbar. Wie können Sie dennoch einen geeigneten Ersatzkondensator auswählen?

7. Manche Kondensatormotoren verfügen neben dem Betriebskondensator über einen Anlaufkondensator.
a) Wie wird der Anlaufkondensator geschaltet?
b) Wie kann die Kapazität des Anlaufkondensators bestimmt werden?
c) Der Anlaufkondensator bleibt irrtümlich während der gesamten Motorbetriebszeit eingeschaltet. Was ist die zu erwartende Folge?
d) Welchen Einfluss hat die Kondensatorkapazität auf das Anzugsmoment?

8. Der Kondensatormotor verfügt über einen außerordentlich guten Leistungsfaktor; z.B. $\cos \varphi = 0{,}96$.
a) Woran liegt das?
b) Was bedeutet das?
c) Welche technischen Konsequenzen sind daraus zu ziehen?

6 Realisierung mechatronischer Teilsysteme

übung und vertiefung

1. Die Drehrichtung eines Kondensatormotors mit Betriebs- und Anlaufkondensator soll mit Hilfe einer Schützschaltung geändert werden. Die Befehlsgeber sind:
- AUS, Öffner   S1   (rot)
- RECHTS, Schließer S2   (grün)
- LINKS, Schließer   S3   (grün)

Verwendet wird ein Motor
71, $P_N = 0{,}3$ kW, $n = 2760$ 1/min, $I_N = 2{,}4$ A

Die Meldelampe H1 soll den Betriebszustand (Linkslauf oder Rechtslauf) des Motors anzeigen.

a) Wählen Sie geeignete Schütze aus.
b) Wählen Sie eine geeignete Motorschutzeinrichtung aus.
c) Welche Leitung verwenden Sie zur Verdrahtung des Steuerstromkreises und des Laststromkreises im Schaltkasten (bitte auch Adernfarbe angeben)?
d) Zeichnen Sie den Laststromkreis und den Steuerstromkreis der Schaltung.
e) Wählen Sie geeignete Kondensatoren aus (Betriebs- und Anlaufkondensator).

2. Ein Drehstrommotor
80; 0,75 kW; 1400 1/min; 1,95 A
soll am Einphasen-Wechselstromnetz
(230 V/50 Hz) betrieben werden.

a) Wie legen Sie die Brücken im Motorklemmbrett ein (Stern- oder Dreieckschaltung)?
b) Welche Leistung kann der Motor an 230 V/50 Hz an der Welle abgeben?
c) Die Drehrichtung des Motors soll geändert werden. Entwickeln Sie die Schützschaltung (Last- und Steuerstromkreis).
d) Wählen Sie einen geeigneten Betriebskondensator aus.

info

Kondensatormotor

Klemmenbezeichnung
- Hauptstrang: U1, U2
- Hilfsstrang: Z1, Z2

Schaltung

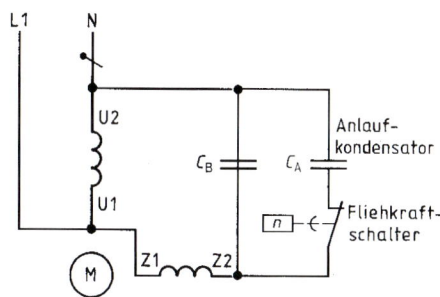

Drehrichtung

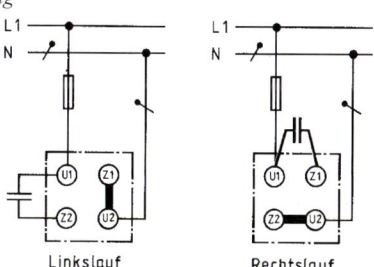

Linkslauf — Rechtslauf

Kondensatoren
- Betriebskondensator (zwingend erforderlich) sollte je Kilowatt Motornennleistung die Blindleistung 1 kvar aufnehmen.

$$Q_{C_B} = 1 \frac{\text{kvar}}{\text{kW}} \cdot P_N$$

$$Q_C = \frac{U^2}{X_C} = I^2 \cdot X_C$$

$$X_C = \frac{1}{2\pi \cdot f \cdot C}$$

- Anlaufkondensator (optional)

$$C_A \approx 3 \cdot C_B$$

Drehstrommotor am Einphasennetz (Steinmetzschaltung)

Schaltung

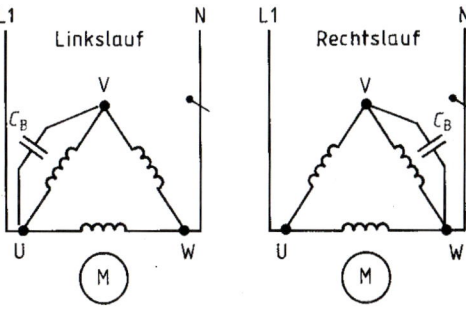

Kondensatoren
- Betriebskondensator (zwingend erforderlich)

$$C_B \approx 70 \frac{\mu F}{\text{kW}} \cdot P_N \text{ bei } 230 \text{ V}$$

- Anlaufkondensator (optional)

$$C_A = 2 \cdot C_B$$

englisch

Verlustwärme
dissipation heat, waste heat

Schaltschrank
switchgear cabinet, switch cabinet, cubicle

Lüfter
ventilator, fan, blower

Inbetriebnahme
putting into operation, bringing into service, starting

Kondensatormotor
capacitor motor, capacitor split-phase motor, capacitor-run motor

Kapazität
capacity, capacitance; capacitor (Bauelement)

Drehrichtung
direktion of rotation, rotational direction

Anzugsmoment
initial torque, starting torque, locked-rotor-torque

Schützschaltung
contactor control, contactor equipment

Öffner
normaly closed, NC contact

Schließer
normaly open contact, NO contact

Meldelampe
signal lamp, indicating lamp

Motorschutz
motor protection

Klemmbrett
connecting terminal plate

Brücke
link

Nennleistung
rated power, nominal power, wattage rating

Regelung
automatic control, AC, control prozess

Regeleinrichtung
control assembly, control system, automatic regulator, servo mechanism

Zweipunktregler
two-position controller, two-step controller, on-off controller

Temperaturgeregelter Schaltschranklüfter

anwendungen

1. Für die Regelung des Lüftermotors wird ein Zweipunktregler eingesetzt.

a) Bitte erläutern Sie die Wirkungsweise eines Zweipunktreglers.
b) Bei Zweipunktreglern spricht man auch von unstetigen Reglern bzw. schaltenden Reglern. Was ist damit gemeint?
c) Für welche Regelungsaufgaben können Zweipunktregler sinnvoll eingesetzt werden?
d) Zweipunktregler verfügen über eine Hysterese. Was versteht man darunter und warum ist sie zwingend notwendig? Wie groß ist die Hysterese beim Zweipunktregler des Lüfters?

2. Ein Regelkreis besteht prinzipiell aus Regeleinrichtung und Regelstrecke. Typisch für die Regelung ist dabei, dass die Regelgröße fortlaufend erfasst und mit der Führungsgröße verglichen wird. Ziel dieses Vergleiches ist eine Angleichung der Regelgröße an die Führungsgröße. Man sagt auch: Eine Angleichung des Istwertes an den Sollwert.

a) Skizzieren Sie den Regelkreis für die Temperaturregelung im Schaltschrank.
b) Tragen Sie folgende charakteristischen Größen in den Regelkreis ein:
• Regelgröße   • Stellgröße
• Führungsgröße   • Störgröße(n)
• Regeldifferenz
c) Wodurch wird die Schaltfrequenz einer Zweipunktregelung wesentlich beeinflusst? Durch welche Maßnahme kann die Schaltfrequenz erhöht werden?
d) Nennen Sie Vor- und Nachteile, die mit der Erhöhung der Schaltfrequenz verbunden sind.

3. Dargestellt ist ein Regelkreis mit Zweipunktregler. Stellen Sie qualitativ den zeitlichen Verlauf von Stellgröße y und Regelgröße x dar (Bild 1).

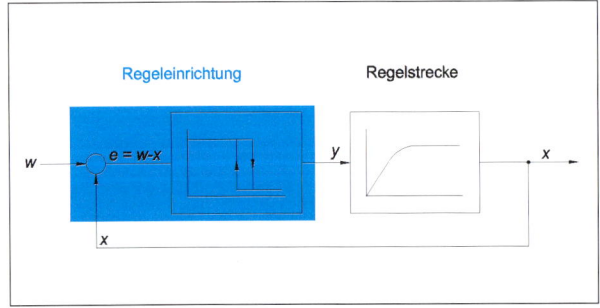

1 Regelkreis mit Zweipunktregler zu 3

info

Zweipunkt-Regeleinrichtung

Die *Stellgröße* ist nur in relativ großen Stufen einstellbar. Diese Regeleinrichtung wird häufig für die Regelung *langsamer Regelstrecken* eingesetzt, die über binär ansteuerbare Stellglieder beeinflusst werden. Hier sind vor allem *Temperaturregelstrecken* zu nennen.

Bei der Zweipunkt-Regeleinrichtung werden die Binärwerte des Reglerausganges zwischen *zwei Zuständen* (EIN, AUS) verändert.

Die *Hysterese* sorgt dafür, dass all zu häufiges Schalten vermieden wird. Dadurch wird z.B. das Stellglied weniger beansprucht.

Im einfachsten Fall besteht der preisgünstige *Zweipunktregler* aus einem *temperaturabhängigen Bimetall*, mit dessen Hilfe Stromkreise geöffnet und geschlossen werden können.

Mit Hilfe eines *Sollwertstellers* kann festgelegt werden, bei welcher Bimetallkrümmung (also Temperatur) der Stromkreis geschlossen wird.

übung und vertiefung

1. Worin besteht der wesentliche Unterschied zwischen Steuern und Regeln?

2. Welche drei wesentlichen Aufgaben hat eine Regeleinrichtung?

3. Bestimmen Sie die Sollwertabweichung

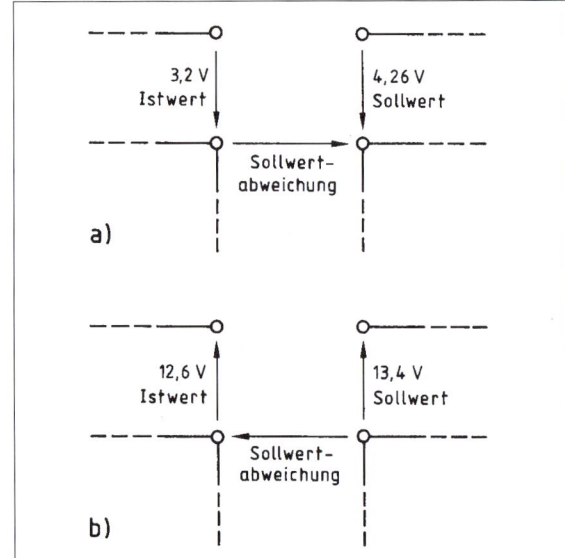

2 Sollwertabweichung zu 3

4. Bitte erläutern Sie die Vorgänge in dem dargestellten Regelkreis.

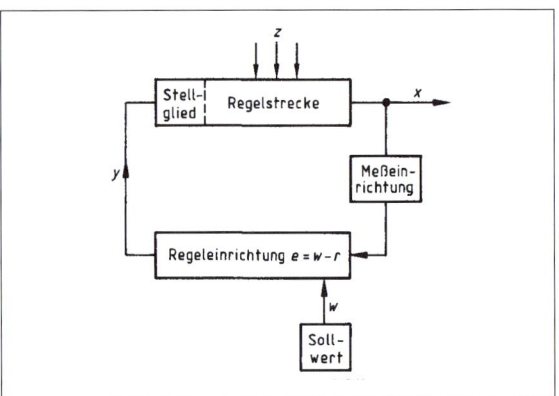

3 Regelkreis zu 4

englisch

Hysterese
hysteresis

Regelkreis
(closed loop) control system, feedback control system, control circuit

Temperaturregler
temperature controller, thermoregulator, thermostat

Regelgröße
controlled value (variable)

Führungsgröße
reference input (value), reference input variable

Regeldifferenz
system deviation, control deviation

Stellgröße
regulated quantity, manipulated variable, correction variable

Störgröße
disturbing quantity, interference quantity, disturbance, perturbation

6 Realisierung mechatronischer Teilsysteme

übung und vertiefung

5. Welche Aufgabe haben Stellgröße und Stellglied im Regelkreis?

6. Bestimmen Sie bitte die Größen Verzugszeit und Ausgleichszeit.

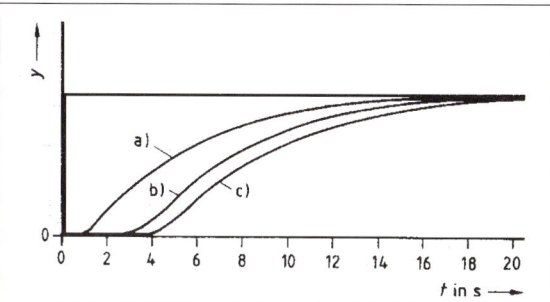

1 Verzugszeit und Ausgleichszeit zu 6

7. Bitte erläutern Sie die Kennlinie.

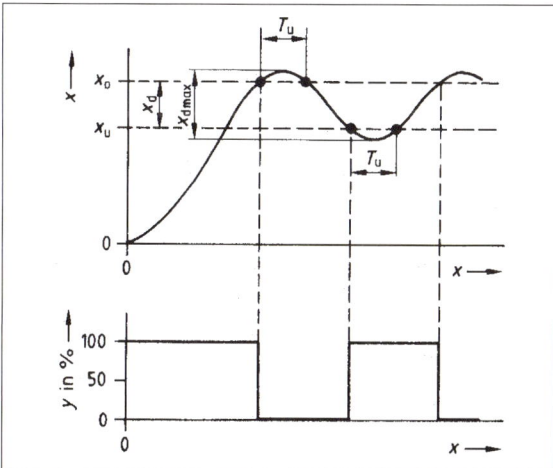

2 Kennline zu Aufgabe 7

8. Der Sollwert der Temperatur in einem Schaltschrank beträgt 30 °C, die Schaltdifferenz der Zweipunkt-Regeleinrichtung 6 K und die Zeitkonstante 140 Sekunden.
Bestimmen Sie die Schaltfrequenz der Regeleinrichtung.

auftrag

Die Regelung des Schaltschranklüfters soll von der SPS übernommen werden. Der Lüfter soll bei 30 °C eingeschaltet und bei 35 °C ausgeschaltet werden.

Die Schaltschranktemperatur wird von einem Temperaturfühler erfasst. Dieser liefert bei 30 °C die Spannung 4,6 V und bei 35 °C die Spannung 7,2 V.

Schließen Sie die Betriebsmittel an die SPS an und entwickeln Sie das Steuerungsprogramm.

anwendungen

1. Um den Temperaturfühler an die SPS anzuschließen, ist ein „besonderer" SPS-Eingang notwendig. Um welchen Eingang handelt es sich dabei?

2. Für die Eingangsbaugruppe gelten u.a. die Daten:
- Eingabebereiche   0 ... 10 V
- Auflösung   8 Bit
- Zul. Eingangsspannung max. 20 V

a) Ist diese Baugruppe für den Einsatzzweck brauchbar?
b) Was bedeutet der Begriff „Auflösung"?

3. Skizzieren Sie den Anschluss des Temperaturfühlers an den SPS-Eingang.

4. Beim unteren Grenzwert (UG) der Zweipunktregelung liefert der Temperaturfühler die Spannung 4,6 V, beim oberen Grenzwert (OG) die Spannung 7,2 V an den Analogeingang der SPS.
Bestimmen Sie die zugehörigen Konstanten für das Steuerungsprogramm.

5. Einfacher Programmablaufplan eines Zweipunktreglers
a) Erläutern Sie die Aussage des Programmablaufplans.

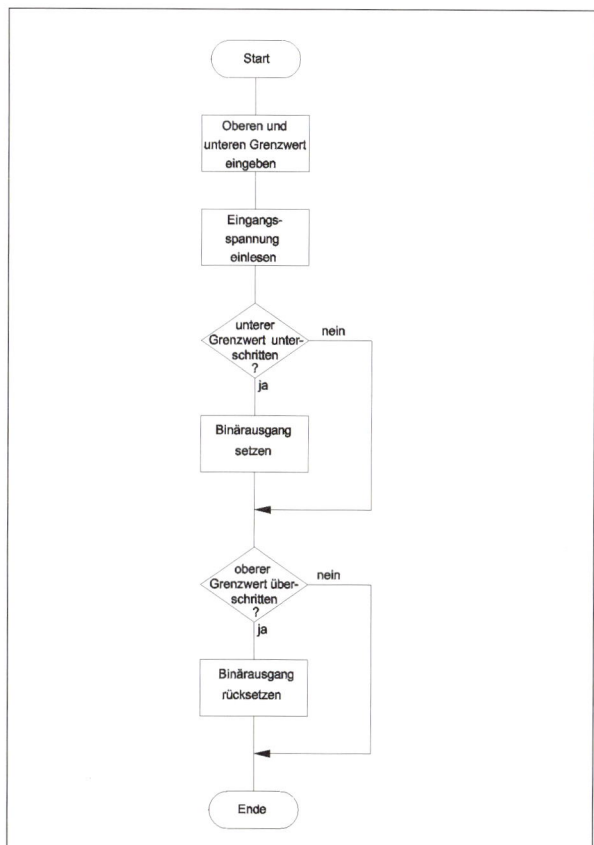

3 Programmablaufplan zu 5a

b) Erstellen Sie das Steuerungsprogramm als Anweisungsliste.

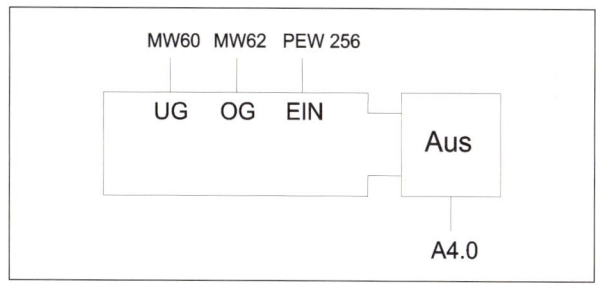

4 Blockschaltbild zu 5b

Temperaturgeregelter Schaltschranklüfter

anwendungen

6. Die Hysterese des Zweipunktreglers ist vom Anwender frei wählbar. Die Einstellung der Hysterese erfolgt i. allg. symmetrisch um die vertikale Achse (Regelabweichung Null).

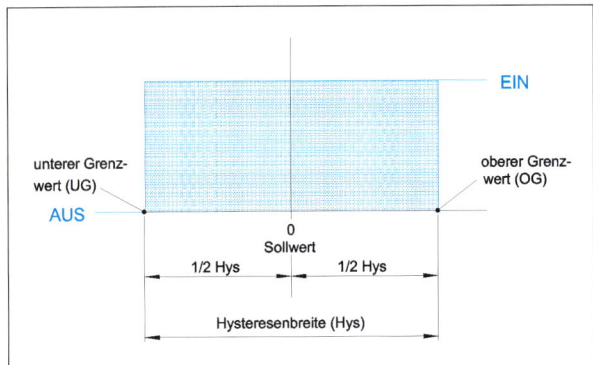

1 Hysterese zu Aufgabe 6

Der Zweipunktregler ist laufzeitgesteuert. Die Reglerbearbeitung findet innerhalb eines Taktrasters statt, das durch ein Zeitglied beeinflusst werden kann.
Bedingt durch diese festen Abtastzeiten lässt sich z.B. die durchschnittliche Laufzeit des Steuerungsprogramms verringern.
Eine Taktzeit von 100 ms ist beim Zweipunktregler üblich.

a) Entwickeln Sie den Programmablaufplan.
b) Erstellen Sie einen Funktionsbaustein in der Programmiersprache FUP.
c) Entwickeln Sie quellorientiert einen Funktionsbaustein in der Programmiersprache SCL.
d) Testen Sie die erstellten Programme.

englisch

Regelstrecke
open-loop control system, controlled system

Ausgleichszeit
balancing time

Verzugszeit
distortion time

Kennlinie
characteristic (curve, line)

Zeitkonstante (Regelstrecke)
loop constant

Krümmung
bending, curvature, bend, curve

Steller
adjuster

Sollwertvorgabe
set-point assignment

Baugruppe
package, unit package, module

Auflösung
resolution

Grenzwert
limit value

Temperaturfühler
temperature sensor, temperature sensing device

analog
analogue

Programmablaufplan
program flow chart

Laufzeit
delay (time), lag (time), transit time

Abtastzeit
scanning time, sampling time

Steuerungsprogramm
control program

Taktzeit
cycle time

Programmiersprache
programming language

Analogausgabe
analogue output

Analogeingabe
analogue input

Analog-Digital-Wandler
A-D converter, analogue-digital converter, A.D.C.

Digital-Analog-Wandler
D.A.C.

info

Arithmetische Funktionen

Digitale Werte werden nach den *Grundrechenarten* verknüpft.

Lade Operand 1
Lade Operand 2
Arithmetische Funktion
Transferiere Ergebnis

Ergebnis := Operand 1 + Operand 2;   (SCL)

Arithmetische Funktion	INT	DINT	REAL
Addition	+I	+D	+R
Subtraktion	–I	–D	–R
Multiplikation	*I	*D	*R
Division	/I	/D	/R

Datentyp INT
Ganze Zahl (16-bit-Festpunktzahl), die ein Wort (16 Bit) belegt. Signalzustände der Bits 0 bis 14 stehen für den Stellenwert der Zahl, der Signalzustand von Bit 15 für das Vorzeichen.

B15 = 1:   Zahl ist negativ
B15 = 0:   Zahl ist positiv
Zahlenbereich: + 32767 bis –32768

Datentyp DINT (Double Integer)
Ganze Zahl (32-bit-Festpunktzahl)
Anwendung, wenn Zahlenbereich von INT nicht ausreicht.
Zahlenbereich: + 2147483647 bis –2147483648

Datentyp REAL
Gebrochene Zahl (32-Bit-Gleitpunktzahl).
Eine ganze Zahl wird als REAL-Zahl gespeichert, wenn nach dem Punkt (steht für das Komma) eine Null steht (z.B. 162.0).

Beispiel
L MW 60   MW 62 := MW 60 + 1240;   (SCL)
L 1240   Zum Inhalt von Merkerwort 60 wird die Konstante
+I   1240 addiert. Das Ergebnis wird in Merkerwort
T MW 62   MW 62 abgelegt.

Vergleichsfunktionen

Zwei Operanden werden miteinander verglichen. Das Vergleichsergebnis hat den Datentyp BOOL (0,1; FALSE, TRUE).

Lade Operand 1
Lade Operand 2
Vergleichsfunktion
= Vergleichsergebnis

Vergleichsfunktionen für die Datentypen INT, DINT und REAL. Hier dargestellt für den Datentyp INT.

Vergleich auf...

gleich   ==I
ungleich   <>I
größer   >I
größer oder gleich   >=I
kleiner   <I
kleiner oder gleich <=I

Beispiel
L MW 12   IF MW12 = MW14 THEN M10.0 := 1;
L MW 14   ELSE M10.0 := 0;
==I   END_IF;
= M10.0

Wenn die Inhalte von MW 12 und MW 14 gleich sind, wird der Merker M10.0 den Signalzustand (den booleschen Wert) „1" (TRUE) annehmen.

6 Realisierung mechatronischer Teilsysteme

info

Lade- und Transferfunktionen

Konstante laden	L 600	Konstante 600
Eingänge laden	L EB...	Eingangsbyte
	L EW...	Eingangswort
	L ED...	Eingangs-Doppelwort
Ausgänge laden	L AB...	Ausgangsbyte
	L AW...	Ausgangswort
	L AD...	Ausgangs-Doppelwort
Peripherie laden	L PEB	Peripherie-Eingangsbyte
	L PEW	Peripherie-Eingangswort
	L PED	Peripherie-Eingangs-Doppelwort
Merker laden	L MB	Merkerbyte
	L MW	Merkerwort
	L MD	Merker-Doppelwort

Bei den Transferfunktionen ist das L obiger Beispiele durch ein T (für Transfer) zu ersetzen. Zum Beispiel:

Zu einem Ausgangswort transferieren: T AW 4

Sprungfunktionen

Sprungfunktionen unterbrechen die lineare Programmbearbeitung, um sie an einer anderen Stelle des Programms fortzusetzen. Mit ihrer Hilfe können Programmteile übersprungen (d.h. nicht bearbeitet) werden.

- **Absoluter Sprung SPA**

Die Sprungfunktion wird unabhängig von Bedingungen durchgeführt (unbedingter Sprung).

```
      .
      .
      U   E1.0
      U   E1.1
      =   A4.6
      SPA ma_1      //Unbedingter Sprung zur Marke ma_1
      .
      .
      .
ma_1: BE            //Baustein-Ende
```

Bedingter Sprung SPB, SPBN

SPB   Sprung bei VKE = „1"
SPBN Sprung bei VKE = „0"

```
      U    E1.0    //Wenn E1.0 = „1",
      SPB  ma_1    //Sprung zu Marke ma_1
      U    E1.1    //Wenn E1.1 = „0",
      SPBN ma_2    //Sprung zu Marke ma_2
ma_1: U    E0.0    //Programmteil wird nur bearbeitet,
      =    A4.0    //wenn E1.0 = „1"
      SPA  end     //Unbedingter Sprung zum Baustein-Ende
ma_2: U    E0.1    //Programmteil wird nur bearbeitet, wenn
      =    A4.1    //E1.1 = „0".
end:  BE           //Baustein-Ende
```

Hinweis
Die Sprungmarke kann bei S7 bis zu 4 Zeichen umfassen. Buchstaben, Ziffern und Unterstriche sind möglich. Groß- und Kleinschreibung ist signifikant.
Auf die Sprungmarke folgt stets ein Doppelpunkt (an der Einsprungstelle).

Beispiel
Der dargestellte Ausschnitt aus einem Programmablaufplan ist im AWL und SCL zu programmieren.

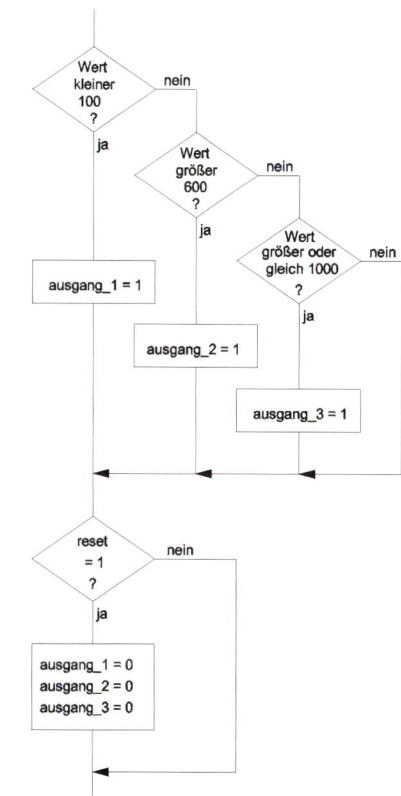

Anweisungsliste (AWL)

```
      L    wert
      L    100
      <I
      SPB  ma_1    //Bedingter Sprung zur Marke ma_1
      L    wert
      L    600
      >I
      SPB  ma_2    //Bedingter Sprung zur Marke ma_2
      L    wert
      L    1000
      >=I
      SPB  ma_3    //Bedingter Sprung zur Marke ma_2
ma_1: S    ausgang_1
      SPA  ma_4    //Unbedingter Sprung zur Marke ma_4
ma_2: S    ausgang_2
      SPA  ma_4    //Unbedingter Sprung zur Marke ma_4
ma_3: S    ausgang_3
ma_4: U    reset   //Bei reset = „0", bedingter
      SPBN end     //Sprung zur Marke end
      R    ausgang_1
      R    ausgang_2
      R    ausgang_3
end:  BE
```

SCL-Programm
```
if wert < 100 then ausgang_1 := 1;
   elsif wert > 600 then ausgang_2 := 1;
      elsif wert >= 1000 then ausgang_3 := 1;
end_if;

if reset then ausgang_1 := 0; ausgang_2 := 0; ausgang_3 := 0;
end_if;
```

Beachten Sie:
Wenn bei der ELSIF-Struktur die erste Bedingung erfüllt ist, wird die gesamte Struktur beendet.

Wenn z.B. wert < 100 zutrifft, dann werden die beiden nachfolgenden ELSIF-Zweige (wert > 600; wert >= 1000) nicht mehr bearbeitet.

Temperaturgeregelter Schaltschranklüfter

info

Analogwertverarbeitung

Zusammenhang zwischen Analogwert und digitalisiertem Analogwert (Digitalwert)

Beispiel
Baugruppe: 0 ... 10 V, Messwert: 6,8 V

$$\text{Digitalwert} = \frac{\text{Messwert}}{\text{Baugruppenwert}} \cdot 27648$$

$$\text{Digitalwert} = \frac{6{,}8\,\text{V}}{10\,\text{V}} \cdot 27648 = 18800{,}6 \rightarrow 18801$$

Der gebrochene Anteil kann nicht ausgewertet werden.

Beispiel
Baugruppe ± 20 mA, Digitalwert 16246

$$\text{Messwert} = \frac{\text{Digitalwert}}{27648} \cdot \text{Baugruppenwert}$$

$$\text{Messwert} = \frac{16246}{27648} \cdot 20\,\text{mA} = 11{,}8\,\text{mA}$$

Die Adressen der Analogeingänge und Analogausgänge werden bei der Konfiguration festgelegt (z.B. PEW256 bzw. PAW 256).

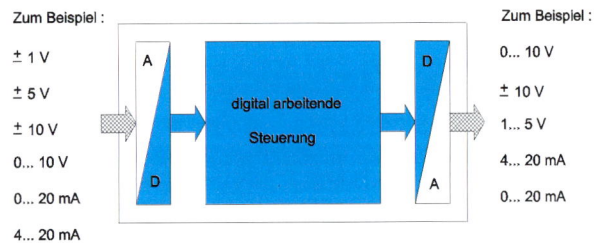

Zweipunktregelung (Zeitlicher Verlauf der Regelgröße)

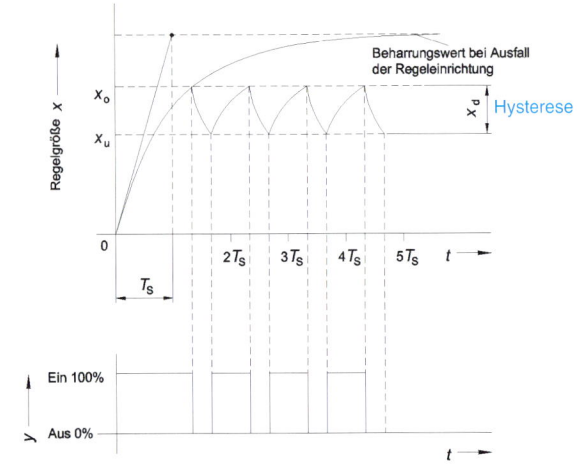

6.6 Schaltschrankheizung einbauen

auftrag

Um die Kondenswasserbildung zu verhindern, soll die Schaltschranktemperatur auf etwa 20 °C konstant gehalten werden.
Hierzu wird eine Schaltschrankheizung eingebaut (Regelkreis mit Zweipunktregler).

anwendung

1. Prinzip der Temperaturregelung:

Der Istwert der Regelgröße x (Temperatur im Schaltschrank) wird ständig erfasst (Bimetall im Thermostat) und mit dem eingestellten Sollwert (Kontakt-Federspannung →20 °C) verglichen.

Ergibt sich eine Differenz zwischen Sollwert (auch Führungsgröße w) und Istwert (auch Rückführgröße r), wird durch die Regeleinrichtung (Thermostat) ein Signal gegeben (Stellgröße y). Die Stellgröße y betätigt ein Stellglied (Triac).

Durch Energiezufuhr oder Unterbrechung der Energiezufuhr wird der Istwert an den Sollwert angeglichen.

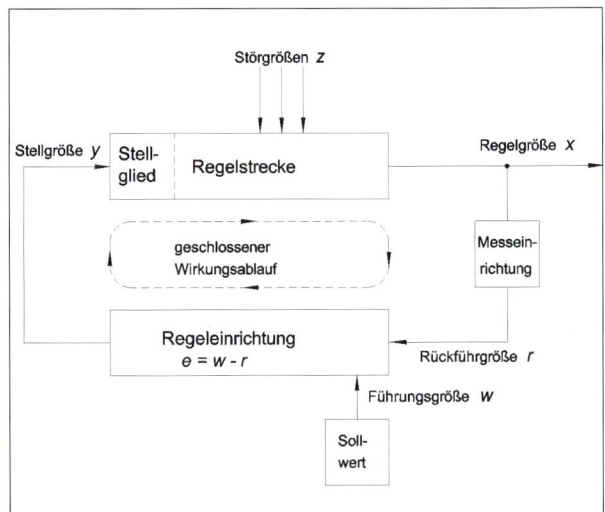

1 Regelkreis zu 1

a) Ordnen Sie den in Bild 1 dargestellten Komponenten eines Regelkreises die Elemente der Schaltschrankheizung zu!

b) Erklären Sie die Wirkungsweise eines Bimetall-Schalters.

c) Benennen Sie einige Störgrößen z im Temperaturregelkreis.

d) Stellglied und Regelstrecke sind im Regelkreis häufig nicht eindeutig zu unterscheiden.
Ist im vorliegenden Fall das Heizelement der Regelstrecke oder dem Stellglied zuzuordnen? Begründen Sie Ihre Antwort.

e) Durch „Kontaktkleben" ist die Regelung außer Kraft gesetzt und die Heizung ständig eingeschaltet.
Welche Temperatur wird sich im Schaltschrank einstellen? Keine Gradzahl angeben!

f) Die Schaltschrankheizung könnte folgendermaßen geschaltet werden:
Wenn die eingebauten Schalt- und Steuerungskomponenten (z.B. Frequenzumrichter, Gleichrichter, Schütze) in Betrieb sind → Heizung aus, da genug Eigenerwärmung vorhanden. Sind alle Betriebsmittel abgeschaltet → Heizung ein.
Liegt in diesem Fall eine Temperaturregelung vor? Begründen Sie bitte Ihre Antwort.

6 Realisierung mechatronischer Teilsysteme

info

Zeitverhalten von Regelstrecken

Die Schaltschrankwände, der Innenraum und alle im Schaltschrank montierten Bauteile werden von der Heizung erwärmt. Die genannten Elemente sind Wärmespeicher.

Da mehrere *Energiespeicher* vorhanden sind, liegt eine *Regelstrecke höherer Ordnung* vor.

Der Anstieg der Temperatur (Regelgröße x) im Schaltschrank nach Einschalten der Heizung (Stellgröße y), kann durch das *Sprungantwort-Verfahren* dargestellt werden.

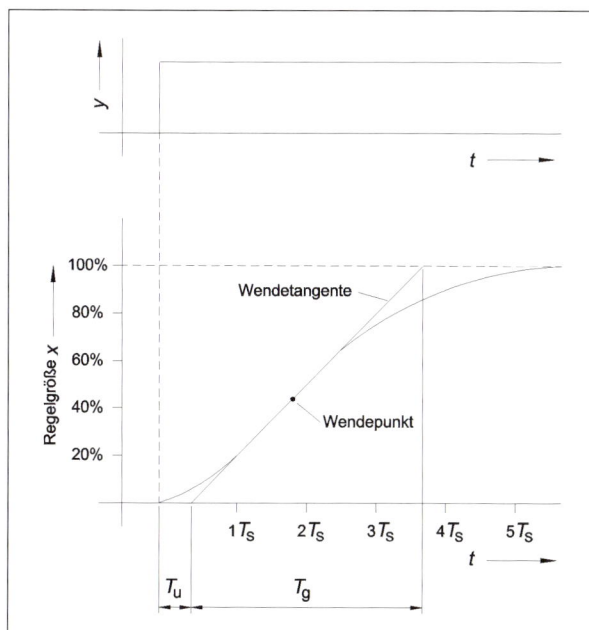

1 Regelstrecke höherer Ordnung, Sprungantwort

Während der Verzugszeit T_u ist im Inneren des Schaltschranks kaum eine Temperaturzunahme festzustellen. In der Ausgleichszeit T_g steigt die Temperatur etwa linear an und erreicht fast den End- bzw. Beharrungswert.

Das Zeitverhalten von *Regelstrecken erster Ordnung* (ein Energiespeicher) kann noch beschrieben werden durch eine Zeitkonstante T_s.

Die Zeitkonstante gibt an, nach welcher Zeit der Istwert (Temperatur) der Regelstrecke auf 63,2 % der Endtemperatur angestiegen ist. Nach fünf Zeitkonstanten ist die Beharrungstemperatur erreicht.

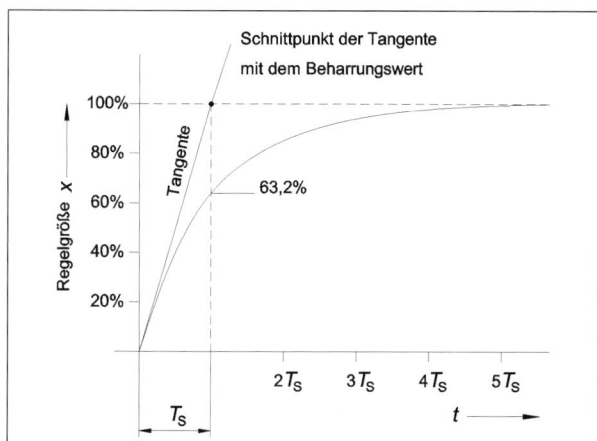

2 Zeitkonstante einer Regelstrecke erster Ordnung

Fast alle Temperaturstrecken haben große Zeitkonstanten ($T_s > 1$ min). Aufgrund dieser Eigenschaft werden in Temperaturregelkreisen vorwiegend Zweipunktregler eingesetzt.

anwendungen

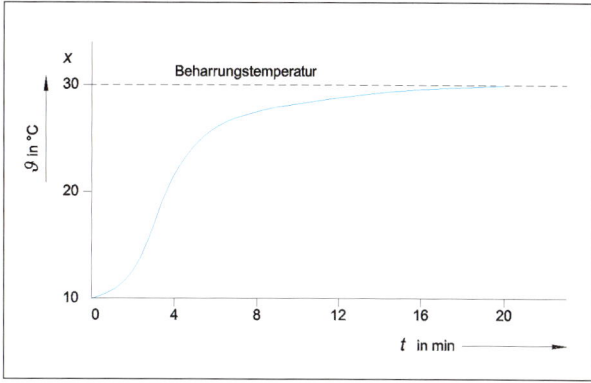

3 Sprungantwort der Regelstrecke „Schaltschrank"

1. Wie groß ist angenähert (Bild 3)
a) die Zeitkonstante T_s?
b) die Verzugszeit T_u?
c) die Ausgleichszeit T_g?

2. Wodurch entsteht bei dieser Regelstrecke die Verzugszeit (Zweipunktregelung Seite 148)?

3. Wodurch ist die langsame Annäherung der Temperatur an den Beharrungsendwert zu erklären (Seite 148)?

4. Geben Sie zwei Gründe dafür an, dass in Temperaturregelkreisen häufig Zweipunktregler eingesetzt werden.

5. Wodurch kommt die Hysterese beim Zweipunktregler zustande (Seite 148).

6. Erklären Sie die Wirkungsweise der thermischen Rückführung und deren Zweck!

7. Im Betrieb hat die Regelgröße ohne thermische Rückführung eine Hysterese von 4 K. Die Abkühlzeit ist doppelt so lang wie die Aufheizzeit.
Bestimmen Sie angenähert die Schaltperiode und die Schaltfrequenz (Seite 148).
Fertigen Sie eine Skizze an!

8. Durch Zuschalten der thermischen Rückführung wird die Schaltfrequenz verdreifacht. Wie groß ist dann die Hysterese?

9. Welche maximalen prozentualen Abweichungen vom eingestellten Sollwert (20 °C) ergeben sich ohne und mit thermischer Rückführung?

10. Welchen Vorteil und welchen Nachteil hat eine erhöhte Schaltfrequenz?

11. Das Thermostat wird aus Unachtsamkeit auf 25 °C eingestellt.
a) Wird sich der Energieaufwand erhöhen?
b) Ändert sich der Schaltzyklus?

12. Die Schaltschranktür wird geöffnet.
Wie werden Sie mit der Schaltschankheizung verfahren?

englisch

Istwert
actual value, feedback value

Sollwert
reference value

Sollwertbereich
set-value range

Sollwertgeber
set-point adjuster

Sollwertvorgabe
set-point assignment

Blockschaltbild
block diagramm, functional block diagramm

Programmablaufplan
program flow chart

Daten
data

Schaltschrankheizung, Spannungsversorgung

6.7 Leistungselektronik

In industriellen Fertigungsprozessen werden häufig stufenlos verstellbare Motordrehzahlen, Motordrehmomente; Temperaturen usw. benötigt.
Mit den Bauteilen der Leistungselektronik und deren Schaltungen wird die vorhandene Netzspannung aufbereitet und den Verbrauchern zugeführt.

Für viele Anwendungen der Steuerungs- und Regelungstechnik sind konstante Gleichspannungen erforderlich, die ebenfalls aus dem Wechselspannungsnetz gewonnen werden.

6.7.1 Spannungsversorgung

auftrag

Für ein Automatisierungsgerät und einige Hilfsschütze wird als Versorgungsspannung eine stabilisierte Gleichspannung von 24 V benötigt. Dem Netzteil soll eine Stromstärke von 2 A entnommen werden können.

Zwar können Spannungsversorgungsbaugruppen als komplette Funktionsgruppen für die Montage auf der SPS-Profilschiene erworben werden, im Schaltschrank ist jedoch eine Spannungsversorgungsplatine erkennbar, die für die Steuerungserweiterung noch einmal aufgebaut werden soll.

Bauteile für die Spannungsversorgung im Schaltschrank:
– Transformator
– Brückengleichrichter B80 C3200
– Ladekondensator
– Kleinkondensatoren
– Diode
– Platine
– Steckvorrichtung
– Festspannungsregler

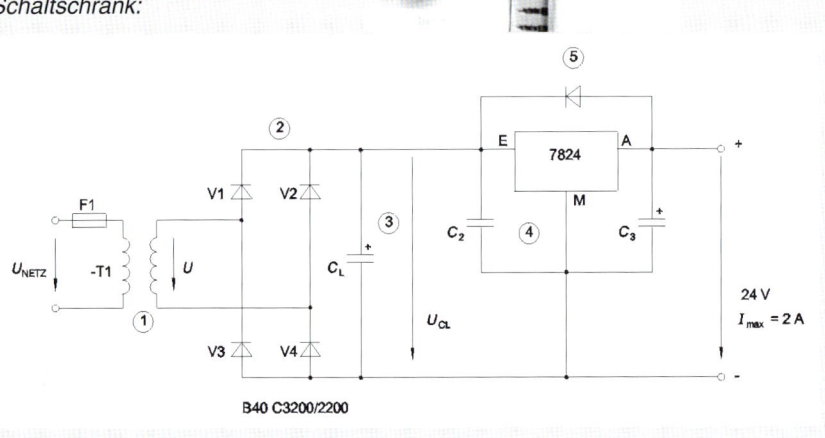

info

Spannungsversorgung

Der vorgeschaltete Transformator setzt die Netzwechselspannung von 230 V auf die benötigte Spannung herab.

Dabei müssen die Wicklungen und der Eisenkern des Trafos so ausgelegt sein, dass sie die erforderliche Leistung übertragen können.

Der Transformator besteht aus zwei galvanisch getrennten Wicklungen, die sich auf einem gemeinsamen Eisenkern befinden.
Der Eisenkern ist geblättert, um die Wirbelstromverluste gering zu halten.

Die Energieübertragung von der Primär- zur Sekundärwicklung erfolgt über den Magnetfluss Φ_h im Eisenkern.

Für die Spannungsübersetzung von der Primärseite zur Sekundärseite gilt:
$$\frac{U_1}{U_2} = \frac{N_1}{N_2}$$

Wird der Transformator belastet, fließt sowohl in der Primär- als auch in der Sekundärwicklung Strom.
Wenn die Verluste im Transformator vernachlässigt werden, ist die abgegebene Scheinleistung S_2 gleich der aufgenommenen Scheinleistung S_1.

Es gilt dann: $U_1 \cdot I_1 = U_2 \cdot I_2$

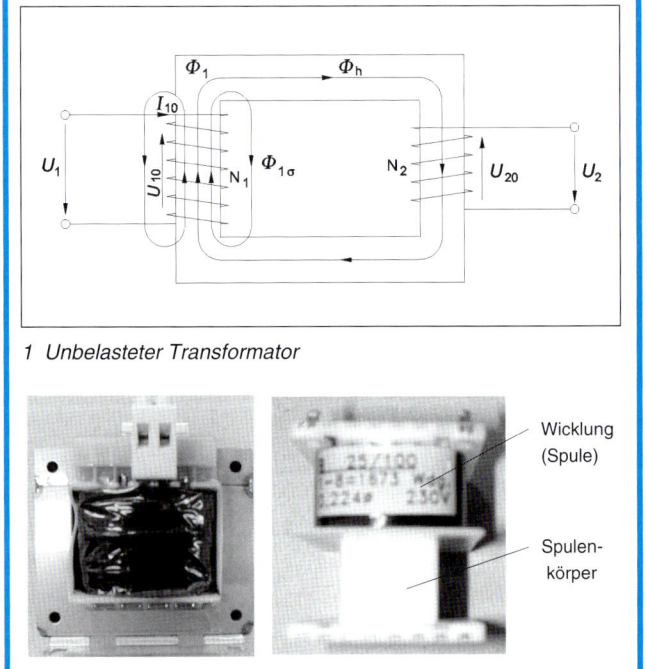

1 Unbelasteter Transformator

6 Realisierung mechatronischer Teilsysteme

info

Nach Umstellung dieser Gleichung ergibt sich:

$$\frac{U_1}{U_2} = \frac{I_2}{I_1} = \frac{N_1}{N_2}$$

Für genaue Berechnungen muss der Wirkungsgrad des Transformators berücksichtigt werden.

Die Ausgangsspannung des hier verwendeten Transformators soll bei Belastung nur wenig absinken.
Der Innenwiderstand des Transformators muss also gering sein und somit eine geringe relative Kurzschlussspannung haben.

Der verwendete Transformator hat die relative Kurzschlussspannung $u_K = 8\%$.

Berechnungsformeln:

$$u_K = \frac{U_K \cdot 100\%}{U_{1N}} \text{ in \%}$$

$$\Delta U_2 = \frac{U_{2N} \cdot u_K}{100\%} \text{ in V}$$

Dem Transformator ist der in den nachstehenden Datenblattauszügen dokumentierte Brückengleichrichter B2 nachgeschaltet.

Am Ausgang des Gleichrichters ist der Ladekondensator C_L angeschlossen.

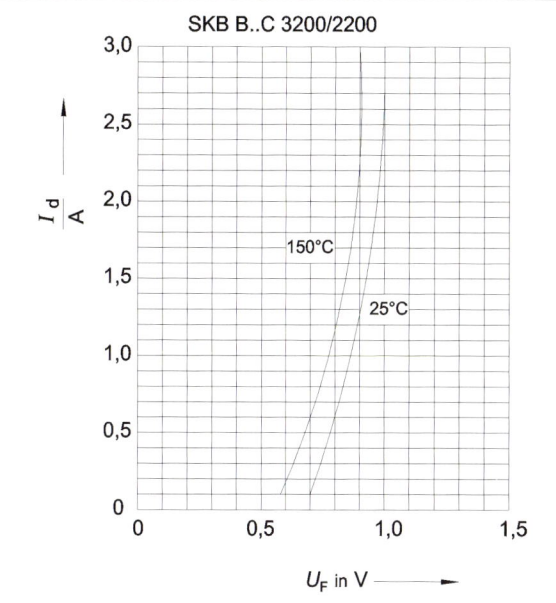

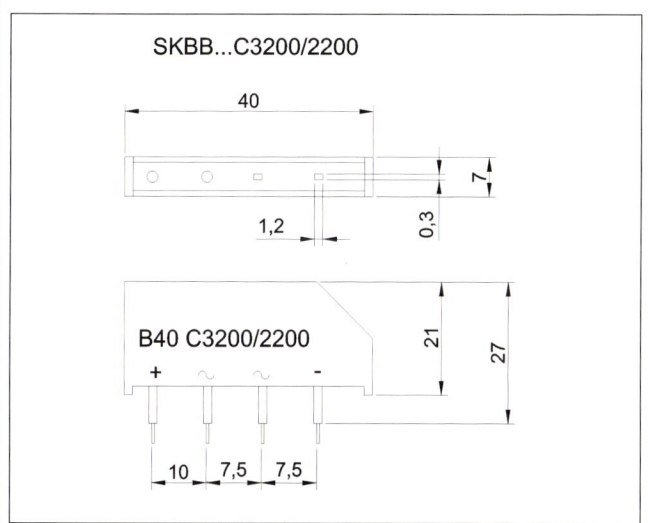

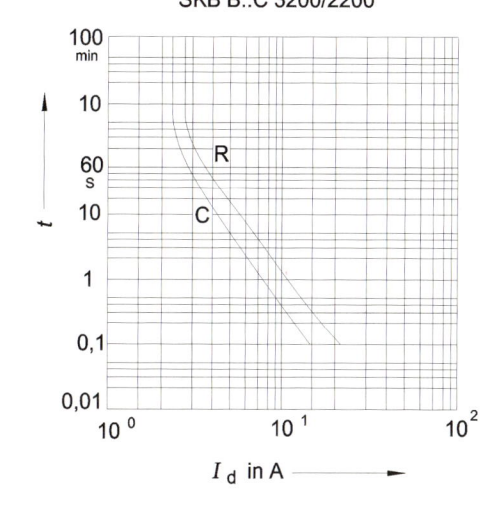

Daten des verwendeten Gleichrichters (Auszüge aus den Herstellerangaben)

V_{RSM} V_{RRM}	V_{VRMS}	\multicolumn{5}{c}{$I_P (T_{amb} = 45\,°C)$}				
		\multicolumn{4}{c}{4 A}	\multicolumn{4}{c}{8 A}			
V	V	Types	C_{max} µF	R_{min} Ω	Types	C_{max} µF	R_{min} Ω
100	40	SKB B 40 C3200/2200	10 000	0,25	SKB B 40 C5000/3300	15 000	0,2
200	80	–	–	–	SKB B 80 C5000/3300	10 000	0,3
300	125	–	–	–	SKB B 125 C5000/3300	5000	0,4
400	125	SKB B 80 C3200/2200	3000	0,8	–	–	–
600	250	–	–	–	SKB B 250 C5000/3300	2500	0,8
800	250	SKB B 250 C3200/2200	1700	1,6	–	–	–
900	380	–	–	–	SKB B 380 C5000/3300	2000	1,2
1200	500	SKB B 500 C3200/2200	800	3	SKB B 500 C5000/3300	1200	1,6
$V_{(BR)}$ V	V_{VRMS} V	Avalanche Type					
1300	500	SKBa B 500 C3200/2200	800	3	–		

info

Durch den Brückengleichrichter werden beide Halbwellen der Wechselspannung genutzt:

Während der positiven Halbwelle kann der Kondensator C_L über V1 und V4 geladen werden, V2 und V3 liegen in Sperrrichtung.

Während der negativen Halbwelle sind V2 und V3 leitend und C_L wird mit gleicher Polarität geladen. Ist die Schaltung nicht belastet ($I_L = 0$), lädt sich der Kondensator auf den Scheitelwert der Wechselspannung U_2 auf:

$$U_d = u_{2s} = \sqrt{2} \cdot U_2$$

u_{2s} Scheitelwert der pulsierenden Gleichspannung

Wird die Schaltung belastet, steht am Kondensator eine Mischspannung U_d an:

Der mittleren Gleichspannung U_{dAV} ist eine nichtsinusförmige Wechselspannung (Brummspannung) überlagert. Die überlagerte Wechselspannung hat eine Frequenz $f = 100$ Hz

Die Brummspannung ist vom Laststrom abhängig.
Sie wird in $V_{Spitze-Spitze}$ angegeben.

Berechnungsformel: $U_{Br} = \dfrac{0{,}75 \cdot I_L}{f \cdot C_L}$ in Vss

Für die vorgesehene Anwendung wird eine konstante Spannung von 24 V benötigt.
Dieses Anforderung kann durch einen Festspannungsregler erfüllt werden. Festspannungsregler sind Regel-ICs, die Brummspannungen von mehr als 3 Vss am Eingang auf weniger als 1 m Vss am Ausgang ausregeln können.

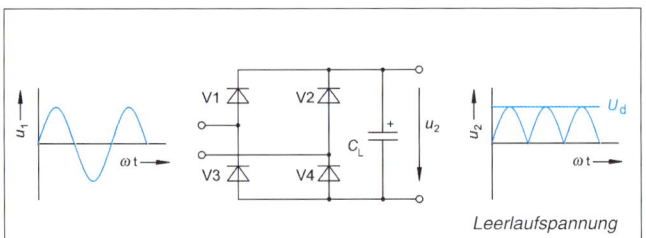

1 Aufbau der Brückenschaltung

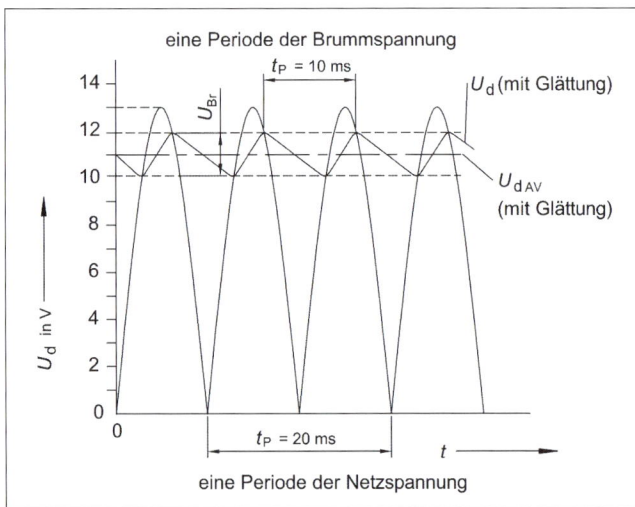

2 Spannungen bei der Brückenschaltung

POSITIVE VOLTAGE REGULATORS

- OUTPUT CURRENT TO 2 A
- OUTPUT VOLTAGES OF 5; 7,5; 9; 10; 12; 15; 18; 24 V
- THERMAL OVERLOAD PROTECTION
- SHORT CIRCUIT PROTECTION

DESCRIPTION

The L78S00 series of three-terminal positive regulators is available in TO-220 and TO-3 packages and with several fixes output voltages, making it useful in a wide range of applications.

These regulators can provide local on-card-regulation, eliminating the distribution problems associates with single point regulation. Each type employs internal current limiting, thermal shut-down and safe area protection, making it essentially indestructible.

If adequate heat sinking is provided, they can deliver over 2 A output current. Although desingned primarity as fixed voltage regulators, these devices can be used with external components to obtain adjustable voltages and currents.

Auszüge aus dem Hersteller-Datenblatt

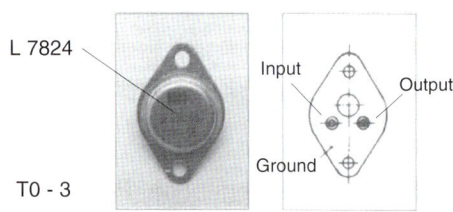

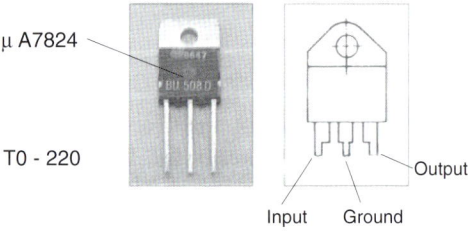

6 Realisierung mechatronischer Teilsysteme

info

L78S00 SERIES

ABSOLUTE MAXIMUM RATINGS

Symbol	Parameter	Value	Unit
V_1	DC Input Voltage (for V_p = 5 to 18 V) (for V_p = 24 V)	35 40	V V
I_0	Output Current	internally limited	
P_{tot}	Power Dissipation	internally limited	
T_{stg}	Storage Temperature	−65 to + 150	°C
T_{op}	Operating Junction Temperature (for L78S00) (for L78S00C)	−55 to + 150 0 to 150	°C °C

THERMAL DATA

		TO-220	TO-3	
$R_{th\,j\text{-}case}$	Thermal Resistance Junction-case	3	4	K/W
$R_{th\,j\text{-}amb}$	Thermal Resistance Junction-ambient	50	35	K/W

CONNECTION DIAGRAMS AND ORDERING NUMBERS
(top views)

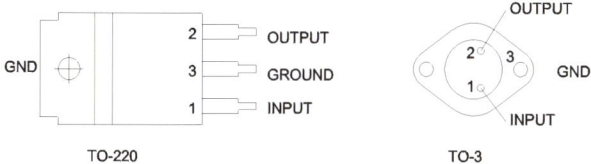

Zu beachten ist, das die schwankende Eingangsspannung (Spannung an C_L) immer mindestens 2 V größer als die Ausgangsspannung sein muss.

Die „überschüssige" Spannung über 24 V fällt am inneren Regelwiderstand (C-E-Strecke eines Transistors) des Spannungsreglers ab. Bei kleinem Laststrom ist der Transistor hochohmig, bei großem Strom niederohmig gesteuert.

Die Spannungsdifferenz zwischen Ein- und Ausgang des Spannungsreglers sollte allerdings auch nicht zu groß sein, da die entstehenden Wärmeverluste im IC entsprechend ansteigen und über Kühlkörper abgeleitet werden müssen.

Um den erforderlichen Kühlkörper zu berechnen, muss bekannt sein, wie groß die Übergangswiderstände sind, die die im IC erzeugte Wärme nach außen überwinden muss.

Dieser thermische Widerstand gibt an, wie groß die Temperaturdifferenz sein muss zwischen der stromführenden Sperrschicht (Junktion, J) und dem Gehäuseboden der Reglers (G), bzw. zwischen dem Kühlkörper (K) und der Umgebungsluft (U), damit eine Wärmeleistung von 1 W abgegeben wird.

$$R_{thJG} = \frac{\Delta T}{P_v}$$

$$R_{thJU} = R_{thJG} + R_{thKU} = \frac{\Delta T}{P_v} \quad \text{(mit Kühlkörper)}$$

R_{thJG} Wärmeübergangswiderstand von der Sperrschicht zum Gehäuse K/W

R_{thKU} Wärmeübergangswiderstand vom Kühlkörper zur Umgebung K/W

ΔT Temperaturdifferenz K

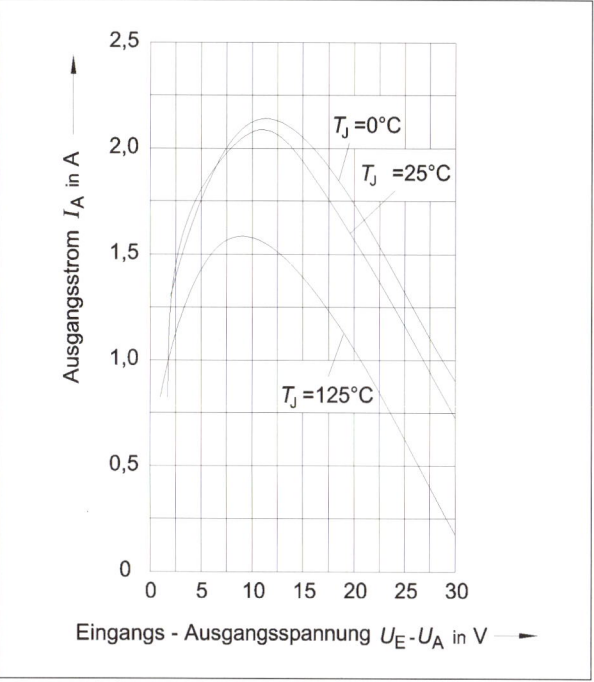

1 Spannungsregler, Temperaturabhängigkeit

Spannungsregler sind intern gegen Überhitzung und Kurzschluss gesichert.
Die Kondensatoren C_1 und C_2 sollen Schwingungen des Spannungsreglers verhindern.
Gegen Rückströme sind Spannungsregler empfindlich, eine entsprechende Beschaltung ist vorzunehmen.

anwendungen

1. Welche Spannung muss der Netztransformator sekundärseitig mindestens abgeben, wenn dem Netzteil 2 A entnommen werden. Nehmen Sie eine Brummspannung von 3 Vss an.

2. Berechnen Sie die Leerlaufspannung des Transformators.

3. Wie viele Windungen muss die Sekundärwicklung erhalten, wenn die Primärwicklung 2000 Windungen hat?

4. Wie groß ist die Stromstärke und die Stromdichte bei maximaler Belastung? Ermitteln Sie den erforderlichen Drahtquerschnitt der Sekundärwicklung!

5. Berechnen Sie die Trafoausgangsleistung.

6. Welche Sicherung werden Sie dem Transformator vorschalten?

7. Sie wollen die Kurzschlussspannung des Transformators überprüfen. Beschreiben Sie, wie Sie vorgehen.

8. Der Brückengleichrichter trägt die Aufschrift: B40C3200/2200.
Welche Bedeutung hat diese Kennzeichnung?

9. Entnehmen Sie dem Datenblatt (Seite 151), wie hoch der Spannungsverlust am Gleichrichter ist.

10. Der Gleichrichter ist kurzzeitig überlastbar. Stellen Sie fest, wie lange er 3 A führen kann ohne zerstört zu werden (Seite 151).

11. Welche Spitzensperrspannung kann der Gleichrichter laut Datenblatt annehmen? Welche Sperrspannung müssen im vorliegenden Anwendungsfall die Dioden übernehmen?

anwendungen

12. Es soll eine Brummspannung von ca. 3 Vss bei $I_L = 2$ A eingehalten werden. Wie groß wählen Sie den Ladekondensator?
Für welche Spannung muss der Kondensator mindestens bemessen sein?

14. Elektrolytkondensatoren sind gepolte Kondensatoren. Worauf müssen Sie besonders achten?

15. Übersetzen Sie die Herstellerbeschreibung des Positiv-Spannungsreglers.

16. Ermitteln Sie aus den Datenblattangaben für einen 24 V Spannungsregler im TO-3-Gehäuse die Maximalwerte für:
a) Eingangsspannung
b) Ausgangsstrom
c) Verlustleistung
d) Lagertemperatur
e) Betriebstemperatur
f) R_{thJG}
g) R_{thJU}

17. Berechnen Sie die Verlustleistung, die im Spannungsregler umgesetzt wird bei 2 A Belastung.

18. Stellen Sie fest, ob der Regler im TO-3-Gehäuse ohne Kühlkörper betrieben werden kann.

19. Berechnen Sie den notwendigen Kühlkörper!

20. Die Differenz zwischen Eingangs- und Ausgangsspannung am Regler beträgt ca. 5 V. Welche Stromstärke kann dem Spannungsregler bei einer Betriebstemperatur von 125 °C entnommen werden? (Seite 153)

21. Welche Funktion hat die parallel zum Regler geschaltete Diode?

6.7.2 Transistor als Schalter

auftrag

Die Verfahrbewegungen der Transporteinrichtung stellen eine Gefährdung dar. Der Zugang soll durch eine Lichtschranke überwacht werden.

Die Warnanlage soll unabhängig von der übrigen Steuerung der Anlage sein und daher auf einer Steckplatine mit elektronischen Bauteilen aufgebaut werden.

Wird die Lichtschranke gequert, soll eine Warnlampe geschaltet werden. Die Schaltbedingungen werden von einem Logikbaustein verknüpft, die Betriebsbereitschaft wird von einer LED auf der Platine angezeigt.

Sie erhalten den Auftrag, das Leistungsteil dieser Steuerung zu dimensionieren und zu montieren.

englisch

Elektronik electronics
Transformator transformer
Kondensator capacitor
Diode diode
Platine edge board, mounting plate
Steckvorrichtung plug and socket, coupler

info

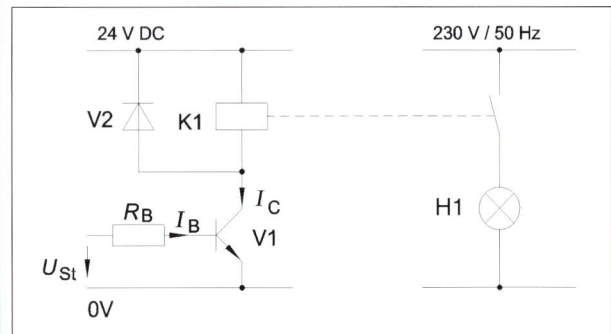

1 Schaltung des Leistungsteils der Warnanlage

Der Transistor in obenstehender Schaltung soll die Funktion eines Schalters übernehmen.

Fließt kein Strom I_B in die Basis des Transistors, so ist die Kollektor-Emitter-Strecke hochohmig und es fließt kein Strom I_C durch die Relaisspule.

Fließt ein genügend großer Basisstrom, ist die C-E-Strecke niederohmig und es fließt der maximale Kollektorstrom.

Der Transistor benötigt dabei nur einen kleinen Steuerstrom I_B, um einen großen Arbeitsstrom I_C zu schalten.

Es gilt: $B = \dfrac{I_C}{I_B}$

B ist der Gleichstromverstärkungsfaktor.

Für die Schaltung sollen folgende Bauteile verwendet werden:
1. Transistor V1

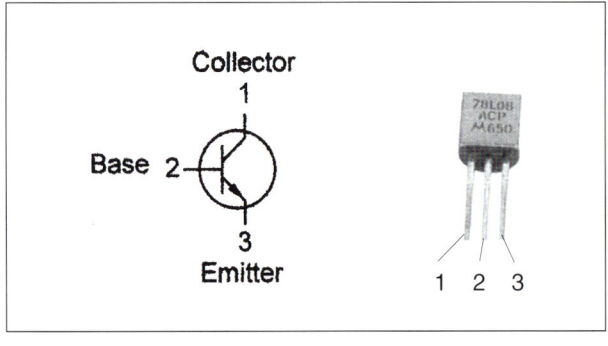

2 Verwendeter Transistor

englisch

unbelastet unloaded, off-load
Lawine avalange
Gleichrichter rectifier, demodulator
Brücke bridge
Brummspannung hum voltage, ripple
Brummfrequenz hum frequency, double-frequency ripple
Zweipulsbrückenschaltung two-pulse bridge connection
Zweipulsgleichrichter two-phase rectifier
Kühlkörper cooling attachment, heat sink
Wärmewiderstand thermal resistance
Spannungsregler voltage controller
Temperaturabhängigkeit temperature dependence
Transistor transistor
Basis base, basis
Kollektor collector

6 Realisierung mechatronischer Teilsysteme

info

MAXIMUM RATINGS

Rating	Symbol	BC337	BC338	Unit
Collector-Emitter-Voltage	U_{CEO}	45	16	Vdc
Collector-Base-Voltage	U_{CBO}	50	20	Vdc
Emitter-Base-Voltage	U_{EBO}	5,0		Vdc
Collector Current-Continuous	I_C	800		mAdc
Total Device Dissipation $T_A = 25\,^{\circ}C$ Derate above 25 °C	P_D	625 5,0		mW mW/°C
Total Device Dissipation $T_C = 25\,^{\circ}C$ Derate above 25 °C	P_D	1,5 12		Watt mW/°C
Operating and Storage Junction Temperature Range	T_J, T_{stg}	−55 to + 150		°C

THERMINAL CHARACTERISTICS

Characteristic	Symbol	Max	Unit
Thermal Resistance Junction to Ambient	R_{thJA}	200	°C/W
Thermal Resistance Junction to Case	R_{thJC}	83,3	°C/W

ELECTRICAL CHARACTERISTICS
($T_A = 25\,^{\circ}C$ unless otherwise noted)

2. Relais K1
1 Wechsler, 5 A, 250 V
Spule: 24 V DC, $R_i = 635\,\Omega$

3. Warnlampe E1
230 V, 60 W

4. Diode V2
1N4002

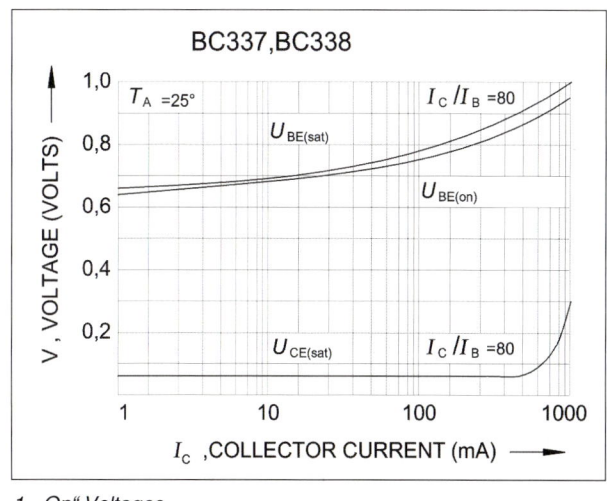

1 „On" Voltages

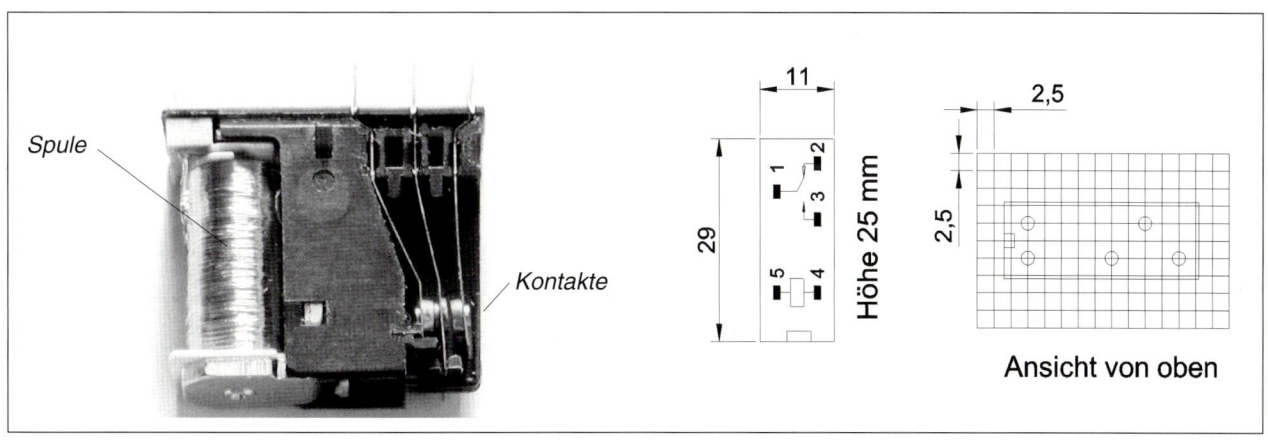

2 Relais

Transistor als Schalter, Vollwellensteuerung

anwendungen

1. Wählen Sie aus den vorgeschlagenen Transistortypen den geeigneten aus.
Begründen Sie die Auswahl!

2. Stellen Sie fest, ob der Transistor positiv oder negativ an der Basis angesteuert werden muss.

3. Berechnen Sie den maximalen Kollektorstrom!

4. Ermitteln Sie den Basisstrom und den Basisvorwiderstand, wenn die Steuerspannung $U_{St} = 5\,V$ beträgt!

5. Berechnen Sie die Verlustleistung des Transistors, wenn dieser durchgeschaltet ist.
Machen Sie dann eine Aussage, ob eine besondere Kühlung erforderlich ist.

6. Dem Datenblatt kann man entnehmen, dass bei Temperaturen des Transistors über 25 °C die Verlustleistung des Transistors kleiner wird.
Erklären Sie diesen Zusammenhang.

7. Welche Aussage macht der thermische Widerstand?

8. Erklären Sie die Funktion der Diode, die parallel zur Relaisspule geschaltet ist!

6.7.3 Vollwellensteuerung

auftrag

Im Schaltschrank besteht die Neigung zur Kondenswasserbildung. Eine spezielle Schaltschrankheizung soll die Temperatur konstant halten und diese Korrosionsgefahr durch Kondensation beseitigen.

Die Heizung kann wahlweise mit einer Zweipunktregelung oder einer stetigen Regelung betrieben werden.
Als Leistungssteller soll eine Vollwellensteuerung eingesetzt werden.

Sie sollen dieses Anlage einbauen und später Wartungsarbeiten durchführen.

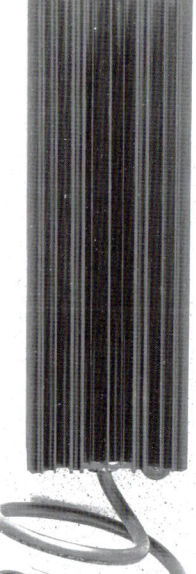

info

Daten der Heizung SK 3116:
Dauerheizleistung 50 W,
Spannung 110 - 240 V
Begrenzung der Oberflächentemperatur durch PTC-Heizelement

Kennlinie

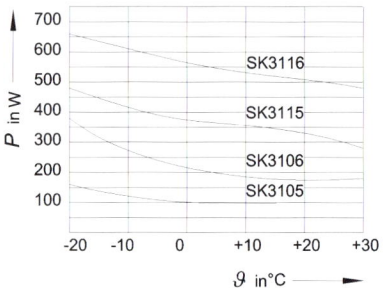

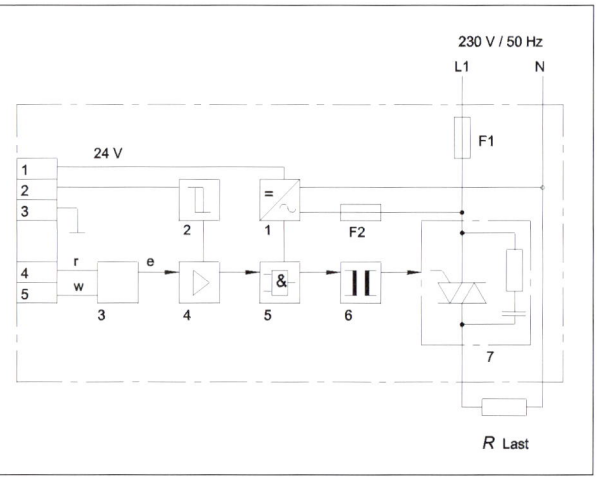

1 Blockschaltbild der Vollwellensteuerung

Komponenten des Leistungsstellers
1. Netzteil
2. Eingang des Zweipunktreglers
3. Soll-/Istwert-Vergleich
4. Bildung der Stellgröße
5. Synchronisierung
6. Zündübertrager
7. Triac mit Schutzbeschaltung

Technische Daten des Signalgebers für die Überwachung der Schaltschrankinnentemperatur (Thermostat)

- Bimetallfühler als temperaturempfindliches Organ mit thermischer Rückführung
- 1-poliger Umschaltkontakt (Wechsler) als Sprungschaltglied
- Kontaktbelastung: AC 10 A, DC 30 W
- Bemessungsbetriebsspannung:
  24...230 V (AC)
  24... 60 V (DC)

Schaltbild siehe Seite 157.

englisch

Triac
triac, bidirectional triode tyristor

Zündimpuls
ignition pulse, starting pulse

Netzteil
power pack, supply unit

Netztransformator
power transformator, mains transformator

Vollwelle
full wave

6 Realisierung mechatronischer Teilsysteme

info

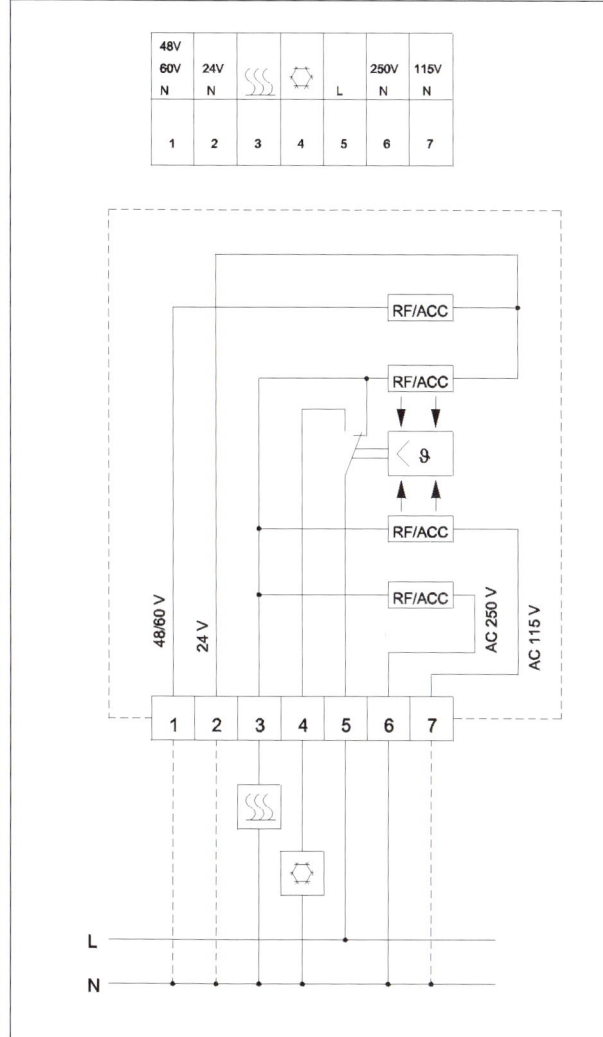

1 Signalgeber, Überwachung der Schaltschranktemperatur

Zentrales Bauteil des Leistungsstellers ist der Triac.
Ein Triac zeigt die gleiche Funktion wie die Antiparallelschaltung zweier Thyristoren.

Auszüge aus dem Hersteller-Datenblatt

Der Leistungssteller ist mit dem Triac BTB12 ausgerüstet.

MAIN FEATURES

Symbol	Value	Unit
$I_{T(RMS)}$	12	A
V_{DRM}/V_{RRM}	600 and 800	V
$I_{GT(Q_1)}$	10 to 50	mA

DESCRIPTION

Available either in through-hole or surface-mount packages, the BTA/BTB12 and T12 triac series is suitable for general purpose AC switching. They can be used as an ON/OFF function in applications such as static relays, heating regulation, induction motor starting circuits... or for phase control operation in light dimmers, motor speed controllers, etc.

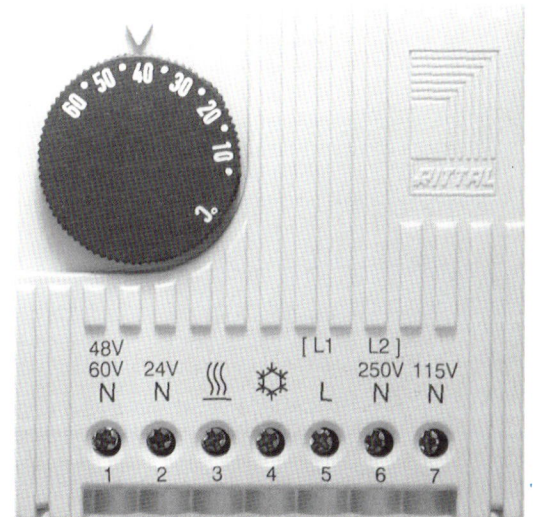

ABSOLUTE MAXIMUM RATINGS

Symbol	Parameter				Value	Unit
$I_{T(RMS)}$	RMS on-state current (full sine wave)	D²PAK/TO-220AB	$T_C = 105\,°C$		12	A
		TO-220AB Ins.	$T_C = 90\,°C$			
I_{TSM}	Non repetitive surge peak on-state current (full cycle, $T_{j\,initial} = 25\,°C$)	$f = 50$ Hz	$t = 20$ ms		120	A
		$f = 60$ Hz	$t = 16{,}7$ ms		126	
dI/dt	Critical rate of rise of on-state current $I_G = 2 \times I_{GT}$, $t\,r \leq 100$ ns	$f = 120$ Hz	$T_j = 125\,°C$		50	A/υs
V_{DSM}/V_{RSM}	Non repetitive surge peak off-state voltage	$t_p = 10$ ms	$T_j = 25\,°C$		V_{DRM}/V_{RRM} + 100	V
I_{GM}	Peak gate current	$t_p = 20$ μs	$T_j = 125\,°C$		4	A
$P_{G(AV)}$	Average gate power dissipation		$T_j = 125\,°C$		1	W
T_{stg} T_j	Storage junction temperature range Operating junction temperature range				−40 to +150 −40 to +125	°C

Vollwellensteuerung

info

Maximum power dissipation versus RMS on-state current (full cycle)

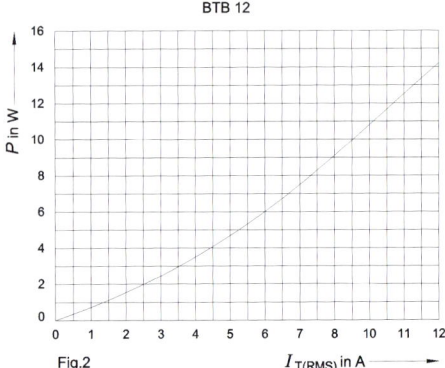
Fig.2

RMS on-state current versus case temperature (full cycle)

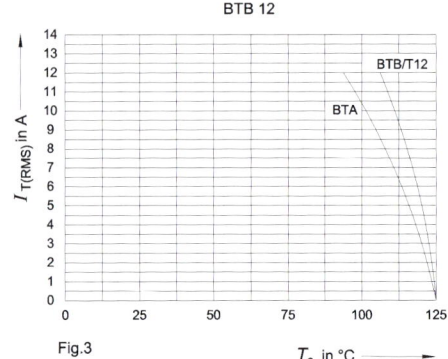
Fig.3

Durch Zündimpulse über das Gate kann der Triac in beiden Richtungen in den leitenden Zustand gebracht werden.

Der Triac eignet sich somit als Wechselstromsteller für die Phasenanschnittssteuerung (z.B. Lichtdimmer) und die Vollwellensteuerung.

Im vorliegenden Arbeitsauftrag wird für die Heizungsregelung die Vollwellensteuerung eingesetzt. Die Verstellung der mittleren Heizleistung erfolgt durch das Ausblenden ganzer Vollwellen der angelegten Wechselspannung.

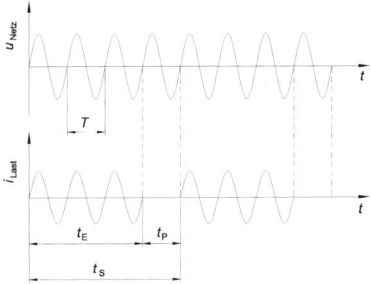

Mathematische Zusammenhänge

T	Periodendauer der Netzfrequenz	s
f	Netzfrequenz	Hz = 1/s

$$f = \frac{1}{T}$$

T_S	Periodendauer der Taktfrequenz	s
t_E	Einschaltzeit	s
t_P	Pausenzeit	s
$T_S = t_E + t_P$		s

Die maximale Leistung am Heizwiderstand ergibt sich aus

$$P_{max} = \frac{U^2}{R_L} \quad W$$

Durch die Vollwellensteuerung kann die mittlere Leistungsaufnahme der Heizung zwischen 0 bis 100 % eingestellt werden.

$$P = \frac{t_E}{T_S} \cdot P_{max} \quad W$$

anwendungen

1. Dem Heizelement ist ein Datenblatt beigelegt. Dieses enthält die auf Seite 156 wiedergegebene Kennlinie. Geben Sie schriftlich die Informationen wieder, die dieses Diagramm enthält. Beachten Sie dabei, dass der Heizwiderstand ein Kaltleiter ist.

2. Machen Sie sich mit Hilfe eines Tabellenbuches mit den Indizes folgender Größen vertraut, die die Betriebszustände bzw. Kennwerte vieler Leistungshalbleiter beschreiben: $I_{T(RMS)}$; V_{DRM}; V_{RRM}; I_{GT}; I_{TSM}; I_{GM}; $P_{G(AV)}$.

3. Welche Einsatzgebiete für Triacs werden im Herstellerdatenblatt genannt?

4. Überprüfen Sie anhand des Datenblatts, ob der eingebaute Triac BTB12 allen Betriebsbedingungen genügt.

5. Kennlinie Fig. 2, oben: Ermitteln Sie die Verlustleistung des Triacs bei $I_{T(RMS)}$ = 10 A und 2 A und berechnen Sie die jeweilige Effektivspannung am Triac.

6. Kennlinie Fig. 3, oben: Geben Sie in Englisch die Aussage dieses Diagramms wieder.

anwendungen

7. Die technischen Daten des Thermostaten geben an: Kontaktbelastung bei Wechselstrom 10 A, bei Gleichstrom 30 W. Erklären Sie, warum unterschiedliche Werte angegeben sind.

8. Berechnen Sie die Verlustleistung, die im Triac umgesetzt wird, wenn die Heizung mit Nennleistung betrieben wird und die Spannung am Triac effektiv 1,2 V beträgt.

9. Ermitteln Sie die Steuerleistung für den gewählten Triac bei voller Leistung der Heizung.

10. In der Betriebsanleitung ist angegeben: Der Leistungssteller arbeitet mit einer Netzfrequenz 50 Hz und einer Taktfrequenz von 1 Hz. Berechnen Sie die Anzahl der Wechselspannungsschwingungen während einer Taktperiode!

11. Die Heizung wird mit 20 % der maximalen Leistung betrieben. Bestimmen Sie die Anzahl der durchgeschalteten und der gesperrten Stromschwingungen.

6 Realisierung mechatronischer Teilsysteme

anwendungen

12. Erläutern Sie, warum die Vollwellensteuerung nicht zur Dimmung von Glühlampen geeignet ist.

13. Heizelemente haben im Kaltzustand einen geringeren Widerstand als bei Nenntemperatur. Folglich ist die Stromstärke in der Aufheizphase deutlich erhöht. Geben Sie eine sinnvolle Möglichkeit an, wie der Strom in der Aufheizphase begrenzt werden könnte.

14. Geben Sie an, wie Sie den Thermostaten an den Leistungssteller anschließen.

15. Welche Aufgabe hat die Komponente 5 im Blockschaltbild der Vollwellensteuerung (Seite 156)?

16. Der Triac wird gezündet von der Komponente 6 (Zündübertrager). Welche Aufgaben erfüllt dieses Bauteil?

17. Der Triac hat ein RC-Glied als Schutzbeschaltung. Erläutern Sie die Schutzwirkung der RC-Beschaltung.

18. Leistungshalbleiter müssen durch superflinke Sicherungen geschützt werden. Nennen Sie den Grund dafür.

19. Fehlersuche:
a) Kein Strom im Lastkreis. Nennen Sie fünf mögliche Ursachen!
b) Der Leistungssteller ist dauernd voll eingeschaltet. Nennen Sie drei mögliche Ursachen!

20. Bei der Fehlersuche müssen Sie Messungen durchführen. Geben Sie bitte an, mit welchen Messgeräten und welchen Einstellungen Sie in folgenden Fällen arbeiten:
a) Messung am Leistungssteller, Klemmen 1 und 3.
b) Messung am Ausgang des Zündübertragers.
c) Strommessung durch die Last.

englisch

Taktfrequenz
clock frequency, clock rate

Frequenzumrichter
variable-frequency inverter, VFI

Wechselrichter
inverter

Zwischenkreis
intermedia circuit, buffer

Netzfilter
line filter

Störung
failure, fault, trouble, breakdown

Antrieb
drive

Stromrichter
converter, static converter, retifier

Nebenschlussmotor
shunt motor, self-excited motor

Anker
armature

Ankerwicklung
armature winding

Erregung
excitation

Erregerstrom
exciting current

Stellbereich
control range

Thyristor
thyristor, silicon controlled rectifier, SCR

Thyristor-Stromrichter
thyristor converter

Thyristorzündung
thyristor firing

Sperrbereich
cut-off region, non conducting zone

Durchlassbereich
pass-band, pass range, conducting region

Steuerkennlinie
control characteristic, transfer characteristic

2.8 Frequenzumrichter

auftrag

Das Transportband 1 soll im Rahmen eines Änderungsauftrages nicht mehr von einem Dahlander-Getriebemotor, sondern von einem frequenzumrichtergesteuerten Käfigläufermotor angetrieben werden.

An den Antrieb werden u.a. folgende Anforderungen gestellt:

– Variable Drehzahl

– Beschleunigung bis zur Nenndrehzahl mit vollem Drehmoment

– Einstellbare Hochlauf- und Bremszeiten (Rampen).

Diese Forderungen können durch Einsatz eines Frequenzumrichters (FU) erfüllt werden.

Technische Daten des Motors (Leistungsschild)

50 Hz	230/400 V	Δ/Y
0,55 kW	2,95/1,87 A	
cos φ = 0,74	800 1/min	

Technische Daten des Frequenzumrichters

200/240 V   50/60 Hz

Input Phase: 1

Input 1:7,6/6,8 A

Input fuse: Type CC or J: 10 A Max

Maximale Ausgangsspannung gleich Netzspannung

Ausgangsfrequenzbereich: 0,5 bis 320 Hz

Bremsmoment: 30 % des Motornennmoments ohne Bremswiderstand.
Bis zu 150 % mit optionalem Bremswiderstand.

info

Drehzahlverstellung beim Drehstrom-Asynchronmotor

Die Läuferdrehzahl eines DASM ergibt sich aus der Beziehung
$$n_2 = \frac{f_1 \cdot 60}{p}(1-s)$$

n_2 Läuferdrehzahl   1/min
f_1 Frequenz der Ständerspannung Hz
p Polpaarzahl
s Schlupf

Wird die Frequenz der Motorspannung verändert, verändert sich die Drehzahl des Läufers in gleichem Verhältnis (proportional).

Für das Drehmoment eines DASM gilt:
$M \sim \Phi \cdot I_2$.

Φ magnetischer Fluss in der Maschine   Vs
I_2 Läuferstrom   A

info

Ein konstantes Drehmoment erfordert einen konstanten Magnetfluss im Motor.
Der Magnetfluss wird vom Ständerstrom I_1 erzeugt, folglich muss der Magnetisierungsstrom I_1 konstant gehalten werden.

Betrachtet man die Ständerwicklung des Motors als reine Induktivität (ohmscher Widerstand der Kupferwicklungen $R = 0\ \Omega$), dann wird der Strom I_1 nur durch den induktiven Blindwiderstand $X_1 = 2\pi \cdot f_1 \cdot L_1$ bestimmt. Es gilt

$$I_1 = \frac{U_1}{2\pi \cdot f \cdot L_1}$$

Auch der Strom ist frequenzabhängig: $I_1 \sim U_1/f_1$

Wird durch einen Frequenzumrichter die Frequenz der Motorspannung unter die Nennfrequenz abgesenkt, muss die Spannung proportional verändert werden, um den Strom und das Drehmoment des Motors konstant zu halten.

Da bei Nennfrequenz die Motornennspannung erreicht wird, kann darüber hinaus bei steigender Frequenz die Spannung nicht mehr erhöht werden.
Dies führt zur Verringerung der Magnetisierung und zu Drehmomentverlusten im Bereich der Überdrehzahl.

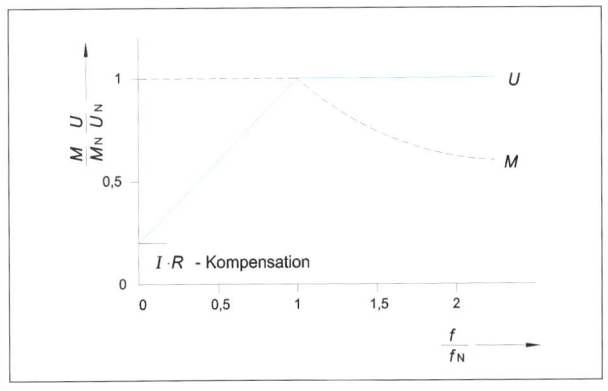

1 U-f-Kennlinie

anwendungen

1. Nennen Sie alle Möglichkeiten, die Drehzahl eines Drehstrom-Asynchronmotors (DASM) zu verändern.

2. Welche Vorteile sehen Sie darin, die Drehzahl eines DASM mit einem Frequenzumrichter zu verstellen?

3. Ermitteln Sie die Polpaarzahl und den Nennschlupf des auf Seite 159 dargestellten Motors (Leistungsschild).

4. Der Motor soll eine Drehzahl von 300 1/min haben. Welche Frequenz müsste ein FU liefern?

5. Werden Motoren unter Nenndrehzahl betrieben, ist es ratsam, einen Thermistorschutz in den Motor einzubauen. Geben Sie den Grund dafür an!

6. Beschreiben Sie die Drehmomentbildung bei Elektromotoren.

7. Berechnen Sie das Nennmoment des auf Seite 159 dargestellten Motors.

8. Der Motor ist im Dreieck geschaltet.
Geben Sie an, wie Sie messtechnisch den ohmschen Widerstand einer Wicklung bestimmen!

9. In den theoretischen Vorüberlegungen wurde angenommen, der ohmsche Widerstand der Ständerwicklungen sei $R = 0\ \Omega$
Ermitteln Sie, gegebenenfalls durch Messung, den Wicklungswiderstand.

anwendungen

10. Beschreiben Sie bitte:
a) Warum wird im Unterdrehzahl-Bereich die Motorspannung proportional zur Frequenz verstellt?
b) Warum wird im Überdrehzahlbereich die Spannung nicht mehr erhöht?
c) Warum wird im untersten Frequenzbereich (0 - 10 Hz) die Spannung angehoben?

11. Der obige Motor soll mit 30 Hz betrieben werden. Welche Effektiv-Spannung müsste angenähert an den Ausgängen des FU liegen?

12. Soll ein DASM auch im Überdrehzahl-Bereich betrieben werden, muss er überdimensioniert werden. Begründen Sie bitte Ihre Antwort.

info

Die Hauptforderungen, die an einen Frequenzumrichter gestellt werden sind:
Aus einem Netz konstanter Spannung und konstanter Frequenz ein Netz mit variabler Spannung und variabler Frequenz bereit zu stellen.

Mit Hilfe der Leistungselektronik sind verschiedene Umrichterarten entwickelt worden.
Im unteren und mittleren Leistungsbereich haben U-Umrichter die größte Bedeutung. U-Umrichter arbeiten im Zwischenkreis mit Kondensatoren als Energiespeicher, während I-Umrichter Induktivitäten als Energiespeicher nutzen.

Das Leistungsteil eines U-Umrichters besteht aus drei Funktionsblöcken (Bild 1, Seite 161):

- Netzgleichrichter
- Zwischenkreis
- Wechselrichter

Der *Gleichrichter* kann eine einphasige (B2) oder dreiphasige (B6) Brückenschaltung sein. Um hohe Einschaltströme zu begrenzen, kann der Netzgleichrichter auch gesteuert sein (B2C, B6C).

Der *Zwischenkreis* entkoppelt das starre Versorgungsnetz vom variablen Ausgangsnetz, er glättet die Spannung und puffert die netzseitige Energie. Dies erfordert eine hohe Kondensatorkapazität.

Der *Wechselrichter* wird mit 6 Transistoren (FET oder IGBT) aufgebaut. Die Transistoren arbeiten als Schalter und schalten entsprechend der gewünschten Frequenz positive oder negative Spannungen an die Motorwicklungen.
Die Veränderung der Spannung erfolgt durch eine Pulsweiten-Modulation (PWM). Häufig angewandt wird die sinusbewertete Pulsweiten-Modulation, bei der die Spannungsimpulse am Anfang und Ende der Halbwelle schmal und in der Mitte breiter sind (Bild 2, Seite 161).

Die Zahl der Pulse pro Halbwelle ist einstellbar, wodurch eine bessere Annäherung an die Sinusform möglich wird.

Durch die Induktivität des Motors kann der Strom dem Spannungsverlauf nur verzögert folgen. Es fließt ein mit Oberschwingungen behafteter Strom, dessen Grundschwingung sinusförmig ist.

Im Zwischenkreis befindet sich noch ein Transistorschalter in Reihe mit einem Widerstand. Im Normalbetrieb ist der Transistor nicht leitend.

Steigt die Zwischenkreisspannung über einen bestimmten Wert, weil der Motor beim Abbremsen in den Generatorbetrieb übergegangen ist, wird der Transistor angesteuert und die Zwischenkreisspannung abgesenkt.
Der *Bremschopper* wird beim Ausschalten des Frequenumrichters angesteuert. In diesem Fall entlädt der Bremswiderstand den Zwischenkreiskondensator.

Die *Anzahl der Pulse pro Halbwelle* ist einstellbar, wodurch eine bessere Annäherung an die Sinusform erreicht wird.

6 Realisierung mechatronischer Teilsysteme

info

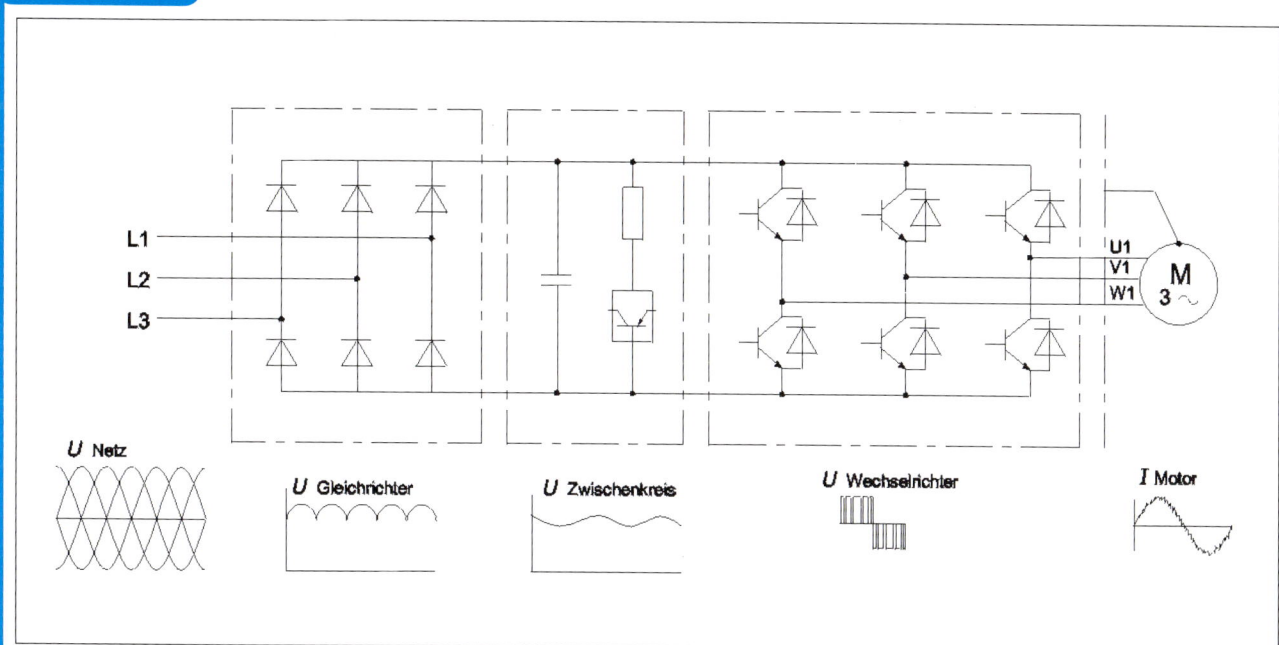

1 Leistungsteil eines U-Umrichters

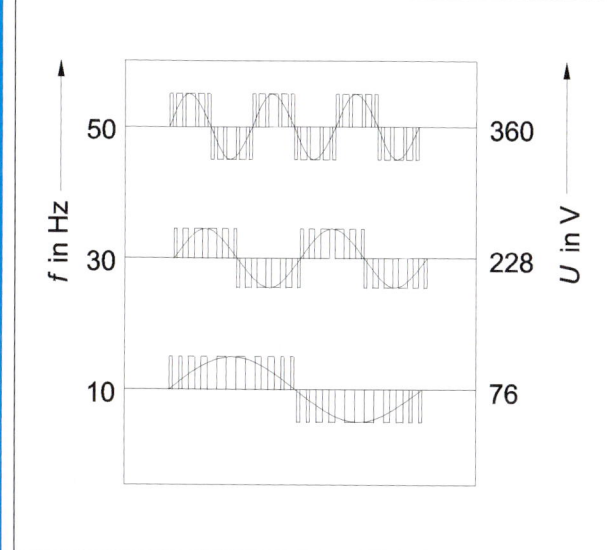

2 Pulsweiten-Modulation

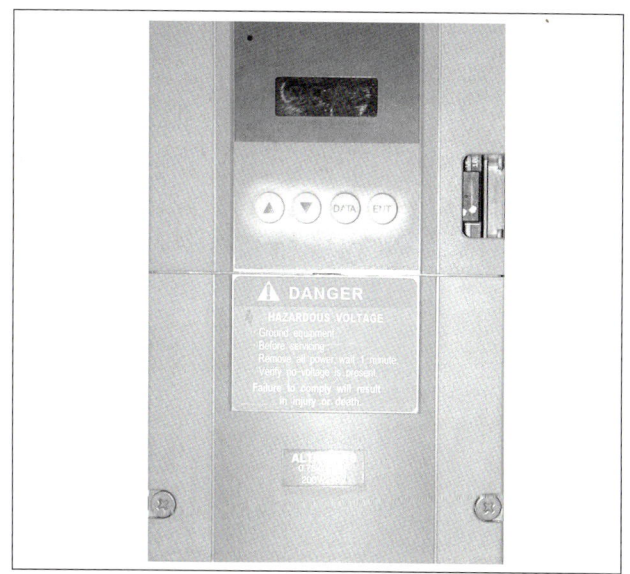

3 Frequenzumrichter

anwendungen

1. Ein FU hat als Netzgleichrichter eine B6-Schaltung. Welche Vorteile ergeben sich dadurch?

2. Besonders B2-Netzgleichrichter verursachen starke Pulsstrombelastungen und damit Spannungsverzerrungen des Netzes. Erklären Sie die Entstehung der Pulsströme! Skizzieren Sie dazu den zeitlichen Verlauf des Stromes vor den Ventilen.

3. Welche Spannung stellt sich im Zwischenkreis ein, wenn ein FU eine B2-Schaltung als Netzgleichrichter hat und an 230 V Speisespannung gelegt wird?

4. Dem Netzgleichrichter ist wechselspannungsseitig ein Hochlastwiderstand vorgeschaltet (im Bild nicht dargestellt). Welche Funktion hat dieser (abschaltbare) Widerstand?

anwendungen

5. Welche Funktionen hat der Bremschopper?

6. Für welche Fälle ist ein externer Bremswiderstand vorzusehen?

7. Den Transistoren sind Dioden parallel geschaltet. Beschreiben Sie die Wirkung dieser Bauteile!

8. Der oben dargestellte Motor hat einen $\cos \varphi = 0{,}8$. Wird der Motor über einen FU an das Netz angeschlossen, belastet er das Netz nicht mit Blindstrom.
Erklären Sie den Zusammenhang!

9. Welche wirtschaftlichen Vorteile bringt der Einsatz von Frequenzumrichtern mit sich?

Frequenzumrichter

> **info**

Der Frequenzumrichter ist ein wichtiges Element automatisierter Anlagen.
Moderne Umformer arbeiten mit komfortablen Schnittstellenkonzepten bei hohem Bedienungskomfort und umfangreicher Betriebs- und Störungsüberwachung.

Beispiele für Standardmerkmale:
- Sollwerteingänge z.B. 0 - 10 V, 0 - 20 mA, 4 - 20 mA
- Rechtslauf-Linkslauf, Bremsen, Gleichstrombremse, Stillstandsmoment
- Kurzschluss- und erdschlussfester Umrichterausgang
- Umfangreiche Parametereinstellungen wie U/f-Kennlinie, $I \cdot R$-Kompensation, f_{min}, f_{max}, etc.
- Überwachung und Meldung von Phasenausfall, Überspannung, Unterspannung
- Überwachung der Zwischenkreisspannung
- $I \cdot t$-Strombegrenzung
- Motorschutz durch Thermistoren
- Analogausgänge für Strom, Spannung, Frequenz
- Kontaktausgänge
- Optionen bezüglich externer Bremswiderstände, Synchronisier-Gleichlauf nach Netzausfall, automatischer Wiederanlauf

1 Klemmleiste eines Frequenzumrichters

Klemmleiste eines Frequenzumrichters (Bild 1)
(1) Netzfilter
(2) Störmelderelaiskontakte
(3) Externes Relais oder SPS-Eingang
(4) Interne 24 V-Quelle

Erläuterung der Klemmleistenanschlüsse

Steuerklemmen galvanisch vom Leistungsteil getrennt

Anschluss	Funktion	Kenndaten
SA SC SB	Störmelderelais: Kontakt "NC" zieht bei Einschalten des Umrichters an, fällt bei Störung ab	Schaltvermögen der Kontakte: – min. 10 mA für 5 V – max. bei induktiver Belastung (cos φ = 0,4, L/R = 7 ms) 1,5 A bei 250 V$\sim$ und 1,5 A bei 30 V
+ 10	Stromversorgung für Sollwert-Potentiometer 1 auf 10 kΩ	10 V 10 mA max. geschützt
AI1	Frequenzsollwert als Spannung	Analogeingang 0 + 10 V, Impedanz 30 kΩ
AI2 AIC	Spannungs- oder Stromsollwert. (Aufsummierung von AI1)	Analogeingang 0 + 10 V, Impedanz 30,55 kΩ oder Analogeingang 0 –20 A (Werkseinstellung) oder 4 –20 mA, Impedanz 400 Ω AI2/AIC kann konfiguriert werden. Nicht beide gleichzeitig verdrahten
COM	Bezugspotenzial für Logik- und Analogeingänge sowie den Logikausgang	
LI1 LI2 LI3 LI4	Fahrbefehl Rechtslauf Fahrbefehl Linkslauf voreingestellte Frequenzen	Logikeingänge Impedanz 3,5 kΩ Spannungsversorgung + 24 V (max. 30 V) Zustand 0 wenn < 5 V, Zustand 1 wenn > 11 V LI2, LI3, LI4 können konfiguriert werden.
+ 24	Stromversorgung für Logikeingänge und -ausgänge	+ 24 V geschützt, max. Rate 100 mA
LO+	Stromversorgung für Logikausgang	Wird mit intern + 24 V oder + 24 V (max. 30 V) einer externen Quelle verbunden.
LO	Frequenzsollwert erreicht	SPS-kompatibler Logikausgang (Open Collector) + 24 V max., 20 mA bei interner Quelle oder 200 mA bei externer Quelle. LO kann konfiguriert werden.

6 Realisierung mechatronischer Teilsysteme

anwendungen

1. Welche elektrischen Bauteile enthält das Netzfilter und welche Wirkung haben diese?

2. Der Hersteller macht die Angabe: „Steuerklemmen vom Leistungsteil getrennt".
Warum ist diese Angabe wichtig?

3. Machen Sie sich mit den möglichen Beschaltungen der Steuerklemmen vertraut und beantworten Sie folgende Fragen:
a) Die Kontakte SA und SB könnten in ein SPS-Programm integriert werden. Welche Funktion könnten sie erfüllen und wie müssten sie dann beschaltet werden?
b) Die Steuereingänge LI1-LI4 können von einer SPS angesteuert werden. Welche Änderung in der Verdrahtung müsste dazu vorgenommen werden?
c) Bild 1 zeigt mögliche Beschaltungen der Analogeingänge.
Erklären Sie die Wirkung einer möglichen Beschaltung und geben Sie auch die Bedeutung der Parameter an!
Siehe Parameterliste Seite 164.

4. Bremswiderstände werden häufig außerhalb der Schaltschränke montiert. Geben Sie den Grund dafür an!

5. Zu welchem Zweck kann der Logikausgang LO in ein SPS-Programm eingebaut werden?

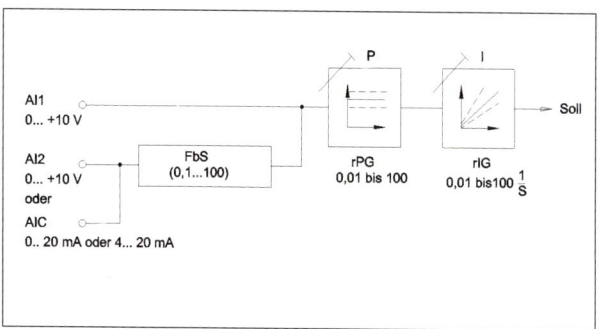

1 Blockschaltbild zu 3

info

Parametersatz eines Frequenzumrichters (beispielhafter Auszug)

Nr.	Code	Funktion	Werkseinstellung	Maximalwert	Minimalwert	Einheit	Auflösung
1	rdy	Frequenzumrichter bereit					
2	FrH LCr rFr ULn	Frequenz – Sollwert Motorstrom　　Wahl des Parameters, der im Rotationsfrequenz　Betrieb angezeigt wird (1) Netzspannung	FrH			Hz A Hz V	0,1 0,1 0,1 1
3	bFr	Eckfrequenz. Die gleiche Frequenz wie die Netzfrequenz wählen.	5.0	6.0	5.0	Hz	
4	RCC dEC	Hochlaufzeit Auslaufzeit	3.0 3.0	3600 3600	0.1 0.1	s s	0,1 oder 1 0,1 oder 1
5	LSP HSP	Kleine Frequenz Hohe Frequenz: Sicherstellen, dass diese Einstellung für den Motor und die Anwendung geeignet ist.	0 50	=HSP =tFr (1)	0 =LSP	Hz Hz	0,1 0,1
6	FLG	Verstärkung Frequenzregelkreis Abhängig von der Trägheit und dem Widerstandsmoment der Maschine: – Maschinen mit hohem Widerstandsmoment oder hoher Massenträgheit: Schrittweise auf einen Wert zwischen 33 und 0 verringern. – Maschinen mit schnellen Zyklen, niedrigem Widerstandsmoment und niedriger Massenträgheit: 　Die Verstärkung schrittweise auf einen Wert zwischen 33 und 100 erhöhen. Eine zu hohe Verstärkung kann zu instabilem Betrieb führen.	33	100	0		1
7	IEH	Thermischer Motorschutz (4). IEH auf Nennstrom einstellen, der auf dem Typenschild des Motors angegeben ist. Um den thermischen Motorschutz aufzuheben, den Wert bis auf seinen Maximalwert erhöhen.	I_N	$1{,}15\, I_N$	$0{,}5\, I_N$	A	0,1
8	IUG	Strom unterer Grenzwert	0,0	I_N	0,0	A	0,1

(1) tFr ist ein Niveau-2-Parameter, der von 40 bis 320 Hz eingestellt werden kann und auf 60 Hz voreingestellt ist.
　Für HSP > 60 Hz zuerst die Einstellung von tFr ändern.

info

Parameterliste, Fortsetzung

Nr.	Code	Funktion	Werkseinstellung	Maximalwert	Minimalwert	Einheit	Auflösung	Art
9	JPF	Unterdrückung einer kritischen Frequenz, die zu mechanischen Resonanzen führt: Der statische Betrieb wird in einem 2 Hz breiten Band (...+/−1 Hz) unterbunden. Einstellung auf 0 deaktiviert die Funktion. (Werkseinstellung)	0	HSP	0	Hz	0.1	Einstell.
10	IDc	Strom der automatischen Gleichstrombremsung bei Motorhalt	$0{,}7\,I_N$	I_N	0,25 ...	A	0,1	Einstell.
11	Edc	Zeit der automatischen Gleichstrombremsung bei Motorhalt. Die Einstellung auf 0 hebt die Gleichstrombremsung bei Motorhalt auf, bei Einstellung auf 25,5 wird permanent gebremst **(2)**.	0,5	25,5	0	s	0,1	Einstell.
12	UFr	Parameter zur Optimierung des Drehmoments bei niedriger Frequenz	20	100	0		1	Einstell.
13	SP3	3. voreingestellte Frequenz	5	HSP	LSP	Hz	0,1	Einstell.
14	SP4	4. voreingestellte Frequenz	25	HSP	LSP	Hz	0,1	Einstell.
15	JOG	Sollwert bei Einrichtbetrieb	10	10	0	Hz	0,1	Einstell.
16	FdE	Frequenzschwelle für die Funktion „Frequenzschwelle erreicht" des Ausgangs .... Dieser Schwellwert ist mit einer Hysterese von 0,2 Hz behaftet.	0	HSP	LSP	Hz	0,1	Einstell.
17	rPG	P-Anteil des PI-Reglers	1	100.0	0.01		0.01	Einstell.
18	rIG	I-Anteil des PI-Reglers	1	100.0	0.01	1/s	0.01	Einstell.
19	Fb5	Multiplikationsfaktor für Istwert des PI-Reglers, bezogen auf den Analogeingang AIC/AI2	1	100.0	0.1		0.1	Einstell.
20	FLt	Anz. der zuletzt aufgetretenen Störung durch Drücken der Taste DATA. Wenn keine Störung aufgetreten ist, wird nErr angezeigt.						Anzeige

Nr.	Code	Funktion	Werkseinstellung	Maximalwert	Minimalwert	Einheit	Auflösung	Art
21	UFE	Art der Spannungs-/Frequenzkennlinie (U/f-Kennlinie) – L: konstantes Moment für parallel geschaltete oder Sondermotoren – P: variables Moment – n.: vektororientierte Regelung ohne Drehgeber (SVC) für Anwendungen mit konstantem Moment – nLd: Energieeinsparung, für stoßfreie Anwendungen mit variablem Drehmoment	n	nLd	L			
22	EUn	Automatische Motorvermessung Nur aktiv für U/F-Kennlinien: n und nLd – no: nein (Verwendung von Standardparametern) – donE: Motor wurde bereits vermessen – YES: aktiviert automatische Motorvermessung	no	YES	no			
23	Un5	Motor-Nennspannung Den Wert verwenden, der auf dem Typenschild des Motors angegeben ist.						
24	Fr5	Motor-Nennfrequenz Den Wert verwenden, der auf dem Typenschild des Motors angegeben ist, wenn er sich von der mit bFr eingestellten Netzfrequenz unterscheidet.	bFr	320	40	Hz	0.1	
25	tFr	Maximale Motorfrequenz	6.0	320	40	Hz	0.1	
26	brR	Automatische Anpassung der Auslaufzeit, wenn beim Bremsen Überspannung im Zwischenkreis entsteht. Diese Funktion verhindert Verriegelung, mit dem Fehler ObF. Diese Funktion ist bei Positionieranwendungen auszuschalten (no), evtl. ist ein Bremswiderstand vorzusehen.	YES	YES	no			
27	SLP	Schlupfkompensation Dieser Parameter erschient nur, wenn die U/f-Kennlinie n (Parameter UFt) konfiguriert wurde. Der Wert in Hz entspricht dem Schlupf bei Nennmoment.	0	5	0	Hz	0.1	Einstell.

6 Realisierung mechatronischer Teilsysteme

info

Parameterliste, Fortsetzung

Nr.	Code	Funktion	Werkseinstellung	Maximalwert	Minimalwert	Einheit	Auflösung
28	SFr	Taktfrequenz Die Taktfrequenz kann eingestellt werden, um die vom Motor erzeugten Geräusche zu reduzieren	4.0	12.0	2.2	kHz	0.1
29	GEP	Geführter Auslauf bei Netzausfall: Der Motor wird geführt zum Stillstand gebracht, die Rampenzeit richtet sich nach der kinetischen Energie und dem Widerstandsmoment der Last – no: Funktion nicht aktiv – YES: Funktion aktiv.	no	YES	no		
30	REr	Rückkehr zur Werkseinstellung no: nein YES: ja, die nächste Anzeige ist rdy	no	YES	no		

Störungen, die quittiert werden können, nachdem die Störungsursache beseitigt wurde

Störung	Wahrscheinliche Ursache	Behebung
OHF Überlastung des Frequenzumrichters	– I^2t zu hoch oder – Temperatur des Umrichters zu hoch	– Die Motorbelastung, die Belüftung des Umrichters und die Umgebung prüfen. Vor dem Neustart abkühlen lassen.
OLF Motorüberlast	– I^2t Motor zu hoch	– Die Einstellung des Motor-Temperaturschutzes und die Motorbelastung prüfen. Vor dem Neustart abkühlen lassen.
OSF Überspannung bei erreichter Frequenz oder bei Hochlauf	– Netzspannung zu hoch – Netzstörungen	– Die Netzspannung prüfen
USF Unterspannung	– Netzspannung zu niedrig – Kurzzeitiger Spannungsabfall – Ladewiderstand beschädigt	– Die Spannung und den Spannungsparameter prüfen. – Zurückstellen – Den Ladewiderstand prüfen.
ObF Überspannung bei Auslauf	– Bremsung zu abrupt, oder treibende Last	– Die Auslaufzeit dEC erhöhen. – Erforderlichenfalls Bremswiderstand anschließen. – Die Funktion brR aktivieren, wenn sie mit der Anwendung kompatibel ist.
IbF Motorstrom hat unteren Grenzwert unterschritten	– Leerlauf des Motors	– mech. Kopplung des Motors prüfen.

anwendungen

1. Der Motor der Transporteinrichtung soll parametriert werden. Geben Sie für folgende Vorgaben die Parameter, die Einstellung und die korrekte Beschaltung an!
   - Das Display soll den aktuellen Motorstrom anzeigen
   - Netzfrequenz: 50 Hz
   - Motorspannung: 400 V
   - Hochlaufzeit: 1,5 s
   - Die Transportstrecke soll ab einer bestimmten Distanz mit zwei unterschiedlichen Drehzahlen bewältigt werden. Die steuernde SPS gibt zunächst ein digitales (analoges) Signal für die hohe Drehzahl $n = 1000\ min^{-1}$ und bei Annäherung an die Zielposition ein digitales (analoges) Signal für die niedrige Drehzahl ($n = 300\ min^{-1}$).
   - Gleichstrombremsung bei Motorhalt mit $0{,}7 I_N$ für 1s.
   - Taktfrequenz 6 kHz
   - Frequenzbereich einstellen
   - Thermischen Motorschutz einstellen

2. Der Motor ist durch eine Hartgummikupplung in der Antriebswelle mit der Transporteinrichtung verbunden. Mit dem FU soll diese Verbindung überwacht werden, d.h. bei Bruch der Kupplung soll eine Störungsmeldung ausgegeben werden. Zeigen Sie anhand der Parameterliste eine Möglichkeit auf, wie diese Störung erfasst und verarbeitet werden könnte.

3. Im Display erscheint der Code für „Überspannung bei Auslauf".
   a) Beschreiben Sie die möglichen Fehlerursachen.
   b) Geben Sie an, wie Sie den Fehler beheben können!

4. Mit der Parametereinstellung Nr. 7 lässt sich ein thermischer Motorschutz einstellen. Hat der Motor damit einen Vollschutz?

5. Wählen Sie den geeigneten Typ für die beschriebene Anwendung aus der Tabelle (Seite 166) aus.

info

Störungen, quittierbar

Störung	Wahrscheinliche Ursache	Behebung
OCF Überstrom	– Kurzschluss oder Erdschluss am Ausgang des Umrichters – Überstrom im Bremswiderstand	– Den Frequenzumrichter abklemmen und die Anschlusskabel, die Motorisolierung und den Zustand der Wicklungen prüfen. – Den Bremswiderstand überprüfen. Den Frequenzumrichter abklemmen und die Anschlusskabel, die Isolation des Widerstandes und seinen Ohmwert prüfen.
dbF Überlastung des Bremskreises	– Überschreitung der Kapazität des Bremskreises	– Den gewählten Bremswiderstand prüfen. Den Widerstandswert in Ohm prüfen. Sicherstellen, dass die Ausführung des Frequenzumrichters für die Anwendung geeignet ist.

Wahl des Frequenzumrichters

Versorgungsnetz			Motor		Frequenzumrichter				
Netzspannung U1 ... U2	Leitungsstrom (1) bei U1	bei U2	Leistung auf Typenschild		Dauerausgangsstrom	Max. Übergangsstrom (2)	Verlustleistung bei Nennlast	Typ	Gewicht
V	A	A	kW	HP	A	A	W		kg
200 bis 240 V 50/60 Hz einphasig	4,4	3,9	0,37	0,5	2,1	3,1	23	18U09M2	1,5
	7,6	6,8	0,75	1	3,6	5,4	39	18U18M2	1,5
	13,9	12,4	1,5	2	6,8	10,2	60	18U29M2	2,1
	19,4	17,4	2,2	3	9,6	14,4	78	18U41M2	2,8
200 bis 230 V 50/60 Hz dreiphasig	16,2	14,9	3	–	12,3	18,5	104	18U54M2	3,3
	20,4	18,8	4	5	16,4	24,6	141	18U72M2	3,3
	28,7	26,5	5,5	7,5	22	33	200	18U90M2	7,8
	38,4	35,3	7,5	10	28	42	264	18D12M2	7,8
380 bis 460 V 50/60 Hz dreiphasig	2,9	2,7	0,75	1	2,1	3,2	24	18U18N4	2
	5,1	4,8	1,5	2	3,7	5,6	34	18U29N4	2,1
	6,8	6,3	2,2	3	5,3	8	49	18U41N4	3,1
	9,8	8,4	3	–	7,1	10,7	69	18U54N4	3,3
	12,5	10,9	4	5	9,2	13,8	94	18U72N4	3,3
	16,9	15,3	5,5	7,5	11,8	17,7	135	18U90N4	8
	21,5	19,4	7,5	10	16	24	175	18D12N4	8

(1) Typischer Wert ohne zusätzliche Drossel
(2) Für 60 Sekunden

6 Realisierung mechatronischer Teilsysteme

2.9 Gleichstromantrieb

auftrag

Das Projekt „Fußzufuhr" soll um ein Transportband erweitert werden. Der Bandantrieb soll mit einem Gleichstrom-Nebenschlussmotor verwirklicht werden. Dabei sollen die besonderen Vorteile eines Gleichstrommotors genutzt werden:

– Hohes Anlaufmoment
– Genaue Drehmomentsteuerung
– Einfache und verlustarme Drehzahlverstellung
– Großer Drehzahlstellbereich
– Gute Rundlaufeigenschaften auch bei niedrigen Drehfrequenzen
– Geringer Stromrichteraufwand

info

Gleichstrom-Nebenschlussmotor

Das Betriebsverhalten von Gleichstrom-Nebenschlussmotoren kann mit einfachen Gleichungen beschrieben werden (vgl. Tabellenbuch oder Fachbuch).

Aus den Gleichungen lässt sich mit hinreichender Genauigkeit ableiten:

1. Die Drehfrequenz n des Ankers ist der Ankerspannung proportional, wenn der Magnetfluss Φ_E der Feldwicklung konstant bleibt.

   $n \sim U$ (1)

2. Bei konstanter Ankerspannung gilt:

   $n \sim 1/\Phi_E$ (2)

3. Das Drehmoment des Gleichstrom-Nebenschlussmotors beträgt:

   $M = k \cdot \Phi_E \cdot I_A$ (3)

M Drehmoment   Nm
Φ_E Magnetfluss der Feldwicklung   Vs
I_A Ankerstrom   A

Wird der Motor mit konstantem Erregerfluss betrieben und die Drehfrequenzverstellung nach der Beziehung (1) über die Ankerspannung bewirkt, arbeitet die Maschine im Ankerstellbereich.

Wird die Drehfrequenz nach der Beziehung (2) durch Veränderung des Erregerflusses erreicht, arbeitet der Motor im Feldstellbereich.

Das Drehmoment des Motors bleibt im Ankerstellbereich konstant und verringert sich im Feldstellbereich durch Abnahme des Erregerflusses (3).

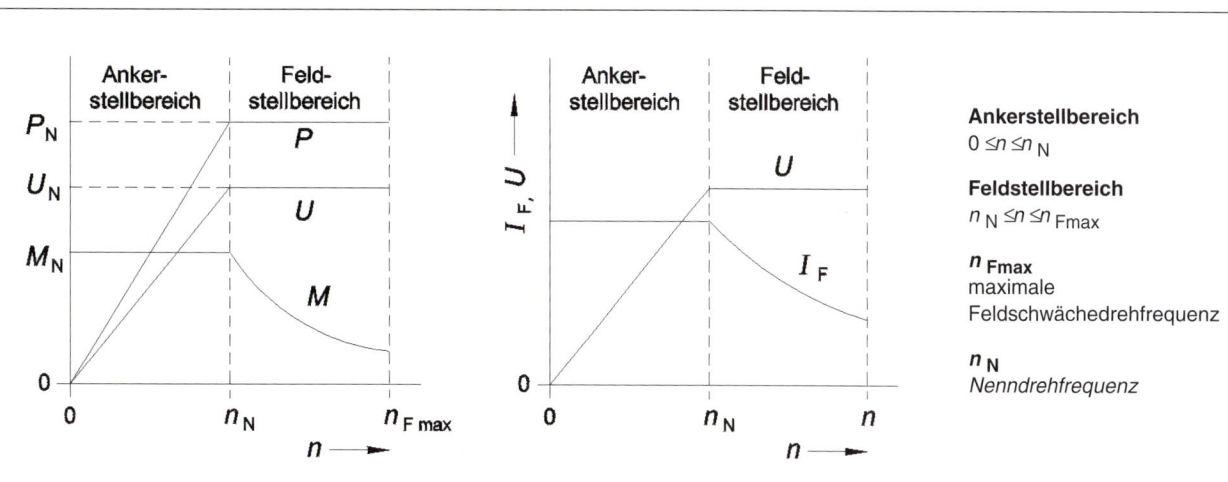

1 Kennlinien des Gleichstrommotors im Anker- und Feldstellbereich

Ankerstellbereich
$0 \leq n \leq n_N$

Feldstellbereich
$n_N \leq n \leq n_{Fmax}$

n_{Fmax}
maximale Feldschwächedrehfrequenz

n_N
Nenndrehfrequenz

Gleichstromantrieb

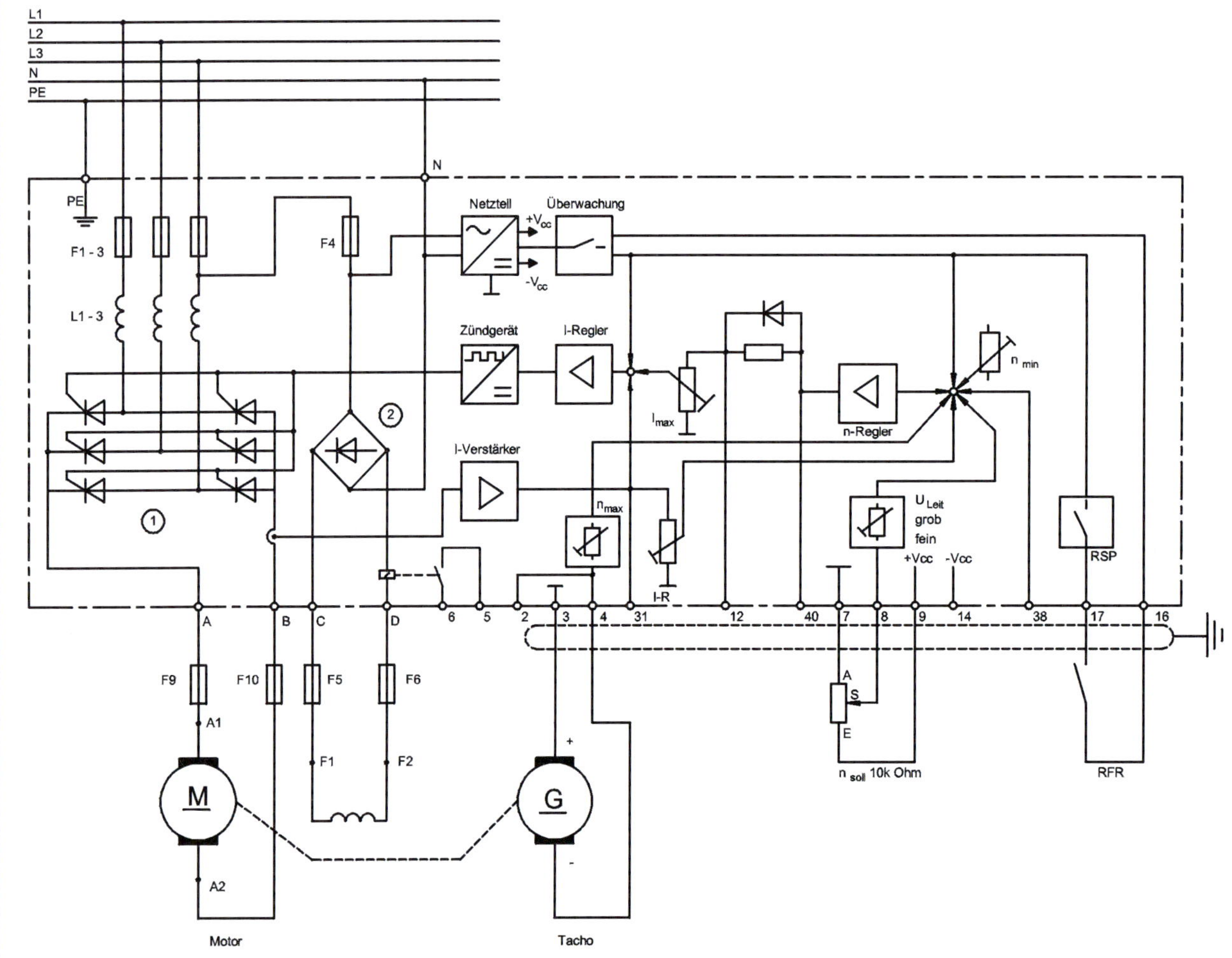

1 Stromrichter für Gleichstrommotor

Mit Stromrichtern der Leistungselektronik, die eine kontinuierlich veränderliche Spannung abgeben können, läßt sich die Drehfrequenz eines Gleichstrommotors verstellen.

Bild 1 zeigt den Übersichts- und Klemmenplan des einzubauenden Stromrichters.

Der Leistungsteil des Stromrichters und Gleichstromstellers besteht aus einer gesteuerten Drehstrom-Brückenschaltung (B6C) zur Verstellung der Ankerspannung (1) und aus einer Zweipuls-Brückenschaltung zur Speisung der Erregerwicklung (2).

Die Drehstrom-Brückenschaltung ist bestückt mit sechs konventionellen, rückwärts sperrenden Thyristoren mit folgenden Eigenschaften (Bild 2):

- **Vorwärtssperrzustand**
  Bei positiver Spannung an der Anode ist der Tyristor bis zum Erreichen der Kippspannung hochohmig. Wird die Kippspannung U_{B0} überschritten, wird der Thyristor „über Kopf" gezündet und kippt in den niederohmigen Zustand.

- **Zündung**
  Ist der Thyristor in Vorwärtsrichtung geschaltet (Anode positiver als Kathode), kann er von einem Steuersatz über das Gate mit einem Stromimpuls gezündet werden.

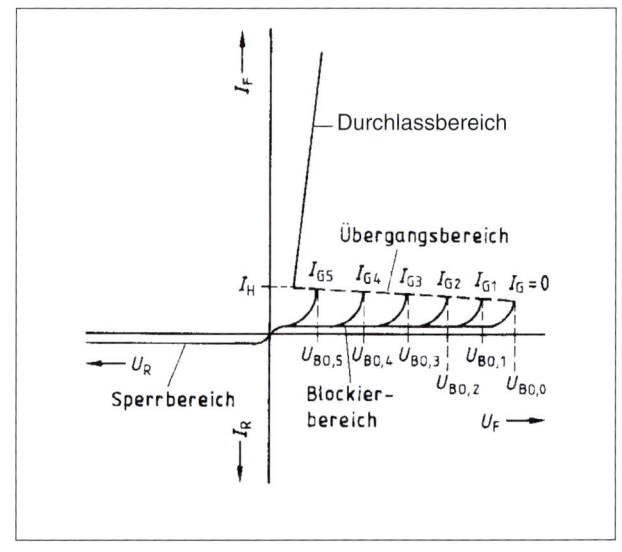

2 Kennlinie eines Thyristors

6 Realisierung mechatronischer Teilsysteme

info

- **Durchlasszustand**
  Der Zündimpuls steuert den Thyristor in den Durchlasszustand. Der Arbeitsstrom kann fließen und sich selbst aufrecht erhalten. Der Thyristor hat jetzt nur einen geringen Duchlasswiderstand und es fällt nur die geringe Schleusenspannung an ihm ab.

- **Ausschaltverhalten**
  Wenn der Strom durch den Thyristor unter den Haltestrom I_H absinkt, kippt der Thyristor in den Sperrzustand zurück.

- **Rückwärtssperrzustand**
  Der Thyristor ist in Rückwärtsrichtung geschaltet, wenn die Anode negativer ist als die Kathode; er kann dann nicht gezündet werden.
  Wird die Spannung U_{BR} überschritten, bricht der Sperrwiderstand zusammen und der Tyristor wird zerstört.

Thyristoren sind also „Schalter", die durch einen Zündimpuls „geschlossen" und durch Unterschreiten des Haltestromes „geöffnet" werden können.

Wird ein Thyristor in einen Wechselstromkreis geschaltet, kann er während der positiven Halbwelle (Vorwärtsrichtung) gezündet werden. Während der negativen Halbwelle ist er in Rückwärtsrichtung geschaltet und kann nicht gezündet werden.

Durch zeitliche Verschiebung des Zündimpulses während der positiven Halbwelle kann die positive Spannung „angeschnitten" werden (Phasenanschnitt). Die Schaltung ist somit ein steuerbarer Gleichrichter (Bild 1).

Bild 2a zeigt die Ausgangsspannung des B6C-Stromrichters ohne Phasenanschnitt. Der Verlauf ist identisch mit der Ausgangsspannung einer ungesteuerten Drehstrom-Gleichrichterschaltung B6. Der Phasenanschnitt beginnt in den natürlichen Kommutierungszeitpunkten und beträgt dann $\varphi_z = 0°$.

Wird der Zundverzögerungswinkel auf $\varphi_z = 30°$ gestellt, ergibt sich Bild 2b. Wenn der Zündverzögerungswinkel vergrößert wird, verringert sich die mittlere Gleichspannung U_{dAV} (die vom Motor erzeugte Gleichspannung ist hier nicht berücksichtigt).

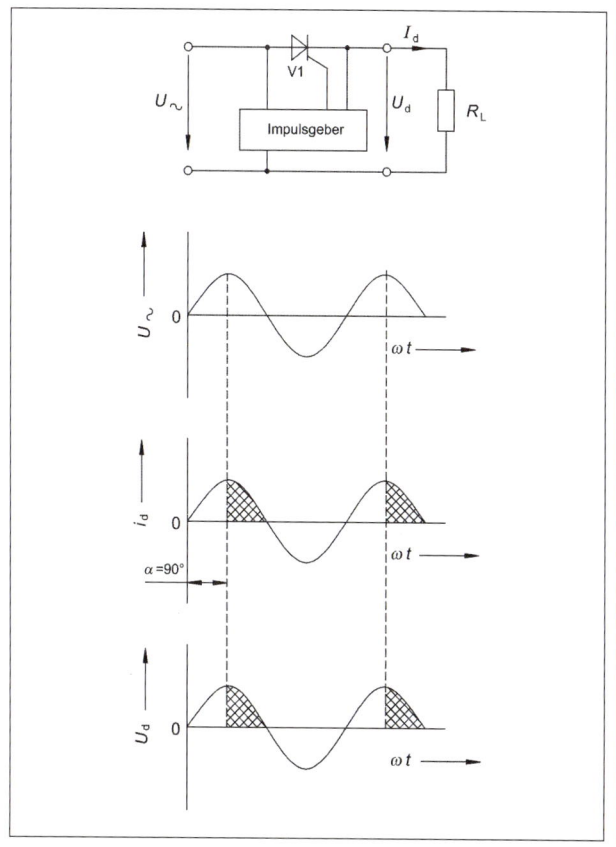

1 Steuerbarer Gleichrichter mit Thyristor (Phasenanschnitt)

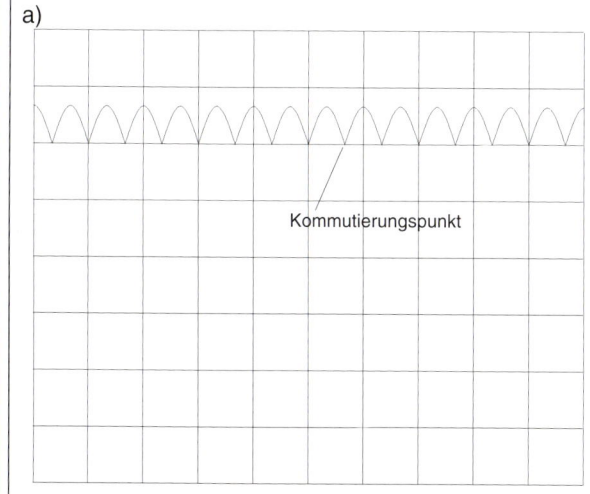
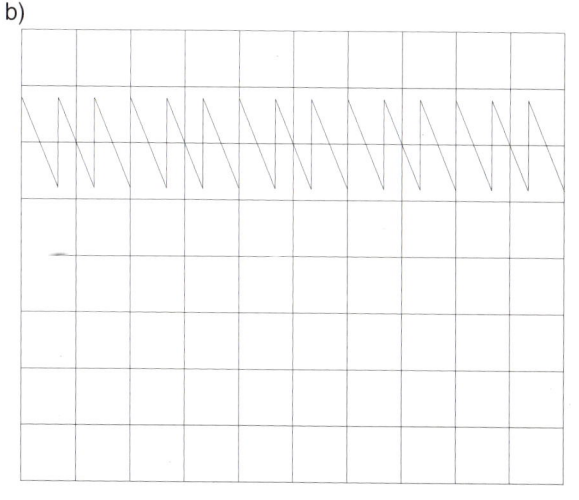

1 Steuerbarer Gleichrichter mit Thyristoren (Phasenanschnitt)   a) Steuerwinkel 0°   b) Steuerwinkel 30°

anwendungen

1. Beschreiben Sie die Unterschiede zwischen bipolaren Transistoren und Thyristoren in Bezug auf Aufbau und Funktion.

2. a) Welchen Vorgang beschreibt der Begriff „Zündung" bei Thyristoren?
   b) Wann kann ein Thyristor gezündet werden?
   c) Wie kommt es zur „Überkopfzündung" von Thyristoren?

3. Um Überkopfzündung zu vermeiden, wird parallel zum Thyristor eine RC-Reihenschaltung gelegt.
   Bitte erläutern Sie die Wirkungsweise dieser Beschaltung.

4. a) Welchen Vorgang beschreibt der Begriff „Löschen" bei Thyristoren?
   b) Wie wird ein Thyristor im Wechselstromkreis gelöscht?
   c) Wie wird ein Thyristor im Gleichstromkreis gelöscht?

anwendungen

5. Der Stromrichter (Schaltplan Bild 1, Seite 168) wird an das Drehstromnetz 400 V/50 Hz angeschlossen.
Berechnen Sie die mittlere Gleichspannung an den Klemmen A-B bei $\varphi_z = 0°$.

6. Ermitteln Sie mit Hilfe der Steuerkennlinie nach Bild 1 die Ausgangsspannung des Stromrichters für $\varphi_z = 60°$.

7. Der Gleichstrommotor stellt eine aktive Belastung für den Stromrichter dar. Der Motor baut ständig eine Gegenspannung zur angelegten Spannung auf.
Ab $\varphi_z = 90°$ wird die Spannung an den Klemmen A-B laut Kennlinie (Bild 1) negativ.
Erläutern Sie diese Betriebsart des Gleichstrommotors.

8. Die Tabelle zeigt die technischen Daten des eingesetzten Stromrichters (Typ 315).
a) Alle Sicherungen im Umrichter sind superflinke Sicherungen. Warum dürfen keine trägen Sicherungen eingesetzt werden?
b) Vor der steuerbaren Brückenschaltung sind Drosseln geschaltet. Welche Aufgaben haben diese Induktivitäten?
c) Gleichstromseitig sind beide Leitungen (+ und –) abgesichert. Begründen Sie dies.
d) Im Datenblatt ist weiterhin eine „dynamische Strombegrenzung" angegeben: $I = 1{,}5 \cdot I_N$
Dies besagt, dass das Stromrichtergerät eine zeitlich begrenzte Überlastung um die Faktor 1,5 ermöglicht. Welche Vorteile bietet diese Möglichkeit?

9. Kann der Motor mit diesem Stromrichtergerät auch im Feldstellbereich betrieben werden?

10. Der Motor soll auch im Reversierbereich fahren können. Welche schaltungstechnischen Änderungen bzw. Erweiterungen müssen dann vorgenommen werden?

11. Welche Erweiterung des Stromrichtergerätes ist notwendig, um eine elektrische Bremsung zu ermöglichen?

12. Errechnen Sie die Verlustleistung der B6C-Schaltung, wenn die Thyristoren eine Schleusenspannung von 1,8 V haben und der Motor einen Strom von 6,2 A aufnimmt. Die Steuerleistung soll unberücksichtigt bleiben.

13. In der Zuleitung zur Feldwicklung befindet sich innerhalb des Gerätes ein „Feldüberwachungsrelais".
Begründen Sie die Notwendigkeit dieses Relais.

14. Der zulässige Formfaktor des Ankerstromes ist im Datenblatt mit $F \leq 1{,}25$ angegeben. Dies bedeutet, dass der Wechselstromanteil nur 25% des Effektivstromes betragen darf. Welchen Grund gibt es für diese Beschränkung?

15. Sie sollen kontrollieren, ob der Formfaktor eingehalten wird. Welche Messungen und Berechnungen müssen Sie durchführen?

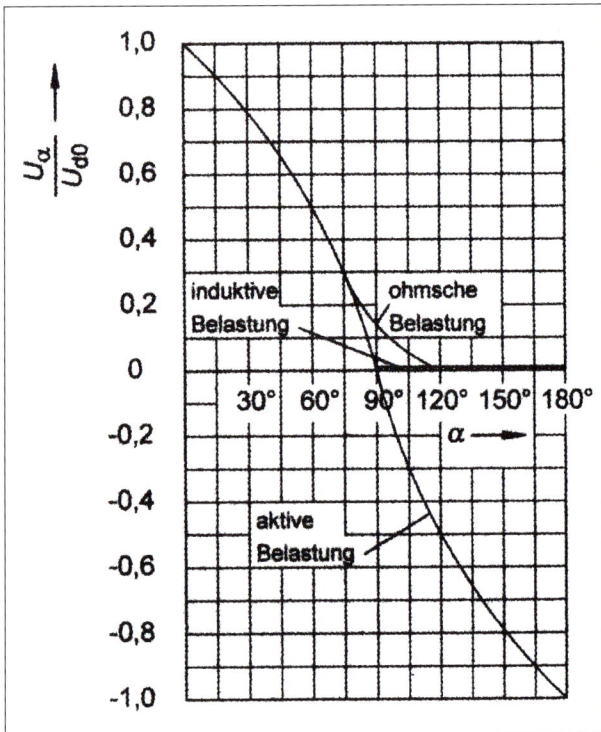

1 B6C-Schaltung, Steuerkennlinien

Stromrichtertyp Sach-Nr.	315 825 207 6	328 625 196 X	355 825 187 8	355 825 188 6	3150 825 395 1
Nennanschlussspannung	$U_N = 3 \times 380 / 415$ V				
Zulässiger Bereich bei Nennausgangsdaten	$U_N: -5\% + 10\%$				
Zulässiger Bereich bei reduziertem U_A	$U_N - 10\%$ wenn $U_{dmax} \leq 380$ V				
Nennfrequenz	50 Hz, umstellbar auf 60 Hz (60 Hz: Brücken X1/2/3/4 auftrennen)				
Phaseneingangsstrom bei Nennleistung	12,5 A AC	23 A AC	45 A AC	66 A AC	123 A AC
Motoranker-Nennspannung U_{dN}	bei $U_N = 380$ V AC: $U_{dN} = 400$ V DC bei $U_N = 415$ V DC: $U_{dN} = 430$ V DC				
Geräte-Nennstrom I_{dN}	15 A DC	28 A	55 A DC	80 A DC	150 A DC
Zulässiger Formfaktor bei I_{dN}	$F \leq 1{,}25$			$F \leq 1{,}15$	
Dynamische Strombegrenzung	150 % I_{dN} während $t = 15$ s (Funktion „ESB")				
Feldspannung / max. Feldstrom	340 V / 2 A DC		340 V / 3 A DC		340 V / 4 A DC
Feldstrom-Überwachungsrelais K1 schließt bei	≥ ca. 0,18 A	≥ ca. 0,35 A			
Sicherungen Netz F1/2/3 Anker F9/10 Feld F4/5	3 x FF 25 A 2 x FF 25 A 2 x FF 4 A	3 x FF 40 A 2 x FF 40 A 2 x FF 6,3 A	3 x FF 80 A 2 x FF 80 A 2 x FF 6,3 A	3 x FF 100 A 2 x FF 100 A 2 x FF 6,3 A	3 x FF 200 A 2 x FF 200 A 2 x FF 6,3 A
Netzdrosseln	eingebaut	3 x ND 231	3 x ND 451	3 x ND 703	3 x ND 1503

7 Design und Erstellen mechatronischer Systeme

7.1 Schachtanlage anpassen

auftrag

Das Schachtmagazin und der zugehörige Schaltschrank wurden vom Betrieb gebraucht erworben.

Der Mechatroniker erhält den Auftrag, das System an den gedachten Einsatzzweck anzupassen. Der Einsatzzweck ist die Zufuhr von Tischfüßen an die Produktionsorte 1 und 2.

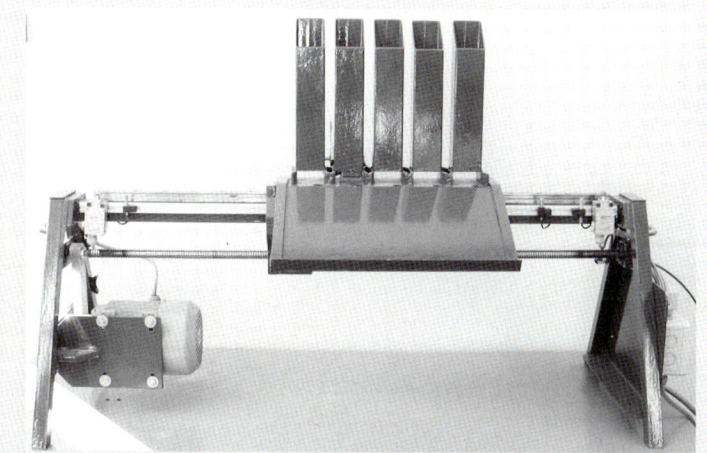
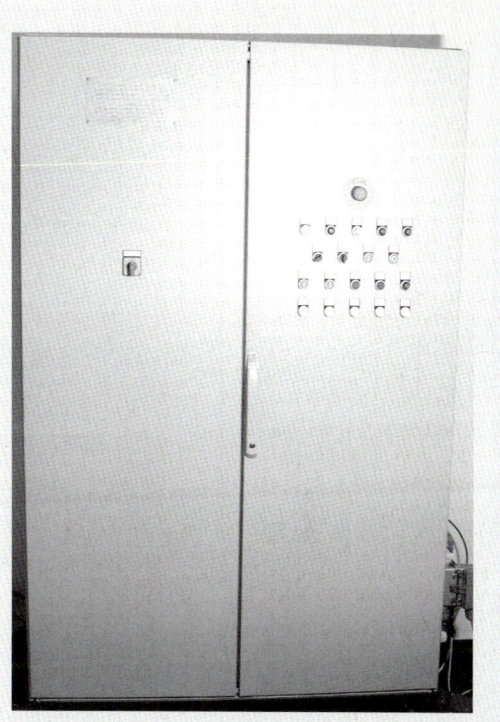

anwendungen

1. Der Schaltschrank verfügt über eine Netz-Trenneinrichtung; alte Bezeichnung Hauptschalter.
a) Welche Hauptaufgabe hat die Netz-Trenneinrichtung?
b) Wie muss die Netz-Trenneinrichtung installiert werden?
c) Welche Bestimmungen bezüglich der farblichen Kennzeichnung gelten für Netz-Trenneinrichtungen?
d) Unterscheiden Sie zwischen Trennschalter, Lastschalter und Lasttrennschalter.

1 Netz-Trenneinrichtung

anwendungen

e) Unter welchen Voraussetzungen erfüllen Steckvorrichtungen den Zweck einer Netz-Trenneinrichtung?
f) Was gilt bezüglich des Ausschaltvermögens einer Netz-Trenneinrichtung?
g) Muss auch der N-Leiter durch die Netz-Trenneinrichtung unterbrochen werden?
h) In welcher Höhe sollte die Netz-Trenneinrichtung installiert werden?
i) Welche Stromkreise müssen nicht von der Netz-Trenneinrichtung unterbrochen werden?
j) Wie können die Stromkreise, die nicht von der Netz-Trenneinrichtung unterbrochen werden, gekennzeichnet werden?

2. Bild 1, Seite 172 zeigt die technische Dokumentation eines Pumpenantriebs.
a) Die Netz-Trenneinrichtung ist mit der Bezeichnung 160 A versehen. Was bedeutet das?
b) Was bedeutet die Bezeichnung /6.5 am Schütz 6K4?
c) Die Außenleiter L1 bis L3 und der Schutzleiter PE sind mit der Bezeichnung /2.1 versehen. Was bedeutet das?
d) Um welche Schaltung handelt es sich?
e) Der Nennstrom des Motors 1M2 ist mit 15,5 A angegeben. Die Motorschutzeinrichtung 1F6 soll auf 9 A eingestellt werden.
Ist diese Angabe in Ordnung?

anwendungen

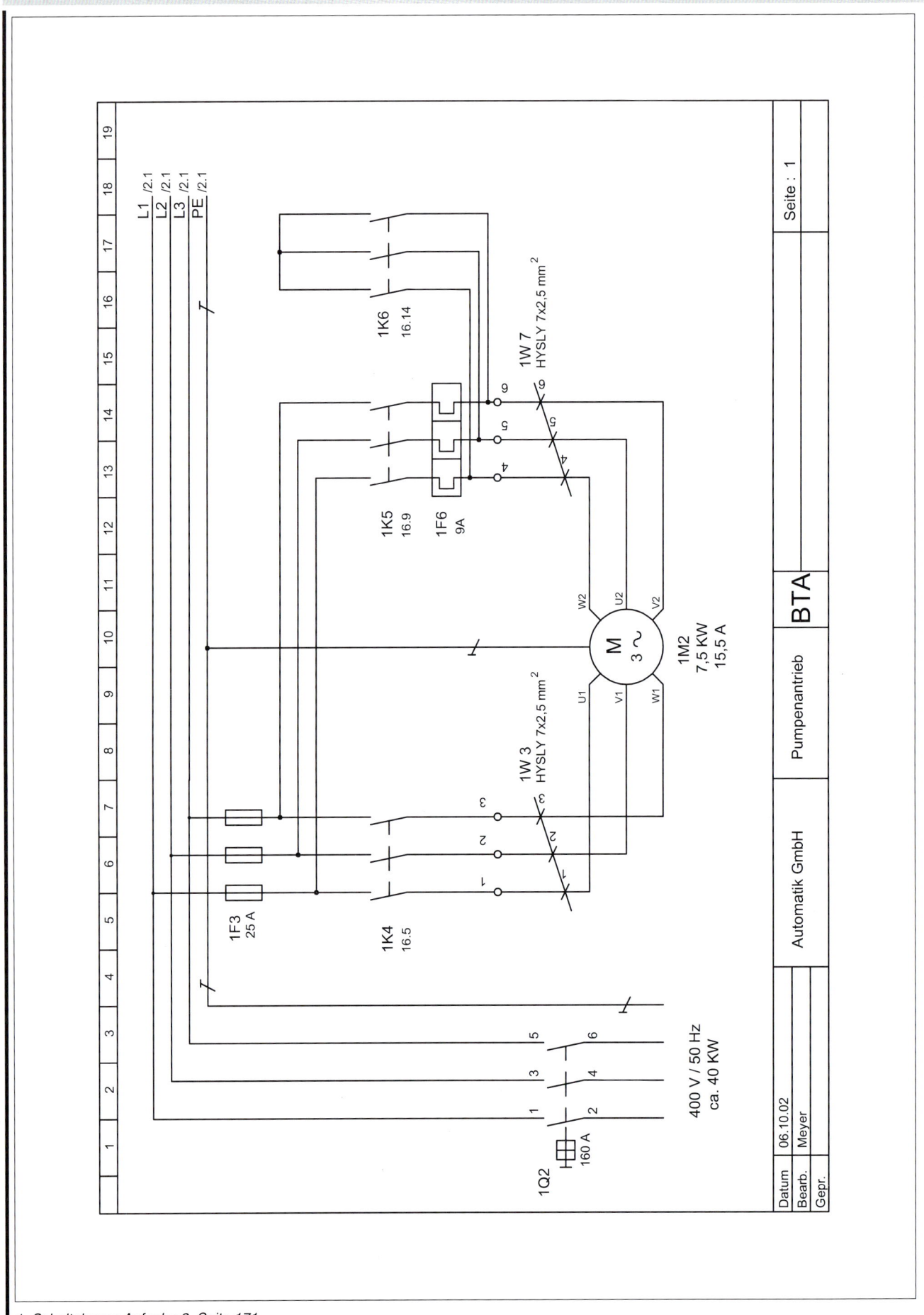

1 Schaltplan zu Aufgabe 2, Seite 171

7 Design und Erstellen mechatronischer Systeme

anwendungen

3. Für die NOT-AUS-Schaltung wird im Schaltschrank folgende Schützsteuerung eingesetzt.
a) Erläutern Sie die Funktion der Steuerung.
b) Worin besteht die erhöhte Sicherheit gegenüber der auf Seite 141 dargestellten Schaltung?

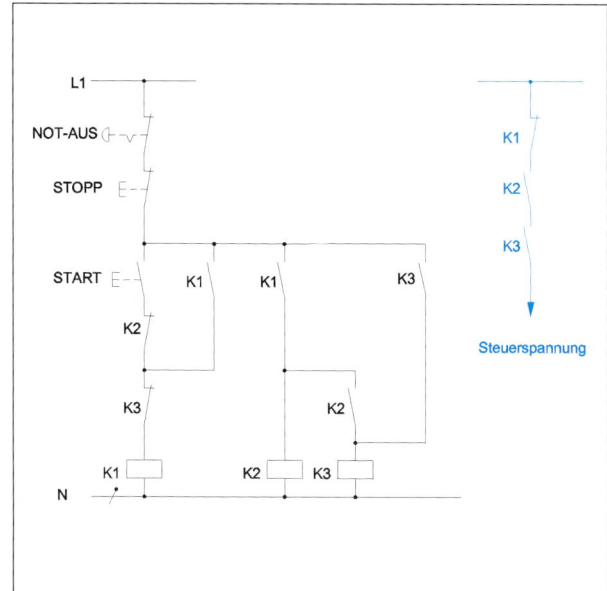

1 NOT-AUS-Schaltung zu Aufgabe 3

4. NOT-AUS-Tasten:
Kontaktbestückung
  S = Schließer, Ö = Öffner
  Sicherheitsfunktion durch Zwangsöffnung nach EN 60 947-5-1
Taste verbleibt in gedrückter Stellung, Rückstellung erfolgt durch Ziehen.

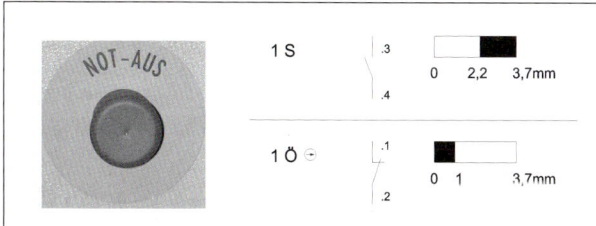

2 NOT-AUS-Taste

Technische Daten

Mechanische Lebensdauer	$0,1 \cdot 10^6$ Schaltspiele
Maximale Betätigungsfrequenz	600 S/h
Betätigungskraft	25 N
Schutzart	IP 65
Einbaulage	beliebig

Rote Pilztaster vor einem gelben Kontrasthintergrund.
Die Handhabe muss vom Standplatz des Bedieners schnell und problemlos möglich sein.
Als Bedienteil dürfen Pilzdruckknöpfe, Reißlinien, Trittleisten, Fußschalter verwendet werden.

a) Welche Aufgabe hat die NOT-AUS-Einrichtung?
b) Was wird unter „Stillsetzen im Notfall" verstanden?

anwendungen

c) Unter welchen Voraussetzungen kann auf die Stillsetzungsmöglichkeit verzichtet werden?
d) Was versteht man unter Ausschalten im Notfall?
e) Wie kann die NOT-AUS-Betätigung im Hauptstromkreis erfolgen?

5. Bitte erläutern Sie folgende Begriffe:
a) Ingangsetzen im Notfall
b) Einschalten im Notfall
c) Stoppsignal der Kategorie 0
d) Stoppsignal der Kategorie 1
e) Stoppsignal der Kategorie 2

6. Erläutern Sie die Wirkungsweise der Steuerung.

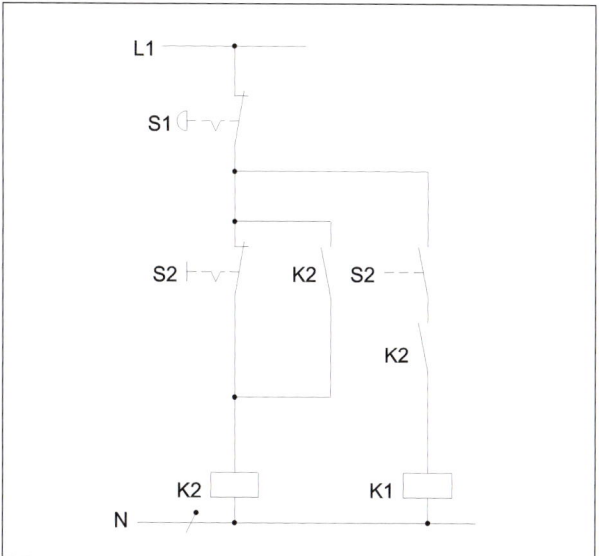

3 Steuerung zu Aufgabe 6

7. Not-Aus-Schaltgerät, technische Daten

Versorgungsspannung	AC: 24, 42, 48, 110, 115, 120, 230, 240 V DC: 24 V
Toleranz	85 – 110 %
Leistungsaufnahme	≤ 3,5 W/6 VA
Schaltvermögen nach EN 60947-4-1	AC1: 240 V/8 A/2000 VA 400 V/5 A/2000 VA DC1: 24 V/8 A/200 W
EN 60947-5-1	AC15: 230 V/5 A DC13: 24 V/10 A
Anzugsverzögerung	max. 250 ms
Rückfallverzögerung	max. 50 ms
Wiederbereitschaftszeit	ca. 0,3 s
Überbrückung bei Spannungseinbrüchen	ca. 35 ms

a) Welche Aufgabe hat das NOT-AUS-Schaltgerät?
b) Beschreiben Sie die Wirkungsweise der Schaltung (Bild 1, Seite 174).
c) Wozu dienen die Verbindungen zwischen den Klemmen X1.26 und X1.27 sowie X1.28 und X1.29?

anwendungen

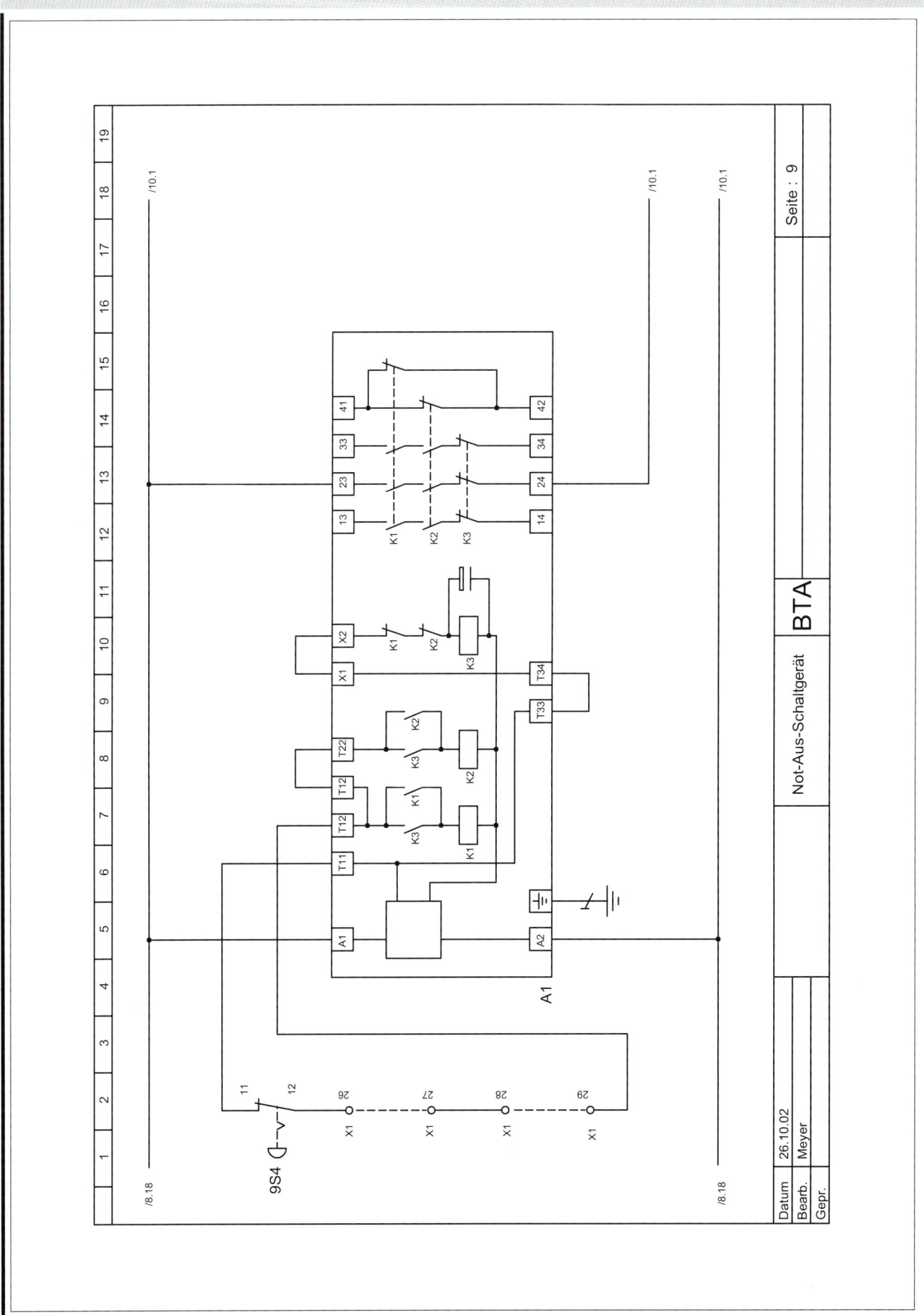

1 Not-Aus-Schaltgerät zu Aufgabe 7, Seite 173

7 Design und Erstellen mechatronischer Systeme

anwendungen

8. Bedienfeld der Steuerung

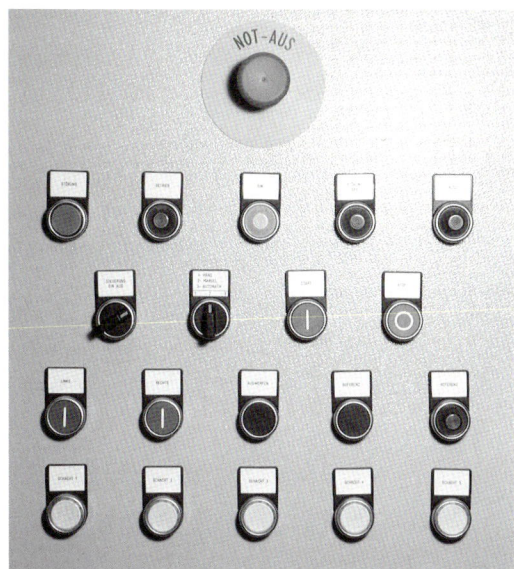

a) Welche Betriebsmittel werden für das Bedienfeld der Steuerung benötigt?

b) Legen Sie bitte die Farben der einzelnen Betriebsmittel fest.

c) Wenn die Netz-Trenneinrichtung eingeschaltet wird, leuchtet die Lampe im Leuchttaster „Störung" (oben links). Wird der Leuchttaster betätigt, ziehen die Not-Aus-Schütze an und die Lampe erlischt.
Wenn danach der Not-Aus betätigt wird, fallen die Not-Aus-Schütze ab und die Lampe „Störung" leuchtet.
Nach Entriegelung des Not-Aus und Betätigung des Leuchttasters „Störung" ziehen die Not-Aus-Schütze wieder an. Die Lampe im Leuchttaster erlischt dann wieder.

Entwickeln Sie den Stromlaufplan der Steuerung für diese Aufgabenstellung. Beachten Sie dabei die Not-Aus-Schaltung auf Seite 173.

9. Mit dem Wahlschalter Hand-Manu-Auto sollten die Betriebsarten

- **Handbetrieb**: Verfahrbewegung der Schächte und Auswurf durch Pneumatikzylinder über die Tasten „Links", „Rechts" und „Auswurf"
- **Manualbetrieb**: Durch Betätigung der Leuchttaster „Schacht 1 … 5" kann jeder Schacht in unregelmäßiger Reihenfolge gezielt angefahren werden
- **Automatikbetrieb**: Die Schächte werden fortlaufend in der Reihenfolge 1-2-3-4-5 angefahren

gewählt werden können.

Bei der Prüfung stellen Sie fest, dass folgendes Schaltelement installiert ist.

Wie kann damit zwischen den drei Betriebsarten unterschieden werden?

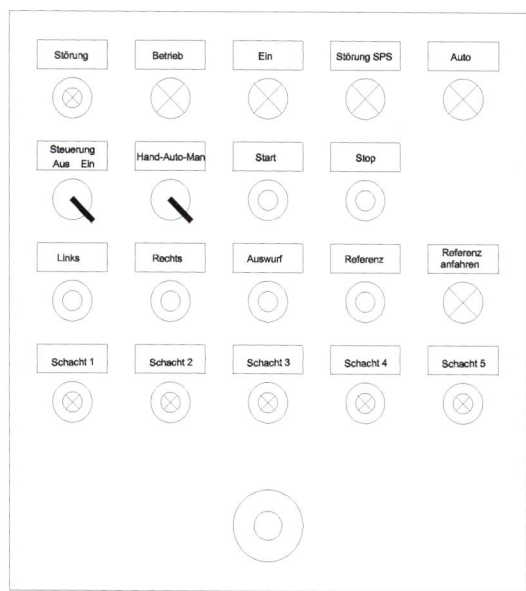

10. Die Betriebsmittel des Bedienfeldes sind an die Klemmleisten des Schaltschrankes anzuschließen.

Leuchttaster „Störung" und „Not-Aus" (230 V AC) an die Klemmleiste X1, die übrigen Betriebsmittel (24 V DC) an die Klemmleiste X2.

Die Nummern der Klemmen können Sie selbst festlegen.

11. Bild 1 zeigt den Netzanschluss der Maschine. Der Netzanschluss ist die „Schnittstelle" zwischen der elektrischen Ausrüstung der Maschine bzw. Anlage und dem Energieversorgungsnetz.

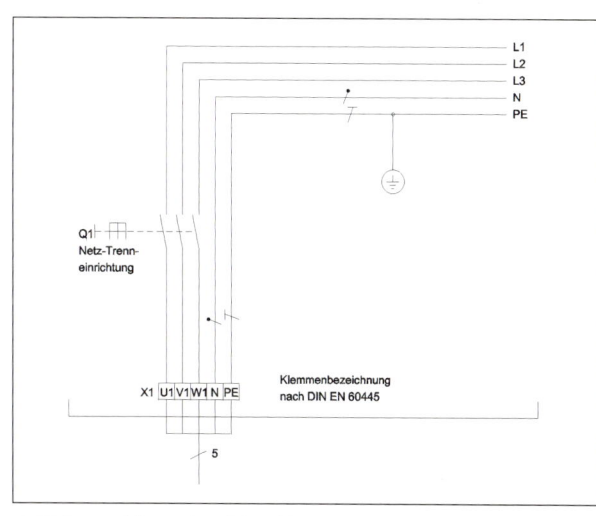

1 Netzanschluss einer Maschine

a) Unter welcher Voraussetzung können die Klemmen der Netz-Trenneinrichtung Netzanschluss sein?

b) Worauf ist besonders zu achten, wenn ein geerdeter N-Leiter mitgeführt wird?

c) Der Netzanschluss hat keine PEN-Klemme. Wie ist dann mit dem PEN-Leiter der Zuleitung zu verfahren?

d) Wie ist die Klemme für den Anschluss an das externe Schutzleitersystem zu benennen?

e) Dürfen Betriebsmittel innerhalb der Ausrüstung das PE-Kennzeichen tragen? Welche Bezeichnung wird bevorzugt angewendet?

anwendungen

f) Welche Bestimmungen gelten für den Querschnitt des externen Schutzleiters?

g) Der Querschnitt der Außenleiter beträgt 50 mm². Welchen Querschnitt muss dann der Schutzleiter haben?

h) Nennen Sie die wesentlichen Bestandteile des Schutzleitersystems der Maschine.

i) Welche Farbe sollte der Schutzleiter üblicherweise haben?

j) Worauf ist zu achten, wenn ein anderer Werkstoff als Kupfer für den Schutzleiter verwendet wird?

l) Dürfen Schutzleiter an Schrauben angeschlossen werden, die gleichzeitig der Befestigung von Betriebsmitteln dienen?

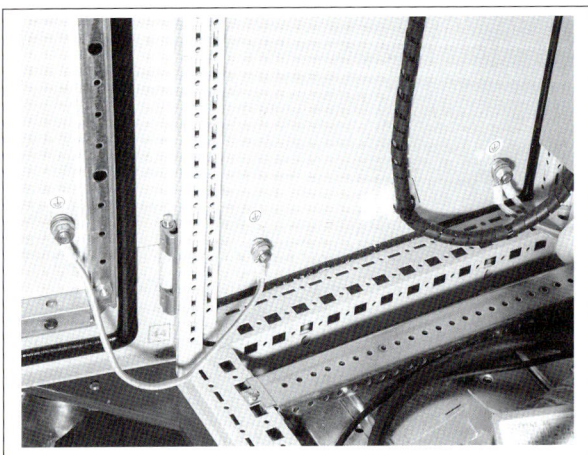

1 Schutzleiteranschlüsse im Schaltschrank

info

Kennzeichnung von Betriebsanschlüssen (DIN EN 60445)

Leiter	Betriebsmittel-anschluss	Anschluss der Leiterenden
Wechselstromnetz		
Außenleiter 1	U	L1
Außenleiter 2	V	L2
Außenleiter 3	W	L3
Neutralleiter	N	N
Gleichstromnetz		
Positiv	C	L+
Negativ	D	L−
Mittelleiter	M	M
Schutzleiter	PE	PE
Nullleiter (PEN)	–	PEN
Masseverbindung	MM	MM

Mindestquerschnitt des externen Schutzleiters aus Cu

Außenleiterquerschnitt Netzanschluss S in mm²	Mindestquerschnitt Schutzleiter S in mm²
$S < 16$	S
$16 < S \leq 35$	16
$S > 35$	$S/2$

englisch

Ausfall failure

Ausrüstung equipment

Bedienteil actuator

Gesteuertes Stillsetzen controlled stop

Hauptstromkreis power circuit

Kennzeichnung marking

Klemme terminal

Risiko risc

Schutzleiter protective conductor

Schutzleitersystem protective bonding circuit

Steuergerät control device

Steuerstromkreis control circuit

Netz-Trenneinrichtung supply disconnecting (isolating) device

Ganzbereichssicherungen full range breaking capacity fuse-links

Teilbereichssicherungen partial range breaking capacity fuse-links

anwendungen

12. Im Schaltschrank ist ein Steuertransformator eingebaut, der die Steuerstromkreise galvanisch von den Hauptstromkreisen trennt.

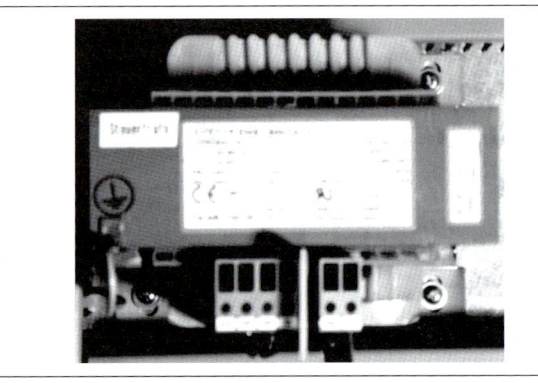

2 Steuertransformator

a) Wie kann die Spannungsversorgung der Steuerstromkreise bei Wechselstrom und Gleichstrom grundsätzlich erfolgen?

b) Wo wird die elektrische Versorgung des Steuertransformators im Schaltschrank abgegriffen?

7 Design und Erstellen mechatronischer Systeme

anwendungen

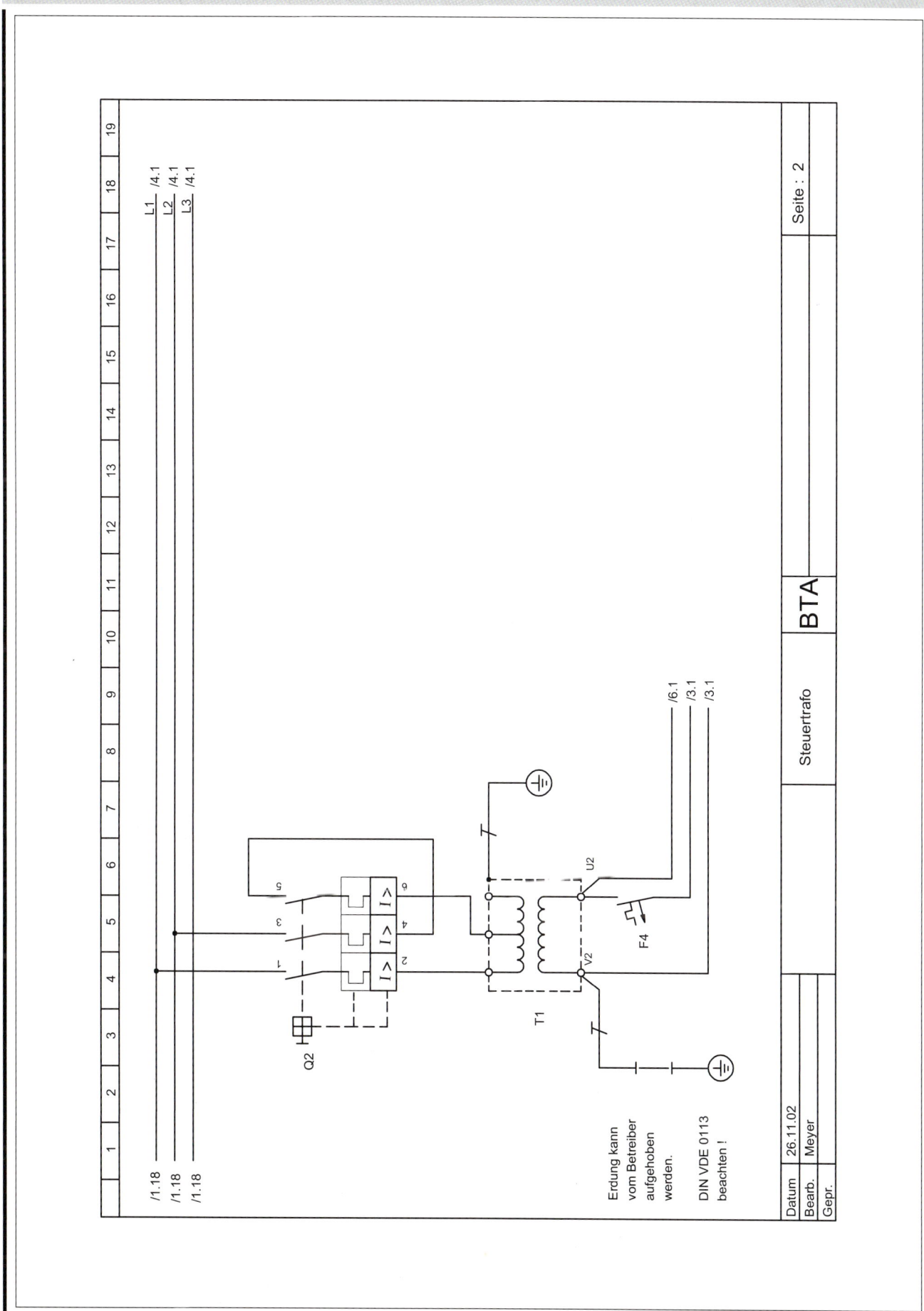

1 Anschluss des Steuertransformators

Schachtanlage anpassen

anwendungen

c) Welche wesentlichen Aufgaben hat der Steuertransformator?

d) Unter welchen Voraussetzungen kann auf einen Steuertransformator verzichtet werden?

e) Welche Transformatoren sind als Steuertransformator einsetzbar?

f) Wie wird der Steuertransformator primärseitig angeschlossen.

g) Bild 1, Seite 177 zeigt den Anschluss eines Steuertransformators.

– Welche Aufgabe hat das Betriebsmittel Q2?

– Warum sollten hier keine Schmelzsicherungen verwendet werden? Um welches Betriebsmittel handelt es sich bei Q2? Welche Aufgabe hat das Betriebsmittel F4?

– Die Sekundärseite des Steuertransformators ist geerdet. Welchen Zweck hat das?

– Welche Farben haben die einzelnen Leiter?

Dürfte das Betriebsmittel F4 in die andere an der Sekundärwicklung des Transformtors angeschlossene Leitung eingebaut werden?

h) Wie wird die Leistung des Steuertransformators überschlägig bestimmt?

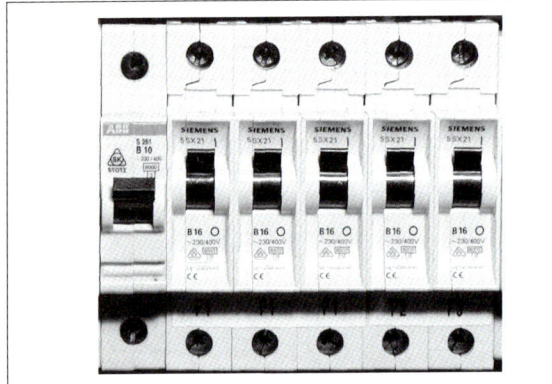

1 Überstrom-Schutzeinrichtungen im Schaltschrank

13. Im Schaltschrank sind eine Reihe von Überstrom-Schutzeinrichtungen eingebaut.

a) Unter welchen Voraussetzungen ist eine Überstrom-Schutzeinrichtung zwingend erforderlich?

b) Welche Überstrom-Schutzeinrichtungen können in Steuerstromkreisen eingesetzt werden?

c) Wovon ist der Nennstrom des gewählten Überstrom-Schutzorgans abhängig?

d) Was versteht man unter Selektivität von Überstrom-Schutzorganen?

e) Dürfen Schmelzsicherungen von Laien in stromführendem Zustand ausgewechselt werden?

f) Wodurch wird gewährleistet, dass ein defekter Schmelzeinsatz eines Schraubsicherungssystems nicht gegen einen solchen mit höherem Nennstrom ausgewechselt werden kann?

g) Welche Vorteile hat das NEOZED-System gegenüber dem D-System?

h) Wie ist ein NH-Sicherungssystem aufgebaut?

i) Worauf ist beim Austausch eines NH-Schmelzeinsatzes unbedingt zu achten?

j) Was ist ein NH-Sicherungslasttrenner und für welche Zwecke kann er eingesetzt werden?

anwendungen

k) Schaltplanausschnitt nach Bild 2. Worauf wird hier besonders hingewiesen? Warum ist die Beachtung wichtig?

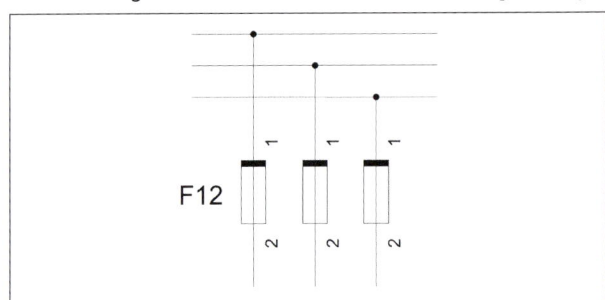

2 Schaltplanausschnitt zu 13k

l) Der Drehstrommotor des Spindelantriebs wird über eine Leitung mit dem Querschnitt 1,5 mm² Cu angeschlossen.

Diese Leitung wird teilweise mit drei anderen Leitungen gemeinsam im Installationsrohr verlegt.

Die mittlere Umgebungstemperatur soll mit 30 °C angenommen werden.

Der Motor (Nennstrom 3,6 A) ist durch Schmelzsicherungen mit der Kennfarbe rot geschützt.

Wie beurteilen Sie dies?

m) Welche wesentlichen Vorteile haben Leitungsschutzschalter?

n) Leitungsschutzschalter haben eine Freiauslösung. Was versteht man darunter?

o) Wichtige Kenngrößen von Leitungsschutzschaltern sind neben dem Nennstrom und der Auslösecharakteristik das Nennausschaltvermögen und die Strombegrenzungsklasse. Was versteht man darunter? Geben Sie typische Werte hierfür an.

p) Welche Aussage macht die Auslösecharakteristik bei Leitungsschutzschaltern? Für welche Auslösecharakteristik würden Sie sich zur Absicherung eines Drehstrommotors entscheiden?

q) Aus welchen zwei Bereichen besteht die Auslösekennlinie eines Leitungsschutzschalters?

r) Zur Absicherung des Motors werden drei Leitungsschutzschalter benötigt. Worauf sollte dabei besonders geachtet werden?

7 Design und Erstellen mechatronischer Systeme

info

Kunststoffisolierte Leitungen nach DIN VDE 298 T4 (Auszug)

Bezeichnung	Kurzzeichen	Nennspannung U_0/U in V	Aderzahl	Nennquerschnitt mm^2	Verwendung für
PVC-Verdrahtungsleitung mit eindrähtigem Leiter	H05V-U	300/500	1	0,5 – 1	Verdrahtung in Schaltanlagen, Verteilungen und Leuchten
PVC-Verdrahtungsleitung mit feindrähtigem Leiter	H05V-K	300/500	1	0,5 – 1	Verdrahtung in Schaltanlagen, Verteilungen und Leuchten
PVC-Aderleitung mit eindrähtigem Leiter	H07V-U	450/750	1	1,5 – 16	Verdrahtung in Schaltanlagen und Verteilungen
PVC-Aderleitung mit mehrdrähtigem Leiter	H07V-R	450/750	1	6 – 500	Verdrahtung in Schaltanlagen und Verteilungen
PVC-Aderleitung mit feindrähtigem Leiter	H07V-K	450/750	1	1,5 – 240	Verdrahtung in Schaltanlagen und Verteilungen

Kurzzeichen für Farben

Farbe	grüngelb	blau	schwarz	braun	rot	grau	weiss
Kurzzeichen DIN IEC 757	GNYE	BU	BK	BN	RD	GY	WH
Kurzzeichen DIN 47002	gnge	bl	sw	br	rt	gr	ws

Funktionsklassen bei Niederspannungssicherungen

g	Grenzbereichssicherungen übernehmen den Überlastschutz und den Kurzschlussschutz. Sie können Ströme bis zu ihrem Nennstrom dauerhaft führen und Ströme vom kleinsten Schmelzstrom bis zum Nenn-Ausschaltstrom sicher abschalten.
a	Teilbereichssicherungen schützen nur gegen Kurzschluss. Sie können Ströme bis zu ihrem Nennstrom dauerhaft führen; allerdings nur Ströme oberhalb eines Vielfachen ihres Nennstroms bis zum Nenn-Ausschaltstrom abschalten.

Betriebsklassen bei Niederspannungssicherungen

gG	Ganzbereichs-Kabel und Leitungsschutz
gR	Ganzbereichs-Halbleiterschutz
gTr	Ganzbereichs-Transformatorenschutz
aM	Teilbereichs-Schaltgeräteschutz
aR	Teilbereichs-Halbleiterschutz

Gleichzeitigkeitsfaktoren bei mehreren Hauptstromkreisen in einem Kanal oder auf einer Pritsche (DIN EN 604 39-1)

Hauptstromkreise, Anzahl	Faktor
2, 3	0,9
4, 5	0,8
6, 7	0,7
10 und mehr	0,6

Spannungsfall
Zwischen Netzanschluss der Ausrüstung und Verbraucher (ohne Zuleitung)
Dauerbetriebsspannung: 95 bis 110 % der Nennspannung; Spannungsfall max. 5 %

Mindestquerschnitte (DIN EN 60204-1)
Im Inneren von Gehäusen
- Hauptstromkreise $0,75 \text{ mm}^2$
- Verbindungen in Steuerstromkreisen $0,2 \text{ mm}^2$
- Verbindungen in Datenübertragungssystemen $0,08 \text{ mm}^2$

7.2 Anschluss der SPS

Der Dokumentation der gebraucht gekauften Steuerung liegt u.a. eine Symboltabelle (Seite 181) bei, die den Anschluss der Betriebsmittel an die Ein- und Ausgänge der SPS verdeutlicht. Die Konfiguration der Hardware im Schaltschrank umfasst folgende Komponenten:

- **CPU 314 IFM**
  - 16 Eingänge E124.0 ... E124.7
  -              E125.0 ... E125.7
  - 16 Ausgänge A124.0 ... A124.7
  -              A125.0 ... A125.7

- **Digitale Eingabebaugruppe SM 321, DC 24 V**
  - 16 Eingänge E4.0 ... E4.7
  -              E5.0 ... E5.7

- **Analoge Ein- und Ausgabebaugruppe SM 334, DC 24 V**
  - 4 Eingänge PEW 256...
  - 4 Ausgänge PAW 256...
  - Auflösung: 8 Bit
  - Bereich: 0 bis 10 V

Schachtanlage anpassen

info

Sicherungseinsätze

System, Nennspannung	Nennstrom in A	Farbe des Kennmelders	Größe des Schmelzeinsatzes System		Nennverlustleistung in W System		Schraubkappe		
			D	DO	D	DO	System	Gewinde	Passeinsatz
D-System (Diazed), 500 V bis 100 A, AC 660 V, DC 600 V bis 63 A	2	Rosa	ND und DII	DO1	3,3	2,5	ND	E16	Passring
	4	Braun			2,3	1,8	DII	E27	Passschraube
	6	Grün			2,3	1,8	DIII	E33	Passschraube
	10	Rot			2,6	2,0	DIV H	$R1\frac{1}{4}''$	Passhülse
	16	Grau			2,8	2,2	DO1	E14	
	20	Blau	DII		3,3	2,5	DO2	E18	Hülsenpasseinsatz
	25	Gelb			3,9	3,0	DO3	M30×2	
	35	Schwarz		DO2	5,2	4,0			
	50	Weiß	DIII		6,5	5,0			
DO-System (Neozed), AC 400 V, DC 250 V bis 100 A	63	Kupfer			7,1	5,5	Die Abmessungen der Sicherungseinsätze hängen vom Nennstrom ab.		
	80	Silber	DIV H	DO3	8,5	6,5			
	100	Rot			9,1	7,0			

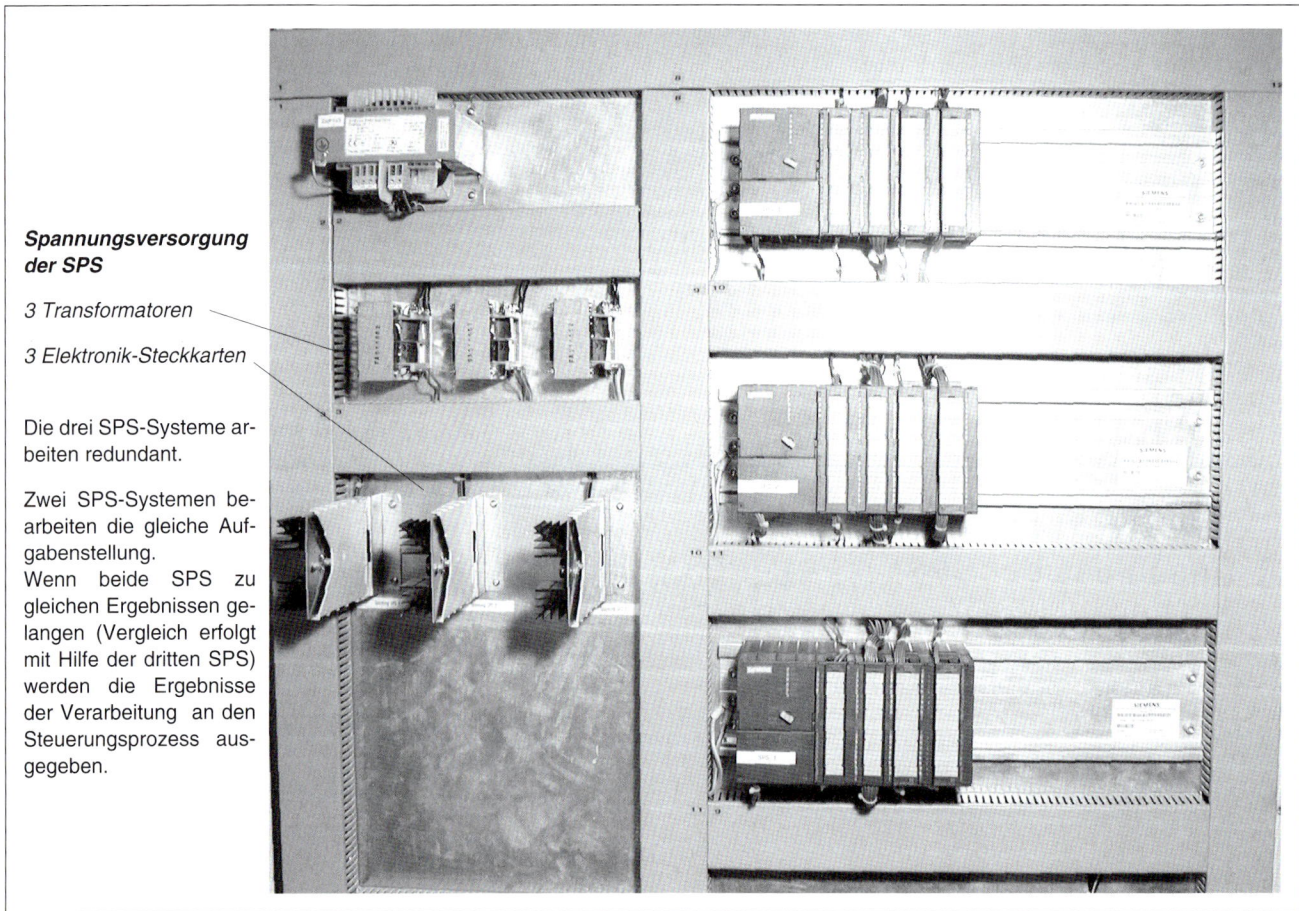

Spannungsversorgung der SPS

3 Transformatoren

3 Elektronik-Steckkarten

Die drei SPS-Systeme arbeiten redundant.

Zwei SPS-Systemen bearbeiten die gleiche Aufgabenstellung.
Wenn beide SPS zu gleichen Ergebnissen gelangen (Vergleich erfolgt mit Hilfe der dritten SPS) werden die Ergebnisse der Verarbeitung an den Steuerungsprozess ausgegeben.

1 SPS-Konfiguration im Schaltschrank

7 Design und Erstellen mechatronischer Systeme

Symboltabelle des Steuerungsprogramms im gebraucht erworbenen Schaltschrank

Symbol	Adresse	Datentyp	Kommentar
STOERUNG_SPS	A124.0	BOOL	Störungsmeldung SPS-Programm
NN	A124.1	BOOL	Zur Zeit nicht belegt
SCHIEBER_EIN	A124.2	BOOL	Schieber fährt ein (zurück)
SCHIEBER_AUS	A124.3	BOOL	Schieber fährt aus (vor)
MELD_TAST_1	A124.4	BOOL	Leuchtmelder Schacht 1
MELD_TAST_2	A124.5	BOOL	Leuchtmelder Schacht 2
MELD_TAST_3	A124.6	BOOL	Leuchtmelder Schacht 3
MELD_TAST_4	A124.7	BOOL	Leuchtmelder Schacht 4
MELD_TAST_5	A125.0	BOOL	Leuchtmelder Schacht 5
MELD_MANU	A125.1	BOOL	Leuchtmelder Manueller Betrieb
MELD_STEU_EIN	A125.2	BOOL	Leuchtmelder Steuerung EIN
MELD_AUTO_EIN	A125.3	BOOL	Leuchtmelder Automatikbetrieb
MELD_REFERENZ	A125.4	BOOL	Leuchtmelder Referenz anfahren
BREMSE_FU	A125.5	BOOL	Frequenzumrichter, Motor bremsen
REVERSE_FU	A125.6	BOOL	Frequenzumrichter, Motor Linkslauf
ENABLE_FU	A125.7	BOOL	Frequenzumrichter, Motor Freigabe
auto_ein	E4.0	BOOL	Wahlschalter Automatik, Schließer
schieber_eingef	E4.1	BOOL	Schieber eingefahren, Pos-Schalter, NO
schieber_ausgef	E4.2	BOOL	Schieber ausgefahren, Pos-Schalter, NO
handbetrieb	E4.3	BOOL	Wahlschalter Handbetrieb, Schließer
endlage_links	E4.4	BOOL	Sensor, linker Anschlag, Ind. NS, NO
links_hand	E4.5	BOOL	Links im Handbetrieb, Schließer
endlage_rechts	E4.6	BOOL	Sensor, rechter Anschlag, Ind. NS, NO
rechts_hand	E4.7	BOOL	Rechts im Handbetrieb, Schließer
referenz_pos	E5.0	BOOL	Sensor Referenzposition, Ind. NS, NO
taster_referenz	E5.1	BOOL	Taster Referenzposition anfahren, Schließer
schacht_pos	E5.2	BOOL	Sensor Schachtposition, ind. NS, NO
start_taster	E5.3	BOOL	Starttaster, Schließer
steu_ein_aus	E5.4	BOOL	Schalter Steuerung EIN, Schließer
auswurf_taster	E5.5	BOOL	Taster Auswurf, Schließer
not_aus_eingang	E5.6	BOOL	Not-Aus-Eingang der SPS
taster_schacht_1	E124.0	BOOL	Taster Schacht 1 anfahren, Schließer
taster_schacht_2	E124.1	BOOL	Taster Schacht 2 anfahren, Schließer
taster_schacht_3	E124.2	BOOL	Taster Schacht 3 anfahren, Schließer
taster_schacht_4	E124.3	BOOL	Taster Schacht 4 anfahren, Schließer
taster_schacht_5	E124.4	BOOL	Taster Schacht 5 anfahren, Schließer
stop_taster	E124.5	BOOL	Stopptaster, Öffner
soll_pos	MW60	INT	Sollposition des Schachtes
ist_pos	MW62	INT	Istposition des Schachtes
differenz	MW64	INT	Differenz (= soll_pos – ist_pos)

info

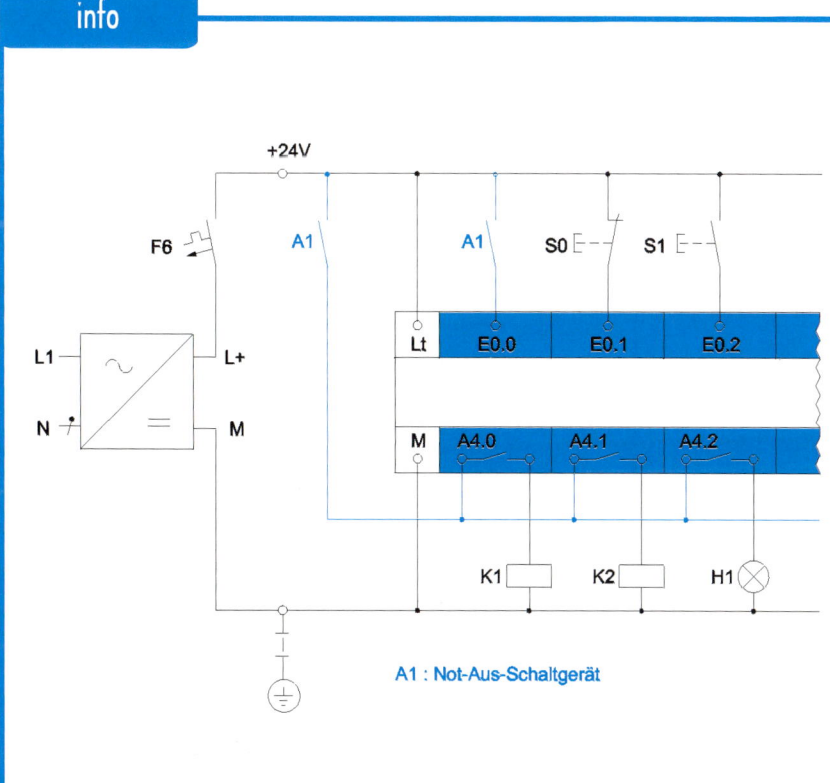

A1 : Not-Aus-Schaltgerät

Beachten Sie

- Im *Not-Aus-Fall* haben die Schließer des Not-Aus-Schaltgerätes die im Plan gezeichnete Ruhestellung (geöffneter Zustand).
  Der Eingang E0.0 der SPS hat dann den Signalzustand „0" und die Spannungsversorgung der Ausgänge wird unterbrochen.
  Selbst wenn dann z.B. der Ausgang A4.0 den Signalzustand „1" annehmen würde, könnte das Schütz K1 nicht anziehen, da die Spannungsversorgung für die Ausgänge abgeschaltet wurde.

- Nun dürfen im Not-Aus-Fall nicht immer alle Verbraucher abgeschaltet werden (z.B. elektromagnetische Spannvorrichtungen, Lasthebeeinrichtungen, Not-Kühlanlagen usw.) Bei diesen Ausgängen darf die Spannungsversorgung natürlich nicht von der Not-Aus-Schaltung unterbrochen werden.
  In der Praxis wird dies beispielsweise so verwirklicht, dass immer ein Ausgangsbyte (8 Ausgänge) eine gemeinsame Spannungsversorgung erhält. Ob diese im Not-Aus-Fall unterbrochen wird oder nicht, liegt im Ermessen des Anwenders.
  An die Ausgänge mit nicht unterbrochener Spannungsversorgung werden dann die Betriebsmittel angeschlossen, die im Not-Aus-Fall eingeschaltet bleiben müssen.

anwendungen

1. Zuordnungsliste (Symboltabelle) Seite 181.
Dokumentieren Sie den Anschluss an die SPS.
Beachten Sie dabei besonders, ob alle Betriebsmittel im Not-Aus-Fall abgeschaltet werden dürfen. Wenn dies nicht der Fall ist, treffen Sie bitte geeignete Maßnahmen.

2. Dargestellt ist ein Ausschnitt aus der Steuerungsdokumentation (Bild 1).
a) Worum handelt es sich hierbei?
b) Erläutern Sie bitte die Besonderheiten.

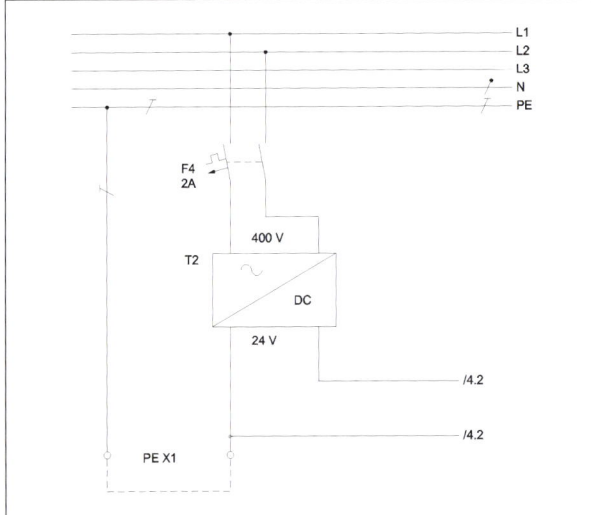

1 Ausschnitt aus der Steuerungsdokumentation

3. Wenn Sie den FB1 des Steuerungsprogramms öffnen, wird Ihnen folgendes Steuerungsprogramm angezeigt.
a) Bitte erläutern Sie die Wirkungsweise.

FB1   //Vorbereitung Steuerungsablauf und Flanken
Netzwerk 1: Startmerker

```
U    steu_ein_aus      //Schalter Steuerung einschalten
U    start_taster      //Starttaster
S    start_merker      //Startmerker

ON   steu_ein_aus      //Schalter Steuerung einschalten
ON   stop_taster       //Stopptaster
R    start_merker      //Startmerker
```

Netzwerk 2: Not_Aus_Merker

```
U    not_aus_eingang   //Not-Aus-Eingang SPS
S    not_aus_merker    //Not-Aus-Merker

ON   not_aus_eingang   //Not-Aus-Eingang SPS
ON   start_merker      //Startmerker
R    not_aus_merker    //Not-Aus-Merker
```

Netzwerk 3: Positive Flanke am Positionssensor

```
U    schacht_pos       //Schacht vor Auswurf
FP   M120.0            //Hilfsmerker Flanke, positiv
=    flanke_schacht_pos //Flankenmerker
```

Netzwerk 4: Positive Flanke am Positionsschalter Schieber eingefahren

```
U    schieber_eingef   //Schieber ist eingefahren
FP   M120.2            //Hilfsmerker Flanke, positiv
=    flanke_schieber_ein //Flankenmerker
```

anwendungen

Netzwerk 5: Negative Flanke Freigabe Frequenzumrichter

```
U    enable_fu         //Freigabe Frequenzumrichter
FN   M120.4            //Hilfsmerker Flanke, negativ
=    flanke_enable_fu  //Flanke Motor schaltet aus
```

b) Welche Variablen sind global und welche Variablen sind lokal zu deklarieren?

c) Wofür werden die drei programmierten Flanken benötigt?

d) Die Symboltabelle (vgl. Seite 181) umfasst eine Reihe von Meldelampen.
Bitte ergänzen Sie den FB1 um die Programmierung der zugehörigen Meldelampen.

4. Wenn Sie den FB7 des Steuerungsprogramms öffnen, wird Ihnen folgende Anweisungsliste angezeigt.

FB7   //Ausgabe der Befehle
Netzwerk 1: Schachtanlage Rechtslauf

```
O    referenz_rechts   //Rechtslauf bei Referenzfahrt
O    hand_rechts       //Rechtslauf im Handbetrieb
O    auto_rechts       //Rechtslauf im Automatikbetrieb
O    manu_rechts       //Rechtslauf im Manualbetrieb
UN   REVERSE_FU        //Verriegelung Linkslauf
U    not_aus_merker    //Not-Aus-Merker = TRUE
=    ENABLE_FU         //Freigabe und Rechtslauf
```

Netzwerk 2: Schachtanlage Linkslauf

```
O    referenz_links    //Linkslauf bei Referenz
O    hand_links        //Linkslauf im Handbetrieb
O    auto_links        //Linkslauf im Automatikbetrieb
O    manu_links        //Linklauf im Manualbetrieb
UN   ENABLE_FU         //Verriegelung Rechtslauf
U    not_aus_merker    //Not-Aus-Merker = TRUE
=    REVERSE_FU        //Linkslauf
```

a) Ihr Arbeitskollege behauptet, dass das Programm so nicht funktionieren kann. Hat er recht? Wenn ja, worin liegt der Fehler?

b) Ändern Sie das Programm gegebenenfalls so, dass es funktionstüchtig wird.

5. In FB3 ist der Handbetrieb programmiert. Das Programm ist unvollständig. Bitte nehmen Sie die notwendi-

FB3   //Handbetrieb
Netzwerk 1: Linkslauf Schachtanlage

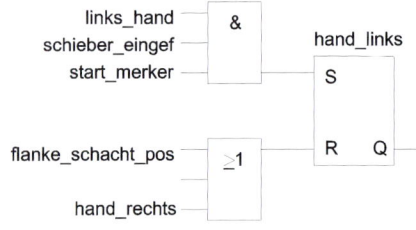

7 Design und Erstellen mechatronischer Systeme

anwendungen

Netzwerk 2: Rechtslauf Schachtanlage

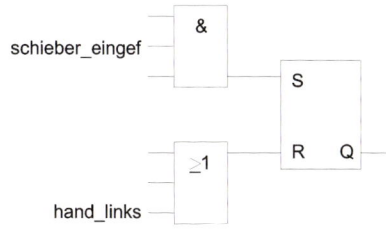

Netzwerk 3: Auswurf, Schieber ausfahren

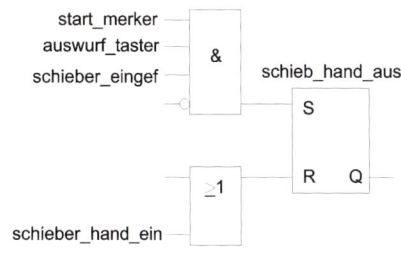

Netzwerk 4: Auswurf, Schieber einfahren

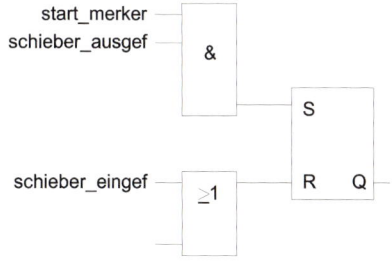

Überprüfen Sie die Funktion des Programms.

6. Der Programmbaustein „Anfahren der Referenzposition" befindet sich in FB2. Dieser Baustein soll im OB1 bedingt aufgerufen werden. Nur dann, wenn der Taster „Referenz" betätigt wurde.

OB1   //Schachtanlage
.

Netzwerk 2: Aufruf des Bausteins Referenz anfahren

```
    U      taster_referenz    //Taster Referenz anfahren
    U      schieber_eingef    //Schieber ist eingefahren
    UN     ENABLE_FU          //Spindelantrieb aus
    S      ref_merker         //Referenzmerker setzen
    U      schacht_pos        //Schachtposition erreicht
    U      REVERSE_FU         //Linkslauf der Schachtanlage
    R      ref_merker         //Referenzmerker rücksetzen
    U      ref_merker         //Wenn ref_merker TRUE,
    SPBN   ma_1               //nicht nach ma_1 springen
    CALL   FB2, DB2           //Aufruf Referenz anfahren
```

Netzwerk 3: ...
    ma_1:

a) Überprüfen Sie den bedingten Aufruf des Bausteins „Referenz anfahren" kritisch. Nehmen Sie eventuell notwendige Änderung vor.

b) Programmausschnitt Bild 1, Seite 184. Dargestellt ist der aufgerufene Baustein FB2 (Referenzposition). Ist der Baustein funktionstüchtig?

anwendungen

7. Ihr Kollege schlägt Ihnen vor, für das Anfahren der Referenzposition den in Bild 2, Seite 184 dargestellten Baustein zu verwenden.
Wie beurteilen Sie dies?

8. Beim Öffnen des Bausteins FC10 zeigt sich folgendes SCL-Programm.
FUNCTION FC1 : void
 BEGIN
  if flanke_schacht_pos & auto_links then
          ist_pos := ist_pos +1;
   elsif flanke_schacht_pos & auto_rechts then
          ist_pos := ist_pos −1;
  end_if;
END_FUNCTION

a) Welche Aufgabe hat das Programm?
b) Mit welchen Einschränkungen ist das Programm verbunden?
c) Wie ist die Funktion zu ändern, wenn sie sowohl bei der Betriebsart „Automatik" als auch bei der Betriebsart „Manuell" Verwendung finden soll?

info

Funktionen

Bei Ausführung liefert die *Funktion* genau ein Datenelement. Funktionen haben *kein Speicherverhalten* (kein „Gedächtnis").

Zu unterscheiden ist zwischen *Funktionen mit Funktionswert* und *Funktionen ohne Funktionswert*.

Der Funktionswert ist der *erste Ausgangsparameter* der Funktion und hat die festgelegte Bezeichnung RET_VAL (return value, Rückgabewert). Der Datentyp (z.B. INT) ist vom Anwender bestimmbar.

Bei Funktionen ohne Funktionswert wird die Datentypangabe durch das Schlüsselwort VOID (ohne Typ) ersetzt.

Beispiel
Funktion mit Funktionswert
FUNCTION differenz_1 : INT
 VAR_INPUT
  SOLL : INT;
  IST : INT;
 END_VAR

 BEGIN
  L SOLL
  L IST
  −I
  T RET_VAL
END_FUNCTION

Beispiel
Funktion ohne Funktionswert
FUNCTION differenz_2 : VOID
 VAR_INPUT
  SOLL : INT;
  IST : INT;
 END_VAR

 VAR_OUTPUT
  DELTA : INT;
 END_VAR

 BEGIN
  L SOLL
  L IST
  −I
  T DELTA
END_FUNCTION

anwendungen

```
        U    "taster_referenz"       //Taster Referenz anfahren
        U    "schieber_eingef"       //Der Schieber ist eingefahren
        S    "ref_rechts"            //Schachtanlage läuft nach rechts
        U    "referenz_pos"          //Referenzsensor erreicht
        R    "ref_rechts"            //Schachtanlage Rechtslauf stopp

        U    "referenz_pos"          //Referenzposition erreicht
        S    "ref_links"             //Schachtanlage läuft nach links
        U    "schacht_pos"           //Schachtposition (Schacht 1) erreicht
        R    "ref_links"             //Schachtanlage Linkslauf stopp

        L    1                       //Bei Aufruf des Programms Referenz
        T    "ist_pos"                //Istposition = 1
        T    "soll_pos"               //und Sollposition = 1

//ist_pos = 1 und soll_pos = 1 ist notwendig, weil im Manualbetrieb die
//Differenz differenz = soll_pos - ist_pos gebildet wird.
```

1 Programmausschnitt zu Aufgabe 6, Seite 183

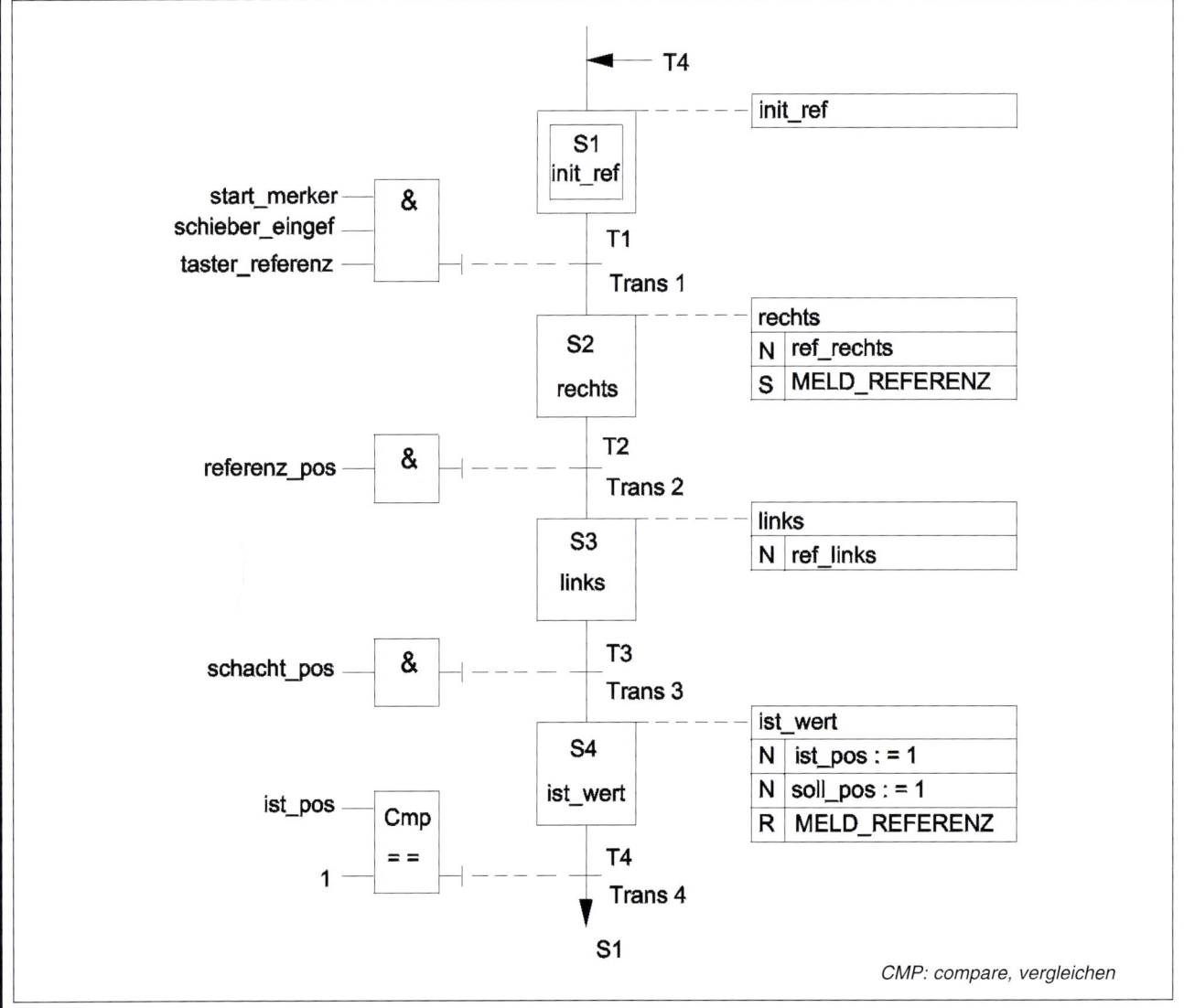

2 Programm zu Aufgabe 7, Seite 183

7 Design und Erstellen mechatronischer Systeme

anwendungen

```
    //Bildung der Differenz

    differenz := soll_pos - ist_pos;

     if differenz > 65000 then manu_rechts := 1;
       else manu_links := 1;
     end_if;

        if differenz = 65535 then differenz := 1;
           elsif differenz = 65534 then differenz := 2;
             elsif differenz = 65533 then differenz := 3;
                elsif differenz = 65532 then differenz := 4;
        end_if;


        if differenz = 0 then manu_links := 0; manu_rechts := 0; end_if;
```

1 SCL-Programm zu Aufgabe 10

9. Sie werden beauftragt, den Baustein FB6 zu entwickeln, der die Eingabe des gewünschten Schachtes (1 bis 5) ermöglicht, der vor den Auswurfzylinder gefahren werden soll.
Die Eingabe der Schachtnummer erfolgt über Taster (taster_schacht_1 bis taster_schacht_5; siehe Symboltabelle, Seite 181). Der Wert 1 bis 5 wird der Variablen soll_pos zugewiesen.
a) Erstellen Sie den Programmablaufplan für diesen Baustein.
b) Programmieren Sie den Baustein in der Programmiersprache AWL.
c) Programmieren Sie den Baustein in der Programmiersprache SCL.
d) Die Eingabe der Schachtnummer erfolgt über Leuchttaster. Wenn ein Taster betätigt wird, soll die zugeordnete Meldelampe leuchten (siehe Symboltabelle Seite 181). Bitte nehmen Sie die notwendige Programmergänzung vor.

10. Programm nach Bild 1.
Wenn im Manualbetrieb eine Schachtnummer eingegeben wird, wird zur Vorbereitung der Verfahrbewegung die Differenz zwischen aktueller Position (Istposition) und gewünschter Position (Sollposition) ermittelt.
Hierzu wurde das dargestellte Programm erstellt.
Bitte beurteilen Sie das Programm kritisch.

11. Der FB10 enthält folgendes Programm.

Deklaration	Name	Typ	Anfangswert
in	impulszeit	S5TIME	S5T#0MS
in	pausenzeit	S5TIME	S5T#0MS
in	blink_start	BOOL	FALSE
out	blinker	BOOL	FALSE

UN "pausenzeit_blinker"
L #impulszeit
SE "impulszeit_blinker"

U "impulszeit_blinker"
L #pausenzeit
SE "pausenzeit_blinker"

U "impulszeit_blinker"
UN "pausenzeit_blinker"
U #blink_start
= #blinker

a) Welche Aufgabe übernimmt das Programm?
b) Welche Formalparameter werden beim Aufruf des Programms über CALL FB10, DB10 angezeigt.
c) Für den Bausteintest sollen Aktualparameter übergeben werden. Wie gehen Sie dabei vor?
d) Der Blinkgeber soll mit einer Blinkfrequenz von ca. 1,25 Hz betrieben werden. Wie erreichen Sie das?

12. Der FB11 enthält das Programm für die Leuchttaster des Manualbetriebs (vgl. Seite 181).
FUNCTION_BLOCK FB11
  BEGIN
    if (ist_pos = 1 or (soll_pos = 1 & blinkmerker))
      & (referenz_erreicht = 1)
      then MELD_TAST_1 := 1;
        else MELD_TAST_1 := 0;
    end_if;
    if (ist_pos = 2 or (soll_pos = 2 & blinkmerker))
      & (referenz_erreicht = 1)
      then MELD_TAST_2 := 1;
        else MELD_TAST_2 := 0;
    end_if;
    if (ist_pos = 3 or (soll_pos = 3 & blinkmerker))
      & (referenz_erreicht = 1)
      then MELD_TAST_3 := 1;
        else MELD_TAST_3 := 0;
    end_if;
    if (ist_pos = 4 or (soll_pos = 4 & blinkmerker))
      & (referenz_erreicht = 1)
      then MELD_TAST_4 := 1;
        else MELD_TAST_4 := 0;
    end_if;
    if (ist_pos = 5 or (soll_pos = 5 & blinkmerker))
      & (referenz_erreicht = 1)
      then MELD_TAST_5 := 1;
        else MELD_TAST_5 := 0;
    end_if;
END_FUNCTION_BLOCK

anwendungen

a) Welche Aufgabe übernimmt das Programm? Überprüfen Sie die Wirkungsweise.

b) Kommentieren Sie das Programm so, dass ein eventueller Service unterstützt wird.

13. Für den Manualbetrieb wurde folgender Funktionsbaustein programmiert.

a) Da der Manualbetrieb für das Programm „Fußzufuhr" benötigt wird, kommt diesem mit der gebrauchten Maschine erworbenen FB große Bedeutung zu.
Passen Sie zunächst die Variablen an die Symboltabelle von Seite 181 an.

b) Erstellen Sie den zugehörigen Programmablaufplan.

c) Wie beurteilen Sie die Funktion des Programms?

d) Erstellen Sie das Programm als Anweisungsliste.

```
FUNCTION_BLOCK FB2    //Manueller Betrieb der Schachtanlage
BEGIN
//Blockierung der Tasteranwahl wenn nicht Manualbetrieb
if automatik_ein or handbetrieb or (referenz_erreicht = 0) or (merk_start = 0) then
    manu_links := 0;
    manu_rechts := 0;
    differenz := 0;
    return;
end_if;

//Eingabe der Sollposition (Wunschposition)
if (differenz = 0) & (referenz_erreicht) then
    if wahl_schacht_1 then soll_pos := 1;
        elsif wahl_schacht_2 then soll_pos := 2;
            elsif wahl_schacht_3 then soll_pos := 3;
                elsif wahl_schacht_4 then soll_pos := 4;
                    elsif wahl_schacht_5 then soll_pos := 5;
    end_if;
end_if;

//Bildung der Differenz
    differenz := soll_pos - ist_pos;

//Drehrichtung festlegen
    if (differenz > 65000) or (differenz < 0) then manu_rechts := 1;
        else manu_links := 1;
    end_if;

//Bei negativer Differenz wird diese durch eine positive Differenz ersetzt
    if (differenz = 65 535) or (differenz = -1) then differenz := 1;
        elsif (differenz = 65 534) or (differenz = -2) then differenz := 2;
            elsif (differenz = 65 533) or (differenz = -3) then differenz := 3;
                elsif (differenz = 65 532) or (differenz = -4) then differenz := 4;
    end_if;

//Bei Differenz 0, Fahrt stoppen
    if differenz = 0 then manu_links := 0; manu_rechts := 0; end_if;

//Wenn Endpositionen erreicht -> Motor Stopp und Position auf 6 gesetzt, so dass
//weitere Verfahrbewegung nur noch im Handbetrieb möglich ist

    if endlage_links or endlage_rechts then
    manu_links := 0;
    manu_rechts := 0;
    ist_pos := 6;
    soll_pos := 6;
    end_if;
END_FUNCTION_BLOCK
```

7 Design und Erstellen mechatronischer Systeme

7.3 Frequenzumrichter für den Spindel-Antriebsmotor

Der Antriebsmotor der Schächte wird über einen *Frequenzumrichter* betrieben. Die Drehfrequenz des Motors und damit die Geschwindigkeit der Verfahrbewegung der Schächte soll steuerbar sein. Wenn weite Wege zurückzulegen sind, wird mit einer höheren Geschwindigkeit verfahren.

Im gebraucht gekauften Schaltschrank befinden sich hierfür folgende Betriebsmittel:

- Frequenzumrichter
- Netzdrossel
- Bremswiderstand

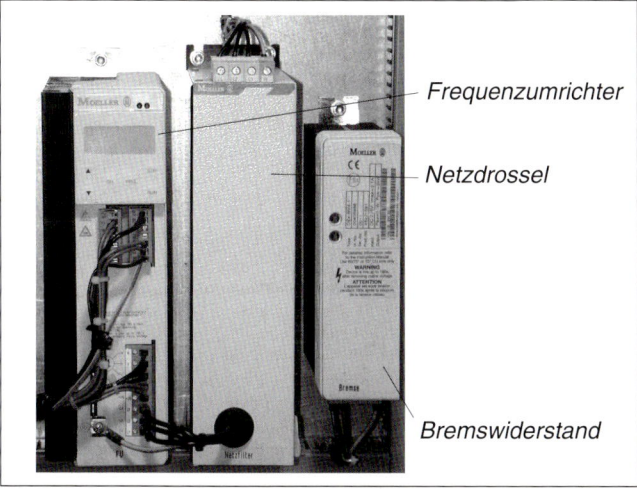

1 Frequenzumrichter, Netzdrossel und Bremswiderstand

anwendungen

1. Technische Unterlagen des Frequenzumrichters (siehe Abbildungen info).

a) Welche Aufgabe hat das Schütz K1M? Bitte wählen Sie ein geeignetes Schütz aus.

b) Welche Aufgabe hat die RC-Kombination Z2, die parallel zur Schützspule geschaltet ist?
Welche Alternativlösung währe hier denkbar?

c) Was ist über die Eingänge E1 und E2 einstellbar?

d) Welche Aufgabe haben die Eingänge REV und EN? Was ist zu tun, wenn der Motor im Rechtslauf und was, wenn er im Linkslauf betrieben werden soll?

e) An die Klemmen 9 und 8 (und 7) ist ein Potentiometer R1 angeschlossen. Was kann mit diesem Potentiometer eingestellt werden?

f) Das Potentiometer R1 ist im Schaltschrank nicht auffindbar. Die Anschlüsse sind aber dennoch belegt. Woher kommen diese Anschlussleitungen?

2. Sie sollen überprüfen, ob die Installation der Frequenzumrichter-Komponenten EMV-gerecht durchgeführt worden ist.
Worauf achten Sie dabei besonders?

info

Informationen über den Frequenzumrichter (Auszug)

Anschlussplan (nach Herstellerunterlagen) *Schaltung des Netzschützes K1M (nach Herstellerunterlagen)*

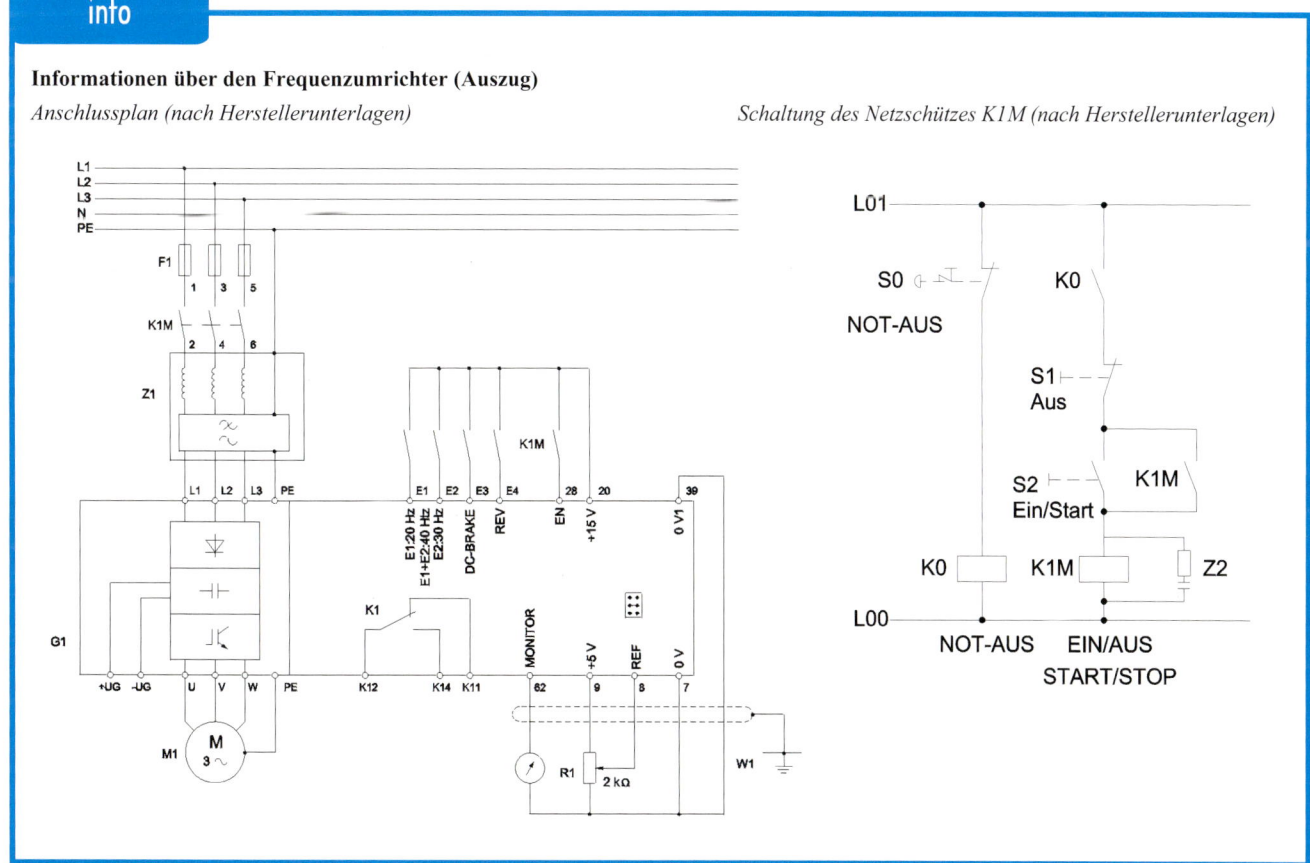

Schachtanlage anpassen

info

Aufbau eines Frequenzumrichtersystems

(1) Überstrom-Schutzorgan
(2) Frequenzumrichter
(3) Motorfilter
(4) Motor
(5) Funkentstörfilter
(6) Netzdrossel

Leistungsanschluss eines Frequenzumrichters

(1) Überstrom-Schutzorgan
(2) Drossel
(3) Funkentstörfilter
(4) Frequenzumrichter
(5) Motorfilter
(6) Motor
(7) Bremseinheit

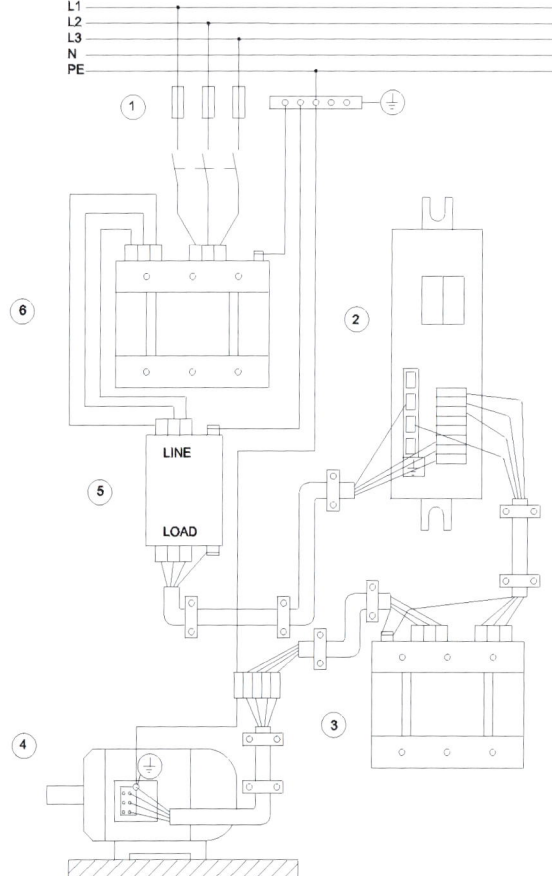

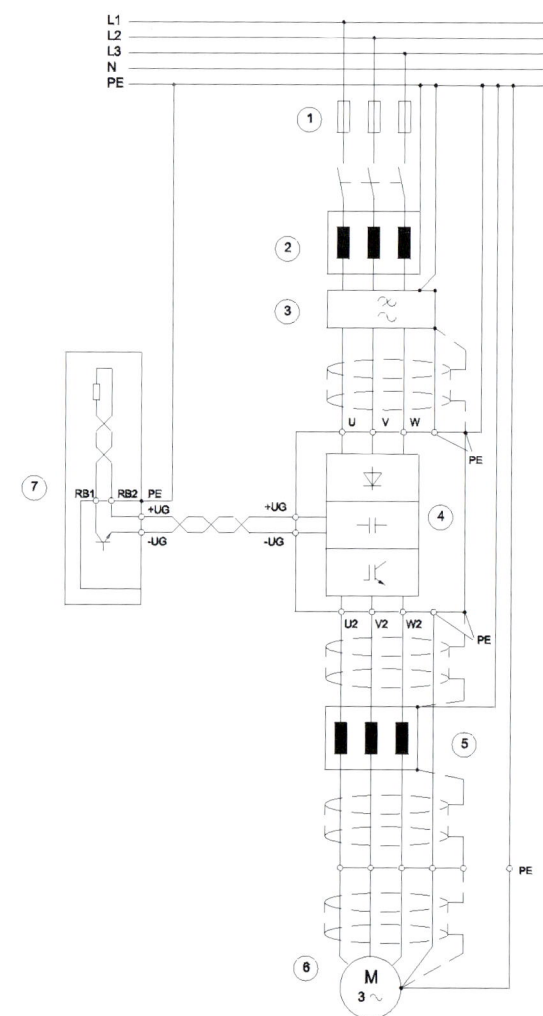

Sämtliche metallischen Teile eines Gerätes oder Schrankes großflächig und HF-mäßig sehr gut leitend miteinander verbinden. Mehrere Montageplatten miteinander und Türen des Schaltschrankes mit dem Schrank über großflächig kontaktierte und über kurze Leitungen miteinander verbinden.

Wichtige Regeln
- Metallische Schaltschränke verwenden.
- Verzinkte Montageplatten verwenden.
- Lackierte Metalloberflächen vermeiden; bzw. Lackschicht großflächig entfernen.
- An den Verbindungsstellen zwecks Verhinderung von Korrosion geeignetes, elektrisch leitendes Fett verwenden.
- Der Schirm von abgeschirmten Leitungen ist mit geeignetem Befestigungsmaterial (z.B. metallischen Schellen) niederohmig mit der Bezugspotenzialfläche zu verbinden. Die Schelle muss den Schirm rund- und großflächig kontaktieren.
- Bei Kunststoffgehäusen ist eine verzinkte Metallmontageplatte zu verwenden, die mit dem Massebezugspotenzial (Erdpotenzial) verbunden werden muss.

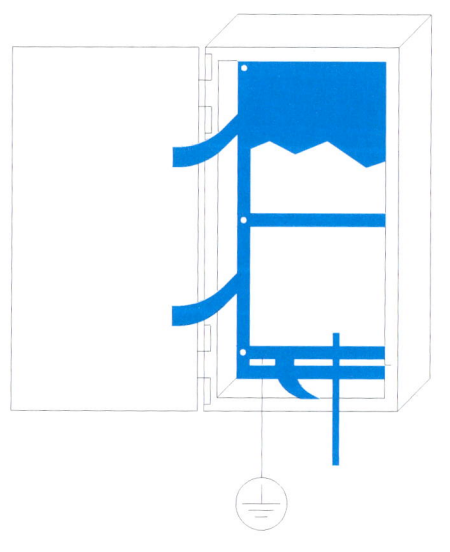

7 Design und Erstellen mechatronischer Systeme

info

Leitungsführung
- Gleich- und Wechselspannungsleitungen getrennt verlegen.
- Starkstrom- und Signalleitungen (digital) in mindestens 10 cm Abstand verlegen.
- Starkstrom- und Signalleitungen (analog) in mindestens 30 cm Abstand verlegen.
- Keine Leitungen mit unterschiedlichen Potenzialen und Funktionen parallel führen. Kreuzungen solcher Leitungen möglichst rechtwinklig durchführen.
- Leitungskanäle aus Stahlblech verwenden, die mit Masse zu verbinden sind.
- Hin- und Rückleitungen eventuell verdrillen.
- Abgeschirmte Leitungen verwenden.

Abschirmung
- Die Leitungsabschirmung zwecks Störungsableitung auf Masse legen.
  Schirme bis zum zentralen Massepunkt getrennt verlegen und großflächig, niederohmig mit Masse verbinden.
- Leitungsschirm bis unmittelbar an die Geräteklemme heranführen.
- Abgeschirmte Leitungen nicht über Klemmen führen.
- Unbenutzte Adern einer abgeschirmten Leitung beidseitig auf Masse legen.
- Schirm von Analogleitungen nur einseitig auf Massepotenzial legen, wenn kein ausreichender Potenzialausgleich zwischen Leitungsanfang und Leitungsende vorhanden ist; ansonsten beidseitig auf Massepotenzial legen.
- Schirm von Busleitungen stets beidseitig auf Massepotenzial legen.
- Der Leitungsschirm darf nicht als Potenzialausgleichsleitung zwischen zwei Erdungsstellen dienen.
  Wenn zwei Erdungsstellen unterschiedliches Potenzial aufweisen, ist eine zusätzliche Potenzialausgleichsleitung mit einem Mindestquerschnitt von 10 mm^2 Cu zu verlegen.

Einsatz von Filtern
Netz- und Gerätefilter haben die Aufgabe, Störungen von einer Anlage oder einem Gerät fernzuhalten. Ebenso werden im Gerät oder in der Anlage hervorgerufene Störungen an der Ausbreitung gehindert. Filter leiten Störungen über das Filtergehäuse oder über den Masseanschluss zur Masse hin ab. Die Masseanbindung muss großflächig (niederohmig) erfolgen.

Netzfilter werden unmittelbar nach dem Gehäuseeintritt der Netzzuleitung angeordnet. Dadurch wird ein Überkoppeln von Störungen innerhalb des Gehäuses verhindert.
Bei Geräteschutzfiltern muss die Leitungslänge zwischen Filter und Gerät so kurz wie möglich gehalten werden.

Frequenzumrichter (G1) und Bremsmodul (G2)

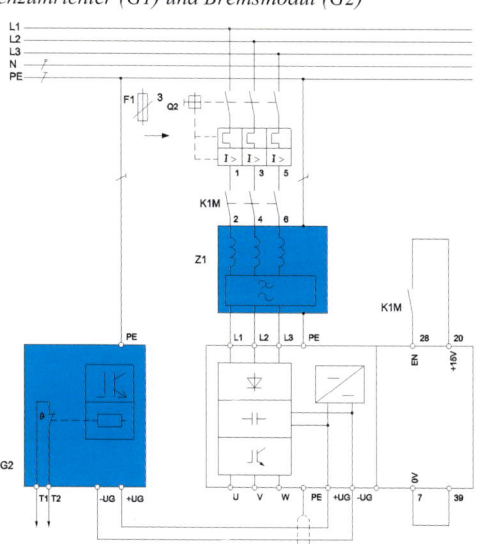

Bremsmodul (technische Daten)
Für die beschleunigte Bremsung frequenzgeregelter Drehstromantriebe

Netz-spannung	min. Brems-widerstand	max. Brems-strom	Dauer-Bremsleistung 230 V	Dauer-Bremsleistung 400 V	max. Brems-leistung
230 V	70 Ω	5,4 A	70 W	–	2 kW
400 V	270 Ω	2,7 A	–	70 W	2 kW

Hinweise
- Wenn sich Schütze, Motorschutzeinrichtungen bzw. Klemmen in der Motorleitung befinden, müssen die Schirme der angeschlossenen Betriebsmittel durchverbunden und großflächig mit der Montageplatte verbunden werden.
- Wenn die Leitung zwischen Netzfilter und Frequenzumrichter länger als 300 mm ist, muss die Leitung beidseitig abgeschirmt und großflächig mit der Montageplatte verbunden werden.
- Bei Einsatz einer Bremseinheit wird der Schirm der Bremswiderstandsleitung direkt am Bremsmodul und am Bremswiderstand großflächig mit der Montageplatte verbunden.

Interne Spannungen des Frequenzumrichters
Der Frequenzumrichter stellt zwei interne Spannungen zur Verfügung.

Anschlussklemme	Spannung	Belastbarkeit
9	5,2 V	6 mA
20	15 V	20 mA

Klemme 9: Analoge Sollwertvorgabe
Klemme 20: Spannung für Freigabesignale
Klemme 7: 0-V-Potenzial für beide Spannungen

Erdung des 0-V-Potenzials (Klemme 39)
Für die Steuereingänge muss die Klemme 39 (0-V-Potenzial) über eine Leitung mit dem Mindestquerschnitt 1,5 mm^2 geerdet werden.

Wenn die Klemmen E1 bis E4 sowie Klemme 28 über die interne Spannung (Klemme 20) versorgt werden, muss das 0-V-Potenzial des Spannungsreglers (Klemme 7) und das 0-V-Potenzial der Steuereingänge (Klemme 39) miteinander verbunden werden.

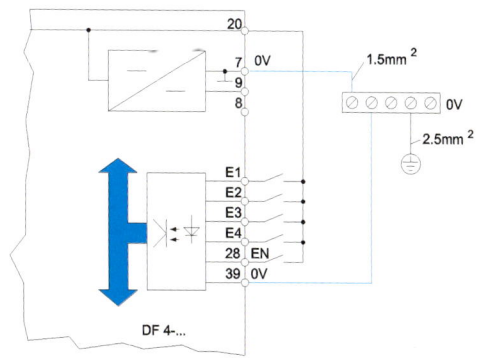

Schachtanlage anpassen

info

Werden mehrere Frequenzumrichter oder Automatisierungsgeräte in einer Anlage eingesetzt, werden die 0-V-Potenziale der einzelnen Geräte sternförmig zusammengeführt.

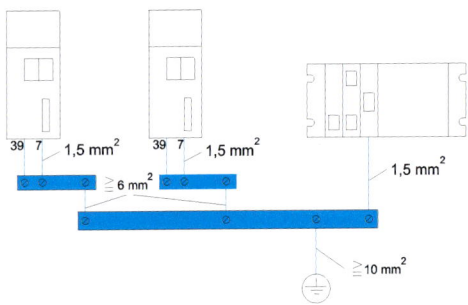

Die Digitaleingänge sind optoentkoppelt und galvanisch getrennt. Dadurch ist eine direkte Verbindung mit einer SPS möglich. Zwecks Erhöhung der Störsicherheit kann das 0-V-Potenzial der Steuereingänge (Klemme 39) über einen umgepolten Kondensator (0,1 µF; 250 V DC) geerdet werden.

Wenn die Klemmen E1 bis E4 und die Klemme 28 über die externe Spannung einer SPS versorgt werden, muss das 0-V-Potenzial der Steuer-Eingänge (Klemme 39) miteinander verbunden werden.

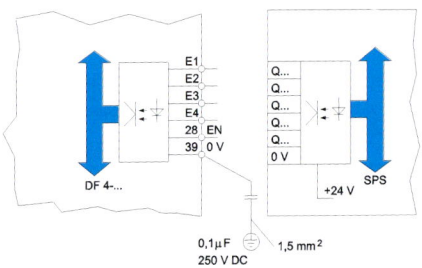

Analoge Sollwertvorgabe

Über die Eingänge (Klemme 7 und 8) können Sollwerte analog vorgegeben werden. Durch Umstecken eines Jumpers kann die Art der Sollwertvorgabe gewählt werden.

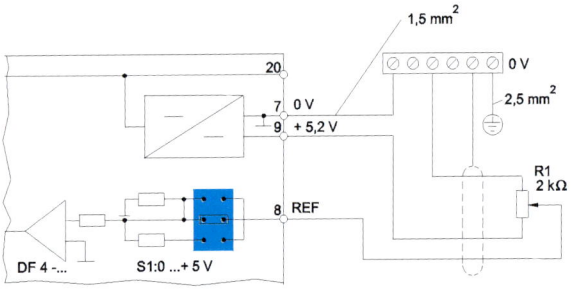

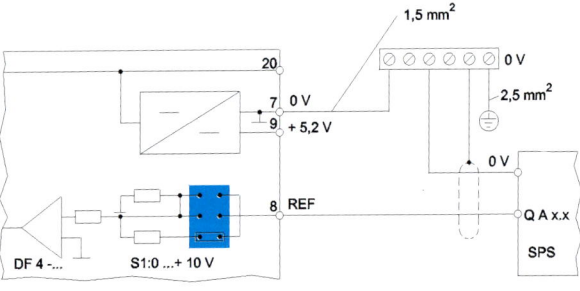

Sollwert für mehrere Frequenzumrichter

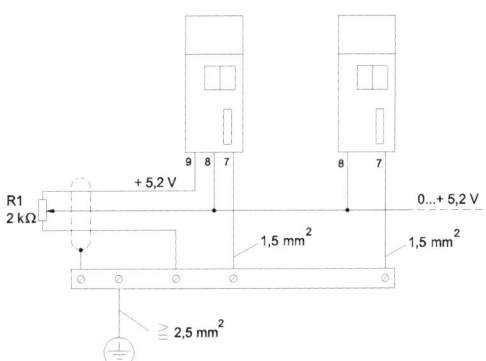

Der Leitstrom von 0 – 20 mA kann auf 4 – 20 mA umgestellt werden. Dabei beträgt der interne Bürdewiderstand 250 Ω.

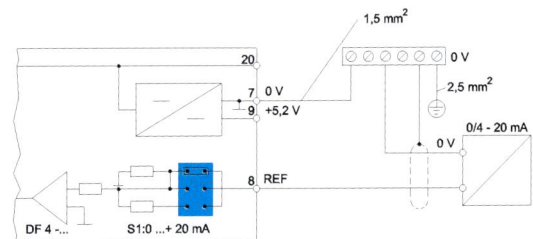

Analog-Ausgang

An Klemme 62 kann ein analoges Messgerät angeschlossen werden. Standardmäßig wird die Ausgangsfrequenz angezeigt. Möglich sind auch Wirkstrom (Geräteauslastung), Motorstrom und Zwischenkreisspannung.
Die Ausgangsspannung an Klemme 62 beträgt 0 bis 6 V.

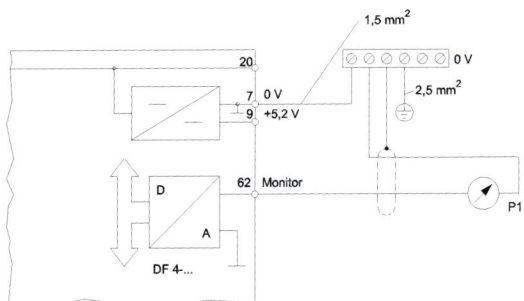

Vorsicht
Die Leistungsklemmen des Frequenzumrichters können bis zu 3 Minuten nach Abschalten der Netzspannung noch Spannung führen. In diesem Zeitraum niemals an den Anschlüssen oder im Gerät selbst arbeiten.

Bei eingeschalteter Versorgungsspannung niemals das Gerät öffnen. Lebensgefahr!!!

Wird der Antrieb im Stillstand nicht vom Netz getrennt (Netzschütze oder Hauptschalter), kann er bei einer Störung unbeabsichtigt anlaufen.

Wenn der Frequenzumrichter mehr als 2 Jahre lagert, ist die Kapazität der Zwischenkreiskondensatoren beeinträchtigt. Legen Sie den Umrichter vor der Inbetriebnahme ohne Last ca. 2 Stunden an Spannung, damit sich die Kondensatoren regenerieren.

Im Schaltschrank werden die Komponenten für den Steuerungs- und Leistungsbereich getrennt angeordnet. Wenn dies nicht möglich sein sollte, sind stark störende oder empfindliche Geräte mit Trennblechen abzuschotten. Auch die Trennbleche müssen mit dem Massebezugspotenzial verbunden werden.

Beim Frequenzumrichter kann eine maximale Ausgangsfrequenz von bis zu 480 Hz eingestellt werden.
Vergewissern Sie sich, dass der verwendete Motor für solch hohe Frequenzen geeignet ist.

7 Design und Erstellen mechatronischer Systeme

info

Parametrierung eines Frequenzumrichters mittels Software

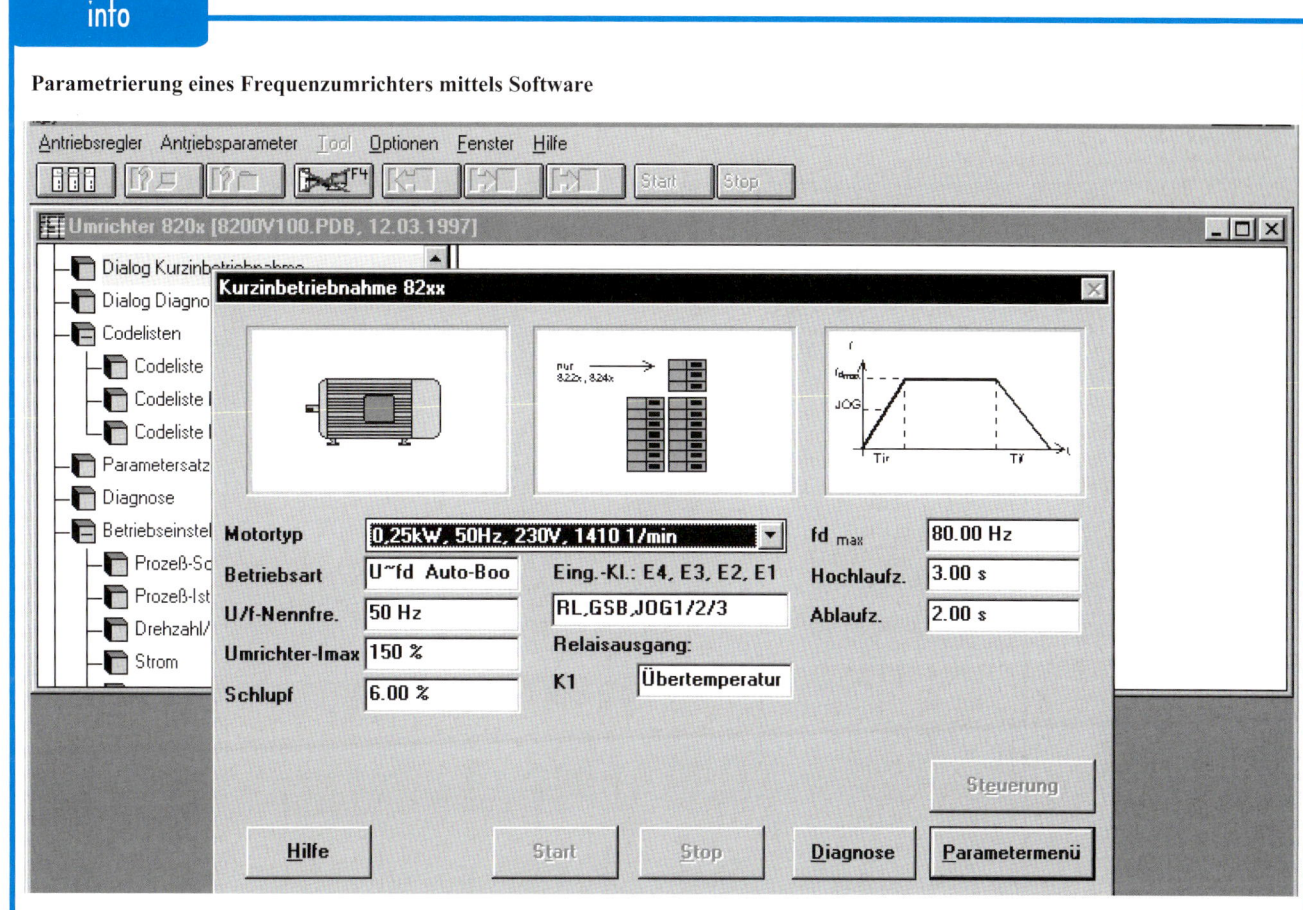

anwendungen

1. Welche Funktion erfüllt das dargestellte Anwenderprogramm? (Siehe info oben.)

2. Mit welchen Hilfsmitteln können Frequenzumrichter parametriert werden?

3. Nennen Sie wichtige Parameter, die bei der Parametrierung von Frequenzumrichtern einzustellen sind.

4. Bei der Inbetriebnahme zeigt sich, dass sich der am Frequenzumrichter angeschlossene Motor nicht dreht. Woran kann das liegen?

5. Der Motor dreht ungleichmäßig. Welche Fehlerursachen kann das haben?

6. Der Motor nimmt einen zu hohen Strom auf. Was kann die Ursache sein?

7. Der Motor wird im Betrieb zu warm. Woran kann das liegen?

8. Der Kühlkörper des Frequenzumrichters wird zu warm. Welche Ursachen kann das haben und was ist zu tun?

9. Die interne Spannung des Frequenzumrichters beträgt 15 V (Klemme 20).
Diese Spannung soll über die SPS auf die Eingänge
- EN (Enable), Klemme 28,
- REV (Reverse), Klemme E4,
- DC-BRAKE, Klemme E3,
des Frequenzumrichters gegeben werden.

Die digitale Ausgangsbaugruppe der SPS hat eine Spannung von 24 V.
Wie lösen Sie das Problem?

anwendungen

10. In der SPS des gebraucht erworbenen Schaltschrankes haben Sie folgenden Funktionsbaustein geöffnet. Welche Aufgabe übernimmt dieser Funktionsbaustein?
Stellen Sie ihn in der Programmiersprache AWL dar.

```
if (differenz > 1) or ((ist_pos > 2) & auto_rechts_merk) or
(referenz_rechts_merk)
    then speed_FU := – 27 500,
       else speed_FU := 12 000;
end_if;
```

11. Der Sollwert für die Motordrehzahl wird dem Frequenzumrichter von der SPS über die Eingänge 7 (0 V) und 8 (REV) „mitgeteilt".

a) Welcher SPS-Ausgang ist hierzu in der Lage?

b) Wie heißt die Hardwareadresse und wie heißt der Variablenname dieses Ausgangs (siehe Aufgabe 10)?

c) Skizzieren Sie den Anschluss von SPS-Ausgang und Frequenzumrichter für die Drehzahl-Sollwertvorgabe.

12. Die Schaltpläne auf den Seiten 192 bis 195 zeigen die Spannungsversorgung (Seite 1), die Not-Aus-Schaltung (Seite 2), den Anschluss des Frequenzumrichters (Seite 3) sowie den Anschluss der SPS (Seite 4).

a) Welche Aufgabe haben die Betriebsmittel Q1 und Q2 auf Seite 1?

b) Wozu dient die Funktionsgruppe T2 auf Seite 1?

c) Erläutern Sie die Funktion der Schützschaltung auf Seite 2.

Schachtanlage anpassen

anwendungen

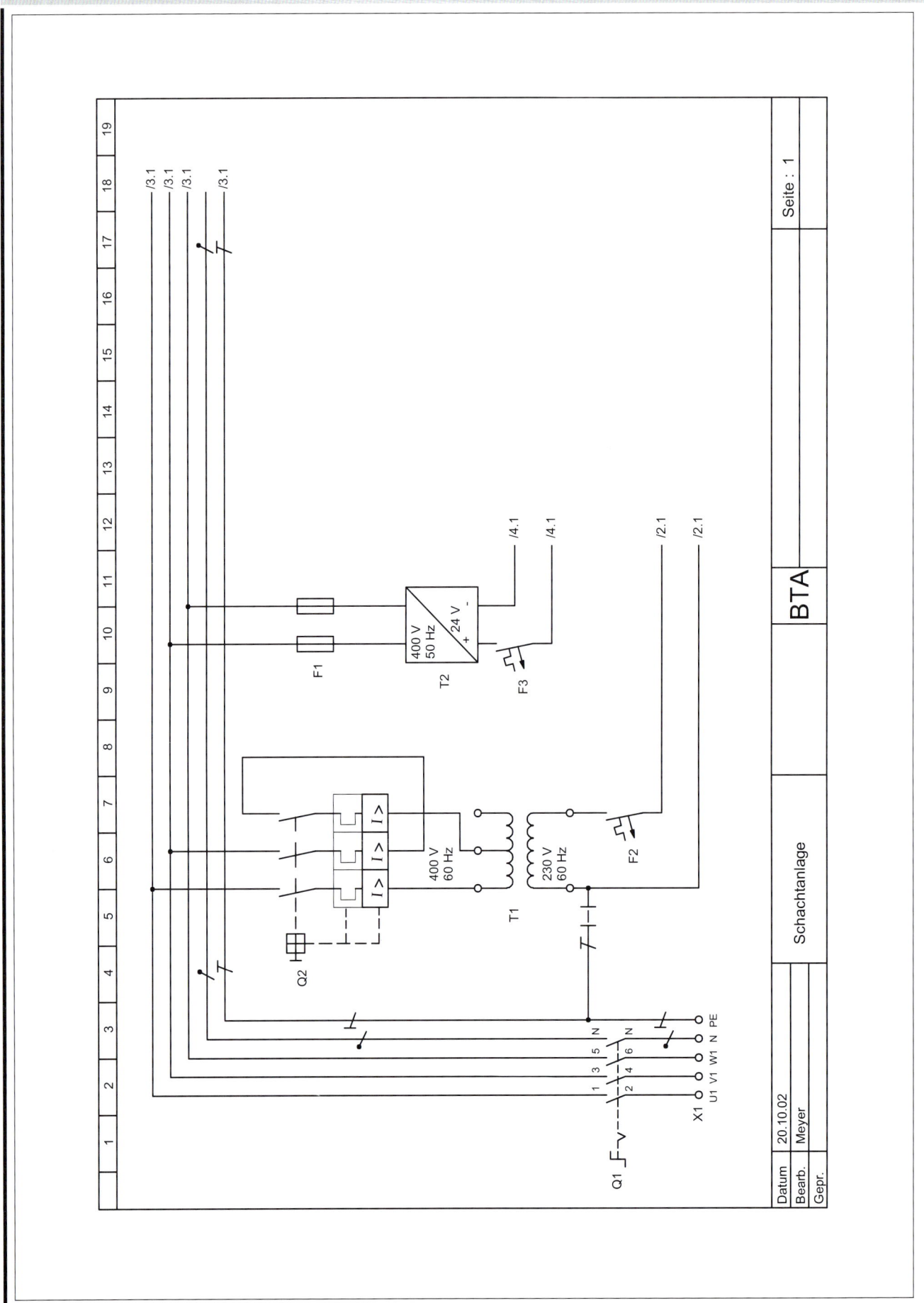

1 Schaltplan Schachtanlage, Seite 1, zu Aufgabe 12

7 Design und Erstellen mechatronischer Systeme

anwendungen

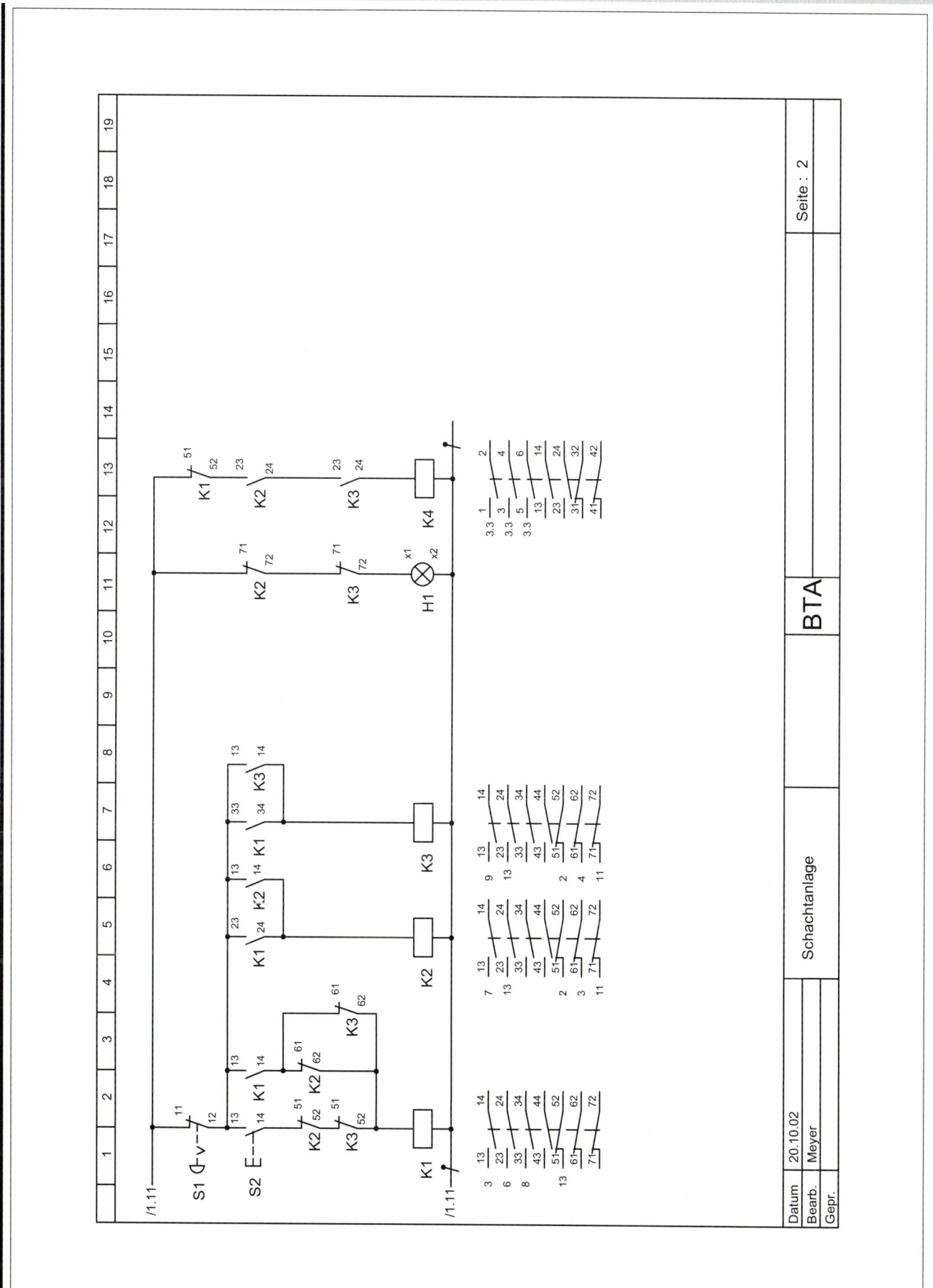

1 Schaltplan Schachtanlage, Seite 2, zu Aufgabe 12

Schachtanlage anpassen

anwendungen

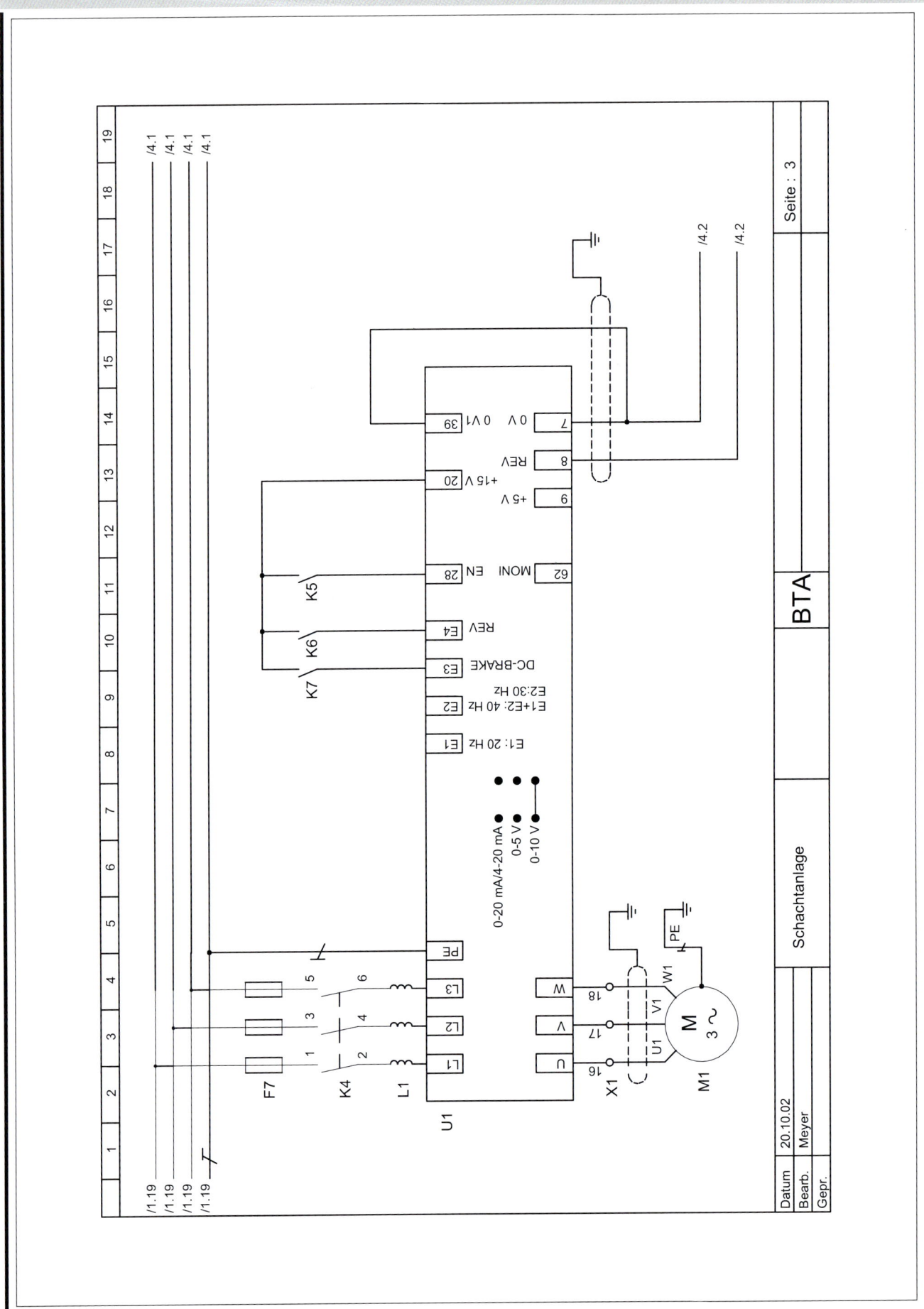

1 Schaltplan Schachtanlage, Seite 3, zu Aufgabe 12

7 Design und Erstellen mechatronischer Systeme

anwendungen

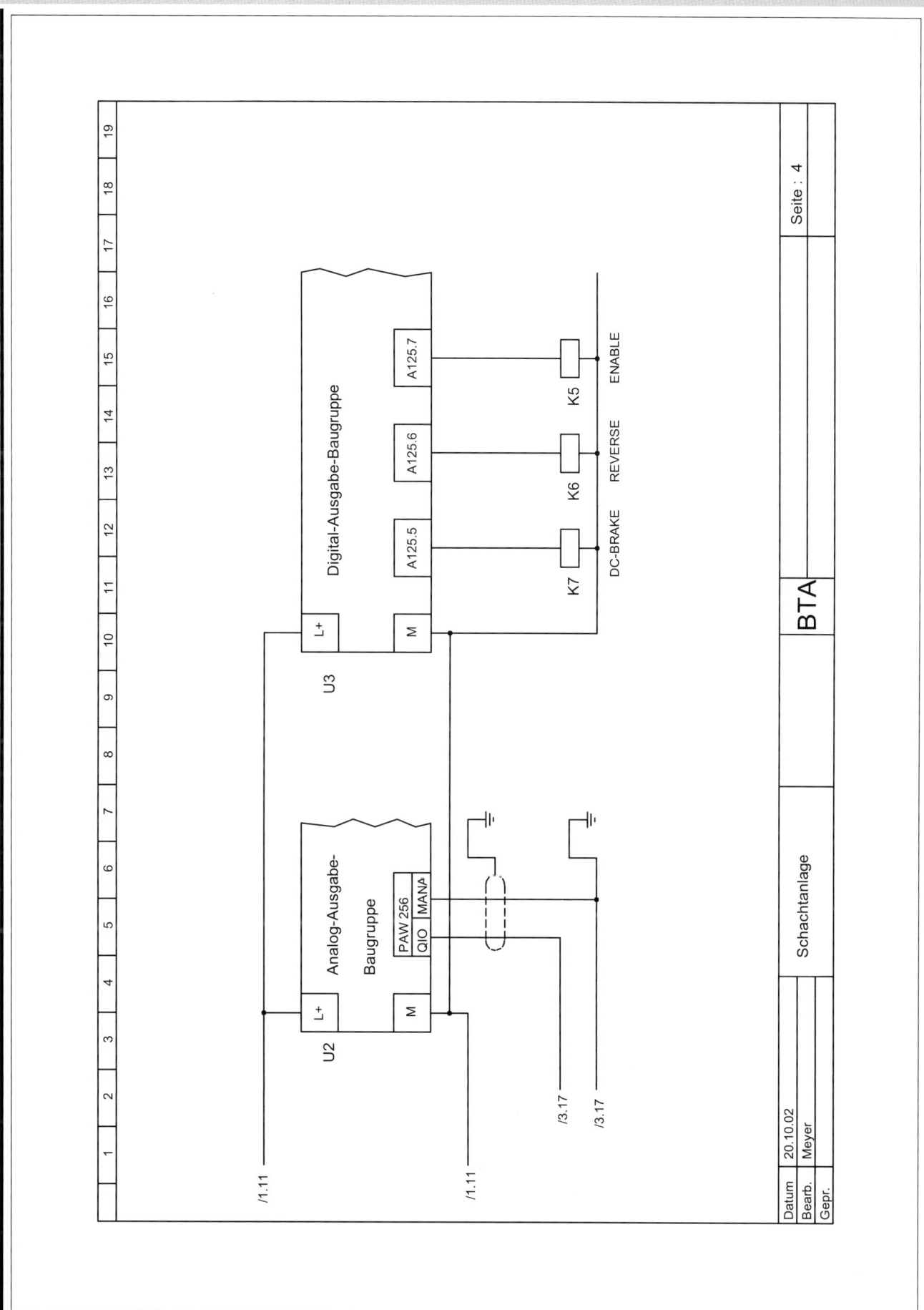

1 Schaltplan Schachtanlage, Seite 4, zu Aufgabe 12

Schachtanlage anpassen

anwendungen

d) Welche Aufgabe hat die Meldelampe H1 im Schaltplan auf Seite 2?

e) Wozu dient das Schütz K4 (Seite 2)?

f) Worum handelt es sich beim Betriebsmittel L1 auf Seite 3?

g) Die Schütze K5, K6 und K7 werden von der SPS gesteuert (Seiten 3, 4). Um welche Schütze handelt es sich? Welche Aufgabe haben diese Schütze? Warum werden die Eingänge 28, E3 und E4 des Frequenzumrichters nicht direkt (ohne Schütze) mit den Ausgängen A125.5, A125.6 und A125.7 der SPS verbunden?

h) Worum handelt es sich beim SPS-Ausgang PAW 256 (Seite 4)? Für welchen Spannungs- und Strombereich muss PAW 256 parametriert werden?

i) Der Motor M1 soll im Linkslauf mit halber Nenndrehfrequenz laufen. Welchen Wert muss PAW 256 abgeben und welche Schütze (K5 bis K7) sind dann angezogen?

j) Unter welchen Voraussetzungen muss das Schütz K7 angezogen sein?

k) Bitte überprüfen Sie die Schaltung.

13. Beim Funktionstest der Schachtanlage ergibt sich ein Problem: Wenn die elektromechanisch wirkenden Grenztaster S3 bzw. S4 angefahren werden, stoppt der Motor des Spindelantriebs unverzüglich (was auch voll den Anforderungen entspricht).

a) Nennen Sie die wahrscheinliche Ursache.

b) Beschreiben Sie eine Problemlösung, die es ermöglicht, dass die Schachtanlage aus diesen Positionen wieder herausgefahren werden kann.

englisch

Dokumentation
documentation

Symbol
symbol

Tabelle
table, list, chart

analog
analogue

Auflösung
resulution

Not-Aus
emergency stop, emergency switch

Schaltgerät
switch gear, switching device, control gear

Handbetrieb
manual operation

Referenz
reference

Baustein
unit, block module

Parameter
parameter

Blinkgeber
blinker unit, flasher unit

Umrichter
converter, frequency changer (converter)

Netzschütz
line contactor

Überstromschutz
overcurrent protection

Filter
filter, harmonic absorber

Netzdrossel
line inductor

Funkentstörfilter
radio-interference filter

Schirmung
screening, shielding

Netzfilter
line filter

Sollwertvorgabe
set-point assignment

7.4 Schaltschrank und Programm anpassen

auftrag

Der gebraucht erworbene Schaltschrank und das Steuerungsprogramm ist an die Aufgabenstellung „Fußzufuhr" anzupassen.

Der Auftrag erstreckt sich zunächst nur auf die Schachtanlage mit den 5 Schächten für die unterschiedlichen Tischfüße.

Jedem Schacht sollen je Auftrag 4 Füße nacheinander entnommen werden. Wenn der Schacht leer ist (keine 4 Füße entnommen werden können), soll die Auftragsbearbeitung unterbrochen und die Störungsmeldung „Leer" ausgegeben werden.

Bild 1 zeigt das Bedienteil der kompletten Steuerung (Schachtanlage, Bänder, Kippe und Umsetzer).

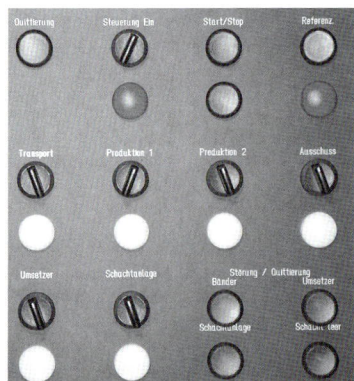

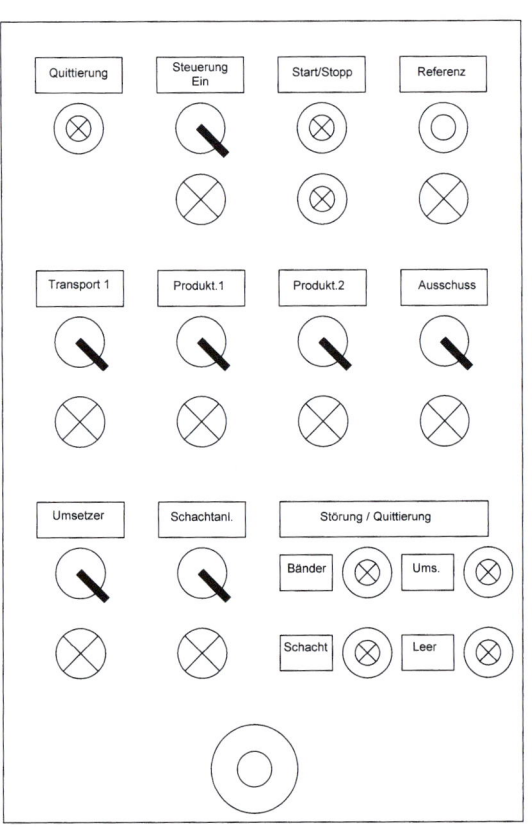

1 Bedienfeld der Steuerung Fußzufuhr

7 Design und Erstellen mechatronischer Systeme

Symboltabelle

Symbol	Adresse	Datentyp	Kommentar
Cycle Execution	OB1	OB1	
differenz	MW64	INT	Differenz zwischen Soll und Ist
soll_wert_schacht	MW62	INT	Gewünschter Schacht vor Auswurf
ist_wert_schacht	MW60	INT	Aktueller Schacht vor Auswurf
not_aus_eingang_sps	E4.5	BOOL	Not-Aus-Eingang der SPS
quitt_meld_schacht_leer	E4.4	BOOL	Quittierung: Meldung Schacht leer
quitt_stoer_umsetzer	E4.3	BOOL	Quittierung: Störungsmeldung Umsetzer
quitt_stoer_schacht	E4.2	BOOL	Quittierung: Störungsmeldung Schacht
quitt_stoer_baender	E4.1	BOOL	Quittierung: Störungsmeldung Bänder
schachtanlage	E4.0	BOOL	Schalter: Schachtanlage ein-/ausschalten
umsetzer	E1.7	BOOL	Schalter: Umsetzer ein-/ausschalten
ausschuss	E1.6	BOOL	Schalter: Band Ausschuss ein-/ausschalten
produktion_2	E1.5	BOOL	Schalter: Band Produktion 2 ein-/ausschalten
produktion_1	E1.4	BOOL	Schalter: Band Produktion 1 ein-/ausschalten
transport_1	E1.3	BOOL	Schalter: Transportband 1 ein-/ausschalten
referenz	E1.2	BOOL	Taster: Referenz anfahren, Schließer
stop	E1.1	BOOL	Stopptaster, Schließer
start	E1.0	BOOL	Starttaster, Schließer
steuerung_ein_aus	E0.7	BOOL	Schalter: Steuerung ein-/ausschalten
referenz_pos	E0.6	BOOL	Referenzposition erreicht, Ind.-Ns, NO
schacht_leer	E0.5	BOOL	Schacht ist leer, NO
schacht_pos	E0.4	BOOL	Schacht vor Auswurf, Ind.-Ns, NO
endlage_rechts	E0.3	BOOL	Schachtanlage max. rechts, Ind.-Ns, NO
endlage_links	E0.2	BOOL	Schachtanlage max. links, Ind.-Ns, NO
zylinder_aus	E01	BOOL	Positionsschalter, Zylinder ausgefahren, NO
zylinder_ein	E0.0	BOOL	Positionsschalter, Zylinder eingefahren, NO
SCHIEBER_EIN	A16.2	BOOL	Schieber fährt ein
SCHIEBER_AUS	A16.1	BOOL	Schieber fährt aus
BRAKE_FU	A16.0	BOOL	Bremse Frequenzumrichter
REVERSE_FU	A13.7	BOOL	Drehrichtungsumkehr Frequenzumrichter
ENABLE_FU	A13.6	BOOL	Freigabe Frequenzumrichter
meld_schacht_leer	A13.5	BOOL	Meldung: Schacht ist leer
meld_stoer_umsetzer	A13.4	BOOL	Meldung: Störung Umsetzer
meld_stoer_schacht	A13.3	BOOL	Meldung: Störung Schachtanlage
meld_stoer_baender	A13.2	BOOL	Meldung: Störung Bänder
meld_schacht	A13.1	BOOL	Meldung: Schachtanlage betriebsbereit
meld_umsetzer	A12.7	BOOL	Meldung: Umsetzer betriebsbereit
meld_prod_2	A12.6	BOOL	Meldung: Band Produktion 2 läuft
meld_prod_1	A12.5	BOOL	Meldung: Band Produktion 1 läuft
meld_transport_1	A12.4	BOOL	Meldung: Transportband 1 läuft
meld_referenz	A12.3	BOOL	Meldung: Referenz anfahren
meld_stop	A12.2	BOOL	Meldung: Anlage Stopp
meld_start	A12.1	BOOL	Meldung: Anlage Start
meld_steu_ein	A12.0	BOOL	Meldung: Steuerung ein
meld_ausschuss	A13.0	BOOL	Meldung: Ausschuss

Schachtanlage anpassen

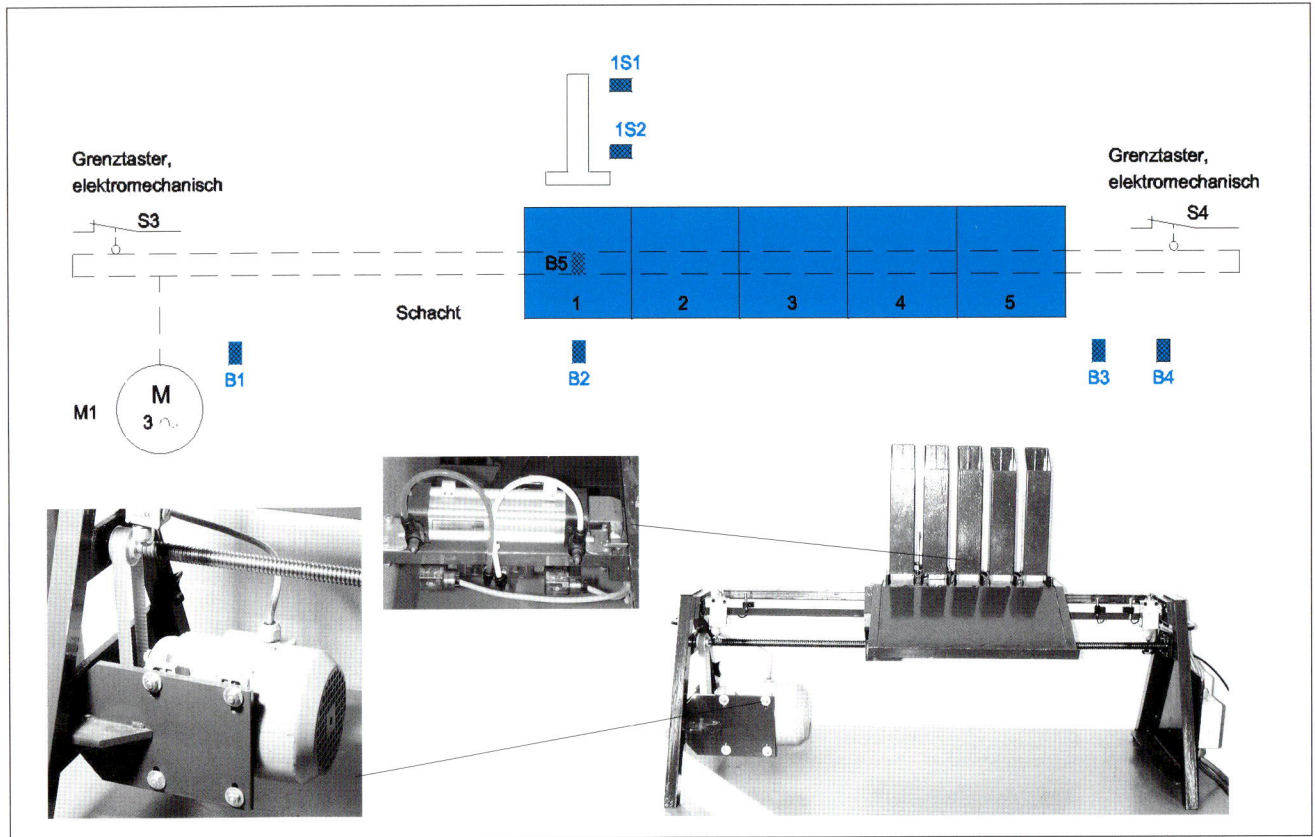

1 Technologieschema und Modell der Schachtanlage

anwendungen

1. Dargestellt sind das geänderte Bedienteil des Schaltschrankes, das Technologieschema der Schachtanlage sowie die zugehörige Symboltabelle.

a) Zwecks Austausch des Bedienteils wird vorgeschlagen, ein Feld aus der Schaltschranktür herauszutrennen, wo die bisherigen Bedienelemente der Steuerung angeordnet sind.
Für die neuen Bedienelemente wird eine Platte gefertigt, die dann fachgerecht an der Schaltschranktür verschraubt werden soll.
Wählen Sie ein geeignetes Material für die Platte aus.
Für die Aufnahme der Bedienelemente müssen Löcher in die Platte gebohrt bzw. gestanzt werden. Erstellen Sie hierfür bitte einen Arbeitsplan.
Beschreiben Sie die Montage der vorgefertigten Platte an der Schaltschranktür.
Beachten Sie hierbei auch elektrische Gesichtspunkte.

b) Schließen Sie die Betriebsmittel des Bedienteils an die SPS an. Die Anschlüsse werden über die Klemmleiste X2 des Schaltschranks geführt.

c) Welche Farben haben die einzelnen Betriebsmittel des Bedienteils?

2. Im FB1 des zu erstellenden Programms soll die „Vorbereitung des Steuerungsablaufes" programmiert werden. Vergleichen Sie hierzu Seite 201.
Erstellen Sie diesen Funktionsbaustein in der Programmiersprache FUP.

3. Für das Programm wird ein Blinkgeber benötigt, dessen Blinkfrequenz parametrierbar ist.
Erstellen Sie einen Funktionsbaustein (FB2), der diese Aufgabe übernimmt. Bitte verwenden Sie hierzu die Programmiersprache AWL.

anwendungen

4. Wenn die Steuerung eingeschaltet, der Starttaster betätigt, die Schachtanlage eingeschaltet wurde, soll die Meldelampe „Referenz" blinken.
Wird dann der Referenztaster betätigt, erfolgt die Referenzfahrt: Schachtanlage nach rechts bis zum Referenzsensor, danach nach links bis zum Erreichen des Positionssensors. Die Variable „ist_wert_schacht" muss dann auf 1 gesetzt werden.
Entwickeln Sie das Programm.

5. Der FB3 (Referenz anfahren) darf nicht in jedem Zyklus des OB1 aufgerufen werden (z.B. würde dann die Variable „ist_wert_schacht" immer wieder auf 1 gesetzt werden).
Bitte programmieren Sie im OB1 einen bedingten Bausteinaufruf.

6. Das Programm benötigt eine Information darüber, welcher Schacht aktuell vor dem Auswurf steht (Variable „ist_wert_schacht").
Bitte erstellen Sie einen solchen Zähler in der Programmiersprache SCL.

7. Weiterhin benötigt das Programm die Information, welcher Schacht vor den Auswurf gefahren werden soll. Diese Information ist in der Variablen „soll_wert_schacht" gespeichert. Eingegeben wird der Sollwert an den Produktionsorten, was zu einem späteren Zeitpunkt geschehen soll. Für die derzeitige Arbeit wird die Variable „soll_wert_schacht" direkt mit der Schachtnummer zwischen 1 und 5 geladen.
Danach wird die Differenz zwischen Sollwert und Istwert gebildet. Hieraus soll die notwendige Verfahrbewegung der Schachtanlage abgeleitet werden, damit der gewünschte Schacht vor den Auswurf gelangt.
Entwickeln Sie das Programm.

7 Design und Erstellen mechatronischer Systeme

info

Kabelverschraubungen: neue Norm: EN 50 262

Sicherheitsnorm, keine Forderung zur Form der Kabelverschraubung

Metrische Gewinde	Bohrungsdurchmesser $^{+\,0,2}_{-\,0,4}$
M6	6,5
M8	8,5
M10	10,5
M12	12,5
M16	16,5
M20	20,5
M25	25,5
M32	32,5
M40	40,5
M50	50,5
M63	64,5
M75	75,5

Technische Daten für den Einbau von PG-Verschraubungen

PG-Gewinde DIN 40 430	Nenngewinde			
	$\varnothing d_1$	$\varnothing d_2$	p	$\varnothing d_3$
PG 7	11,28	12,50	1,27	13,0 ± 0,2
PG 9	13,35	15,20	1,41	15,7 ± 0,2
PG 11	17,26	18,60	1,41	19,0 ± 0,2
PG 13,5	19,06	20,40	1,41	21,0 ± 0,2
PG 16	21,16	22,50	1,41	23,0 ± 0,2
PG 21	26,78	28,30	1,588	28,8 ± 0,2
PG 29	35,48	37,00	1,588	37,5 ± 0,3
PG 36	45,48	47,00	1,588	47,5 ± 0,3
PG 42	52,48	54,00	1,588	54,5 ± 0,3
PG 48	57,73	59,30	1,588	59,8 ± 0,3

$\varnothing d_1$ Kerndurchmesser $\varnothing d_3$ Bohrungsdurchmesser
$\varnothing d_2$ Außendurchmesser p = Steigung

Taster: Leuchtmelder/Leuchttaster

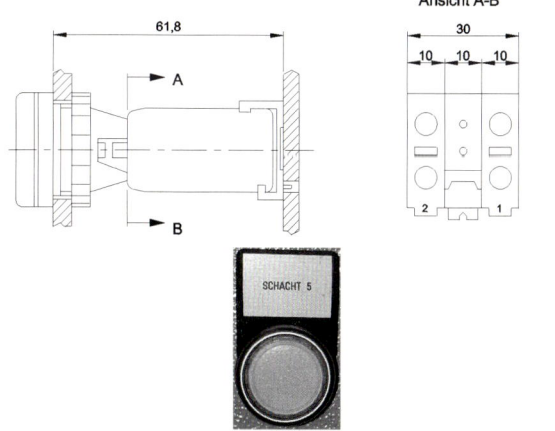

englisch

Schaltschrank
switchgear cabinet, switch cabinett, cubicle

Bedieneinheit
operating unit, console

Bedienelement
operating element, control element

Bedienpanel
control panel

Bedienung
attendance, operation, handling, manipulation

Bedienungsanleitung
operating manual

Störung
trouble, failure, fault, breakdown

anwendungen

8. Bei Referenzfahrt und bei Verfahrbewegungen der Schachtanlage müssen die Ausgänge
ENABLE_FU,
REVERSE_FU,
BRAKE_FU
angesteuert werden. Ferner ist die Drehzahl des Spindelantriebsmotors bei differenz = 1 durch den Frequenzumrichter zu halbieren.
Bitte programmieren Sie diese Aufgaben.

9. Ein FB beinhaltet die Ausgabe der Befehle. Bitte beurteilen und kommentieren Sie das nachstehende Programm.

Adresse	Deklaration	Name	Typ
	in		
	out		
	in_out		
	stat		
0,0	temp	schacht_rechts	BOOL
0,1	temp	schacht_links	BOOL

```
O   "referenz_merker_rechts"
O   "schacht_rechts_merker"
UN  "schacht_links_merker"
UN  "referenz_merker_links"
U   "not_aus_eingang_sps"
=   #schacht_rechts

O   "referenz_merker_links"
O   "schacht_links_merker"
UN  "schacht_rechts_merker"
UN  "referenz_merker_rechts"
U   "not_aus_eingang_sps"
=   #schacht_links

O   #schacht_links
O   #schacht_rechts
=   "ENABLE_FU"

U   #schacht_links
=   "REVERSE_FU"

U   "startmerker"
UN  "ENABLE_FU"
=   "BRAKE_FU"

U   "schieber_aus_merker"
UN  "SCHIEBER_EIN"
U   "not_aus_eingang_sps"
=   "SCHIEBER_AUS"

U   "schieber_ein_merker"
UN  "SCHIEBER_AUS"
U   "not_aus_eingang_sps"
=   "SCHIEBER_EIN"
```

10. Im FB7 ist der Schieber (Auswurfzylinder) programmiert (Bild 1, Seite 200).
Bitte prüfen und erläutern Sie das Programm.
Im Falle einer Nachlieferung (Ausschuss) muss ein einzelner Auswurfvorgang erfolgen.
Erarbeiten Sie eine Lösungsmöglichkeit.

Schachtanlage anpassen

anwendungen

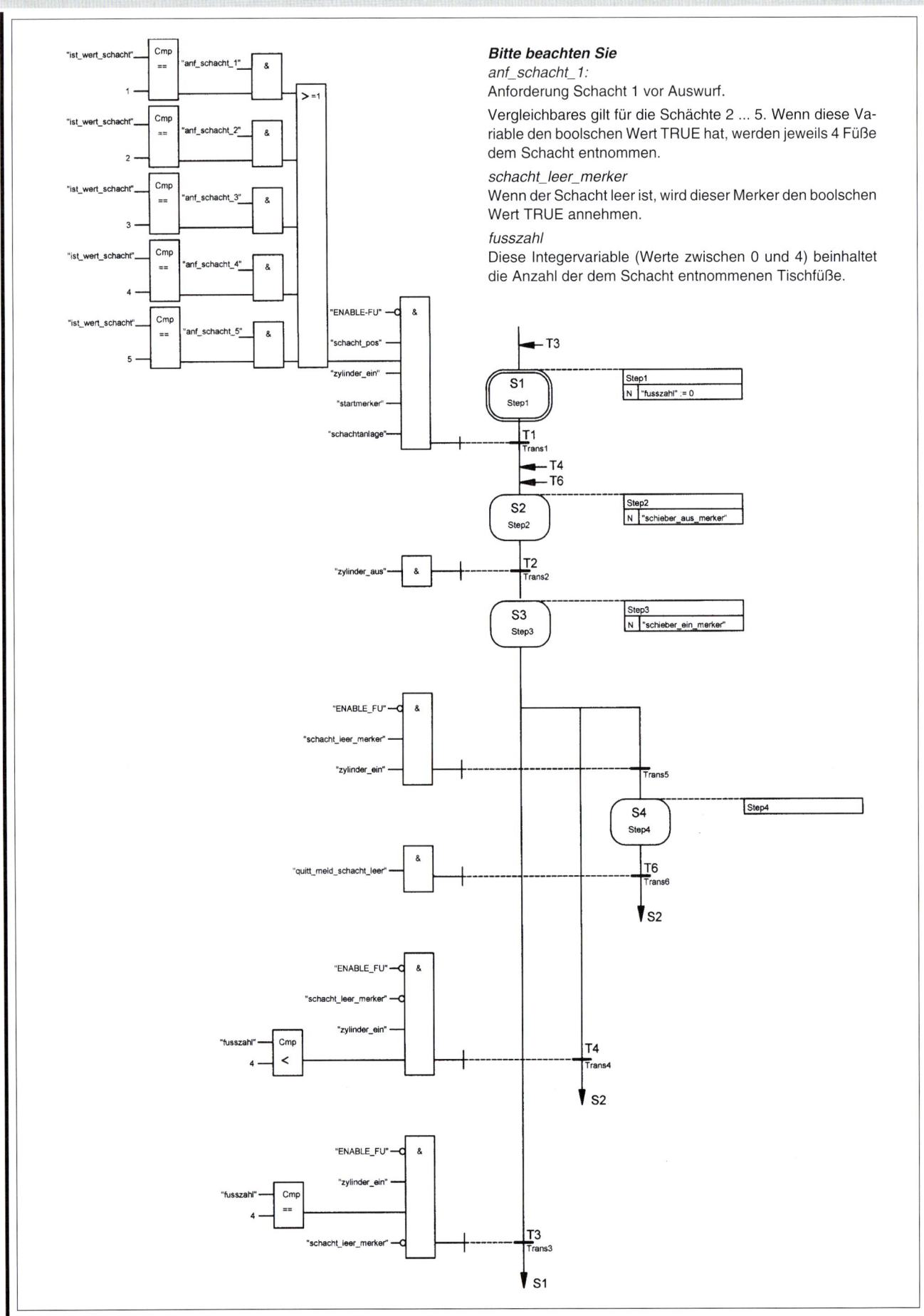

Bitte beachten Sie

anf_schacht_1:
Anforderung Schacht 1 vor Auswurf.

Vergleichbares gilt für die Schächte 2 ... 5. Wenn diese Variable den boolschen Wert TRUE hat, werden jeweils 4 Füße dem Schacht entnommen.

schacht_leer_merker
Wenn der Schacht leer ist, wird dieser Merker den boolschen Wert TRUE annehmen.

fusszahl
Diese Integervariable (Werte zwischen 0 und 4) beinhaltet die Anzahl der dem Schacht entnommenen Tischfüße.

1 Ablaufkette zu Aufgabe 10, Seite 199

7 Design und Erstellen mechatronischer Systeme

anwendungen

11. Im FB8 befindet sich folgendes SCL-Programm. Welche Aufgabe hat dieses Programm?

```
FUNCTION_BLOCK FB8
  begin
    if flanke_zylinder_ein & not schacht_leer_merker
      then fusszahl := fusszahl +1;
    end_if;
END_FUNCTION_BLOCK
```

12. Der FB9 beinhaltet folgendes SCL-Programm. Welche Aufgabe übernimmt das Programm?

```
FUNCTION_BLOCK FB9      //Sollwertvorgabe
  begin
    if anf_schacht_1 then soll_wert_schacht := 1;
      elsif anf_schacht_2 then soll_wert_schacht := 2;
        elsif anf_schacht_3 then soll_wert_schacht := 3;
          elsif anf_schacht_4 then
            soll_wert_schacht := 4;
            elsif anf_schacht_5 then
              soll_wert_schacht := 5;
    end_if;
END_FUNCTION_BLOCK
```

13. Dargestellt ist der OB1.
Erläutern Sie bitte den Aufbau und nehmen Sie eine aussagekräftige Kommentierung vor.

Baustein: OB1   Fusszufuhr

Netzwerk: 1   Vorbereitung des Steuerungsablaufes und Flankenbildung

```
CALL   FB1, DB1    //Vorbereitung und Flankenbildung
```

Netzwerk: 2   Referenzfahrt anfordern

```
U      "startmerker"
FP     M40.6
=      "flanke_start_merk"

U      "flanke_start_merk"
S      #ref_blinken
U      "reterenz"
R      #ref_blinken

U      "schachtanlage"
U      #ref_blinken
SPBN   ma_1

CALL   FB2,DB2
  impulszeit  := S5T#1S
  pausenzeit  := S5T#1S
  blink_start := "meld_referenz"
```

anwendungen

Netzwerk: 3   Referenzfahrt durchführen

Bedingter Aufruf des Funktionsbausteins.

```
ma_1:   U     "referenz"                  //Taster Referenz anfahren
        U     "startmerker"
        U     "schachtanlage"
        U     "zylinder_ein"
        UN    "ENABLE_FU"                 //Antrieb aus
        S     "referenz_merker"           //Merker Referenz anfahren

        UN    "referenz_merker_links"     //Wenn Ziel erreicht, dann
        U     "referenz_sens_erreicht"    //FB verlassen
        R     "referenz_merker"

        U     "referenz_pos"
        S     "referenz_sens_erreicht"
        UN    "zylinder_ein"
        R     "referenz_sens_erreicht"

        U     "referenz_merker"
        SPBN  ma_2                        //Bedingter Sprung bei VKE = FALSE
        CALL  FB3, DB3
```

Netzwerk: 4   Zähler "ist_wert_schacht"

```
ma_2:   CALL  FB4, DB4                    //Aufruf des FB Zähler
```

Netzwerk: 5   Sollwerteingabe und Differenzbildung

```
        CALL  FB5, DB5
```

Netzwerk: 6   Ausgabe der Verarbeitungsbefehle

```
        CALL  FB6, DB6
```

7 Design und Erstellen mechatronischer Systeme

anwendungen

Netzwerk: 7   Schieber aus-/einfahren

//Merker: Schacht ist leer

```
    UN    "zylinder_ein"              //Der Zylinder muss etwas ausgefahren sein,
    L     S5T#500MS                   //damit der Fuß vor den Schacht geschoben
    SE    T3                          //werden kann; hier erfolgt die Leermeldung

    U     T3                          //Wenn die Zeit T3 abgelaufen ist und kein
    UN    "schacht_leer"              //Fuß erfasst wird, ist der Schacht leer;
    S     "schacht_leer_merker"       //Schieber hat dann einen Leerhub gemacht
    S     "meld_schacht_leer"         //Meldung Schacht ist leer; Störung

    U     "quitt_meld_schacht_leer"   //Quittierung von Leermerker und
    R     "schacht_leer_merker"       //Störungsmeldung
    R     "meld_schacht_leer"

    CALL  FB7, DB7                    //Aufruf Schieber
      OFF_SQ    :=
      INIT_SQ   :=
      ACK_EF    :=
      S_PREV    :=
      S_NEXT    :=
      SW_AUTO   :=
      SW_TAP    :=
      SW_MAN    :=
      S_SEL     :=
      S_ON      :=
      S_OFF     :=
      T_PUSH    :=
      S_NO      :=
      S_MORE    :=
      S_ACTIVE  :=
      ERR_FLT   :=
      AUTO_ON   :=
      TAP_ON    :=
      MAN_ON    :=

    CALL  FB8, DB8                    //Aufruf Zähler Fußanzahl
```

Netzwerk: 8   Sollwertvorgabe für Schachtmagazin

```
    CALL  FB9, DB9
```

anwendungen

14. Auf dem Bedienfeld (vgl. Seite 196) ist eine „Störungsmeldung Schacht" vorgesehen.
Überlegen Sie bitte, welche Situationen zu einer Störungsmeldung führen sollten und programmieren Sie diese in FB20.

15. Im FB6 wurde die Ausgabe der Verarbeitungsbefehle programmiert. Hier ist folgende Ergänzung notwendig:
Wenn die Differenz zwischen gewünschter und aktueller Schachtposition

   differenz = soll_wert_schacht − ist_wert_schacht

größer als 1 ist, soll der Motor mit Nenndrehfrequenz arbeiten. Wenn die Differenz = 1 ist, soll der Motor mit der halben Nenndrehfrequenz arbeiten.
Bitte ergänzen Sie die notwendigen Steueranweisungen.

16. Beim Programmtest wird festgestellt, dass die 4 Füße aus dem Schacht unmittelbar hintereinander herausgestoßen werden. Sie befinden sich dann in einem geringen gegenseitigen Abstand voneinander auf Transportband 1.

a) Entscheiden Sie, ob dies ein Problem darstellt.

b) Wenn dies ein Problem darstellt, ist eine geeignete Problemlösung zu erarbeiten.

17. Von den Produktionsorten 1 und 2 können gleichzeitig Anforderungen von Tischfüßen kommen. Zum Beispiel wird an Ort 1 eine Serie von eckigen verchromten Metallfüßen und an Ort 2 eine Serie von runden Kunststofffüßen angefordert.

In solchen Fällen müssen beide Produktionsorte bedient werden. Der Abteilungsleiter schlägt vor, dass die Zufuhr dann alternierend erfolgen soll. Das heißt: Zuerst Ort 1, dann Ort 2, dann wieder Ort 1 usw.

Da dem Mechatroniker die Problemlösung zunächst völlig unklar ist, erhält er aus der Elektroabteilung einen möglichen Lösungsansatz, den er angepasst in „sein" Steuerungsprogramm einbinden kann. Bild 1 zeigt den Aufbau.

a) Beschreiben Sie die Arbeitsweise des Programms. Beachten Sie dabei, dass die Zeitverzögerungen von jeweils 2 Sekunden nur der besseren Verfolgung des Steuerungsablaufes beim Programmtest dienen.

b) Beurteilen Sie die Verwertbarkeit des Programms (natürlich modifiziert) für Ihren Zweck.

c) Wenn das Programm verwertbar ist, binden Sie es bitte in das Projekt ein.

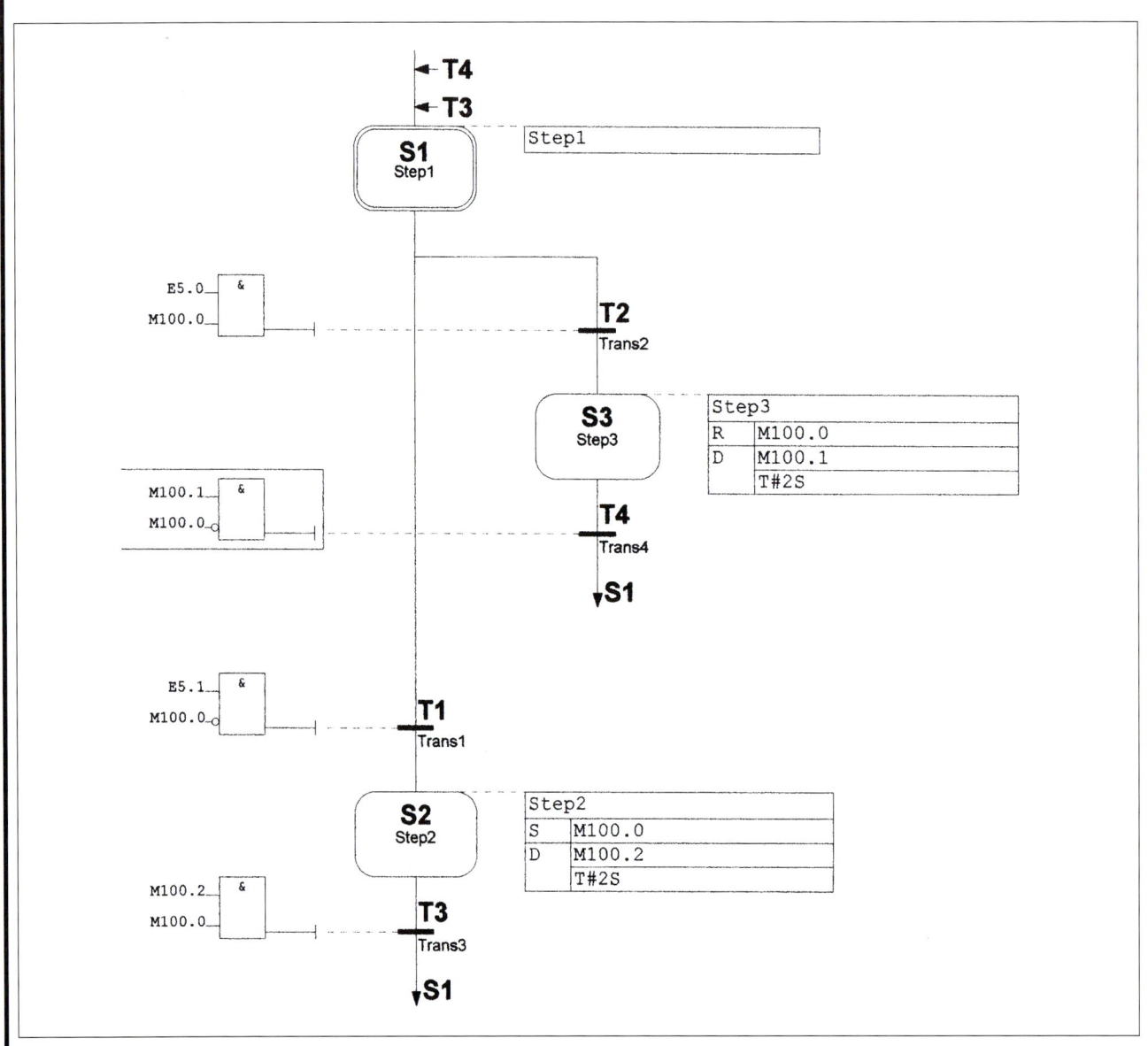

1 Lösungsvorschlag zu Aufgabe 17

7 Design und Erstellen mechatronischer Systeme

anwendungen

Erweiterte Symboltabelle (Fußzufuhr)

Symbol	Adresse	Typ	Beschreibung
BD_TR_1_LANGS	A16.3	BOOL	Transportband 1, niedrige Drehfrequenz
BD_TR_1_SCHNELL_1	A16.4	BOOL	Transportband 1, hohe Drehfrequenz, 1. Schütz
BD_TR_1_SCHNELL_2	A16.5	BOOL	Transportband 1, hohe Drehfrequenz, 2. Schütz
BD_PROD_1	A16.6	BOOL	Transportband Produktion 1
BD_PROD_2	A16.7	BOOL	Transportband Produktion 2
BD_AUSSCHUSS	A17.0	BOOL	Transportband Ausschuss
KIPPE_HEBEN	A17.1	BOOL	Kippe der Positioniereinrichtung heben
KIPPE_SENKEN	A17.2	BOOL	Kippe der Positioniereinrichtung senken
GREIFER_ZU	A17.3	BOOL	Greifer des Umsetzers schließen
GREIFER_AUF	A17.4	BOOL	Greifer des Umsetzers öffnen
GREIFER_HEBEN	A17.5	BOOL	Greifer des Umsetzers hochfahren
GREIFER_SENKEN	A17.6	BOOL	Greifer des Umsetzers runterfahren
GREIFER_LINKS	A17.7	BOOL	Greifer nach links fahren
GREIFER_RECHTS	A20.0	BOOL	Greifer nach rechts fahren
GREIFER_VOR	A20.1	BOOL	Greifer fährt nach vorne
GREIFER_ZURUECK	A20.2	BOOL	Greifer fährt zurück
mot_schutz_tr_1_1	E4.6	BOOL	Motorschutz Transportband 1 langsam
mot_schutz_tr_1_2	E4.7	BOOL	Motorschutz Transportband 1 schnell
mot_schutz_prod_1	E5.0	BOOL	Motorschutz Band Produktion 1
mot_schutz_prod_2	E5.1	BOOL	Motorschutz Band Produktion 2
mot_schutz_ausschuss	E5.2	BOOL	Motorschutz Band Ausschuss
fuss_fehlerhaft	E5.3	BOOL	Loch nicht zentrisch oder kein Loch, NO
fuss_rund	E5.4	BOOL	Fuß ist rund, Lichttaster; NO
fuss_eckig	E5.5	BOOL	Fuß ist eckig, Lichttaster; NO
fuss_metall	E5.6	BOOL	Fuß ist aus Metall, induktiver Näherungsschalter, NO
kippe_oben	E5.7	BOOL	Positionsschalter, NO
kippe_unten	E8.0	BOOL	Positionsschalter, NO
greifer_vorne	E8.1	BOOL	Greifer ist vorne, Öffner
greifer_hinten	E8.2	BOOL	Greifer ist hinten, Öffner
greifer_links	E8.3	BOOL	Greifer ist links, Öffner
greifer_rechts	E8.4	BOOL	Greifer ist rechts, Öffner
greifer_oben	E8.5	BOOL	Greifer ist oben, Öffner
greifer_unten	E8.6	BOOL	Greifer ist unten, Öffner
greifer_pruef_pos	E8.7	BOOL	Greifer ist über der Prüfeinrichtung, Öffner
greifer_prod_1	E9.0	BOOL	Greifer über Band Produktion 1, Öffner
greifer_prod_2	E9.1	BOOL	Greifer über Band Produktion 2, Öffner
greifer_geschlossen	E9.2	BOOL	Greifer ist geschlossen, NO
greifer_offen	E9.3	BOOL	Greifer ist offen, NO

anwendungen

18. An den Produktionsorten 1 und 2 müssen Befehlsgeber für die Anforderung der jeweils benötigten Tischfüße installiert werden.
a) Wählen Sie bitte geeignete Befehlsgeber aus.
b) Beschreiben Sie deren Installation.

19. Wenn die Schachtanlage fertiggestellt ist, müssen noch die Transportbänder, die Positioniereinrichtung und der Umsetzer in das Steuerungsprogramm einbezogen werden.
Da diese Teilaufgaben bereits gelöst wurden, dürften sie inhaltlich kein großes Problem mehr darstellen.
Zwecks Vergleichbarkeit erweitern Sie die Symboltabelle um die auf Seite 205 dargestellten Einträge.
Komplettieren Sie das Steuerungsprogramm. Notwendige zusätzliche Variablen (z.B. Merker) können Sie nach eigenem Ermessen definieren.
Beachten Sie besonders die einzelnen Störungsmeldungen laut Bedienfeld Seite 196.

20. Im Technologieschema der Schachtanlage sind zwei elektromechanisch wirkende Grenztaster eingezeichnet (vgl. Seite 198), die auch bei Ausfall der SPS die Verfahrbewegung der Schachtanlage begrenzen sollen.
Wie werden diese Grenztaster in die Schaltung eingezogen? Bitte dokumentieren Sie die Änderung.

21. Wenn die Schachtanlage auf einen der in Aufgabe 20 eingebauten Grenztaster aufläuft, ist sie von dieser Stelle aus nicht mehr fortzubewegen.
Woran kann das liegen und was ist zu tun?

info

Elektromechanisch wirkende Wegfühler
(z.B. Positionsschalter zur Begrenzung von Bewegungen) **mit Sicherheitsfunktion** müssen *zwangsöffnend* sein.

Dies bedeutet, dass eine Kontakttrennung als unmittelbare Folge einer festgelegten Bewegung des Bedienteils sichergestellt ist. Schalter mit Sprungfunktion dürfen nicht für Sicherheitsfunktionen verwendet werden.

Es werden allerdings auch Schalter mit Sprungfunktion angeboten, bei denen die Zwangsöffnung der Kontakte durch zusätzliche Maßnahmen erreicht wird. Dies ist durch den Hersteller nachzuweisen und zu bestätigen. Zwangsöffnende Schaltgeräte sind zu kennzeichnen.

Symbol für Zwangsöffnung

Beispiele
- Positionsschalter nach DIN EN 60947-5-1 (VDE 0660 Teil 200)
- Not-Aus-Geräte nach DIN EN 60947-5-5 (VDE 0660 Teil 210)
- Leistungsschalter nach DIN EN 60947-2 (VDE 0660 Teil 101)

Kategorien von Sicherheitsschaltern
- *Kategorie 1*
  Schaltglied und Betätigungsorgan bilden eine Einheit.
- *Kategorie 2*
  Schaltglied und Betätigungsorgan bilden keine Einheit; werden jedoch bei der Betätigung funktional zusammengeführt bzw. getrennt.

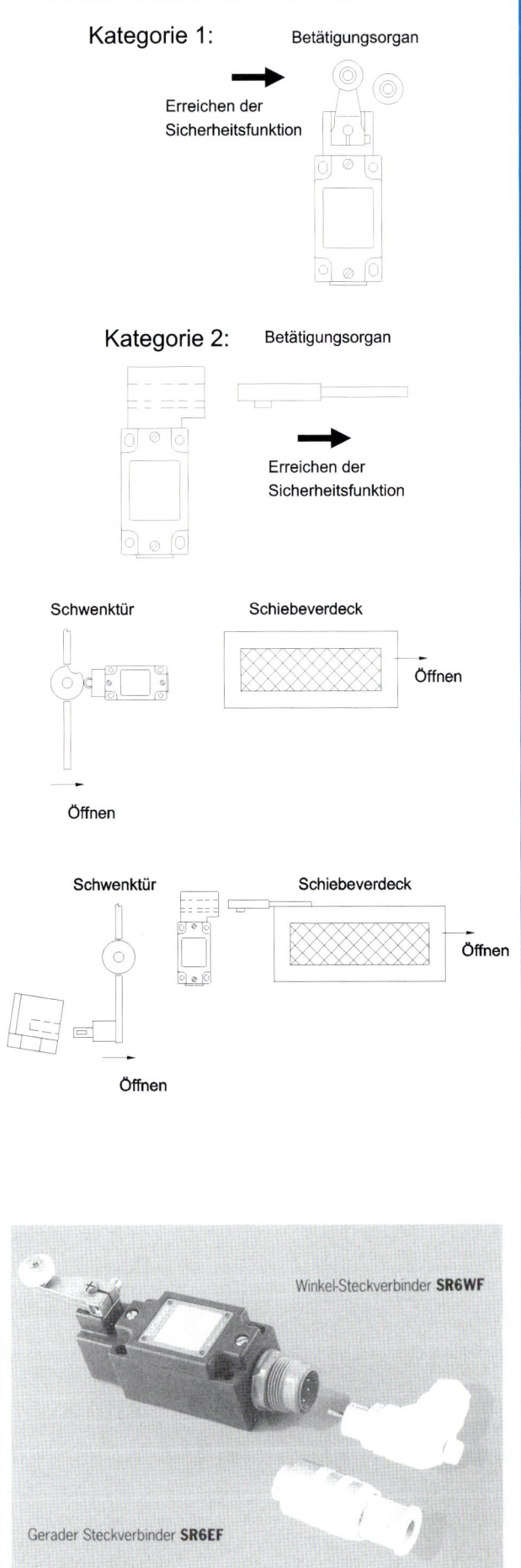

7 Design und Erstellen mechatronischer Systeme

7.5 Inbetriebnahme

auftrag

Nach Abschluss der mechanischen, pneumatischen und elektrischen Arbeiten erhalten Sie den Auftrag, die Inbetriebnahme durchzuführen.

info

Inbetriebnahme nach DIN VDE 0100 - 610

- *Besichtigung*
  - Elektrische Ausrüstung mit der technischen Dokumentation vergleichen.
  - Sind die erforderlichen Bescheinigungen und Zertifikate vorhanden?
  - Sind alle Anschlüsse und Befestigungen in einem ordnungsmäßigen Zustand?
  - Sind die Stromkreise mit gefährlicher Spannung und die PELV-Stromkreise sicher voneinander getrennt?
  - Sind die Motorschutzeinrichtungen auf die richtigen Ströme eingestellt?
  - Sind die Nennströme der Überstromschutzorgane richtig gewählt?

- *Erprobung*
  - Isolationsüberwachungen und FI-Schutzschalter (RCD) funktionstüchtig?
  - Ist die ordnungsgemäße Funktion aller Einrichtungen, besonders der Sicherheitseinrichtungen gegeben?
    Zu den Sicherheitseinrichtungen zählen Verriegelungen, Einrichtungen für Handlungen im Notfall, Endschalter.

Hinweis
Die Unterscheidung zwischen mechanischen und elektrischen Prüfungen ist möglich, wenn diese z.B. in unterschiedlichen Fertigungsstadien vorgenommen werden.

- *Messung*
  - Durchgängige Verbindung des Schutzleitersystems
  - Messung der Isolationswiderstände
  - Spannungsprüfung
  - Messung der Restspannung

Die einzelnen durchgeführten Prüfungen sind nachweisbar zu protokollieren; was nicht heißt, dass die Prüfprotokolle ausgeliefert werden müssen.
Die notwendigen Prüfungen für einen speziellen Maschinentyp werden in der Produktnorm angegeben. Fehlt diese Produktnorm, so können die durchgeführten Prüfungen einen oder mehrere der oberen Angaben umfassen; stets ist jedoch die *Durchgängigkeit des Schutzleitersystems* zu prüfen.

Bei aufgebauter und angeschlossener Maschine kann die Durchgängigkeit des Schutzleitersystems durch eine Schleifenimpedanzmessung überprüft werden.

Bei der Messung der Schleifenimpedanz wird Netzspannung benötigt. Die Maschine muss eingeschaltet werden, ohne zuvor die Wirkung der Schutzmaßnahme überprüft zu haben.

Vorsicht!
Prüfungen gegen elektrischen Schlag haben unbedingten Vorrang vor anderen Prüfungen.

§5 Prüfungen-BVG A2
(1) Der Unternehmer hat dafür zu sorgen, dass die elektrischen Anlagen und Betriebsmittel auf ihren ordnungsgemäßen Zustand geprüft werden:
1. Vor der ersten Inbetriebnahme oder nach einer Änderung der Instandsetzung, vor der Wiederinbetriebnahme durch eine Elektrofachkraft oder unter Leitung und Aufsicht einer Elektrofachkraft.
2. In bestimmten Zeitabständen.

Die Fristen sind so zu bemessen, dass entstehende Mängel, mit denen gerechnet werden muss, rechtzeitig festgestellt werden.

Prüffristen (Richtwerte)
Auszug aus Elektrische Anlagen und Betriebsmittel - BGV A2

Anlage/Betriebsmittel	Prüffrist	Art der Prüfung	Prüfer
Elektrische **Anlagen und** ortsfeste Betriebsmittel	4 Jahre	auf ordnungsgemäßen Zustand	Elektrofachkraft
Elektrische **Anlagen und** ortsfeste Betriebsmittel in „Betriebsstätten, Räumen und Anlagen besonderer Art" (VDE 0100 Gruppe 700)	1 Jahr		
– Ortsveränderliche elektrische Betriebsmittel (soweit benutzt) – Verlängerungs- und Geräteanschlussleitungen mit Steckvorrichtungen – Anschlussleitungen mit Stecker – bewegliche Leitungen mit Stecker und Festanschluss	Richtwert 6 Monate, auf Baustellen 3 Monate. Wird bei Prüfungen eine Fehlerquote < 2 % erreicht, kann die Prüffrist entsprechend verlängert werden Maximalwerte: Auf Baustellen, in Fertigungsstätten und Werkstätten oder unter ähnlichen Bedingungen ein Jahr, in Büros unter ähnlichen Bedingungen zwei Jahre	auf ordnungsgemäßen Zustand	Elektrofachkraft; bei Verwendung geeigneter Mess- und Prüfgeräte auch elektrotechnisch unterwiesene Person

Bei der Prüfung sind die sich hierauf beziehenden elektrotechnischen Regeln zu beachten.

Auf Verlangen der Berufsgenossenschaft ist ein Prüfbuch zu führen.

Die Prüfung vor der ersten Inbetriebnahme ist nicht erforderlich, wenn dem Unternehmer vom Hersteller oder Errichter bestätigt wird, dass die elektrischen Anlagen und Betriebsmittel den Bestimmungen dieser Unfallverhütungsvorschrift entsprechend beschaffen sind.

Ortsfeste Betriebsmittel
Fest angebrachte Betriebsmittel oder Betriebsmittel, die keine Tragevorrichtung haben und deren Masse so groß ist, dass sie nicht leicht bewegt werden können.

Ortsveränderliche Betriebsmittel
Betriebsmittel, die im Betriebszustand bewegt werden können oder die leicht von einem Ort zu einem anderen gebracht werden können, während sie an den Versorgungsstromkreis angeschlossen sind.

Inbetriebnahme

anwendungen

1. Beschreiben Sie genau, welche Punkte Sie bei der Besichtigung der Anlage „Fußzufuhr" besonders beachten.

2. DIN VDE 0100 Teil 610 betrachtet die Besichtigung als wesentlichsten Bestandteil der Inbetriebnahme.
Woran liegt das?

3. Warum darf Erprobung nicht mit Funktionskontrolle verwechselt werden?

4. Was sagt die Erprobung über die Wirksamkeit von Schutzmaßnahmen aus?

5. Wofür kann das in der Prinzipschaltung dargestellte Messverfahren eingesetzt werden?
Bitte erläutern Sie die Wirkungsweise.

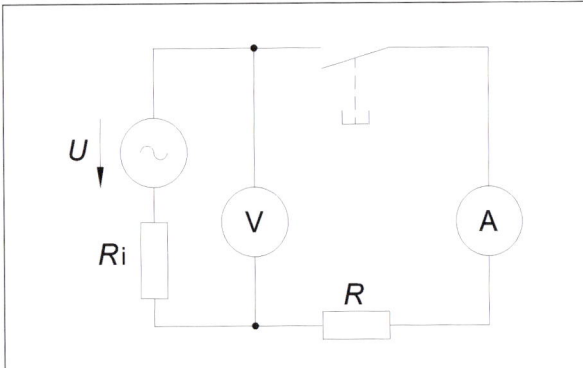

1 Schaltung zu Aufgabe 5

6. Wofür kann das in der Prinzipschaltung dargestellte Messverfahren eingesetzt werden?
Erläutern Sie die Wirkungsweise.

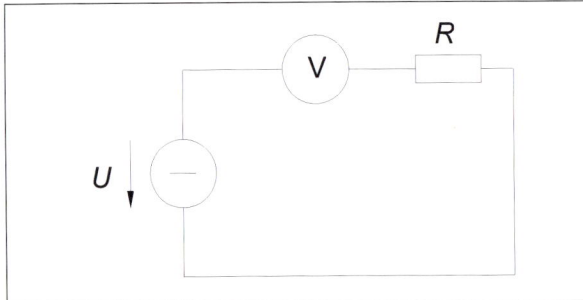

2 Schaltung zu Aufgabe 6

7. Bei der Messung zur Prüfung der Wirksamkeit von Schutzmaßnahmen gibt die Baubestimmung für Prüfgeräte nach DIN VDE 0413 einen Gebrauchsfehler von ± 30 % an.
Bitte erläutern Sie, warum hier der Gebrauchsfehler vergleichsweise groß ist.

8. Beurteilen Sie die Vor- und Nachteile von digital- und analoganzeigenden Messgeräten.

9. Man sagt, die Isolationsmessung dient dem Brandschutz. Bitte erläutern Sie diese Aussage.

10. Beschreiben Sie die Vorgehensweise bei der Messung des Isolationswiderstandes der Anlage „Fußzufuhr".

11. Unter welchen Voraussetzungen ist die Messung des Ersatzableitstromes erforderlich?

12. Wie kann die Messung des Ersatzableitstromes technisch durchgeführt werden?

13. Sie werden beauftragt, die Schleifenimpedanz zu messen.

anwendungen

a) In welchem Netzsystem ist die Messung der Schleifenimpedanz erforderlich?
b) Welchem Zweck dient diese Messung?
c) Aus welchen Bestandteilen setzt sich die Schleifenimpedanz zusammen?
d) Wie kann die Schleifenimpedanz berechnet werden?
e) Wie groß muss der Abschaltstrom sein?
f) Wie groß ist die maximal zulässige Abschaltzeit der Überstrom-Schutzorgane im TN-System?
Welche maximal zulässige Abschaltzeit gilt für die Anlage „Fußzufuhr"?

info

Messungen VDE 0701 - 0702

Schutzleiter
Die Durchgängigkeit (VDE 0701 Teil 1) bzw. der Widerstand (VDE 0701 Teile 2 ... 260 und VDE 0702) der Schutzleiter müssen gemessen werden.

Messspannung 4 ... 24 V, Messstrom ≥ 200 mA
(VDE 0701), Teil 260 ≥ 10 A

Grenzwerte

Durchgängigkeit	
0701	0702
< 1 Ω	< 0,3 Ω bis 5 m Leiterlänge + 0,1 Ω pro weitere 7,5 m Leiterlänge

Beachten Sie bitte
- Anschlussleitungen während des Messvorganges bewegen.
- Der Anschlusswiderstand geht in die Messung ein. Auf gut leitenden Anschluss achten.

Das *Schutzleitersystem* ist einer Sichtprüfung zu unterziehen. Die durchgängige Verbindung des Schutzleiters wird durch Einspeisung eines Stromes von mindestens 10 A bei 50 Hz oder 60 Hz überprüft, der einer SELV-Quelle entnommen wird.

Gemessen wird zwischen der PE-Klemme und den Prüfpunkten des Schutzleitersystems. Dabei dürfen folgende Grenzwerte nicht überschritten werden.

Minimaler Schutzleiterquerschnitt für den zu prüfenden Zweig mm²	Maximaler Widerstand aus Spannungsfall bei 10 A Ω
1,0	0,33
1,5	0,26
2,5	0,19
4,0	0,14
> 6,0	0,10

Hinweis
Auch die Schleifenimpedanz-Messung kann zum Nachweis der durchgehenden Verbindung des Schutzleitersystems dienen.

Dabei ist die elektrische Ausrüstung an die Energieversorgung angeschlossen, was besondere Vorsicht erfordert. Probleme können auch bei Stromkreisen auftreten, die hinter Frequenzumrichtern angeschlossen sind.

7 Design und Erstellen mechatronischer Systeme

info

Diese „heiße Methode" (Netzspannung steht an) ist nur bei TN-Systemen anwendbar (in TT-System wird der Erdungswiderstand bestimmt). Im Verlauf der Prüfung können bei noch nicht geprüften Schutzleiterverbindungen Gefahren für Prüfpersonen und Andere auftreten.

Angewandt wird diese Methode, wenn die Abschaltzeit von vorgeschalteten Überstrom-Schutzeinrichtungen bestimmt werden soll. Ratsam ist diese Methode nur bei räumlich ausgedehnten Schutzleitersystemen (> 30 m vom Netzanschluss).

Für kleinere Maschinen, vorgefertigten Maschinen oder Teilen von Maschinen mit Schutzleiterschleife, die nicht größer als 30 m ist, sowie dort, wo die Maschine für eine Schleifenimpedanz-Messung nicht an die Energieverteilung angeschlossen werden kann, kommt folgende Methode zur Anwendung:

Durchgängigkeit des Schutzleitersystems durch Einspeisung eines Stromes von mindestens 10 A, 50/60 Hz aus einer PELV-Quelle. Die Tabellenwerte dürfen dabei nicht überschritten werden.
Die bislang geforderte Prüfdauer von 10 s kann nach wie vor als sinnvoll angesehen werden.

Isolationswiderstand

Mit Hilfe der Isolationsmessung werden Kriechwege durch Verschmutzung während der Montage festgestellt.
Die Prüfspannung beträgt dabei 500 V DC, was für spannungsempfindliche Betriebsmittel problematisch sein kann. Daher wird diese Messung nur noch für Hauptstromkreise, die eine galvanische Verbindung mit dem Versorgungsnetz haben, gefordert.

Messvorgang:
- Zu messende Anlage vom Netz trennen.
- Messung des Isolationswiderstandes jeweils zwischen Außenleiter und Erde.
- Messung zwischen zwei Außenleitern nicht notwendig.
- Abgetrennten Außenleiter und N-Leiter verbinden, wenn elektrische Betriebsmittel im Stromkreis liegen.
- Messung des Isolationswiderstandes ohne angeschlossene Geräte.

Geräte der Schutzklasse I: min. 1 MΩ
Heizgeräte der Schutzklasse I: min. 0,3 MΩ

Beachten Sie bitte:
- Isolationsmessung nur im spannungslosen Zustand der Anlage.
- Wenn der Messkreis kapazitive Verbraucher enthält, müssen diese nach der Messung entladen werden.
- Entscheiden Sie die Messmethode: Die Verbindung zwischen L und N ist oftmals aufwendiger als Einzelmessungen.
- Schalterleitungen sind ebenfalls zu messen.

info

Schleifenimpedanz

Schutzeinrichtungen und Leitungsquerschnitte der Leiter sind so zu bemessen, dass bei Auftreten eines Körperschlusses die Abschaltung innerhalb der vorgeschriebenen Zeit erfolgt. Dies trifft zu, wenn bei TN-Systemen die Bedingung

$$Z_s \cdot I_a \leq U_0$$

erfüllt ist.

Z_s Schleifenimpedanz
I_a Abschaltstrom des Überstrom-Schutzorgans
U_0 Spannung gegen Erde (geerdeten Leiter)

Abschaltzeiten (TN-System)
230 V: 0,4 s   In Endstromkreisen mit Steckdosen
400 V: 0,2 s   oder fest angeschlossenen beweglichen
1000 V: 0,1 s Betriebsmitteln der Schutzklasse I.
      5 s   In allen anderen Stromkreisen.

Hinweise
- Die Schleifenimpedanzmessung muss je Stromkreis nur einmal an der elektrisch ungünstigsten Stelle erfolgen. An allen anderen Anschlüssen des Stromkreises ist der niederohmige Durchgang des Schutzleiters zu prüfen.
- VDE rät, eventuell mehrere Messungen nacheinander durchzuführen, wenn das Messergebnis durch Spannungsschwankungen beeinflusst wird oder wenn die elektrisch ungünstigste Stelle nicht bekannt ist.
- Es ist zu berücksichtigen, dass der Widerstand von Leitungen mit steigender Temperatur zunimmt (Sicherheitszuschlag).

Tabelle siehe Seite 210.

TN-Systeme

Abschaltströme I_a bei Abschaltzeiten 5 s und 0,2 s sowie maximal zulässige Schleifenimpedanzen Z_s für die Bemessungsströme von

- Niederspannungssicherungen nach Normen der Reihe VDE 0636 der Charakteristik gG (Die Zahlenwerte I_a und Z_s sind zur sicheren Seite gerundet).
- Leitungsschutzschaltern, festeingestellten Leistungsschaltern.
- Leistungsschaltern mit einstellbarem Abschaltstrom, eingestellt auf z.B. 5 I_n, 10 I_n, 15 I_n.

Tabelle siehe Seite 210.

TT-Systeme

Abschaltströme I_a bei Abschaltzeiten 5 s und 0,2 s sowie maximal zulässige Erdungswiderstände R_A der Körper für die Bemessungsströme von

- Niederspannungssicherungen nach Normen der Reihe VDE 0636 der Charakteristik gG. (Die Zahlenwerte I_a und R_A sind zur sicheren Seite gerundet).
- Leitungsschutzschaltern, festeingestellten Leistungsschaltern.
- Leistungsschaltern mit einstellbarem Abschaltstrom, eingestellt auf z.B. 5 I_n, 10 I_n.

Tabelle siehe Seite 210.

anwendungen

16. Bei Körperschluss eines Betriebsmittels der Schutzklasse I darf eine gefährlich hohe Berührungsspannung nur eine kurze Zeit anstehen. Wie kommt es zum Ansprechen des vorgeschalteten Überstrom-Schutzorgans bei Körperschluss? Worauf ist bei dieser Schutzmaßnahme besonders zu achten?

17. Beschreiben Sie das Prinzip bei der Messung der Schleifenimpedanz. Bitte fertigen Sie hierbei eine Skizze an.

18. Professionell wird die Messung der Schleifenimpedanz mit einem Messgerät gemäß DIN VDE 0413 Teil 3 durchgeführt. Beschreiben Sie die Vorgehensweise bei der Anlage „Fußzufuhr".

19. Die Messung bei der Anlage „Fußzufuhr" ergibt einen Wert von $Z_s = 1,45\,\Omega$. Bitte beurteilen Sie das Ergebnis.

20. Was kann getan werden, wenn die Schleifenimpedanz-Messung einen zu hohen Wert ergibt?

englisch

Inbetriebnahme
putting into operation [service], bringing into service, starting, commissioning

Prüfung
inspection, test

Verriegelung
locking, interlock, blocking, latching

Schlag, elektrischer
shock

Inbetriebnahme

info

Beurteilung von Überstrom-Schutzeinrichtungen, Schleifenimpedanzen, Leiterquerschnitten in TN-Systemen

U_0 AC 230 V 50 Hz	Niederspannungssicherung nach Normen der Reihe VDE 0636 mit Charakteristik gG				I_a und Z_s von Leitungsschaltern [1] und Leistungsschalter für die überschlägige Prüfung					
					B		C		K	
I_n A	I_a (5 s) A	Z_s (5 s) Ω	I_a (0,2 s) A	Z_s (0,2 s) Ω	$I_a = 5\,I_n$ A	Z_s (≤0,2 s) Ω	$I_a = 10\,I_n$ A	Z_s (≤0,2 s) Ω	$I_a = 15\,I_n$ A	Z_s (≤0,2 s) Ω
2	9,21	24,972	20	11,5	10	23	20	11,5	30	7,666
4	19,2	11,979	40	5,75	20	11,5	40	5,75	60	3,833
6	28	8,21	60	3,833	30	7,666	60	3,833	90	2,555
10	47	4,893	100	2,3	50	4,6	100	2,3	150	1,533
16	72	3,194	148	1,554	80	2,879	160	1,437	240	0,958
20	88	2,613	191	1,204	100	2,3	200	1,15	300	0,766
25	120	1,916	270	0,851	125	1,84	250	0,92	375	0,613
32	156	1,474	332	0,692	160	1,437	320	0,718	480	0,479
35	173	1,329	367	0,626	175	1,314	350	0,657	525	0,438
40	200	1,15	410	0,560	200	1,15	400	0,579	600	0,383
50	260	0,884	578	0,397	250	0,92	500	0,46	750	0,306
63	351	0,655	750	0,306	315	0,730	630	0,365	945	0,243
80	452	0,508	–	–	–	–	–	–	–	–
100	573	0,401	–	–	–	–	–	–	–	–
125	751	0,306	–	–	–	–	–	–	–	–
160	995	0,231	–	–	–	–	–	–	–	–

[1] Für Leitungsschutzschalter und Leistungsschalter sind die Werte für I_a als Vielfaches von I_n den jeweiligen Normen oder Herstellerkennlinien zu entnehmen.

TT-Systeme

Niederspannungssicherung nach Normen der Reihe VDE 0636 mit Charakteristik gG				I_a und Z_s von Leitungsschutzschaltern [1] und Leistungsschaltern für die überschlägige Prüfung							
I_n	I_a	R_A bei $U_L =$		$I_a = 5\,I_n$	R_A bei $U_L =$		$I_a = 10\,I_n$	R_A bei $U_L =$		$I_a = 15\,I_n$	R_A bei $U_L =$	
		50 V	25 V		50 V	25 V		50 V	25 V		50 V	25 V
A	A	Ω	Ω	A	Ω	Ω	A	Ω	Ω	A	Ω	Ω
2	9,21	5,4	2,7	10	5,0	2,5	20	2,5	1,25	30	1,7	0,83
4	19,2	2,6	1,3	20	2,5	1,25	40	1,25	0,63	60	0,83	0,41
6	28	1,8	0,9	30	1,7	0,83	60	0,83	0,41	90	0,56	0,28
10	47	1,1	0,54	50	1,0	0,50	100	0,50	0,25	150	0,33	0,16
16	72	0,69	0,36	80	0,63	0,32	160	0,31	0,16	240	0,21	0,10
20	88	0,57	0,29	100	0,50	0,25	200	0,25	0,13	300	0,17	–
15	120	0,42	0,21	125	0,40	0,20	250	0,20	0,10	375	0,13	–
32	156	0,32	0,17	160	0,31	0,16	320	0,16	–	480	0,10	–
35	173	0,29	0,14	175	0,29	0,14	350	0,14	–	525	0,09	–

englisch

Messung
measurement, metering

Messverfahren
measuring method, metering method, measurement method

Hersteller
manufacturer

Schutzleiter
protective conductor, protective earthing conductor

Isolationsprüfgerät
insulation testing apparates, insulation tester, megaohmmeter

Spannungsprüfung
voltage test

Restspannung
residual voltage

Prüfprotokoll
inspection record, test certificate

Instandsetzung
repair, reconditioning, corrective (breakdown) maintenance

Mangel
defect

Norm
standard

Schleife
loop

Netzspannung
mains voltage, net voltage, supply voltage

7 Design und Erstellen mechatronischer Systeme

übung und vertiefung

1. Wie wird die Spannungsprüfung durchgeführt? Welche Stromkreise sind von der Spannungsprüfung ausgenommen?

2. Was versteht man unter Restspannungen? Warum sind diese Spannungen vor allem bei Frequenzumrichtern und anderen elektronischen Motorsteuergeräten von Bedeutung? Welche Messgeräte können für die Messung der Restspannungen verwendet werden?

3. Die Wirksamkeit von Fehlerstrom-Schutzeinrichtungen (RCDs) soll beurteilt werden. Welche Messgrößen sind hierbei von Bedeutung?

4. Erläutern Sie die Begriffe Fehlerspannung, Berührungsspannung, Fehlerstrom und Erdungswiderstand.

5. Beschreiben Sie kurz die Arbeitsweise der RCD-Schutzmaßnahme.

6. Geben Sie typische Bemessungs-Differenzströme $I_{\Delta n}$ von RCDs an.

7. Darf ein RCD bereits auslösen, wenn der Fehlerstrom den halben Wert von $I_{\Delta n}$ erreicht hat? Wann muss er spätestens auslösen?

8. In ein TN-System wird ein RCD eingebaut. Was ist dabei bezüglich der Aufteilung des PEN-Leiters in N-Leiter und PE-Leiter zu beachten?

8. In welcher Zeit muss ein RCD auslösen?

9. Worauf ist bei RCDs mit niedrigen Bemessungs-Differenzströmen zu achten?

10. Warum hat der RCD große Bedeutung als Brandschutz?

11. Bei Einsatz des RCD im TN-System gilt:
$$Z_s \cdot I_{\Delta n} \leq U_0$$
Bitte erläutern Sie diese Beziehung.

12. Bei Einsatz des RCD im TT-System gilt:
$$R_A \cdot I_{\Delta n} \leq U_L$$
Bitte erläutern Sie diese Beziehung.

13. Die Prüftaste des RCD wird betätigt und der RCD löst aus. Kann die Schutzmaßnahme damit als funktionstüchtig gelten?

14. Messgeräte für die Prüfung der Schutzmaßnahme müssen DIN VDE 0413, Teil 6 entsprechen. Beschreiben Sie, wie die Wirksamkeit der Schutzmaßnahme nachgewiesen werden kann.

15. Welcher maximale Erdungswiderstand R_{Amax} ist bei RCDs mit folgenden Nenn-Auslöseströmen zulässig?
a) 10 mA
b) 30 mA
c) 100 mA
d) 300 mA
e) 500 mA

16. Es wird bei der Prüfung der Schutzmaßnahme mit RCD eine zu hohe Berührungsspannung ermittelt. Welche Maßnahmen können Sie ergreifen?

17. Irrtümlich sind PE und N hinter dem RCD miteinander verbunden. Welche Auswirkungen hat das auf die Wirksamkeit der Schutzmaßnahme?

18. Die N-Leiter mehrerer RCD-Stromkreise (jeder Stromkreis ist durch einen eigenständigen RCD geschützt) sind hinter den RCDs miteinander verbunden. Welche Auswirkungen kann das haben?

19. Was versteht man unter selektiven RCDs und welches Kennzeichen tragen sie?

20. Welche Bedeutung hat der RCD bei der Verwirklichung des Zusatzschutzes?

21. Welche Probleme können bei Einsatz von RCDs in Kreisen mit Frequenzumrichtern auftreten?

info

Fehlerstrom-Schutzeinrichtungen (RCD)

Durch Erzeugung eines Fehlerstromes hinter dem RCD muss nachgewiesen werden, dass

– der RCD spätestens bei Erreichen des Bemessungs-Differenzstromes $I_{\Delta n}$ auslöst und
– dabei die vereinbarte Grenze der zulässigen Berührungsspannung U_L nicht überschritten wird.

Siehe Tabelle Seite 212.

Beachten Sie:
Die Messung muss nur an einer Stelle im Stromkreis erfolgen. An den anderen Anschlüssen des Stromkreises muss der niederohmige Durchgang des Schutzleiters nachgewiesen werden.

In TN-Systemen zeigen die Messgeräte wegen des geringen Schutzleiterwiderstandes oft 0-V-Berührungsspannung an.

Ersatzableitstrom

Betriebsmittel der Schutzklasse I
Zulässiger Wert wurde von 7 mA auf 3,5 mA reduziert.
• Messung bei Netzfrequenz
• Leerlaufspannung mindestens 25 V, maximal 250 V
• Bei Leerlaufspannungen über 50 V darf der Kurzschlussstrom 3,5 mA nicht übersteigen.
• Messwertkorrektur: Der Messwert muss der Prüfung bei Netzspannung entsprechen.

Schutzleiterstrom

Diese Prüfung des Schutzleiterstromes ist relativ neu in Vorschlag gebracht.

Durch das Verfahren Ersatzableitstrom-Prüfung wird die Einhaltung des maximalen Grenzwertes des Schutzleiterstromes von 3,5 mA geprüft.
Ausnahmen
• Geräte mit Heizelementen und Gesamtanschlussleistung über 3,5 kW.
  Zulässiger Schutzleiterstrom ≤ 1 mA/kW.
• Fest angeschlossene Geräte und Geräte mit Anschlüssen nach IEC 60309 (CEE-Steckvorrichtungen).

Berührungsstrom

Auch diese Prüfung ist relativ neu in Vorschlag.
Geprüft wird die Einhaltung des maximalen Grenzwertes für den Berührungsstrom $\leq 0,5$ mA bei Geräten der Schutzklasse II und III bzw. berührbaren Teilen von Geräten der Schutzklasse I, die nicht an den Schutzleiter angeschlossen sind.

Anforderungen an die Messgeräte
• Strom als Effektivwert angeben.
• Innenwiderstand der Messeinrichtung: 2 Ω ±20 % bei einem Strom von 0,5 A.

Alternativverfahren
Ersatzableitstrommessung

info

Bemessungs-Differenzstrom von RCDs und maximal zulässiger Erdungswiderstand, gemessen an Körpern der Betriebsmittel

Erdungswiderstand	Bemessungs-Differenzstrom $I_{\Delta n}$		mA	10	30	100	300	500
Maximal zulässiger Erdungswiderstand, gemessen an Körpern von Betriebsmitteln	R_A bei	$U_L = 50$ V	Ω	5000	1666	500	166	100
		$U_L = 25$ V	Ω	2500	833	250	83	50
Maximal zulässiger Erdungswiderstand, gemessen an Körpern von Betriebsmitteln hinter selektiven Fehlerstrom-Schutzeinrichtungen [S] [1)]	R_A bei	$U_L = 50$ V	Ω	–	–	250	83	50
		$U_L = 25$ V	Ω	–	–	125	41	25

[1)] Die maximal zulässigen Widerstandswerte sind auf solchen Fehlerstrom-Schutzeinrichtungen angegeben. Sie beruhen auf der Beziehung:

$$R_A = \frac{U_L}{2\, I_{\Delta n}}$$

anwendungen

1. Bei der Prüfung der Durchgängigkeit des Schutzleitersystems wird der Spannungsfall in Abhängigkeit des Leiterquerschnittes gemessen. Dabei wird mit mindestens 10 A AC geprüft.

Ausgehend vom Schaltschrank wurden die einzelnen Punkte am Maschinenbett bzw. an den unterschiedlichen Antriebsmotoren gemessen.

a) Die Messwerte lagen alle unter 40 mV. Welche Schlussfolgerung ziehen Sie daraus?
b) Bei weiterer Entfernung vom Bezugspunkt (Schaltschrank) ist keine nennenswerte Änderung der Messwerte zu beobachten. Woran wird das liegen? Welche Konsequenzen wird die Elektrofachkraft daraus ziehen?

2. Da die Messung des Isolationswiderstandes als problematisch angesehen wurde, kam eine praxisgerechte Ersatzmessung, die Messung der Ableitströme in Vorschlag. Dazu wird die Anlage in Betrieb genommen, wobei alle möglichen Schalt- und Steuerzustände hergestellt werden. Dabei wird der Hauptschutzleiter mit einer geeigneten Stromzange überwacht.

a) Gemessen wurde ein Strom von 650 mA. Bitte beurteilen Sie dieses Messergebnis.
b) Welche Konsequenzen ziehen Sie aus dem Messergebnis?

englisch

Netzspannung
mains voltage, net voltage, supply voltage

Anlage
plant, system, equipment, installation

Betriebsmittel, elektrische
electrical equipment

ortsfest
stationary

Impedanz
impedance, apparent resistance

Überstromschutz
overcurrent protection, overload protection

Abschaltzeit
switch-off time, turn-off-time, breaking time, clearing time

Einspeisung
feeding, supply, incoming feeder

Prüfling
test piece, test component, check sample, device under test, DUT

Hauptstromkreis
power circuit

Schutzklasse
class of protection

Fehlerstrom
fault current

7.6 Prüfung ortsveränderlicher Betriebsmittel

auftrag

Eine elektrische Handbohrmaschine wird zur Reparatur gebracht. Wenn die Anschlussleitung in Nähe der Zugentlastung bewegt wird, arbeitet die eingeschaltete Bohrmaschine nicht mehr.

Sie werden beauftragt, eine fachgerechte Instandsetzung durchzuführen.

anwendungen

1. Worin liegt der wahrscheinliche Fehler der Handbohrmaschine?
Beschreiben Sie die Maßnahme zur Instandsetzung.

2. Die Handbohrmaschine muss einer Wiederholungsprüfung unterzogen werden.
Beschreiben Sie die Maßnahmen in der richtigen Reihenfolge.

3. Der Schutzleiterwiderstand wird zu 120 mΩ gemessen. Welche Schlussfolgerung ziehen Sie daraus?

4. Die Bohrmaschine (Schutzklasse I) hat eine 4 m lange Anschlussleitung. Sie wird in der Regel über eine 30 m lange Verlängerungsleitung betrieben.
a) Bestimmen Sie den maximal zulässigen Schutzleiterwiderstand der Anschlussleitung.
b) Wie groß darf der Schutzleiterwiderstand der Verlängerungsleitung höchstens sein?

5. Wie wird die Messung des Isolationswiderstandes bei Geräten der Schutzklasse II und III technisch durchgeführt?

6. Die Messung des Isolationswiderstandes ist bei Geräten mit elektrisch betätigten, allpolig schaltenden Relais problematisch, da eine Kontaktbetätigung des Relais nur mit Hilfe der Netzspannung erreicht werden kann.
Was ist in diesem Fall bei Geräten der Schutzklasse I und Schutzklasse II zu tun?

7. Bei Heizgeräten der Schutzklasse I wird der vorgeschriebene Mindestwert des Isolationswiderstandes häufig unterschritten.
Unter welchen Umständen dürfen diese Geräte dennoch weiter betrieben werden? Beschreiben Sie den entsprechenden Prüfvorgang.

7 Design und Erstellen mechatronischer Systeme

anwendungen

8. Wie gehen Sie vor, wenn sich bei einer Wiederholungsprüfung Geräte aus betrieblichen Gründen nicht vom Netz trennen lassen?

9. Sind bei fest angeschlossenen Industriemaschinen Wiederholungsprüfungen vorgeschrieben?
Wer darf diese Prüfungen durchführen? Welche Prüfungen sind durchzuführen?

10. Wiederholungsprüfung von nicht ortsfesten elektrischen Betriebsmitteln nach BGV A2.
a) Ihr Kollege will das Schutzleitersystem mit einem Multimeter messen.
Wie reagieren Sie darauf?
b) Wie müssen die Prüfungsergebnisse dokumentiert werden?
c) Sind die geprüften Geräte zu kennzeichnen?

info

Schutzleiterstrom messen, direkte Messung

Bei der direkten Messung muss das zu prüfende Gerät auf eine isolierende Unterlage gestellt werden.
Damit soll verhindert werden, dass ein „Leckstrom" direkt über das Gehäuse zur Erde abfließt, obgleich er über den Schutzleiter fließen sollte.

Geräte mit polwechselbaren Netzsteckern erfordern, dass die Messung in beiden Steckerpositionen durchgeführt wird. Maßgeblich ist dann der höhere der beiden Messwerte.

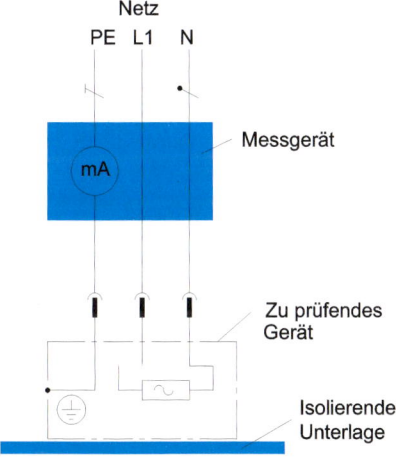

Schutzleiterstrom messen, Differenzverfahren

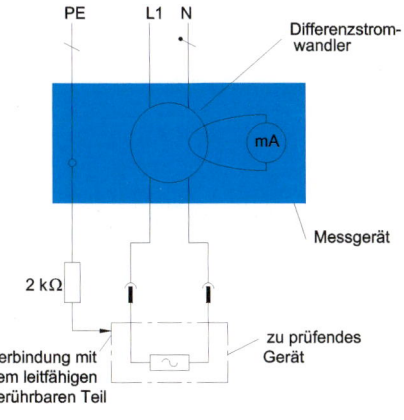

Ersatzableitstrom messen

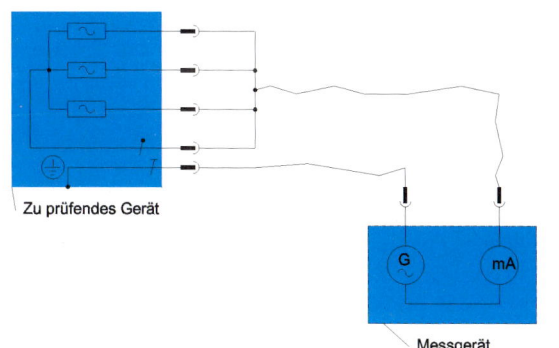

Schutzleiterwiderstand messen

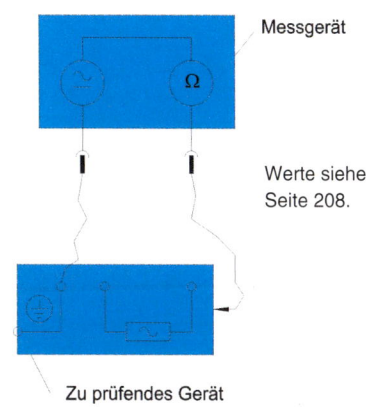

Werte siehe Seite 208.

Isolationswiderstand messen

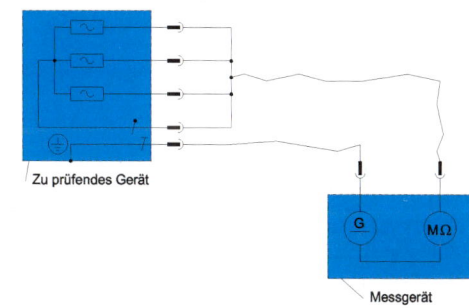

Bei Geräten der Schutzklasse I bzw. II wird der zweite Anschluss des Messgerätes mit einem berührbaren leitfähigen Teil des Prüflings verbunden. Wenn diese Geräte mehrere berührbare leitfähige Teile haben, so ist die Messung an jedem dieser Teile vorzunehmen.

Berührungsstrom messen

Bei polwechselbaren Steckern ist die Messung für beide Anschlussmöglichkeiten durchzuführen. Maximal zulässiger Berührungsstrom: 0,5 mA.

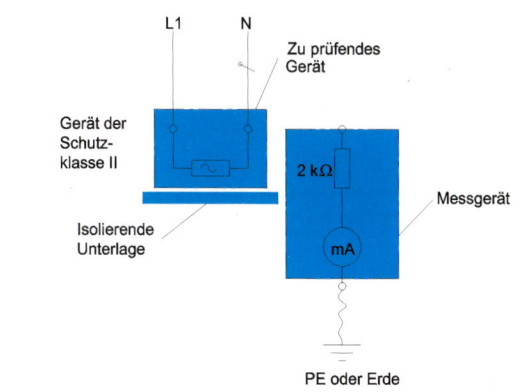

Inbetriebnahme

info

Sicherheitsregeln
- Freischalten
- Gegen Wiedereinschalten sichern
- Spannungsfreiheit feststellen
- Erden und kurzschließen [1]
- Benachbarte, unter Spannung stehende Teile abdecken ober abschranken

[1] *In Anlagen mit Nennspannungen bis 1000 V darf u.U. hiervon abgewichen werden (DIN VDE 0105 Teil 100).*

Maßnahmen vor dem Wiedereinschalten
- Werkzeuge und Hilfsmittel entfernen
- Den Gefahrenbereich verlassen
- Kurzschließung und Erdung aufheben (zuerst an der Arbeitsstelle)
- Das Erdungsseil zuerst von den Anlageteilen und dann von der Erde heben
- Schutzverkleidungen und Sicherheitshinweise wieder anbringen
- Die Schutzmaßnahmen an den Schaltstellen erst nach Freimeldung von den Arbeitsstellen aufheben

Arbeiten unter Spannung
An unter Spannung stehenden aktiven Teilen von elektrischen Anlagen und Betriebsmitteln darf (mit Ausnahme von einigen Fällen) nicht gearbeitet werden.

Beispiele für Ausnahmen sind:
- Eine Gefährdung durch Körperströme oder Lichtbogenbildung ist auszuschließen (SELV- oder PELV-Stromkreise mit Nennspannungen bis 50 V AC bzw. 120 V DC oder Stromkreise mit einem Kurzschlussstrom an der Arbeitsstelle $I_K \leq 3$ mA AC bzw. 12 mA DC oder mit Begrenzung der Energie auf maximal 350 mWs).
- Aus zwingenden Gründen ist der spannungsfreie Zustand nicht herzustellen, zum Beispiel:
  – Der Spannungsausfall bedeutet eine Gefährdung von Leben und Gesundheit von Personen.
  – Der Spannungsausfall verursacht einen erheblichen wirtschaftlichen Schaden.

Für zugelassene Arbeiten unter Spannung müssen Elektrofachkräfte oder elektrotechnisch unterwiesene Personen mit Spezialausbildung eingesetzt werden.

Ableitstrom
Strom, der zu einem fehlerfreien Stromkreis zur Erde oder zu einem fremden leitfähigen Teil führt (DIN VDE 0100 Teil 200).

Fehlerstrom
Strom der als Folge eines Isolationsfehlers auftritt.

Schutzleiterstrom
Strom, der den Schutzleiter von Geräten der Schutzklasse I durchfließt, sofern deren Körper gegen Erde isoliert ist.

Berührungsstrom
Strom, der bei Berührung eines leitfähigen berührbaren Teils von Geräten der Schutzklasse II oder eines nicht an den Schutzleiter angeschlossenen berührbaren leitfähigen Teils von Geräten der Schutzklasse I den Körper der berührenden Person durchfließt.

Schutzklasse I
Betriebsmittel mit leitfähigem Gehäuse

Schutzklasse II
Betriebsmittel mit Kunststoffgehäuse

Schutzklasse III
Betriebsmittel mit Nennspannungen bis 25 V AC bzw. 50 V AC sowie bis 60 V DC bzw. 120 V DC

7.7 Feuergefährdete Betriebsstätten

info

Die häufigsten Brandursachen (Quelle: Berufsgenossenschaft)
- Blitzschlag   20 %
- Elektrizität   13 %
- Brandstiftung   10 %
- Feuer, Hitze   10 %
- Maschinelle Einr.   10 %
- Explosion   5 %
- Brandgefährliche Stoffe 5 %

Der erste Schritt eines optimalen *Brandschutzkonzept*es ist die *Gefährdungsbeurteilung*. Hierbei ist es sinnvoll:
- Eine Liste sämtlicher Gefahrstoffe im Betrieb zu erstellen.
- Entzündbarkeit, Entflammbarkeit, Brennbarkeit und die brandfördernde Wirkung feststellen.
- Eine Liste der möglichen Zündquellen erstellen.

Wichtige Maßnahmen (Beispiele)
- Keine oder nur bedarfsgerecht wenige entzündliche Stoffe an Arbeitsplätzen lagern.
- Kein Feuer, offenes Licht oder andere Zündquellen in feuergefährdeten Bereichen. Nicht rauchen!
- Höchste Vorsicht bei Schweiß-, Schneide- oder Brennarbeiten. Zuvor entzündliches Material entfernen und Zündfunken unbedingt überwachen.
- Im Betrieb müssen ausreichend Feuerlöscher oder wirksame Feuerlöscheinrichtungen vorhanden und nutzbar sein. Kontinuierlich geprüfte Feuerlöscher (mind. alle 2 Jahre) müssen leicht zugänglich und durch deutlich erkennbare Brandschutzzeichen auffindbar sein.
- Elektrische Anlagen und Betriebsmittel dürfen nur von Elektrofachkräften eingestellt, repariert und geprüft werden.
- Eine Temperaturüberwachung von Maschinen und Großgeräten ist sinnvoll.
- Mit Lösemittel getränkte Putzlappen in einem separaten Behälter mit Deckel aufbewahren.
- In feuergefährdeten Bereichen dürfen Schweiß-, Schneid- und Brennarbeiten nur mit Erlaubnisschein ausgeführt werden. Alle brennbaren Stoffe sind zu entfernen. Unter Umständen ist eine Brandwache aufzustellen.
- Computeranlagen und Serverschränke sind gut zu belüften. Großanlagen müssen mit eingebautem Rauchmelder und Löscher versehen werden.

Brandklassen
A Brand fester, meist organischer Stoffe (z.B. Holz, Papier)
B Brand flüssiger (sich verflüssigender) Stoffe (z.B. Benzin, Öl, Fette, Kunststoffe)
C Brand bei Gasen

englisch

Leckstrom
leakage current

RCD (Fehlerstrom-Schutzschalter)
fault-currend circuit breaker, current-operated earth-leakage-breaker

Nennwert
nominal value

Fehlerspannung
fault voltage

Berührungsspannung
contact voltage, touch potential (voltage)

Ableitstrom
discharge current, stray current, leacance current

Ersatz
substitute

7 Design und Erstellen mechatronischer Systeme

> info

Brandklasseneinteilung nach DIN EN 2

Zeichenerklärung: ● geeignet und zugelassen

Löscher	Brand-klasse	A: Brände fester Stoffe, hauptsächlich organischer Natur, die normaler Weise unter Glutbildung verbrennen z. B. Holz, Papier, Stroh, Textilien, Kohle, Autoreifen	B: Brände von flüssigen oder flüssig werdenden Stoffen z. B. Benzin, Benzol, Öle, Fette, Lacke, Teer, Äther, Alkohol, Stearin, Paraffin	C: Brände von Gasen z. B. Methan, Propan, Wasserstoff, Acetylen, Erdgas, Stadtgas	D: Brände von Metallen z. B. Aluminium, Magnesium, Lithium, Natrium, Kalium und deren Legierungen
Pulverlöscher mit Glutbrandpulver	PG	●	●	●	
Pulverlöscher mit Metallbrandpulver	PM				●
Pulverlöscher mit Spezialpulver	P		●	●	
Kohlendioxid-Löscher (CO_2)	K		●		
Wasserlöscher	W	●			
Schaumlöscher	S	●	●		

Feuerlöscher müssen nach dem Brandeinsatz oder nach unbeabsichtigter Betätigung durch den autorisierten Kundendienst überprüft und wieder einsatzbereit gemacht werden.

Inbetriebnahme

info

Wirksamer Brandschutz

Zündquellen entschärfen!
Funken, Lichtbögen, Flammen, Wärmestrahlung, Gase, heiße Flüssigkeiten, heiße Oberflächen

Höchste Vorsicht bei:
- Heizungsanlagen, offenem Feuer, Laser oder anderen starken Strahlungsquellen
- Elektrischer Energie: Kurzschluss, Erdschluss, Entladung statischer Elektrizität, übermäßiger Erwärmung [1)]
- Mechanischer Energie: Reibung, Bohren, Schleifen
- Chemischer Energie: Selbsterhitzung, Selbstentzündung

[1)] Beachten Sie hierbei, dass „heiß" ein sehr subjektiver Begriff ist. „Berührbare Oberflächen", sofern sie nicht aus Metall sind, dürfen eine Übertemperatur von 50 K annehmen.
Wenn eine Umgebungstemperatur von maximal 40 °C berücksichtigt wird, kann sich somit eine Temperatur von bis zu 90 °C an der Oberfläche ergeben. Man kann sicher schon von einer heißen Oberfläche sprechen.

Sicherheitszeichen

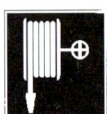  

Bitte benennen Sie die einzelnen Sicherheitszeichen mit Hilfe des Tabellenbuches.

übung und vertiefung

1. Was wird unter feuergefährdeten Betriebsstätten verstanden?

2. Welche Forderung wird an die Schutzart von Betriebsmitteln in feuergefährdeten Betriebsstätten gestellt?

3. Unter welcher Voraussetzung wird ein Stoff als leicht entzündlich angesehen?

4. Dürfen in feuergefährdeten Betriebsstätten Gummischlauchleitungen verwendet werden?

5. Welche Anforderungen werden an Leuchten in feuergefährdeten Betriebsstätten gestellt?

6. Welches Netzsystem ist in feuergefährdeten Betriebsstätten zulässig?

7. Welche besonderen Maßnahmen gegen Brände in Folge von Isolationsfehlern sind in feuergefährdeten Betriebsstätten notwendig?

8. Welche besondere Bedeutung hat die RCD-Schaltung in feuergefährdeten Betriebsstätten? Welcher maximale Bemessungs-Differenzstrom $I_{\Delta n}$ ist zulässig?

9. Welche besonderen Anforderungen gelten für explosionsgefährdete Bereiche?

englisch

Berührungsstrom
contact current

Effektivwert
effective value, main value, root-mean-square value, r.m.s. value

Innenwiderstand
internal resistance

Anschlussleitung
connecting attachment, service line

Wiederholung
repetition, recurrence

Sicherheit
safety, reliability

Freischalten
disconnection, clearing, clear-down

Einschalten
switching on, closing

Isolationsprüfung
voltage with stand insulation test

erden
earth, connect to earth, ground

kurzschließen
short (out), short circuit

Brand bekämpfen
fire-fighting

Brandgefahr
fire danger

Brandherd
seat of fire

Brandlast
fire load

Brandschaden
fire losses

Brandschutz
fire protection

Brandsicherheit
fire safety

Brandverhütung
fire prevention

Gefährdungspotenzial
potential danger

Gefahrenbereich
danger area

Gefahrenklasse
danger class, dangerous material class

Gefahrenstellte
hazard point

zünden
fire

Zündfunke
ignition spark

Zündgruppe
ignition group

Explosion
explosion

explosionsgeschützt
explosion-proof

Erste Hilfe
first-aid

7 Design und Erstellen mechatronischer Systeme

7.8 Unfälle durch elektrischen Strom

info

Maßnahmen bei Unfällen

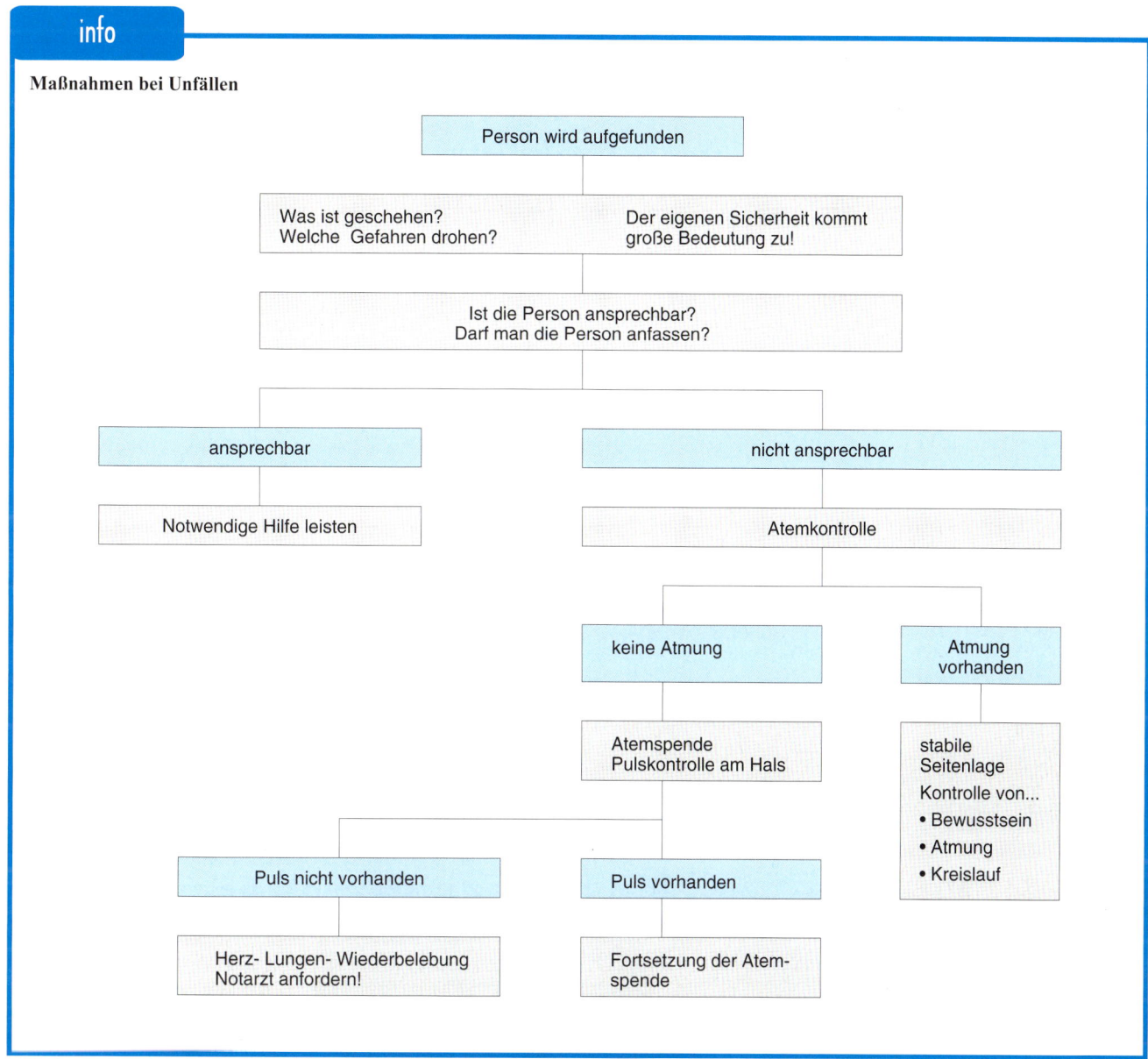

anwendungen

1. Wie ist ein Verletzter zu lagern?
2. Welche Anzeichen deuten auf einen Schock hin? Welche Maßnahmen sind bei Schock zu ergreifen?
3. Oftmals treten in Verbindung mit elektrischen Unfällen Verbrennungen auf.
Wie ist dann zu verfahren?

Vorsicht!

Bei Niederspannungsunfällen kann eine Unterbrechung der Stromzuleitung durch Herausziehen des Steckers oder Betätigung der Sicherung bzw. der Netz-Trenneinrichtung erfolgen.

Unter Spannung stehende Personen niemals anfassen!

1 Deckblatt einer Dokumentation (Beispiel)

8 Dokumentationsbeispiel

Beispielhaft ist der mögliche Aufbau einer Dokumentation in Auszügen dargestellt.
Aus Platzgründen können nicht sämtliche Anlagen zu dieser Dokumentation dargestellt werden. Dies ist auch nicht zwingend notwendig, da sie sich bei Ihrer eigenen Arbeit zwangsläufig ergeben.

8.1 Einführung in das System

Gegenstand des Arbeitsauftrages ist eine *Muldenband-Strahlanlage* des Typs T 100 R.

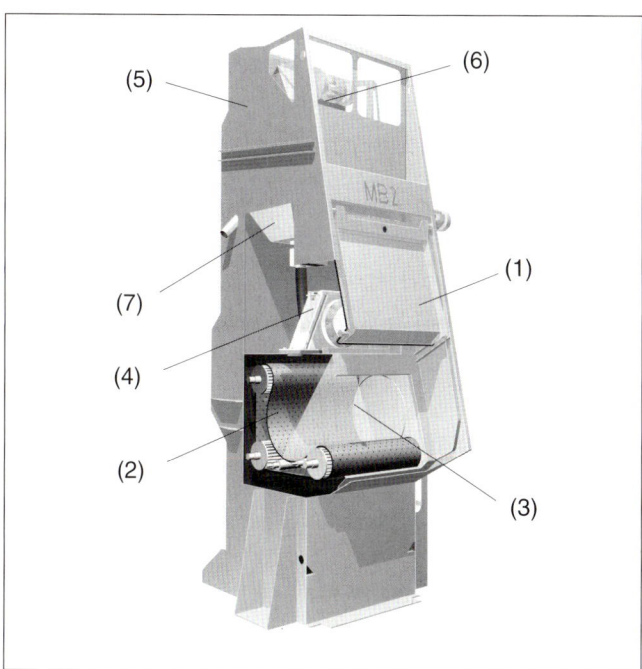

1 Schnitt durch den Strahlbreich einer MB 2

Muldenband-Strahlanlagen eignen sich besonders zur Oberflächenbehandlung von schütt- und trommelfähigen Massengütern wie zum Beispiel Schrauben oder Kettengliedern.

Über eine *Beladeluke (1)* an der Vorderseite der Anlage gelangen die zu strahlenden Werkstücke in das Innere der Strahlanlage auf das *Muldenband (2)*. Die Strahlteile befinden sich dann unmittelbar im *Strahlbereich (3)*.

Nach dem Schließen der Beladeluke und Starten des Strahlprogramms schleudert die *Turbine (4)* ein Strahlmittel auf die Werkstücke.

Während des Strahlvorgangs ist das Muldenband in permanenter Vorwärtsbewegung und hält so die Strahlteile in Bewegung. Dadurch werden das Strahlergebnis optimiert und alle Strahlteile gleichmäßig behandelt.

Durch das gelöcherte Muldenband gelangt das Strahlmittel, jetzt durch Strahlrückstände (Rost, Zunder, etc.) verunreinigt, über ein *Becherwerk (5)* in die *Aufbereitungseinheit (6)*. Hier wird das Strahlmittel durch Sieb und Windrichtung (Partikel die leichter als die Strahlkörner sind, werden durch einen Luftstrom abgetragen) gereinigt.

Das gereinigte Strahlmittel wird in einem *Silo (7)* gesammelt und wieder über die *Dosiereinheit* der Turbine zugeführt.

Nach dem beendeten Strahlvorgang und Öffnen der Beladeluke, wird das Muldenband in Rückwärtslauf geschaltet. Dadurch werden die Werkstücke automatisch entladen.

8.2 Vorteile der automatischen Beschickung

Die Grundmodelle der Muldenband-Strahlanlage sind für eine *manuelle Beschickung* der Anlage vorgesehen.

Da jedoch, wie oben beschrieben, mit den Muldenband-Strahlanlagen häufig Kleinteile in großen Mengen bearbeitet werden, würde sich bei starker Auslastung der Maschine eine Hand-Beschickung ungünstig auf die Taktzeit der Anlage und wegen des schweren Hebens auch auf die Gesundheit des Bedienpersonals auswirken.
Aus diesen Gründen soll die Beschickung dieser Anlagen automatisiert werden.

In der einfachsten Ausführung geschieht dies durch einen hydraulisch oder pneumatisch verfahrbaren *Kipper*.

2 Muldenband-Strahlanlage mit automatischem Beschicker

Die zu behandelnden Werkstücke werden in einem Behälter in den Beschicker geladen, fixiert und dann über eine Rutsche auf das Muldenband gekippt (Bild 2).

Die *Rentabilität* einer Beschickereinheit bei Vollauslastung der Anlage ist rechnerisch zu veranschaulichen:

Bei automatischer Beschickung:
Die maximale Zuladung des Beschickers beträgt in diesem Fall 150 kg.
Geht man bei der durchschnittlichen Taktzeit der Anlage von 6 Minuten aus, so sind in einer Schichtzeit von 8 Stunden bis zu 80 Strahlgänge möglich.
Daraus folgt, dass pro Schicht maximal 12 Tonnen Strahlgut behandelt werden können.

Bei manueller Beschickung:
Berücksichtigt man die vorgeschriebenen Richtwerte für das Heben und Tragen von Lasten ohne Hilfsmittel, so sollte bei einem männlichen Arbeitnehmer im Alter von 19 bis 45 Jahren und einer maximalen Häufigkeit des Hebens von 30 % der Schichtzeit eine Last von 25 kg pro Hub nicht überschritten werden.

Unter diesen Voraussetzungen ist die Bearbeitung von 12 Tonnen Strahlgut nicht möglich.
Allerdings muss auch beachtet werden, dass die Auswahl einer automatischen Beschickung ca. 12 000 Euro Mehrkosten verursacht.

> **technische regelwerke**
>
> Richtwerte für das Heben und Tragen von Lasten nach EG-Richtlinie 90/269/EWG
> Lastenhandhabungsverordnung - LastenhanhabV (BGBl. 1 S. 1841)

Gefahrenanalyse
Bei automatischen Beschickereinheiten handelt es sich um kraftbetriebene Arbeitsmittel, die folgende Gefahren für Mensch und Umwelt darstellen können:

- **Quetschungen und gefährliche Verletzungen durch den verfahrenden Beschicker**
- **Austreten der Hydraulikflüssigkeit unter hohem Druck (z.B. durch Leitungsbruch)**

Aus diesen Gründen werden die Anlagen mit besonderen Sicherheitseinrichtungen versehen.

8.3 Definition des Teilauftrages

Der vom Mechatroniker auszuführende, prüfungsrelevante Arbeitsauftrag besteht aus der Montage und Inbetriebnahme einer automatischen Beschickereinheit für eine Muldenband-Strahlanlage.

Die Arbeitsschritte und deren Zeitabläufe sind dem Zeitrahmen auf Seite 221 zu entnehmen.

8.3.1 Änderung gegenüber dem gestellten Antrag

Auf Wunsch des Kunden soll der seitliche Eintrittsbereich in den Arbeitsraum des Beschickers nicht optisch durch die *Sicherheitslichtschranke*, sondern mechanisch durch ein *Schutzgitter* abgesichert werden.

Dadurch entfällt die Montage und Aufstellung der Standsäulen für die Reflektoren der Lichtschranke. Hinzu kommt dafür die Montage des Schutzgitters (Seite 221).

Der vordere Eintrittsbereich zum Beladen des Beschickers wird weiterhin durch eine Sicherheitslichtschranke abgedeckt, die an Halterungen des Schutzgitters befestigt wird.

Das Einstellen der Kipper-Rüttelzeit im SPS-Programm entfällt, da das Standard-Programm vom zuständigen SPS-Techniker übernommen wurde.

Das bestehende SPS-Programm der Strahlanlage wurde vom Mechatroniker um die Bausteine, in denen die Funktion des Kippers gesteuert wird, erweitert.

Die zu verrichtenden Schweißarbeiten wurden nicht vom Mechatroniker durchgeführt.

8.3.2 Ausgangszustand

Die Strahlanlage, an der die Beschickereinheit montiert werden soll, ist bereits fertiggestellt und betriebsbereit.

Im Schaltschrank der Anlage sind die Verdrahtungen, Bauteile und Bedienelemente bereits vorhanden.

Die Aufnahme für die Beschickerschurre wird mit vormontierter Schurre und Endschalteranbau beigestellt (Seite 230).

Die Standsäulen für das Schutzgitter und das Schutzgitter werden vormontiert von der Einzelteilfertigung beigestellt.

Alle Zukaufteile (z.B. Hydraulik-Aggregat, Sicherheits-Lichtschranke, Endschalter) befinden sich bereits im Lager und müssen nicht mehr bestellt werden.

Die Hydraulikschläuche werden fertig beigestellt.

Alle benötigten technischen Zeichnungen Stromlaufpläne und Stücklisten sind bereits fertiggestellt.

8.3.3 Zielzustand

Ziel des Arbeitsauftrages ist eine, im Sinne des Kundenauftrages, funktionsfähige und geprüfte Beschickereinheit.

Die Installation muss so durchgeführt werden, dass die EG-Konformitätserklärung (Seite 231) ihre Gültigkeit nicht verliert.

Funktionsbeschreibung:
Die Anlage wird über ein Bedienfeld am Schaltschrank bedient.

- Nach Einschalten der Spannung am *Hauptschalter 0Q2* leuchtet die Meldeleuchte *6H3 (Netz ein)*.
- Über den Leuchttaster *7S5 (Steuerspannung ein)* wird die Steuerspannung für die SPS-Ausgänge freigeschaltet.
- Durch Betätigen des Leuchttasters *11S13 (Anlage ein/aus)* wird die Anlage in Betriebszustand versetzt.
- Nun kann über den Wahlschalter *Anlage Hand/Automatik* die Betriebsart gewählt werden.
- Nach dem Beladen der Beschickerschurre kontrolliert der Anlagenbediener, ob der Arbeitsraum frei ist und quittiert die Sicherheitslichtschranke über den Leuchttaster *23S5 (Lichtschranke quittieren)*.
- Jetzt kann der Beladevorgang je nach Betriebsart eingeleitet werden.

Handbetrieb:

- Durch Drücken des Leuchttasters *12_1S3 (Beschicker heben)* läuft das Hydraulikaggregat an und der Zylinder fährt aus. Der Taster muss zum Beladen gedrückt bleiben. Wird der Taster gelöst, stoppt der Zylinder und bleibt an der augenblicklichen Position stehen.
- Bei Erreichen des Endschalters *10S14 (Beschicker oben)* stoppt die Verfahrbewegung.
- Durch Betätigen des Leuchttaster *12_1S5 (Beschicker senken)* fährt der Zylinder wieder ein. Auch hierbei muss der Taster betätigt bleiben.

8 Abschlussprüfung Mechatronik

Zeitrahmen der zu verrichtenden Tätigkeiten – Zeitplanung

Nr	Arbeitsschritt	Zeit geplant In Stunden	Zeit benötigt In Stunden
1	Arbeitsplanung, Arbeitsvorbereitung Einarbeitung in die Arbeitsunterlagen, Materialbeschaffung, Einrichtung des Arbeitsplatzes	2	2
2	Installation der Hydrauliksteuerung	3,5	4
3	Montage der Endschalter	0,5	0,25
4	Montage der Beschickereinheit	1	1
5	Montage des Schutzgitters	1	1,5
6	Montage der Sicherheits-Lichtschranke	1	1
7	Verlegen der Leitungen, Anschluss der elektrischen Betriebsmittel	4	5
8	Laden des SPS-Programms	1	0,5
9	Einstellen, Prüfen und Inbetriebnahme	3	3
10	Dokumentation des Auftrages	12	11
		Zeit gesamt In Stunden	
	Phase 1 Projektstart Phase 2 Projektdurchführung Phase 3 Projektabschluss	29	29,25

- Die Verfahrbewegung stoppt, sobald der Endschalter *10S12 (Beschicker unten)* erreicht ist.
- Bleiben die Taster länger als 10 Sekunden unbetätigt, schaltet das Hydraulikaggregat ab.
  Diese Zeit kann über das SPS-Programm eingestellt werden.

Automatikbetrieb:
Im Automatikbetrieb ist das Beladen der Anlage im Arbeitsablauf integriert.
Der Beschicker verfährt automatisch. Nach Erreichen des Endschalters *10S14 (Beschicker oben)* und kurzem Kippeln der Schurre senkt er sich wieder automatisch.

Danach schließt die Beladeluke und der Strahlvorgang wird gestartet.

Sicherheitseinrichtungen

Sicherheitslichtschranke:
Nach **EN 191-1** muss der Arbeitsraum durch eine Sicherheitslichtschranke gesichert werden. Diese Lichtschranke muss nach **EN 60204-1** rekudant (selbstsichernd) arbeiten.

Schutzgitter:
Das Schutzgitter muss nach **EN 292-1-2** Fuß- und Oberkörperbereich schützen.

Leitungsbruch-Sicherung:
Die Leitungsbruch-Sicherung stoppt bei einer voreingestellten Durchflussgeschwindigkeit den Ölfluss und verhindert so ein Austreten von Öl bei Leitungsbruch.

Funktion der Sicherheitslichtschranke und Not-Aus

Wird der Lichtstrahl der Lichtschranke unterbrochen, stoppt die Verfahrbewegung des Beschickers unverzüglich. Das Hydraulikaggregat schaltet ab.
Der Leuchttaster *23S5 (Lichtschranke quittieren)* blinkt. Durch Tippen dieses Tasters kann der Beladevorgang wieder freigeschaltet werden.

Bei Betätigen des Not-Aus wird die Verfahrbewegung ebenfalls sofort gestoppt. Das Hydraulikaggregat schaltet ab.
Um die Verfahrbewegung weiterzuführen, muss die Steuerspannung eingeschaltet und die Anlage wieder betriebsbereit geschaltet werden.

> **Vorsicht!** Nach jedem Not-Aus-Stop oder Auslösen der Sicherheitslichtschranke hat der Anlagenbediener sich durch Sichtkontrolle davon zu überzeugen, ob die Anlage gefahrlos weiter betrieben werden kann.

8.4 Durchführung der Arbeitsschritte

8.4.1 Vorgehensweise bei der Bearbeitung

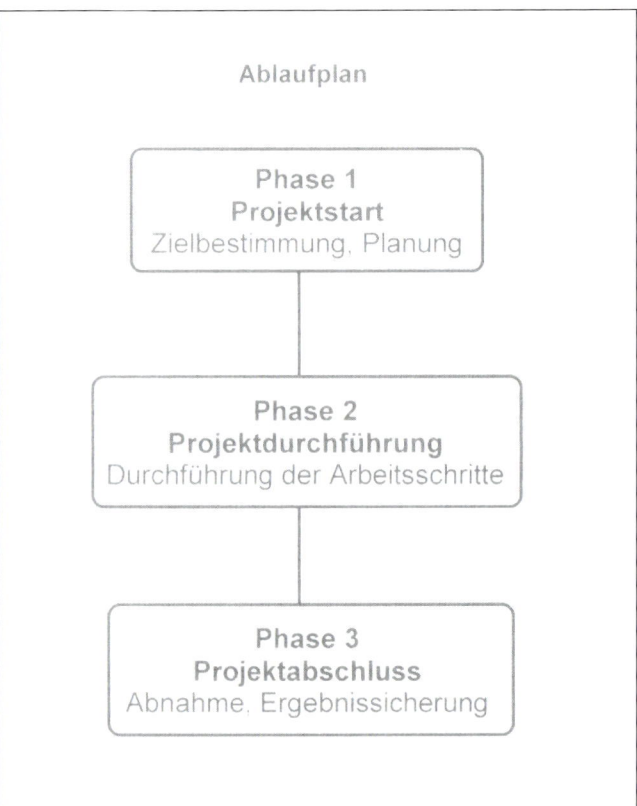

1 Projektphasen

Die Bearbeitung des Arbeitsauftrages wurde in verschiedene *Projektphasen* aufgeteilt.

Die Inhalte der Projektphasen können dem Zeitrahmen auf Seite 221 entnommen werden.
Mit der Bearbeitung des Projektes wurde begonnen, nachdem der Mechatroniker die Auftragsbestätigung vom seinem Vorgesetzten erhalten hat.

Die Datenblätter und Herstellerinformationen zu den verwendeten Bauteilen wurden jeweils vor der Installation der Geräte gelesen.

> **technische regelwerke**
>
> Bei den Arbeiten wurden die Unfallverhütungsvorschriften der Berufsgenossenschaft beachtet.
> Davon besonders:
> BGV A 1 (bisher VBG 1)
> BGV A 2 (bisher VBG 4)

8 Abschlussprüfung Mechatronik

8.4.2 Beschreibung der einzelnen Arbeitsschritte

1. Einarbeitung in die Arbeitsunterlagen, Materialbeschaffung, Einrichtung des Arbeitsplatzes

Phase: Projektstart
Geplante Zeit: 2 Stunden
Benötigte Zeit: 2 Stunden

Tätigkeiten
Mit Erhalt des Auftrages wurden dem Mechatroniker der Stromlaufplan der Anlage, mit der Geräteliste „Installation", ausgehändigt.
Die zugehörigen technischen Zeichnungen und Stücklisten erhielt er aus dem Meisterbüro der mechanischen Fertigung.

Um weitere Informationen zu bekommen, z.B. Einsicht in das Auftragsblatt vom Kunden, wurde kurz Rücksprache mit dem zuständigen Konstrukteur gehalten. Dabei wurde klar, dass der spätere Standort der Strahlanlage Osterreich sein wird.

Um sicherzugehen, dass die Arbeiten nach VDE-Richtlinien durchgeführt werden können, wurde Rücksprache mit dem Leiter der Elektro-Fertigung gehalten.
Dieser teilte mir mit, dass in Österreich die VDE 0100 zur Errichtung von Starkstromanlagen mit Nennspannung bis 1000 Volt gültig ist.

Der Arbeitsplatz in der Werkhalle war durch die bereits fertiggestellte Muldenband-Anlage vorgegeben.
Anhand des Aufstellungsplanes wurde geprüft, ob zur Montage der Beschickereinheit ausreichend Patz zur Verfügung steht. Dabei ist zu beachten, dass die gelben Begrenzungs-Markierungen der Montageflächen auf dem Hallenboden, nicht von Anlagenteilen überragt werden dürfen.

Die benötigten Geräte und Bauteile befanden sich nach den Stücklisten fertig kommissioniert im Lager und wurden mir vom Lageristen ausgehändigt.

Normkleinteile für die Elektro-Installation wie z.B. Aderendhülsen wurden einem Montagewagen in der Halle entnommen.

Die benötigten Leitungen sowie die zum Verlegen benötigten Stahlpanzer-Rohre wurden vom Mechatroniker zusammengestellt und später gemeinsam mit den Normkleinteilen in einer Stückliste ergänzt (Seite 236).
Das Hydrauliköl wird gesondert gelagert und vorerst nicht zum Montageort gebracht.
In einer kurzen Eingangsprüfung wurde kontrolliert, ob alle Bauteile laut Stückliste vorhanden sind.

Nachdem alle Bauteile und Materialien sich am Arbeitsplatz befanden, wurde das nötige Werkzeug bereitgestellt:

- Standard-Werkzeug Elektrotechnik
- Standard-Werkzeug Mechanik

Die vormontierte Beschickerschurre mit Aufnahme befand sich in der Werkhalle und wurde in einem Abstand von ca. 1,5 Metern vor der Anlage positioniert.

2. Installation der Hydraulik

Phase: Projektdurchführung
Geplante Zeit: 3,5 Stunden
Benötigte Zeit: 4 Stunden

Tätigkeiten:
Das Hydraulik-Aggregat wurde anschlussfertig mit Motor geliefert und musste nicht mehr vom Mechatroniker bearbeitet werden (Seite 228).

Zuerst wurde das Hydraulik-Aggregat auf dem vorgesehenen Podest platziert (Billd 1). Die Installation der übrigen Hydraulik-Komponenten erfolgte nach Arbeitsplan Nr. 1.

Die Halterungen für die Rohrschellen wurden von einen Industriemechaniker angeschweißt.

1 Hydraulik-Aggregat mit Leitungen

Probleme bei der Durchführung:

- Bei der Installation des Zylinders wurde festgestellt, dass dieser nicht zwischen die beiden Befestigungsösen passte. Er war 2 bis 3 cm zu kurz.
- Die Rücksprache mit dem Konstrukteur ergab, dass der Fehler bei der Berechnung der Anlage aufgetreten sein. Der Mechatroniker wurde angewiesen, den Zylinder zur Montage ein wenig auszuziehen.
- Zum Ausziehen des Zylinders mussten die Verschlussnippel der beiden Anschlüsse entfernt und die Entlüftungs-Schrauben gelöst werden.

> **Vorsicht!**
>
> **Bei der Montage von hydraulischen Systemen ist auf größte Sauberkeit zu achten.**
>
> **Es dürfen keine Verunreinigungen wie z.B. Späne in den Hydraulik-Kreislauf oder die Anschlüsse gelangen.**

3. Montage der Endschalter

Phase: Projektdurchführung
Geplante Zeit: 0,5 Stunden
Benötigte Zeit: 0,25 Stunden

Tätigkeiten:
Die Endschalter wurden nach Arbeitsplan Nr. 2 Schritt 1 installiert. Die Langlöcher zur Montage waren bereits vorhanden.

4. Montage der Beschickereinheit

Phase: Projektdurchführung
Geplante Zeit: 1 Stunde
Benötigte Zeit: 1 Stunde

Tätigkeiten:
Der Beschicker wurde mit Hilfe eines Hallenkrans direkt vor die Anlage gestellt.
Die Montage erfolgte nach Arbeitsplan Nr.3, Schritt 1 - 2.

technische regelwerke

> Bei der Verwendung von Kranen ist die Unfallverhütungsvorschrift BGV D 6 (bisher VBG 9) zu beachten.

5. Montage des Schutzgitters

Phase: Projektdurchführung
Geplante Zeit: 1 Stunde
Benötigte Zeit: 1,5 Stunden

Tätigkeiten:
Das Schutzgitter wurde nach Arbeitsplan Nr. 3, Schritt 3 - 5 montiert.

6. Montage der Sicherheits-Lichtschranke

Phase: Projektdurchführung
Geplante Zeit: 1 Stunde
Benötigte Zeit: 1 Stunde

Tätigkeiten:
Die Lichtschranke wurde nach Arbeitsplan Nr. 2, Schritt 2 - 5 montiert.

Vorsicht! Bei der Montage der Lichtschranke sind unbedingt die Installations- und Sicherheitsvorschriften der technischen Beschreibung zu beachten.

7. Verlegen der Leitungen, Anschluss der elektrischen Betriebsmittel

Phase: Projektdurchführung
Geplante Zeit: 4 Stunden
Benötigte Zeit: 5 Stunden

Tätigkeiten:
Die Leitungen zu den elektrischen Bauelementen wurden am Beschicker in Stahl-Panzerrohren verlegt. Diese Leitungen wurden „frei Hand" verlegt.
Das bedeutet, dass sie nicht in der technischen Zeichnung eingezeichnet sind. Die Elektrofachkraft entscheidet vor Ort, wo die Rohe am sinnvollsten installiert werden.

Die Größe der zu verwendenden Rohre richtet sich nach den Leitungen, die durch das Rohr geführt werden.

Die Rohre wurden abgelängt und nach Arbeitsplan Nr. 2, Schritt 6 - 9 mit Abstandsschellen an der Anlage befestigt.

Die Verlegung der Rohre zeigt Bild 1.

1 Leitungsführung am Beschicker

(1) Die Leitungen kommen aus einem Leitungskanal, in dem sie zum Schaltschrank verlegt sind

(2) Zuleitung zum Aggregat und der Lichtschranke

(3) Zuleitung zu den Endschaltern

(4) Zuleitung zur Lichtschranke

Vorsicht! Beim Ablängen der Sta-Pa-Rohre mit dem Einhand-Winkelschleifer sind eine Schutzbrille sowie Handschuhe und Ohrenschutz zu verwenden.

Die entstandenen Schnittkanten sind zu entgraten und mit Endtüllen zu versehen, um eine Verletzung der Leitungen zu vermeiden.

Scharfe Kanten oder sonstige Stellen, die eine Verletzungsgefahr für die Leitungen darstellen, sind mit Kantenschutz zu versehen.

8 Abschlussprüfung Mechatronik

- Die zu verwendende *Leitungsart* wurde dem Stromlaufplan entnommen.
- Die *Leitungslänge* ließ sich aus dem Aufstellungsplan herleiten, in welchem die Entfernung des Schaltschrankes zur Anlage und die bauseitige Kabelführung des Kunden angegeben ist.
  Dabei war zu beachten, dass ca. 2,5 Meter Reserve berechnet werden, damit die Leitungen problemlos im Schaltschrank und in den Bauteilen angeklemmt werden können.
- Die Leitungen wurden im Lager abgelängt und durch die vorhandenen Leitungskanäle zur Beschickereinheit gezogen.
- Von dort wurden sie durch Sta-Pa-Rohre zu den einzelnen Bauelementen geführt und dann nach Stromlaufplan angeklemmt.
- Zum Anklemmen der elektrischen Bauteile wurden diese mit passenden Verschraubungen versehen.
- Die Leitungen wurden entmantelt, die Adern abisoliert und mit Aderendhülsen bzw. Quetschkabelschuhen (beim Motor) versehen.
- Die Adern wurden an den Kontakten verschraubt und danach die Kabelverschraubungen fest angezogen.
- Bei der Verdrahtung des Motors der Hydraulik-Pumpe gab das Typenschild eine Y-Verdrahtung vor (Δ/Y 230 V/400 V).
- Bei den Endschaltern wurden nach Stromlaufplan die Schließer-Kontakte verwendet.
- Nachdem alle Bauelemente fachgerecht angeklemmt waren, wurde das andere Ende der Leitungen im Schaltschrank auf der Klemmleiste nach Plan aufgelegt.
- Beim Anschluss der Leitungen im Schaltschrank wurden keine Aderendhülsen verwendet, da die Leitungen nach Anlagentest wieder abgeklemmt werden.

Vorsicht!

Der Schaltschrank hat eine spannungsführende Zuleitung, da die Anlage bereits in Betrieb ist.

Bei Arbeiten am Schrank die Anlage

- **Freischalten**
- **Gegen Wiedereinschalten sichern**
- **Spannungsfreiheit feststellen**
- **Erden und kurzschließen**
- **Benachbarte, spannungsführende Teile abdecken**

Verwendete Werkzeuge müssen CE- oder GS-zertifiziert sein.

Die Leitungen sind im Schaltschrank mit Befestigungsschellen an der Leitungs-Abfangschiene zu befestigen, um ruckartige Krafteinwirkungen abzufangen.

technische regelwerke

Bei Arbeiten an elektrischen Anlagen ist die BGV A 2 (bisher VBG 4) und die DIN VDE 0105 „Betrieb von elektrischen Anlagen" zu beachten.

Probleme bei der Durchführung:

- Zum Erstellen der Bohrungen für die Gewinde, mit denen die Abstandsschellen befestigt werden, war sehr wenig Platz vorhanden, da die Beschicker-Schurre sich noch nicht heben ließ.
- Für die Bohrungen wurde eine Winkel-Bohrmaschine aus der Werkzeugausgabe geholt.

8. Laden des SPS-Programms

Phase: Projektdurchführung
Geplante Zeit: 1 Stunde
Benötigte Zeit: 0,5 Stunden

Tätigkeiten:
Zum Laden der zusätzlich für die Funktion des Beschickers benötigten Funktions-Bausteine wurde aus der Elektro-CAD-Abteilung ein Programmiergerät beschafft. Von dem zuständigen SPS-Techniker erhielt der Mechatroniker eine Diskette mit den programmierten Funktions-Bausteinen.

Nach Einschalten der Anlage und Anschluss des Programmiergerätes wurden die Bausteine mit der Software S7-Micro-Win in die SPS übertragen.

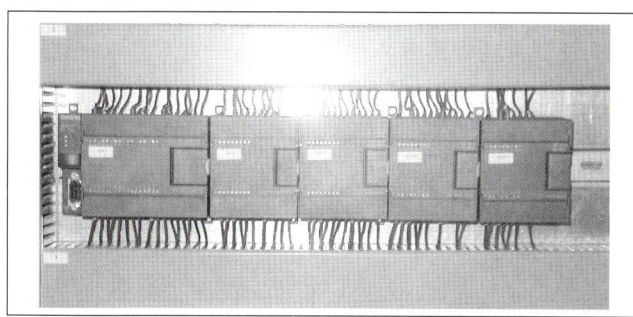

1 S7-200-Baugruppe im Schaltschrank der Anlage

9. Einstellen, Prüfen und Inbetriebnahme

Phase: Projektabschluss
Geplante Zeit: 3 Stunden
Benötigte Zeit: 3 Stunden

Tätigkeiten:
Zum Abschluss der Arbeitsschritte werden alle elektrischen Bauelemente und Leitungen beschriftet.

Die Inbetriebnahme erfolgte unter der Aufsicht eines Gesellen.

Für die Prüfung der Beschickereinheit wurde kein separates Prüfprotokoll angefertigt.

Die Prüfergebnisse wurden mit in das „Interne Vorabnahmeprotokoll" übernommen.

Folgende Punkte wurden im Prüfprotokoll ergänzt bzw. nochmals überprüft:

1. **Konstruktionsmerkmale**
2. **Allgemeines**
3. **Funktionsmerkmale**
5. **Bemerkungen**
13. **Antriebstechnik**
14. **Steuerung/Schaltschrank**
20. **Muldenbandanlage**

Dokumentation

Die Inbetriebnahme der Anlage erfolgte nach **DIN VDE 0100 Teil 610**.

Darin wird die Vorgehensweise wie folgt vorgeschrieben:

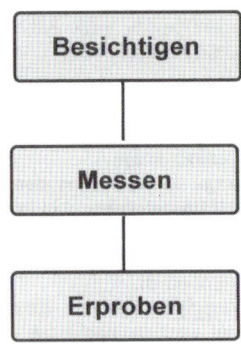

Besichtigen:

- Die elektrischen Betriebsmittel sind richtig ausgewählt.
- Die richtigen Leitungsquerschnitte sind ausgewählt.
- Die Schutzleiter sind sicher angeschlossen und nicht beschädigt.
- Die anderen Adern sind sicher angeschlossen und nicht beschädigt.
- Der Motorschutzschalter der Hydraulikpumpe ist richtig eingestellt.
- Die Hydraulik-Schläuche sind sicher angeschlossen.
- Die Zugentlastungen im Schaltschrank arbeiten bestimmungsgemäß.
- Die Betriebsmittel und Leitungen sind richtig gekennzeichnet und stimmen mit dem Stromlaufplan überein.
- Die Technische Dokumentation der Zukaufteile befinden sich im Schaltschrank.

Messen:

Die elektrischen Messungen (Nennspannung, Drehfeld, Isolationswiderstand) wurden unter der Aufsicht eines Gesellen durchgeführt:

Nennspannung 400 V
Rechtsdrehsinn
$R_{iSO} > 1 \, M\Omega$

Einstellen/Erproben:

- Nach Einschalten der Spannung durch den *Hauptschalter 0Q2*, wird die Steuerspannung über den Leuchttaster *7S5 Steuerspannung ein* eingeschaltet und über den Leuchttaster *11S13 Anlage ein/aus* die Anlage betriebsbereit geschaltet.
- Mit Hilfe der LED´s an den SPS-Eingängen und durch kurzes Betätigen der Endschalter *10S12* und *10S14 Beschicker unten/oben* wird geprüft ob diese einwandfrei funktionieren.
  Der Endschalteranbau wurde so eingestellt, dass der Endschalter *10S12 Beschicker unten* betätigt ist.
- Das Einstellen der Lichtschranke erfolgte nach den Vorgaben der technischen Beschreibung.
- Durch die Zylinderschrauben kann der Lichtstrahl in Höhe und Winkel verstellt werden.
- Durch Tippen des Schützes *13K8* wurde der Hydraulikmotor auf richtige Drehrichtung überprüft. Die Drehrichtung ist durch einen Pfeil auf dem Aggregat angegeben.

technische regelwerke

Die Bestimmung des Isolationswiderstandes wurde nach DIN VDE 0100 Teil 610 Abschnitt 5.3 durchgeführt.

Die Messgeräte müssen DIN VDE 0413, DIN VDE 0403 und DIN VDE 0404 entsprechen.

Lichtschranke

1 Fertige Anlage mit Beschicker

2 Arbeitsbereich durch Lichtschranke abgesichert

8 Abschlussprüfung Mechatronik

Die *Inbetriebnahme der Hydraulik* verlief in folgenden Schritten:

- Befüllen des Tanks mit Öl
- Druckbegrenzungsventil fast ganz öffnen und erst langsam auf Betriebsdruck einstellen
- Zylinder entlüften, bis die Hydraulikflüssigkeit blasenfrei austritt
- Verfahrgeschwindigkeit durch Verstellen der Drossel-Rückschlagventile einstellen

> **Vorsicht!**
>
> **Bei dem Umgang mit Hydrauliköl ist auf größte Sorgfalt zu achten.**
>
> **Verschüttetes Öl birgt Rutschgefahr und ist sofort mit Bindemittel zu bestreuen.**
>
> **Übermäßigen Hautkontakt vermeiden.**
>
> **Es wird eine Zahnradpumpe verwendet. Zahnradpumpen dürfen nicht mit verschlossenem Druckanschluss betrieben werden, da die Pumpe sonst durch zu hohen Druckaufbau zerstört werden könnte.**

Die weitere Inbetriebnahme verlief nach der Funktionsbeschreibung auf Seite 220.

Die Beschickereinheit erfüllte in ihrer Funktion und Verarbeitung die Anforderungen des auf Seite 220 beschriebenen Zielzustandes.

CE-Zertifizierung

Da die Beschickereinheit an eine fertiggestellte Anlage installiert wurde, musste erneut geprüft werden, ob die Verarbeitung und Funktion der Anlage den gültigen EG-Richtlinien entspricht.

Erst nach erfolgreich abgeschlossener Inbetriebnahme wurde die Anlage mit dem CE-Siegel versehen.

10. Dokumentation des Auftrages

Phase: Projektabschluss
Geplante Zeit: 12 Stunden
Benötigte Zeit: 11 Stunden

Tätigkeiten:
Die Dokumentation wurde am Heim-PC erstellt.

Anlage 1

Auftragsbestätigung
EG-Konformitätserklärung
Internes Vorabnahmeprotokoll

Teil	Inhalt
1	Auftragsbestätigung / Kundenauftrag
2	EG-Konformitätserklärung
3	Internes Vorabnahmeprotokoll

Anlagen zur Dokumentation (Übersicht)

Aus Platzgründen wurden diese Anlage nicht vollständig aufgenommen.

Anlage 2

Technische Zeichnungen
Stücklisten
Stromlaufplan
Hydraulikplan
SPS-Programm

Teil	Inhalt
1	Technische Zeichnungen und Stücklisten

- Muldenband-Strahlanlage — Nr. 202.40
- Beschicker T100R - hydr. — Nr. 096.10
- Aufnahme — Nr. 512.11
- Schutzgitter — Nr. 423.11
- Endschalteranbau — Nr. 285.02
- Bolzen Ø25x136 — Nr. 076.14
- Bolzen Ø25x182 — Nr. 075.14
- Distanzring Ø55/25 — Nr. 234.14
- Distanzring Ø55/25 — Nr. 233.14

2 Stromlaufplan und Stückliste

3 Hydraulikplan und Stückliste

4 SPS-Programm

Arbeitsplan

SCHLICK roto-jet

Blatt 1

- [ ] Einzelteil
- [x] Montage
- [ ] Demontage
- [ ]

Plan-Nr.		1	Name	M. Bracker
Benennung		Installation der Hydraulik	Auftrags-Nr.	35 / 70 868
Zeichnung-Nr.		121.73; 096.10	Termin	

Lfd. Nr.	Arbeitsvorgang	Arbeitsplatz	Arbeitsmittel	Arbeitswerte/ Bemerkungen
1	Zylinder Pos. 28 und Distanzringe Pos. 29 zwischen Befestigungsösen "unten" platzieren	Werkhalle		
2	Bolzen Pos. 30 einschieben, Scheiben Pos 26 auflegen und mit den Splinten Pos. 25 fixieren	Werkhalle	Schraubendreher für Schlitz, Kombizange	
3	Zylinder Pos. 28 mit Gelenkkopf Pos. 27 und Distanzringen Pos 23 zwischen Befestigungsösen "oben" platzieren	Werkhalle		
4	Bolzen Pos. 24 einschieben, Scheiben Pos 26 auflegen und mit den Splinten Pos. 25 fixieren	Werkhalle	Schraubendreher für Schlitz, Kombizange	
5	Blindverschraubungen aus Zylinder- und Aggregat-Anschlüssen entfernen	Werkhalle	Schraubendreher für Schlitz	Anschlüsse sauber halten
6	Zylinder und Aggregatanschlüsse mit Verschraubungen und Anschlussstutzen versehen	Werkhalle	Maulschlüssel SW 22, Maulschlüssel SW 27	Verschraubungen und Überwurfmuttern fest anziehen, Dichtungen müssen plan aufliegen
7	Schlauchbruchsicherung montieren	Werkhalle	Maulschlüssel SW 27	Direkt am Zylinder montieren, auf Durchflussrichtung achten
8	Hydraulikschläuche verlegen und anschließen	Werkhalle	Maulschlüssel SW 22	
9	Hydraulikschläuche in Rohrschellen legen und mit zugehörigen Innensechskantschrauben befestigen	Werkhalle	Winkelschraubendreher für Innensechskant SW 4	Hydraulikschläuche spannungsfrei verlegen, Mindest-Biegeradius von 130 mm einhalten

8 Abschlussprüfung Mechatronik

	Arbeitsplan		Plan-Nr.		Name	M. Bracker
SCHLICK roto-jet		Blatt 1	Benennung	Installation der elektrischen Betriebsmittel		
			Zeichnung-Nr.	512.11; 423.11	Auftrags-Nr.	35 / 70 868
☐ Einzelteil		☐ Demontage				
☒ Montage		☐			Termin	
Lfd. Nr.	Arbeitsvorgang		Arbeitsplatz	Arbeitsmittel		Arbeitswerte/ Bemerkungen
1	Befestigen der Endschalter mit jeweils 2 Zylinderschrauben mit Schlitz M5x45, 2 Scheiben 5,3 mm und Sechskantmutter M5		Werkhalle	Schraubendreher für Schlitz, Maulschlüssel SW 8		Endschalter werden später justiert daher nur handfest anziehen
2	Austrennen der Gitterstreben im Montagebereich der Lichtschrankenbaugruppen, entgraten der Schnittkanten		Werkhalle	Einhand-Winkelschleifer, Schutzbrille, Ohrenschutz, Handschuhe		
3	Fügen der Bleche Pos. 17 mit Blechen Pos. 16 mit Sechskantschrauben Pos. 21, Scheibe Pos. 22 und Sechskantmutter Pos. 23		Werkhalle	Maul- und Steckschlüssel SW 13		
4	Montage des Lichtschrankensenders und des Lichtschrankenempfängers mit Zylinderschrauben mit Innensechskant Pos. 27		Werkhalle	Winkelschraubendreher für Innensechskant SW 5		Die Sechskantmuttern Pos. 26 werden nicht verwendet; die Lichtschranke verfügt über Gewinde an der Rückseite
5	Einschrauben der Justierschrauben Pos. 25 und Kontermuttern Pos. 26		Werkhalle	Maul- und Steckschlüssel SW 10		Lichtschranke nur vorjustieren, Schrauben nur handfest anziehen, Lichtschranke wird später ausgerichtet
6	Anzeichnen und Körnen der Bohrungen für die Befestigung der Abstandschellen		Werkhalle	schwarzer Filzstift, Winkel, Bandmaß, Körner, Schlosserhammer		
7	Vorbohren d = 4,2mm		Werkhalle	Spiralbohrer DIN 338 HSS d = 4,2mm, Handbohrmaschine		Handbohrmaschine Getriebestufe 2, ca. 2500 1/min
8	Gewinde schneiden M5		Werkhalle	Einschnittgewindebohrer DIN 352 M5, Hand-Werkzeughalter "Ratsche" umschaltbar, Schneidöl		
9	Montieren der Abstandschellen mit Senkschraube mit Schlitz M5		Werkhalle	Schraubendreher für Schlitz		

SCHLICK roto-jet® Arbeitsplan

Blatt 1	
☐ Einzelteil	☐ Demontage
☒ Montage	☐

Plan-Nr.	3	Name	M. Bracker
Benennung	Montage Beschicker und Schutzgitter	Auftrags-Nr.	35 / 70 868
Zeichnung-Nr.	096.10; 423.11	Termin	

Lfd. Nr.	Arbeitsvorgang	Arbeitsplatz	Arbeitsmittel	Arbeitswerte/ Bemerkungen
1	Fügen des Beschickers mit dem Anlagenkörper mit Sechskantschrauben Pos. 31, Scheiben Pos. 33 und Sechskantmuttern Pos 32	Werkhalle	Umschalt-Knarre mit Nuss 24, Ringschlüssel SW 24	
2	Prüfen auf Lage	Werkhalle	Anschlagwinkel, Wasserwaage	
3	Fügen des Schutzgitters mit Standsäulen mit Sechskantschrauben Pos. 18, Scheiben Pos. 19 und Sechskantmuttern Pos. 20	Werkhalle	Maul- Ringschlüssel SW 16	Schutzgitter zum Montieren der Stansäulen hinlegen
4	Gitter aufstellen und mit Sechskantschrauben Pos. 18, Scheiben Pos. 19 und Sechskantmuttern Pos. 20 befestigen	Werkhalle	Maul- Ringschlüssel SW 16, Schlosserhammer	ggf. Montagebleche Pos. 11 mit Hammer nachjustieren
5	Prüfen auf Lage	Werkhalle	Anschlagwinkel, Wasserwaage	

EG-Konformitätserklärung

im Sinne der EG-Maschinenrichtlinie 98/37/EG, Anhang II A

Hiermit erklären wir, daß die nachfolgend bezeichnete Anlage/Maschine aufgrund ihrer Konzipierung und Bauart sowie in der von uns in Verkehr gebrachten Ausführung den einschlägigen grundlegenden Sicherheits- und Gesundheitsanforderungen der nachfolgend aufgeführten EG-Richtlinien, in jeweils letztgültiger Fassung, entspricht. Bei einer nicht mit uns abgestimmten Änderung der Anlage/Maschine verliert diese Erklärung ihre Gültigkeit.

Bezeichnung der Anlage/Maschine:

Typ .... : **T 100 R-5.4-1/7,5**   Kom.-Nr. ..: **35/70 868**

Baujahr : **2002**   Fabrik-Nr. .: **70 868**

Einschlägige EG-Richtlinien:

- EG-EMV-Richtlinie 89/336/EWG
- EG-Maschinenrichtlinie 98/37/EG
- EG-Niederspannungsrichtlinie 73/23/EWG

Angewandte harmonisierte Normen, insbesondere:

- EN 292 Teil 1
- EN 50081 Teil 2
- EN 60 204 Teil 1
- EN 292 Teil 2
- EN 50082 Teil 2

Angewandte nationale Normen und technische Spezifikationen, insbesondere:

- VBG 1
- VBG 4
- VBG 48
- VDE 0100
- TRGS 503
- TA Luft
- TA Lärm

Entsprechend der auf dieses Produkt anzuwendenden EG-Richtlinien wird:

- das CE-Kennzeichen an der Anlage/Maschine angebracht
- die Technische Dokumentation im Herstellerwerk hinterlegt

Schlick-roto-jet® Maschinenbau GmbH
Heinrich-Schlick-Straße 2

D-48629 Metelen

Metelen, 06.05.2002

Oelerich (Mechanische Konstruktion)   Tertelmann (Mechanische Fertigung)   Bülters (Elektrosteuerung und -fertigung)

Internes Vorabnahmeprotokoll

Werk Metelen

Kom.-Nr. 35/70868

Anlage: T100 R   Kunde: EHG   anwesend: ☐ ja ☒ nein

Probelauf am: 25/26.04.02   Dauer: ___ Std.   mit Originalwerkstücken ☐ ja ☒ nein   Strahlmittel: S170

☒ eigenes   ☐ vom Kunden

Zustand der Anlage
- ☐ teilweise montiert für partiellen Probelauf
- ☒ probelauffähig montiert
- ☐

Abnahmeunterlagen/Lastenheft etc.
- ☒ die vertragsrelevanten technischen Anlagenparameter aus den Vertragsgrundlagen sind den Abnahmeverantwortlichen bekannt.

Prüfung	Prüfverm.	Prüfung	Prüfverm.
1. Konstruktionsmerkmale		2.11 Die Anlage erfüllt die technisch vertretbaren Dichtigkeitsanforderungen.	+
1.1 Die Ausführung entspricht den Vertragsgrundlagen.	+	2.12 Sind ausreichend Kranösen sicher angeschweißt, ohne daß dadurch weitere Anbauten behindert werden?	+
1.2 Maßgebliche Vorschriften (Werksnormen, Lastenhefte etc.) wurden beachtet.	+	2.13 Ist die Strahlkammer gegen austretendes Strahlmittel genügend abgedichtet?	+
1.3 Die Wartungs- und Betriebsanleitung liegt vor.	—	2.14 Sind scharfe Kanten im Begehungs- und Wartungsbereich abgerundet?	+
1.4 Ist die Anlage mit speziellen Komponenten oder Zukaufteilen ausgestattet? Welche? Speicherförderband Sind diese angebaut und ist die Funktion gegeben?	+	2.15 Wenn ein scharfkantiges Strahlmittel vorgeschrieben ist, fließt dieses gut in allen Anlagenteilen?	/
		2.16 Sind die Wartungstüren mit Dichtungen versehen?	+
2. Allgemeines		2.17 Lassen sich die Türen der Schalldämmung einwandfrei schließen? Ist das Gestänge lang genug?	/
2.1 Die Fertigungs- und Montagequalität entspricht dem technischen Standard.	+	2.18 Sind die Protokolle der Turbineneinstellung und der Schallmessung mit der Angabe des Strahlmittels versehen?	+
2.2 Montage-, Wartungs- und Reparaturstellen sind zugänglich, auch unter Berücksichtigung der Schalldämmelemente.	+	2.19 Sind bei Steh- und Flanschlagern die Schmiernippel gegen Plastikkappen ausgetauscht worden?	+
2.3 Sind die Wartungsklappen funktionsgerecht positioniert?	+	2.20 Sind Hohlwellengetriebe, Lager, Kettenräder etc. mit Kupferpaste oder Molykotespray montiert worden?	+
2.4 Kennzeichnungen und Beschriftungen sind vorhanden.	+	2.21 Ist eine Rohrleitungsabstützung vorgesehen?	/
2.5 Sind die Elemente der Schalldämmkabinen nach Zeichnungsposition an den Kopfenden gekennzeichnet?	/	2.22 Sind aufwendige Bühnenkonstruktionen an den Schnittstellen gekennzeichnet (Schweißzahlen)?	/
2.6 Sind die Bodenbefestigungsschienen der Schalldämmkabinen gebohrt und sind Dübel und Schrauben eingepackt?	/	2.23 Sind im Strahlbereich Prallbleche vor der Absaugung montiert?	+
2.7 Die Schweißnähte sowie die Beseitigung der Schweißspritzer entspricht dem technischen Standard.	+	2.24 Sind die Entlüftungsventile bei Getriebemotoren montiert oder mit einer Transportsicherung verpackt?	+
2.8 Die Paßgenauigkeit von Bauteilen/Anlagenkomponenten ist gegeben.	+	**3. Funktionsmerkmale**	
2.9 Die dem technischen Standard bzw. dem Auftragsblatt entsprechende Oberflächenqualität (Korrosionsschutz und Lackierung) ist gegeben.	+	3.1 Strahlergebnis	+
2.10 Sind die notwendigen Sicherheitseinrichtungen vorhanden?	+	3.2 Durchlaufgeschwindigkeitsbereich	+

Die ordnungsgemäße Durchführung der Vorabnahme wird bestätigt. Die Anlage wird nach Abarbeitung der festgestellten Mängel zum Versand freigegeben.

Prüfvermerke: + kontrolliert ohne Beanstandungen
 o kontrolliert mit Beanstandungen
 — nicht kontrolliert

Datum: 2?.04.02
TB: _____   EL-FE: Bütker
M+3: _____   QA: _____

Verteiler: ☐ K-GL ☐ AB/Pakt ☐ TB/Dok ☐ EL-FE ☐ AM ☒ PA

Beanstandungen ert. Datum 26.04.02 Unterschrift: _____
Mit Ausnahme Pos. 1.3

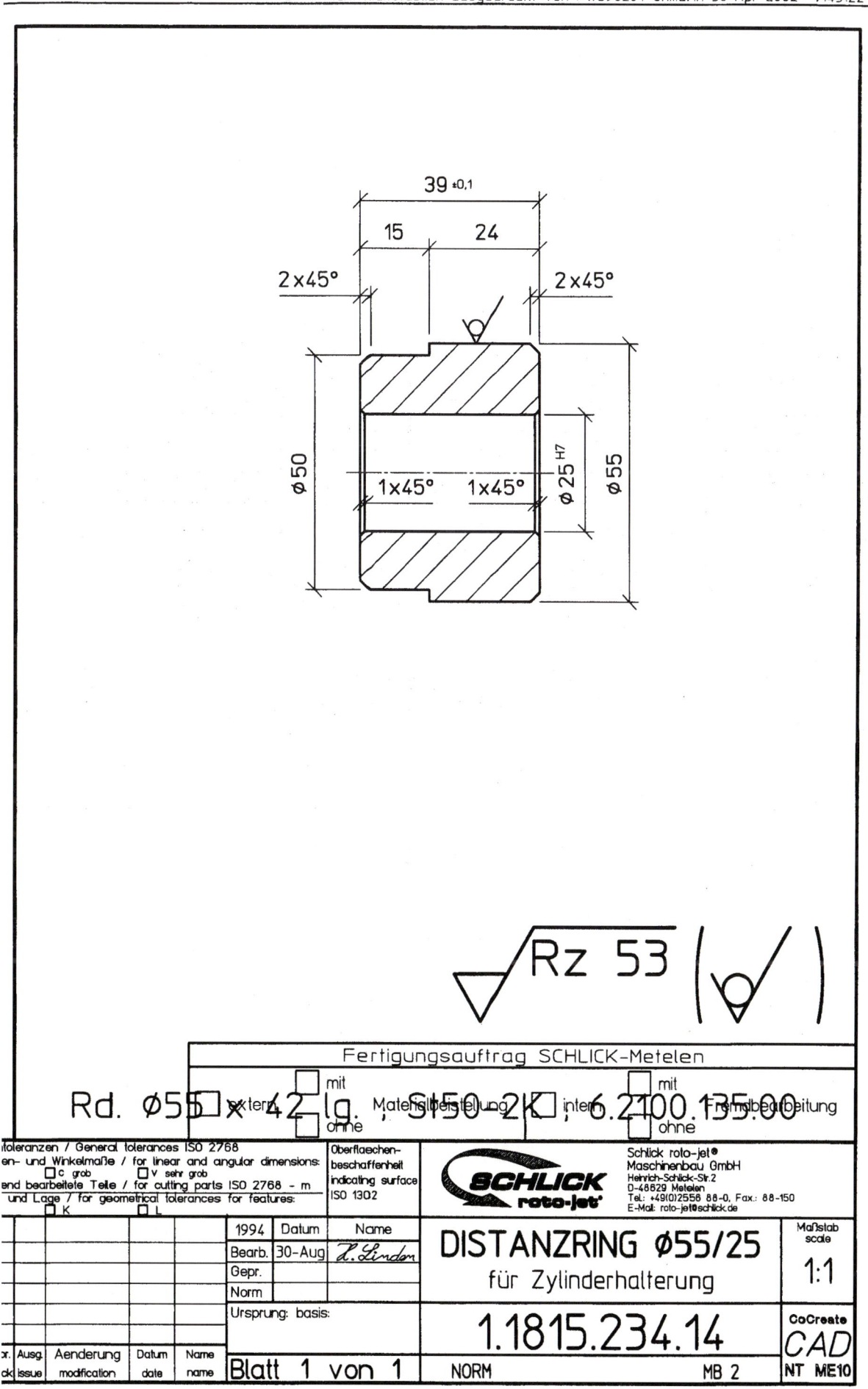

A C H T U N G : Nicht maßstäblich ausgedruckt von : WS90204 Öhmann 30-Apr-2002 7:47:03

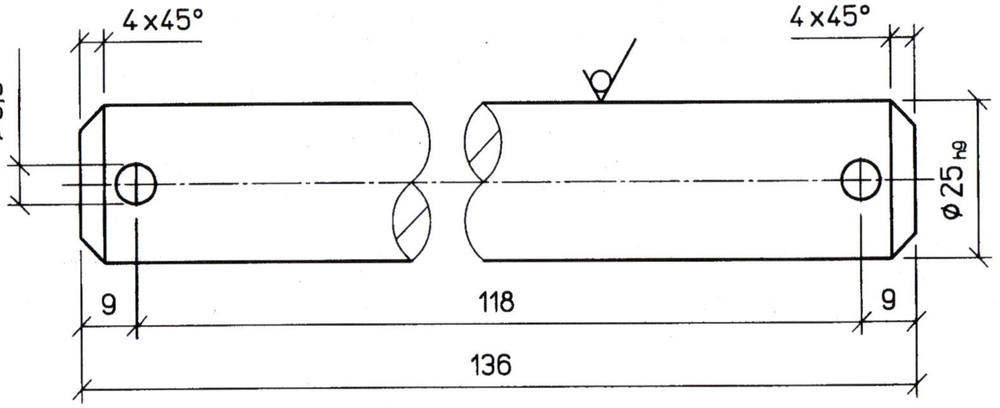

4x45°
4x45°
ø 6,3 H13
ø 25 h9
9
118
9
136

Fertigungsauftrag SCHLICK-Materialien √Rz 53 (√)

☐ extern ☐ mit ☐ ohne Materialbeistellung ☐ intern ☐ mit ☐ ohne Fremdbearbeitung

Allgemeintoleranzen / General tolerances ISO 2768
für Längen- und Winkelmaße / for linear and angular dimensions:
☐ m mittel ☐ c grob ☐ v sehr grob
für spanend bearbeitete Teile / for cutting parts ISO 2768 - m
für Form und Lage / for geometrical tolerances for features:
☐ H ☐ K ☐ L

Oberflaechenbeschaffenheit indicating surface ISO 1302

Schlick roto-jet®
Maschinenbau GmbH
Heinrich-Schlick-Str. 2
D-48629 Metelen
Tel.: +49(0)2556 88-0, Fax: 88-150
E-Mail: roto-jet@schlick.de

1994	Datum	Name
Bearb.	1-Sep	H. Linden
Gepr.		
Norm		

Ursprung: basis:

BOLZEN ø25x136

für Zylinderbefestigung

Maßstab scale 1:1

1.0204.076.14

CoCreate CAD NT ME10

Datum date	Gepr. check	Ausg. issue	Aenderung modification	Datum date	Name name
		2	Toleranz h9 war j6	12.Sep.94	Z. Linden

Blatt 1 von 1 NORM MB 2

12-Sep-94 11:28:18

SCHLICK roto-jet			Stückliste Normteile		Name	M. Bracker
			Blatt 1	Zeichnung	Auftrags-Nr.	35 / 70 868
☐ Einzelteil			☐ Demontage			
☒ Montage			☐		Termin	

Lfd. Nr.	Menge	Stk	Benennung 1	Benennung 2	Hersteller
1	25	Stk	Kabelbinder	178x4,8 Typ 181366	Cimco
2	25	Stk	Kabelbinder	290x4,8 Typ 181368	Cimco
3	2	Stk	Kabelverschraubung	IPON PG 11	
4	2	Stk	Kabelverschraubung	IPON M 16	
5	1	Stk	Kabelverschraubung	IPON M 20	
6	2	Stk	Reduzierring	M20 - 16 -MS	
7	1	Stk	Reduzierring	M32 - 20 -MS	
8	14	Stk	Spreitznieten 3 mm	Art-Nr. 201-0756-000	PB Elektro
9	16	Stk	Sta-Pa-Endtülle	PG 16	
10	4	Stk	Sta-Pa-Endtülle	PG 29	
11	7,2	m	Sta-Pa-Gewinderohr	PG 16	
12	0,5	m	Sta-Pa-Gewinderohr	PG 29	
13	20	Stk	Abstandschelle	733/16	
14	4	Stk	Abstandschelle	733/21	
15	24	Stk	Aderendhülse	GH 1,5 - 8 schwarz	
16	3	Stk	Ringkabelschuh 1,5-2,5	PVC-Isolation, 4 mm Öse	
17	1	Stk	Gabelkabelschuh 1,5-2,5	PVC-Isolation, 4 mm Gabel	
18	14	m	Leitung 4x2,5	HYSLY	
19	55	m	Leitung 3x1,5	HYSLY	
20	17	m	Leitung 5x1,5		Protoflex
21	19	m	Leitung 7x1,5		Protoflex
22	4	Stk	Zylinder Schraube	ISO1207 M5x45-5.8	
23	8	Stk	Scheibe 5,3	DIN 125	
24	24	Stk	Senkschraube	DIN EN ISO 2009 M5x16	
25					

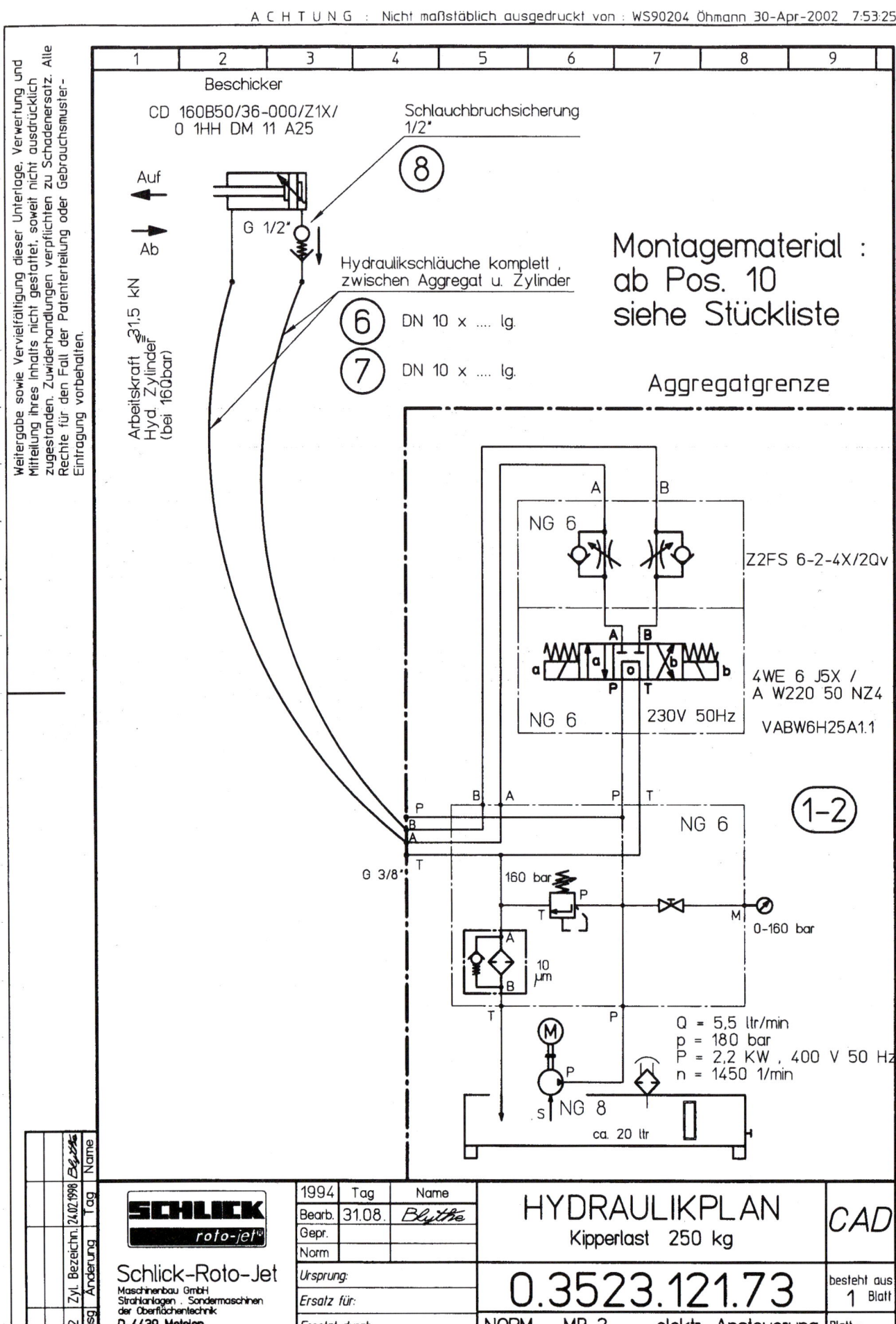

Sachwortverzeichnis

Ablaufplan 18
Ablaufplanung 5
–steuerung 122
Ableitstrom 214
Abmaß 71
Abschaltzeiten 209
Abweichung, zulässige 41
Achsabstand 77
Addition 146
Aderendhülse 101
Aderleitung 179
Aktion 122
Aktualparameter 118
Alternativverzeigung 134
Alternativzusammenführung 134
Analogausgang 148
–eingang 148
–wertverarbeitung 148
Anfangsschritt 122
Ankathete 54
Ankerstellbereich 167
Anlaufkondensator 143
Anschlag 68
Antriebseinheit 5
Anzugsmoment 72, 96
Anzugsstrom 98
Arbeiten unter Spannung 214
Arbeitsablauf 18, 24
Arbeitsplan 5, 18, 49
Arbeitszyklen 61
Arithmetische Funktionen 146
Asynchronmotor 96
Auftragszeit 24, 33
Ausgabebaugruppe, SPS 107
Ausgangsparameter 116
Ausgangszustand 18
Ausgleichszeit 149
Ausschaltverzögerung 110
AWL 109
Axialkräfte 90

Bandantriebsmotor 95
Basis 154
Basisstrom 154
Baugruppe 70
Baugruppenwert 148
Baugruppenzeichnung 70
Bausteine 111
Bearbeitungszugabe 40
Bedarfsplanung 5
Befehl 122
Belegungszeit 24
Bemaßung, CNC-gerechte 56
Bemaßung, steigende 56
Berührungsspannung 211
Berührungsstrom 211, 214
–, Messung 213

Beschaltungsbild, SPS-Baugruppen 107
Besichtigung 207
Bestimmungszeichen, Befehle 122
Betriebsanschlüsse, Kennzeichnung 176
Betriebskennlinie, Motor 96
Betriebskondensator 143
Betriebsmittel, ortsfest 207
–, ortsveränderlich 207
Betriebsmittelkartei 5
Betriebswerte, Elektromotor 97
Bewertung, Fertigung 67
Bezeichner 111
Bezugspunkte 51
Bohren 31
Bohrung 41
Brandklassen 214
Brandschutz 216
Brandschutzkonzept 214
Brandursachen 214
Bremschopper 160
Bremsmodul 189
Bremswiderstand 187
Brückengleichrichter 152
Brummspannung 152

Checkliste zum Programmtest 124
CNC-Programm 49, 59
Compilerergebnis 118
Cosinus 54

Dahlanderschaltung 99
Datenbaustein 109
Datentyp 146
Deklaration 116
Diazed-System 105
Digitalwert 148
Division 146
Dokumentation 218
DO-System 105
Drehen 25
Drehfelddrehzahl 96
Drehmoment 78, 159
–, Motor 96
Drehstrom-Brückenschaltung 168
Drehstrommotor am Einphasennetz 143
Drehstrommotor 96
–, polumschaltbar 99
Drehzahlverstellung 159
Dreieck, rechtwinkliges 53
D-System 105
Durchgangsparameter 116
Durchlaufzeit 24

Ebenheit 41
Eingabebaugruppe, SPS 107

Eingangsparameter 116
Einrichteplan 28
Einschaltverzögerung 110
Einstieg in die Schrittkette 122
Einzelrautiefen 68
Emitter 154
Emitterstrom 154
Endmontage 70
Endtermin 24
Energieübertragung 75
Energieübertragung, kraftschlüssig 76
Erdungswiderstand 212
Erholungszeit 33
Erprobung 207
Ersatzableitstrom 211
Ersatzableitstrom, Messung 213
Erste Hilfe 217
Externe Quelle 118

FALSE 110
Farben, Kurzzeichen 179
Fehlerstrom 214
Fehlerstrom-Schutzeinrichtungen 211
Feldstellbereich 167
Fertigung 39
–, Bewertung 39, 67
–, Durchführung 39, 49
–, Planung 39
Fertigungsplanung 5
Festigkeitsklasse 87
Filterlüfter 142
Flächenpressung 81, 93
Flanke, negative 130
–, positive 130
Flankenauswertung 130
Flankenmerker 130
Form 67
Formalparameter 118
Formelemente, genormte 44
Formtoleranzen 41
Fräsen 27, 50
Freistich 44
Frequenzumrichter, Anschlüsse 162, 190
–, Störungen 165
–, Leistungsanschluss 188
–, Parametrierung 191
Frequenzumrichter 159, 187
–, Abschirmung 189
–, Anschlussplan 197
Frequenzumrichter, Aufbau 187
–, Auswahl 166
–, EMV-Maßnahmen 188
–, Filter 189
–, interne Spannung 189
–, Klemmleiste 162
–, Leitungsführung 189

Frequenzumrichter, Netzschütz 187
–, Parametersatz 163
Fristenplan 18, 24
Fügen durch Einpressen 74
– Schrauben 72
– Zusammenpassen 70
Funktion 107
Funktionen 183
–, arithmetische 146
Funktionsbaustein 109
Funktionswert 183
FUP 109
Fußkreisdurchmesser 77

Gegenkathete 54
Geradheit 41
Gesamtlauftoleranzen 41
Getriebe 76
Gewindefreistich 44
Glättungstiefe 68
Gleichrichter, steuerbarer 169
Gleichspannung 152
–, mittlere 169
Gleichstromantrieb 167
Gleichstrommotor 167
–, Stromrichter 168
Gleichstromverstärkungsfaktor 154
Gleichzeitigkeitsfaktor 179
Gleitlager 89, 93
Gleitlagerbuchse 93
GRAPH 7 130
Grenzabmaß 40
Grenzmaß 71
Grundabmaß 40

Halbzeug 5
Hardwareadresse 110
Hardwarekatalog 112
Hauptnutzungszeit 25, 33
Hierarchie 109
Höchstmaß 40, 71
Hypotenuse 53
Hysterese 144

Impulsmerker 130
Inbetriebnahme 207
Initialisierung, Ablaufsteuerungen 122
Initialisierungsschritt 122
Inkrementelle Programmierung 117
Instanz 118
Instanz-Datenbaustein 113
Instanzierung 118
Integer 146
Isolationswiderstand 209
Isolationswiderstand, Messung 213

Sachwortverzeichnis

Kabelschuh 101
Kabelverschraubungen 199
Käfigläufermotor 96
Kathete 53
Kegelstift 85
Keilriemengetriebe 76
Kippmoment 96
Klemmkraft 72
Kollektor 154
Kollektorstrom 154
Kondensatormotor 143
Konfiguration 112
Konstruktionszeichnung 5
Konturdrehmeißel 50
Koordinatenbemaßung 56
Koordinatenberechnung 61
Koordinatensysteme 51
KOP 109
Kopfkreisdurchmesser 77
Kopfspiel 77
Korrekturpunkt 52
Kreis-Interpolation 62
Kugellager 89
Kühlkörper 153
Kupplung 5, 83
Kurzschlussspannung 151

Ladefunktion 147
Lage 67
Lager 88
Lagetoleranzen 41
Längen, Prüfung 67
Längenänderung 91
Längenmaße 40, 67
Längenpressverbindung 74
Längsdrehen 30
Längs-Runddrehen 25
Läuferdrehzahl 96
Lauftoleranzen 41
Leistung 78
Leistungselektronik 150
Leistungsfaktor 96
Leistungsschild, Motor 95
Leistungssteller 156
Leitungen 179
Leuchtdrucktaster 101
Leuchtmelder 199
Leuchttaster 199
Lokaldaten, statische 116
–, temporäre 116

Maschinennullpunkt 52
Maßhaltigkeit 49
Materialliste 18
Merker 109
Messmittel 68
Messort 68
Messung 207
Mindestmaß 40, 71
Mindestquerschnitt Schutzleiter 176
Mindestquerschnitte 179
Mittenrauheitswert 40
Modul 77
Montage 70
Multiplikation 146

Nabe 47
Nebenschlussmotor 167
Nebenwinkel 54
Nenn-Fehlerstrom 211
Nennleistung 97
Nennmoment 96
Nennspannung 98
Neozed-System 105
Netzanschluss 175
Netzdrossel 187
Netzgleichrichter 160
Netzwerk 112
Niederspannungssicherungen 179
Normteil 5
Not-Aus 173
Not-Aus, SPS 181
Not-Aus-Schaltgerät 174
Nuten 44

Oberflächenbeschaffenheit 40, 72
Oberflächengüte 49, 67
–, Prüfung 67
Oberflächenprofil 67
Oberflächen-Vergleichsmusterverfahren 67
Objekt 111
Operandenteil 108
Operationsteil 108
Organisationsbaustein 109
Ortstoleranzen 41

PAL-Zyklus 61
Parallelbemaßung 56
Passfeder 47
Passfederverbindung 81
Passschraube 87
Passschraubenverbindung 83
Passungsart 71
Personal 5
Phasenanschnittssteuerung 158
Plandrehen 29
Planfläche 41
Planung, Fertigung 9
Planungsunterlagen 18
Polarachse 57
Polarkoordinaten 57
Polarwinkel 57
Programm laden 113
Programmiersprachen 109
Programmierung 111
–, inkrementelle 117
–, quellorientierte 116
–, strukturierte 109
Programmnullpunkt 52
Programmsatz 61
Programmtest 124
Prüfeinrichtung 68
Prüfen 67
–, Form und Lage 68
Prüffristen 207
Prüfmittel 68
Prüfung 207
Prüfzeitpunkt 67

Pulsweiten-Modulation 161
Pythagoras 53

Quelle, externe 118
Quellen 111
Quellorientierte Programmierung 116
Quer-Plandrehen 26
Querpressverbindung 74
Querschnitt, gefährdeter 85

Radialkräfte 90
Rautiefe 40
RCD 211
REAL 146
REFA 24
Referenzpunkt 52
Regelstrecke, Zeitverhalten 149
Reiben 32
Relais 155
Rillenkugellager 89
Rillenrichtung 40
Rückwärtszähler 139
Rundheit 41
Rüsten 24
Rüsterholungszeit 24
Rüstgrundzeit 24
Rüstverteilzeit 24, 32
Rüstzeit 24, 32

Sattelmoment 96
Schaubsicherungssystem 105
Scheitelwinkel 54
Scherfestigkeit 83
Scherspannung 83
Schleife 135
Schleifenimpedanz 209
Schlichten 29, 31
Schlupf 96
Schlupfdrehzahl 96
Schmelzsicherung 105
Schnittigkeit 85
Schrägbettmaschine 50
Schrauben 72
Schraubenradgetriebe 5
Schraubenverbindung 87
Schraubenwerkstoff 73
Schritt 122
Schrittketteneinstieg 122
Schruppen 29
Schutzklasse I 214
Schutzklasse II 214
Schutzklasse III 214
Schutzleiter, Durchgängigkeit 208
–, Mindestquerschnitt 176
Schutzleiteranschluss 175
Schutzleiterquerschnitt 208
Schutzleiterstrom 211
–, Messung 213
Schutzleiterwiderstand 208
SCL 109
Sicherheitsfunktion 206
Sicherheitsregeln 214

Sicherheitsschalter 206
Sicherheitszahl 84
Sicherheitszeichen 216
Sicherungseinsätze 180
Sicherungsring 46
Simultanverzweigung 135
Simultanzusammenführung 135
Sinus 54
Sollwertsteller 144
Spannkraft 87
Spannungsfall 179
Spannungsregler 153
Spannungsübersetzung 150
Spannungsversorgung 150
Spielpassung 71
Sprung 135
–, absoluter 147
–, bedingter 147
Sprungantwort 149
Sprungfunktion 147
Sprungmarke 147
ST 109
Starttermin 24
Station 111
Steinmetzschaltung 143
Stellgröße 144
Step 122
Stern-Dreieck-Anlauf 98
Steueranweisung 108
Steuerungsschritt 122
Stiftverbindung 84
Stirn-Planfräsen 27
Streckgrenze 83
Stromrichter für Gleichstrommotor 168
Stromstärke 96
Stückliste 5
Stufenwinkel 54
Stützen 89
Subtraktion 146
Symbole 111
Symboltabelle 109

Tangens 54
Taschen-Fräszyklus 62
Tätigkeitszeit 25, 32
Technologiedaten 18
Teilkreisdurchmesser 77
Teilung 77
Temperaturänderung 75
Temperaturregelstrecke 144
Teststrecke 68
Texteditor 117
Thermostat 156
Thyristor, Ausschaltverhalten 169
–, Durchlasszustand 169
–, Rückwärtssperrzustand 169
–, Zündung 168
TN-System 209
Toleranz 40
Toleranzgrad 40
Toleranzklasse 40
Transferfunktion 147
Transformator 150

Sachwortverzeichnis

Transistor 154
Transition 122
Triac 157
TT-System 209

Übergangsbedingung 122
Übergangspassung 71
Übermaßpassung 71
Unfälle, elektrische 217

Variable 110
Variablenarten 116
Verbindungselemente 72
Verdrahtungsleitung 179
Verfahrachse 88
Vergleichsfunktion 146
Verteilzeit 25
Verzugszeit 149
VOID 183
Vollwellensteuerung 156
Vorgabezeit 24
Vormontage 70

Vorspannkraft 72
Vorspannungsverhältnis 72
Vorwärtssperrzustand 168
Vorwärtszähler 139

Wälzlager 45
Wälzlager 89, 92
Wärmekapazität, spezifische 74
Wärmemenge 74
Wartezeit 25, 33
Wechselrichter 160
Wechselstromsteller 158
Wechselwinkel 54
Wegfühler, elektromechanische 206
Welle 47
Wellennut 47
Welligkeit 40
Werkstückmaße 67
Werkstücknullpunkt 52
Werkzeugdatei 51, 59, 64

Werkzeugrevolver 49
Werkzeugwechselpunkt 52
Widerstand, thermischer 153
Winkelfunktionen 54
Winkelsätze 54
Winkelsumme im Dreieck 54
Wirkleistung 97
Wirkungsgrad 97

Zähler 138
Zählfunktionen 138
Zähloperationen 139
Zähnezahl 77
Zahnhöhe 77
Zahnkopfhöhe 77
Zahnrad, Darstellung 79
–, Maßeintragung 80
Zahnradberechnung 77
Zahnradgetriebe 77
Zahnradtrieb 77
Zahnriemengetriebe 76
Zeichnung, technische 40

Zeitaufnahme 25
Zeitdauer 110
Zeitfunktionen 110
Zeitkonstante 149
Zeitplan 18
Zeitplan 5
Zeitplanung 24
Zeitplanung 34
Zentralbaugruppe, SPS 108
Zentrierbohrung 44, 45
Zielzustand 18
Zugfestigkeit 83
Zugspannung 87
Zündimpuls 158, 169
Zündung, Thyristor 168
Zündverzögerungswinkel 169
Zwangsöffnung 206
Zweipunkt-Regeleinrichtung 144
Zweipunktregelung 148
Zwischenkreis 160

Für die freundliche und tatkräftige Unterstützung danken wir folgenden Firmen.

ABB Automation Products GmbH, Mannheim
Balluff GmbH & Co. KG, Neunhausen-Filder
Euchner GmbH & Co., Leinfelden
Groupe Schneider, Frankfurt a.M.
ifm electronic GmbH, Essen
Moeller GmbH, Bonn
Phoenix Contact, Blomberg
Rittal GmbH & Co. KG, Herborn
Schlick roto-jet, Metelen
SEW-EURODRIVE GmbH & Co. KG, Bruchsal
Siemens AG, München